集成电路新兴领域"十四五"高等教育教材

CMOS 模/数转换器设计与仿真

（第2版）

陈黎明　主　编

陈铖颖　赵晓锦　蒋见花
　　　　　　　　　　　　　副主编
叶　茂　张植潮　陈智峰

電子工業出版社·

Publishing House of Electronics Industry

北京·BEIJING

内 容 简 介

作为现代信息化社会的基础，集成电路在半个多世纪里得到迅猛发展。模/数转换器（Analog-to-Digital Converter，ADC）构建了自然界模拟信号与可处理数字信号之间的桥梁，被誉为模拟电路皇冠上的明珠。ADC 广泛应用于语音处理、医疗监护、工业控制及宽带通信等领域中，是现代电子设备必不可少的电路模块。随着移动物联网、5G、生物电子医疗、自动驾驶等新兴技术的出现，信号处理在各领域所处的地位愈加重要，同时对 ADC 性能也提出了更高的要求。本书采取理论与设计实例结合的方式，分章节介绍了 ADC 的基础知识，以及流水线型 ADC、逐次逼近型 ADC、Sigma-Delta ADC、两步式单斜率 ADC 的结构。本书通过设计实例说明，可使读者深刻了解 ADC 理论和基本设计方法。

本书适合从事 ADC 设计开发的工程技术人员阅读使用，也可作为高等学校集成电路等相关专业的教学用书。

图书在版编目（CIP）数据

CMOS 模/数转换器设计与仿真 / 陈黎明主编.

2 版. -- 北京：电子工业出版社，2025. 8. -- ISBN

978-7-121-51020-5

Ⅰ. TN432.02

中国国家版本馆 CIP 数据核字第 2025LT6502 号

责任编辑：张　剑（zhang@phei.com.cn）

印　　刷：天津嘉恒印务有限公司

装　　订：天津嘉恒印务有限公司

出版发行：电子工业出版社

　　　　　北京市海淀区万寿路 173 信箱　邮编：100036

开　　本：787×1092　1/16　印张：18.5　字数：472 千字

版　　次：2019 年 5 月第 1 版

　　　　　2025 年 8 月第 2 版

印　　次：2025 年 8 月第 1 次印刷

定　　价：79.00 元

凡所购买电子工业出版社图书有缺损问题，请向购买书店调换。若书店售缺，请与本社发行部联系，联系及邮购电话：（010）88254888，88258888。

质量投诉请发邮件至 zlts@phei.com.cn，盗版侵权举报请发邮件至 dbqq@phei.com.cn。

本书咨询服务方式：zhang@phei.com.cn。

前　言

ADC 作为混合信号集成电路的典型代表，连通了真实模拟世界与虚拟数字世界，并在工业控制、通信传输、医疗监护、国防军事中发挥着重要作用。从细分的集成电路产品角度分析，ADC 是全球市场规模最大的信号链芯片产品之一。因此，理解并掌握 ADC 相关知识、设计理论，是我国微电子、集成电路相关专业高校学生、工程师重要的必修课。

本书结合理论与工程实例详细介绍了流水线型 ADC、逐次逼近型 ADC、Sigma-Delta ADC、两步式单斜率 ADC 的设计方法，以供学习 CMOS 模拟集成电路设计与仿真的读者参考。

本书共 9 章，具体内容如下。

第 1 章和第 2 章首先介绍模/数转换的基本原理和 ADC 的基础知识，主要包括采样、保持、量化、编码以及 ADC 相关参数的定义，使读者对 ADC 有一个概括性的了解。

第 3～9 章分章详细介绍了流水线型 ADC、逐次逼近型 ADC、Sigma-Delta ADC、两步式单斜率 ADC 的基本理论和设计方法。其中，第 5～8 章重点对单环、多位量化以及亚阈值反相器型 Sigma-Delta ADC 进行了探讨。

本书内容丰富，具有较强的实用性。本书由北京邮电大学陈黎明担任主编，厦门理工学院光电与通信工程学院陈铖颖、深圳大学赵晓锦、北京大学蒋见花、天津大学叶茂、厦门理工学院张植潮和陈智峰担任副主编。其中，陈黎明编写了第 1～3 章，陈铖颖编写了第 4 章，赵晓锦编写了第 5 章，蒋见花编写了第 6 章，叶茂编写了第 7 章，陈智峰编写了第 8 章，张植潮编写了第 9 章。正是有了大家的共同努力，才得以使本书顺利完成。

由于本书涉及知识面较广，且编写时间和编者水平有限，书中难免存在不足之处。因此，恳请读者批评指正。

编　者

目　　录

第1章 模/数转换原理

在自然界中，人们能感受到的信号都是模拟信号，如声音、风力、振动等。随着 21 世纪信息社会的到来，人们要对模拟信号进行精细化的数字处理。模/数转换器（Analog-to-Digital Converter，ADC）承担着模拟信号的获取与重构的重任，自然就成为模拟世界与数字世界的桥梁。目前，ADC 广泛应用于语音处理、医疗监护、工业控制及宽带通信等领域中，是现代电子设备必不可少的电路模块。

在本章中，我们将对模/数转换中的采样、保持及量化 3 个基本概念进行分析讨论，作为研究 ADC 的基础知识。

1.1 采样原理

采样是模/数转换中的第一步，也是最为重要的转换环节。本节将详细介绍采样原理，同时对调制及噪声采样进行相关讨论。

采样技术在我们的日常生活中随处可见。例如，一部电影实际上是由一帧帧采样后的画面构成的；广播信号可以分解为单音节的采样语音信号。采样过程决定了预定时刻的信号值，而采样的确切时间则是由采样频率 f_s 决定的，即

$$t = n/f_s = nT_s, \quad n = -\infty, \cdots, -2, -1, 0, 1, 2, \cdots, \infty \tag{1.1}$$

我们将每两个采样时刻的时间间隔定义为采样周期 T_s。采样过程可以应用于不同的信号中。其中，最常见的是采样过程应用于模拟的连续时间信号中。

在数学上，我们用狄拉克函数来表示采样过程。狄拉克函数的结构比较特殊，因此狄拉克函数仅仅在整数的范围内可定义。由狄拉克函数提供的积分变量在某点的积分值为

$$\int_{t=-\infty}^{\infty} f(t)\delta(t-t_0)\mathrm{d}t = f(t_0) \tag{1.2}$$

在通常情况下，当 $\varepsilon \to 0$ 时，我们认为狄拉克函数的积分值近似为 1，即

$$\begin{aligned} \varepsilon(t) &= 0, & -\infty < t < 0 \\ \varepsilon(t) &= 1/\varepsilon, & 0 < t < \varepsilon \\ \varepsilon(t) &= 0, & \varepsilon < t < \infty \end{aligned} \Rightarrow \int_{t=-\infty}^{\infty} \delta(t)\mathrm{d}t = 1 \tag{1.3}$$

一个狄拉克脉冲序列可以定义为

$$\delta_s(t) = \sum_{n=-\infty}^{n=\infty} \delta(t - nT_s) \tag{1.4}$$

此时，这个具有时间间隔为 T_s 的脉冲序列等效为一个离散傅里叶序列。因此，这个离散傅里叶序列除 $f_s=1/T_s$ 的基波以外，还具有其他谐波分量。设每个谐波分量 kf_s 的倍乘系数为 C_k，我们可以得到该序列的表达式为

$$\sum_{n=-\infty}^{n=\infty} \delta(t-nT_s) = \sum_{n=-\infty}^{n=\infty} C_k \mathrm{e}^{jk2\pi f_s t} \tag{1.5}$$

只考虑单边带的情况时，根据傅里叶反变换，可以得到系数 C_k 为

$$C_k = \frac{1}{T_s} \int_{t=-T_s/2}^{T_s/2} \sum_{n=-\infty}^{n=\infty} \delta(t-nT_s) \mathrm{e}^{-jk2\pi f_s t} \mathrm{d}t \tag{1.6}$$

在可积分范围内，当 $t=0$ 时仅存在一个狄拉克脉冲，所以式（1.6）可以简化为

$$C_k = \frac{1}{T_s} \int_{t=-T_s/2}^{T_s/2} \sum_{n=-\infty}^{n=\infty} \delta(t-nT_s) \mathrm{e}^{-jk2\pi f_s t} \mathrm{d}t = \frac{1}{T_s} \mathrm{e}^{-jk2\pi f_s \times 0} = \frac{1}{T_s} \tag{1.7}$$

在时域中，我们将 C_k 的计算结果代入狄拉克脉冲序列的离散傅里叶变换（Discrete Fourier Transform，DFT）表达式中，可得

$$\sum_{n=-\infty}^{n=\infty} \delta(t-nT_s) = \frac{1}{T_s} \sum_{k=-\infty}^{n=\infty} \mathrm{e}^{jk2\pi f_s t} = \frac{1}{T_s} \int_{f=-\infty}^{\infty} \sum_{k=-\infty}^{k=\infty} \delta(f-kf_s) \mathrm{e}^{jk2\pi f_s t} \mathrm{d}f \tag{1.8}$$

式（1.8）中的最后一项是对频率和的标准反傅里叶变换。因此，对于离散傅里叶序列，狄拉克函数之和在时域内和频域内的关系为

$$\sum_{n=-\infty}^{n=\infty} \delta(t-nT_s) \Leftrightarrow \frac{1}{T_s} \sum_{k=-\infty}^{k=\infty} \delta(f-kf_s) \tag{1.9}$$

从式（1.9）中可以看出，无限短时脉冲序列会在采样频率的倍频处产生无限频率序列分量。快速傅里叶变换（Fast Fourier Transform，FFT）是计算 DFT 的有效方法。该方法可以以 $f_{bin} = 1/T_{means}$ 的频率对信号进行网格状量化。因此，我们使用 DFT 或 FFT 可以精确地分析一个离散时间重复信号。但如果我们用 FFT 算法来处理连续时间信号，就会发生频率量化或离散化现象，从而产生误差。

在带宽 BW 之内，连续时间信号 $A(t)$ 对应的响应为 $A(\omega) = A(2\pi f)$。信号的采样过程如图 1.1 所示，同时有

$$A(\omega) = \int_{t=-\infty}^{\infty} A(t) \mathrm{e}^{-j2\pi ft} \mathrm{d}t \tag{1.10}$$

从数学角度考虑，采样过程可以理解为将连续时间信号 $A(t)$ 乘以狄拉克脉冲序列，从而得到离散时间信号。因此，在采样周期 T_s 成倍的时间点上，我们定义连续时间信号与狄拉克脉冲序列作用的结果为

$$A_s(t) = \sum_{n=-\infty}^{n=\infty} A(t)\delta(t-nT_s) \Rightarrow \sum_{n=-\infty}^{n=\infty} A(nT_s) \tag{1.11}$$

继续采用频域中对采样信号的描述方法，将连续时间信号 $A(t)$ 在频域内的时间序列采样值 $A_s(t)$ 定义为 $A_s(\omega)$，即

$$\begin{aligned}
A_s(\omega) &= \int_{t=-\infty}^{\infty} \left[\sum_{n=-\infty}^{n=\infty} A(t)\delta(t-nT_s) \right] \mathrm{e}^{-j2\pi ft} \mathrm{d}t \\
&= \int_{-\infty}^{\infty} A(t) \frac{1}{T_s} \sum_{k=-\infty}^{\infty} \mathrm{e}^{jk2\pi f_s t} \mathrm{e}^{-j2\pi ft} \mathrm{d}t \\
&= \sum_{k=-\infty}^{\infty} \frac{1}{T_s} \int_{t=-\infty}^{\infty} A(t) \mathrm{e}^{-j2\pi(f-kf_s)t} \mathrm{d}t
\end{aligned} \tag{1.12}$$

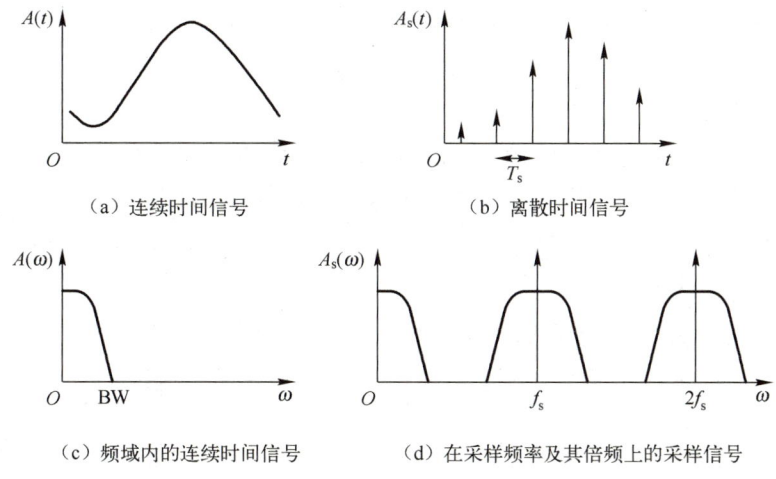

（a）连续时间信号　　　　　　　（b）离散时间信号

（c）频域内的连续时间信号　　　　（d）在采样频率及其倍频上的采样信号

图 1.1　信号的采样过程

与之前 $A(\omega)$ 的转换结果相比，式（1.12）的最终积分结果等价于将傅里叶变换结果进行了 $k\omega_s$ 的频移，因此完整的 $A_s(\omega)$ 为

$$A_s(\omega) = \sum_{k=-\infty}^{\infty} \frac{1}{T_s} A(\omega - k\omega_s) = \sum_{k=-\infty}^{\infty} \frac{1}{T_s} A[2\pi(f - kf_s)] \qquad (1.13)$$

这时原始的连续时间信号 $A(t)$ 只与频域信号 $A(\omega)$ 中的一个频带相关联。我们再利用狄拉克脉冲序列对该信号进行采样，就可以在采样频率 f_s 倍频的两侧产生原始频谱信号 $A(\omega)$ 的复制。

在连续时间域中，即使信号频率不同，当采用同样的频率对其进行采样时，也可能得到同样的采样数据。例如，采用 2MHz 采样时钟信号对 100kHz、1.9MHz、3.9MHz 连续时间信号的采样结果如图 1.2 所示。虽然连续时间域中的信号完全不同，当采用 2MHz 采样时钟信号对 100kHz、1.9MHz、3.9MHz 连续时间信号采样时，仍可能得到同样的结果。

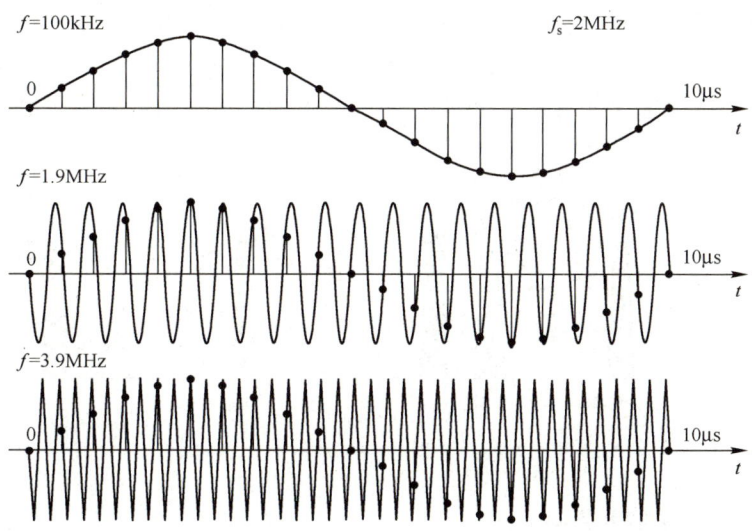

图 1.2　采用 2MHz 采样时钟信号对 100kHz、1.9MHz、3.9MHz 连续时间信号的采样结果

因此，我们可以得出两个结论：连续时间域中的每个信号都被映射为基带信号的一个

样品组；连续时间域中的不同信号在离散时间域中可能具有相同的表示形式。

1. 混叠

从前面的讨论中，我们知道如果信号在连续时间域内增加带宽，那么在采样频率倍频处的镜像信号频带也会随之加宽。当信号带宽大于采样频率 1/2 时，采样结束后的信号通带会发生交叠现象，这种现象称为混叠现象。与原始信号通带最接近的镜像信号上边带称为混叠带。混叠现象如图 1.3 所示。

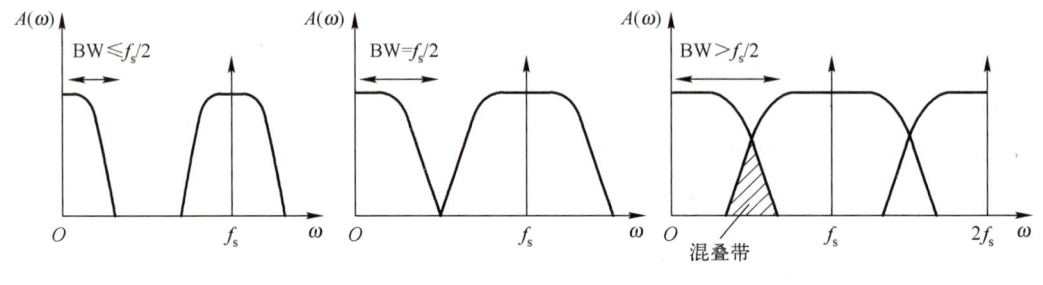

图 1.3　混叠现象

因此，在离散时间域中，最大可用的信号带宽必须满足：$BW \leqslant f_s / 2$。

2. 欠采样

在前面的讨论中，我们都假设输入信号为一个从 0Hz 开始，带宽为 BW 的基带信号。混叠带出现在采样频率及其谐波附近。这种有用频带的选择对于大多数设计都是必需的。然而在实际情况中，当信号带宽上限频率较高甚至超过采样频率时，我们依然可以对其进行采样。这时，可以通过与其频率最为接近的采样信号谐波进行采样。同样地，此时信号频带也会出现在 0Hz 及所有采样频率的倍频处，这个采样过程称为欠采样或亚采样。

此时，如果有信号分量位于采样频率附近，那么它们会被采样到相同的频带中，这就会导致混叠现象的产生。在一些通信系统中，工程师们会使用这种欠采样技术来进行信号解调，中频调频信号的解调和欠采样过程（信号带宽为 10.7MHz，采样频率为 5.35MHz）如图 1.4 所示。在以下 3 种情况中，当不必要的信号出现在信号通带内，我们会采用欠采样技术对其进行消除。

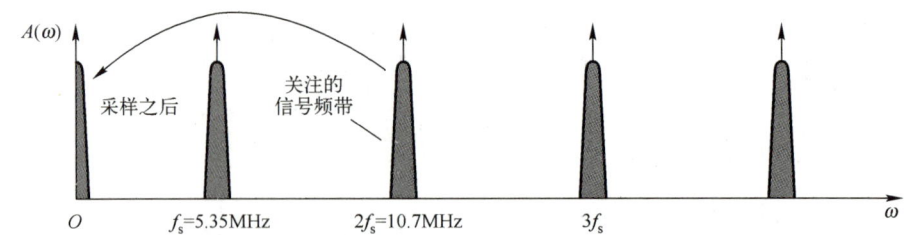

图 1.4　中频调频信号的解调和欠采样过程（信号带宽为 10.7MHz，采样频率为 5.35MHz）

（1）基带信号出现谐波失真。

（2）在输入信号频带内出现热噪声。

（3）其他电路或天线产生了干扰信号。

3. 采样、调制和斩波

在实际中，信号的采样过程与信号的调制过程类似。在这两个过程中，都产生了原始信号的频带移动。信号的调制和采样如图 1.5 所示。在调制过程中，正弦信号乘以基带信号后，在载波频率附近产生上边带和下边带的调制信号。在理想情况下，调制和采样频率信号并不会出现在最终的频谱中，这里保留它们作为参考频率信号。

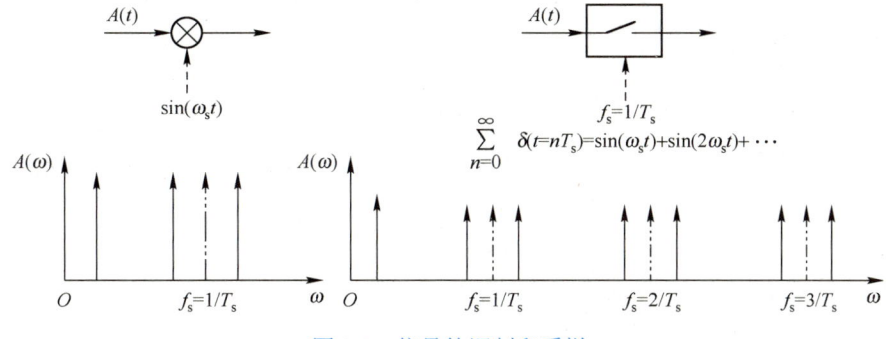

图 1.5 信号的调制和采样

从数学角度考虑，信号的调制过程就是信号与角频率为 ω_{local} 的正弦信号相乘的过程，即

$$G_{\text{mix}}(t) = A(t)\sin(\omega_{\text{local}}t) \tag{1.14}$$

$$A\sin(\omega t)\sin(\omega_{\text{local}}t) = \frac{A}{2}\cos[(\omega_{\text{local}} - \omega)t] - \frac{A}{2}\cos[(\omega_{\text{local}} + \omega)t] \tag{1.15}$$

从式（1.15）的结果可以看出，在输入频率处不存在任何频率分量，而在调制频率附近出现了两个不同频率的信号。式（1.15）体现了幅度调制的基本原理。如果输入信号 $A(t)$ 是一个频带信号，那么调制的结果则会产生两个频带信号，即

$$G_{\text{mix}}(t) = A(t)\sin(\omega_{\text{local}}t) \tag{1.16}$$

$$G_{\text{mix}}(\omega) = \frac{1}{2}A(\omega_{\text{local}} - \omega) - \frac{1}{2}A(\omega_{\text{local}} + \omega) \tag{1.17}$$

调制后的频带信号会出现在 ω_{local} 的两侧。通常，我们只要其中一个频带信号，而另一个频带信号称为镜像信号。

如果我们继续对此时的信号进行调制，那么可以恢复原始的正弦信号为

$$G_{\text{mix-down}}(t) = G_{\text{mix}}(t)\sin(\omega_{\text{local}}t)(\frac{A}{2}\cos[(\omega_{\text{local}} - \omega)t] - \frac{A}{2}\cos[(\omega_{\text{local}} + \omega)t])\sin(\omega_{\text{local}}t)$$

$$= \frac{A}{2}\sin(\omega t) - \frac{A}{4}\sin(2\omega_{\text{local}}t + \omega t) + \frac{A}{4}\sin(2\omega_{\text{local}}t - \omega t) \tag{1.18}$$

从式（1.18）中可以看出，在原始信号两侧 $2\omega_{\text{local}}$ 上出现了两个信号。在电路中，我们可以通过低通滤波器滤除这两个信号。

与信号的调制过程相比，信号的采样过程主要在采样频率倍频的上边带产生频率分量。这时，狄拉克脉冲序列等效于采样频率倍频处正弦波的和，即

$$D_{\text{s}}(\omega) = \frac{2\pi}{T_{\text{s}}}\sum_{k=-\infty}^{k=\infty}\delta\left(\omega - \frac{2\pi k}{T_{\text{s}}}\right) \tag{1.19}$$

因此，信号的采样过程可以视为信号调制结果的求和过程。两者内在的相似性可以在射频信号下的变频过程中得以体现。

一种特殊的采样和混频形式称为自混频。从数学角度考虑，我们可以将混频器看成一个具有两个等效端口的器件。假设当一个端口中的信号泄漏到另一个端口中，就会发生自混频现象。在一些实际电路中，由于本振频率信号的幅度较大，本振信号往往会泄漏到幅度较小的输入端口中。如果我们定义该泄漏信号为 $\alpha \sin(\omega_{\text{local}} t)$，那么输出信号就会变为 $\alpha / 2 + \sin(2\omega_{\text{local}} t) / 2$。注意：这个结果中存在一个直流分量，而这个直流分量常常会被误以为电路的失调电压。

接下来我们介绍斩波技术。斩波技术是将误差敏感信号调制到其他频带的技术，从而使其免于受到误差干扰并提高了精度。首先，我们将输入信号乘以斩波信号 $f_{\text{chop}}(t)$，将其调制到其他频带。经过信号处理后，再将该信号乘以斩波信号 $f_{\text{chop}}(t)$，将其调制回原来的频段。当以正弦信号作为调制信号时，调制分量 $f_{\text{chop}}^2(t)$ 包含一个直流分量和一个两倍于斩波频率的频率分量。因此，斩波技术可以用来移除频带内不需要的干扰信号。当对一个直流电流源信号进行斩波时，我们可以将失配噪声和 $1/f$ 噪声搬移到更高的频带中，不会影响所需的有用信号。

在差分电路中，斩波技术主要是通过输入信号交替乘以差分信号来实现的。从数学角度考虑，该操作等价于输入信号交替乘以幅度为 +1 和 −1 的方波信号。这个方波信号可以分解为一系列正弦信号的组合，即

$$f_{\text{chop}}(t) = \sum_{n=1,3,5,\cdots}^{\infty} \frac{4\sin(n\pi/2)}{n\pi} \cos(\omega_{\text{chop}} t) \qquad (1.20)$$

此时 $f_{\text{chop}}^2(t) = 1$，且经过两次斩波后，输入信号可以完美地恢复到初始状态。需要注意的是，$f_{\text{chop}}(t)$ 在包含有 +1、−1 序列或确定的频率信号时，都可以作为斩波信号。具有确定频率的斩波信号的频谱可以分解为一系列位于调制频率奇次倍频上的调制频谱，即

$$A_{\text{chop}}(\omega) = \sum_{n=1,3,5,\cdots}^{\infty} \frac{4\sin(i\pi/2)}{i\pi} A(i\omega_{\text{chop}} \pm \omega) \qquad (1.21)$$

例如，用 10MHz 的方波信号去斩波 0～1MHz 的输入信号，则会移除频谱中的直流信号，并在 9～11MHz、29～31MHz、49～51MHz 等处产生镜像信号。

在斩波过程中，被斩波的上边带信号不能被滤除，否则会使输入信号在斩波回原频带时产生误差。因为任何移除信号分量的操作都会被认为是对理想斩波频谱的抵消，所以这些信号分量都被视为斩波回原频带时新的输入信号。

4. 奈奎斯特准则

输入信号带宽超过采样频率的一半时出现的混叠现象如图 1.6 所示。从图 1.6 中可以看出，输入信号因带宽较大（超过了采样频率的一半），在经过采样后会产生信号混叠到基带中的现象。在 ADC 设计中，通过采用"抗混叠滤波器"来限制输入信号，可以防止混叠现象的产生。

这种对输入信号带宽的限制称为奈奎斯特准则。该准则最早由奈奎斯特提出。1949年，针对通信中的噪声，香农拓展了该准则的数学理论。完整的奈奎斯特准则为：如果一个函数没有包含高于带宽 BW 的频率，那么我们就可以在坐标轴上以一系列间隔为 1/2 BW 的

点描述出这个函数。

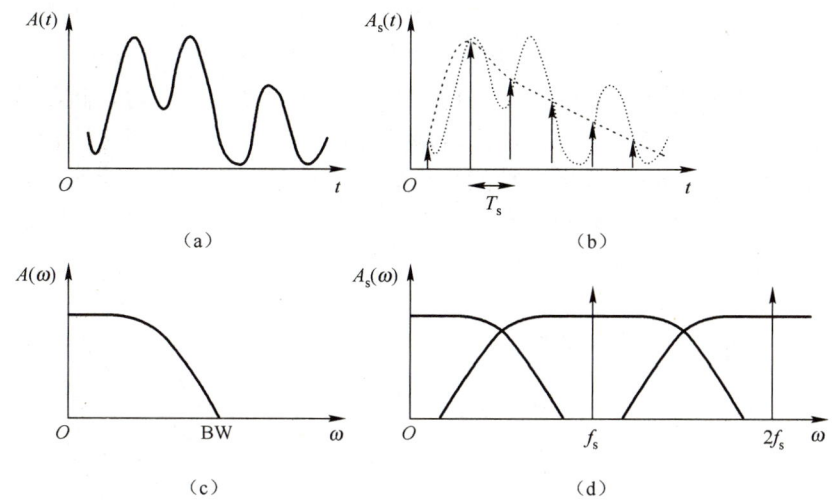

图 1.6　输入信号超过采样信号频率的一半时出现的混叠现象

奈奎斯特准则针对信号的带宽和采样频率，阐述了一个简单的数学关系，即

$$f_s > 2BW \qquad\qquad (1.22)$$

奈奎斯特准则成立的前提条件是假设用理想滤波器和无限时间周期来重构输入信号。然而，这个前提条件在实际情况中却无法达成。以压缩的音乐数据格式为例，被采样信号带宽为 20kHz，为了避免混叠现象，过渡带限制在 20～24.1kHz 之间，且要有 90dB 的衰减。要完成该指标，滤波器要具有 11～13 个极点，"开销"巨大。此外，滤波器还会在较高的基带频率上产生非线性相位。相位失真可以导致时域上的信号失真。幸运的是，如果采用过采样技术，我们就可以有效地将基带和混叠带区分开来。这种技术我们会在过采样 ADC 中详细讨论。

奈奎斯特准则表明可处理的信号带宽主要受限于采样频率。而该准则中的另一个隐含假设是有效带宽内填满了相关的信号。但在一些系统中，这个假设也不成立。以视频信号为例，它们由一系列点或线的图像组成，本身就是采样信号。频谱能量集中在单个视频信号频率的倍频处。而它们之间的中间频带并没有信号。我们可以很容易地用梳状滤波器来分离这些信号分量。而这些离散的采样信号带宽都满足奈奎斯特频率。

另一种更为先进的采样技术称为非归一化采样。在通信系统中，通常只有一些有限的载波信号同时在工作。有用信号分散在相对较宽的带宽之内，而且可以通过非归一化采样序列来进行重构。我们可以通过高频随机发生器来产生这个非归一化采样序列。这些载波携带的信号扩散到整个频带中。理论上，我们可以通过设计一些算法来恢复这些信号。在高度一致采样类型的前提下，我们只要一些输入信号就可以实现信号重构。这时完整的信号带宽仍然小于有效采样频率的一半，即满足奈奎斯特准则。

5. 抗混叠滤波器

从奈奎斯特准则中我们可以看出，输入信号必须是频带信号。因此，模/数转换必须经过限带滤波器进行处理。该滤波器滤除有用信号之外的信号分量，避免它们与输入信号进行混叠。在实际中，我们通常要选择高于奈奎斯特频率的信号作为采样信号。

　　基带信号和混叠信号之间的频率间隔决定了所需抗混叠滤波器的极点数。抗混叠滤波器的信号如图 1.7 所示。其中，每个极点都会使抗混叠滤波器产生每频程 6dB 的信号衰减。但过渡带陡峭的限带滤波器通常需要许多精确可调的极点。同时，抗混叠滤波器还应该具有一定的信号放大功能。这时，抗混叠滤波器的设计"开销"巨大，而且很难在生产中加以控制。另外，不能随意选择较高的采样频率，这是因为存储数字数据所需的容量及后级数据处理电路功耗会随着采样频率的增加而线性增加。

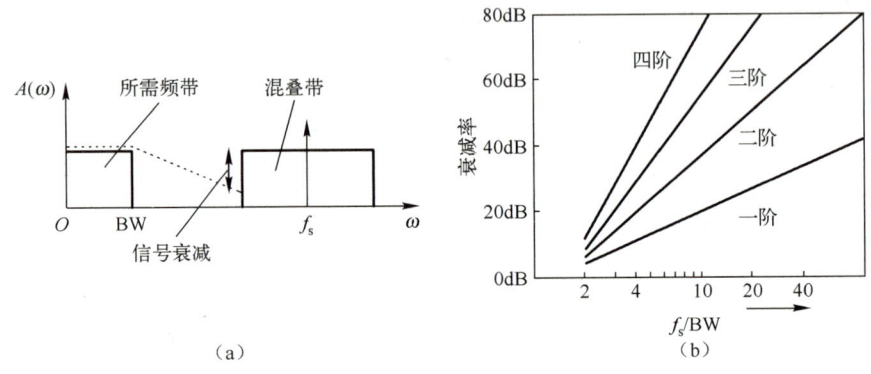

（a）　　　　　　　　　　　　　　　　（b）

图 1.7　抗混叠滤波器的信号

　　抗混叠滤波器可以是有源或无源的连续时间滤波器，也可以是离散时间的开关电容滤波器。抗混叠滤波器另一个功能是滤除系统中的干扰信号及电源中的噪声。在实际中，一些系统自身就具有限带功能。例如，在射频中，超外差接收机的中频滤波器就可以作为抗混叠滤波器；在一些传感器系统中，传感器自身输出信号就具有限带特性。

6. 采样噪声

　　包含开关和存储电容的采样等效电路如图 1.8 所示。与理想的情况相比，该电路增加了两个非理想元器件。开关电阻包含了输入源和电容之间的所有阻性元器件。由于电阻受到热噪声的影响，所以又增加了噪声源。此噪声源产生的噪声可以表示为

$$e_{\text{noise}} = \sqrt{4kTR\text{BW}} \tag{1.23}$$

式中，$k = 1.38 \times 10^{-23}\ \text{m}^2\text{kgs}^{-2}\text{K}^{-1}$，为玻尔兹曼常数；$T$ 为热力学温度。每个采样频率的倍频信号都会把邻近的噪声调制回基带，然后将这些噪声进行相加。

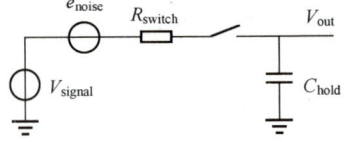

图 1.8　包含开关和存储电容的采样等效电路

　　在图 1.8 中，当开关闭合时，开关电阻和电容构成一个低通滤波器。因此，电容的平均噪声实际上是经过滤波器处理的电阻噪声，经过 RC 网络传递函数的处理，该噪声可以表示为

$$V_{C,\text{noise}}^2 = \int_{f=0}^{f=\infty} \frac{4kTR\mathrm{d}f}{1+(2\pi f)^2 R^2 C^2} = \frac{kT}{C} \Rightarrow V_{C,\text{noise}} = \sqrt{\frac{kT}{C}} \tag{1.24}$$

这种电容上的采样噪声我们通常称为 kT/C 噪声。从式（1.24）中可以看出，电阻产生的热噪声幅度并没有体现在这个公式中。实际上，增加电阻确实会相应地增加噪声能量。同时，增加电阻也会等比例地降低相关的噪声带宽。

为了解释这个现象，我们可以从经典的热力学理论中加以分析。根据均分定理，在热平衡状态中，热能平均地分布在每个自由度中。对于电容来说，只存在电势这一个自由度。所以包含在载流子 $CV_{\text{noise}}^2/2$ 热波动中的能量等于一个自由度中的热能，即 $kT/2$。

当 RC 的截止频率超过采样频率时，kT/C 噪声在 $0 \sim f_s/2$ 范围内为一个平坦的频谱。如果 RC 的截止频率较低时，我们就将噪声带宽作为一个普通的信号频带进行处理，即会发生频谱叠加及镜像现象。

kT/C 噪声表明了要选择最大采样电容。因此对于 ADC 来说，信噪比也受到该选择的影响。在室温下，当采样电容为 1pF 时，电容的噪声电压为 $65\,\mu\text{V}$。但是，大电容会占据大的芯片面积，而且会直接增加电路的功耗。

在采样系统中，kT/C 噪声的功率谱密度等于整个采样带宽内 kT/C 噪声的一半，即

$$S_{\text{ff,SH}} = \frac{2kT}{Cf_s} \tag{1.25}$$

用同样的电阻和电容构成连续时间滤波网络，且通带的截止频率 f_{RC} 为 $\dfrac{1}{2\pi RC}$ 时，噪声密度为

$$S_{\text{ff},RC} = 4kTR = \frac{2kT}{\pi Cf_{RC}} \tag{1.26}$$

从式（1.25）和式（1.26）中可以看出，在采样过程中，式（1.26）中的噪声密度增加了一个系数 $\pi f_{RC}/f_s$。该系数表明噪声会在基带内进行叠加，这对设计低频、高精度的 ADC 而言是一个巨大挑战。

在电路中，开关的时序会影响整体噪声的累加。在开关电容电路中，每个开关周期都会增加一部分噪声。因为这些噪声都是不相关的，所以它们会以平方根的形式累加。此外，当开关泄放电容上的电荷达到一个固定电压时，该电容也会产生 kT/C 噪声（复位噪声）。

7. 采样脉冲的抖动

在实际中，任何时刻的信号都具有有限的带宽，这意味着时钟信号不可能存在无限陡峭的上升沿。我们知道，振荡器、缓冲器和放大器都会在采样时产生噪声。如果噪声改变了缓冲器的导通电压，那么输出信号边沿与输入信号边沿的延时将不会是一个确定值，这种效应称为时钟抖动。时钟抖动导致采样时刻发生偏移，并采样到另一个信号值，如图 1.9 所示。与噪声分量类似，信号分量有时也会作用于时钟信号边沿。噪声源产生的时钟抖动会使信号产生噪声；输入信号源产生的时钟抖动则会导致信号产生谐波或失真（如果时钟抖动源和信号是相关的）。

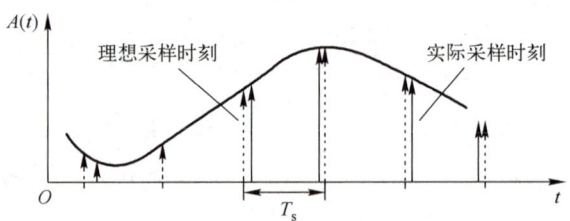

图 1.9　时钟抖动导致采样时刻发生偏移

在时序中，不均衡时钟信号路径产生的时钟信号偏移、子时钟模块的干扰、时钟信号导线产生的负载及边沿检测时产生的时钟倍频，都会导致系统失调。在噪声敏感的振荡器、锁相环及由有噪数字电源供电的长时钟缓冲器中，都会产生随机时钟抖动。在 CMOS 数字电路中，典型的时钟抖动信号边沿值为 30～100ps。

如果一个角频率为 ω 的正弦信号由一个抖动的采样脉冲进行采样，则这个正弦信号的幅度误差可以表示为

$$A[nT_s + \Delta T(t)] = A\sin\{\omega[nT_s + \Delta T(t)]\} \tag{1.27}$$

$$\Delta A(nT_s) = \frac{\mathrm{d}A\sin(\omega t)}{\mathrm{d}t}\Delta T(nT_s) = \omega A\cos(\omega nT_s)\Delta T nT_s \tag{1.28}$$

从式（1.28）中可以看出，这个幅度误差正比于这个正弦信号的斜率及时间误差的幅度。如果我们用标准差 σ_{jit} 代替时间误差，并表示为时序抖动信号，那么这个正弦信号幅度的标准差可以表示为

$$\sigma_{\mathrm{A}} = \sqrt{\frac{1}{T}\int_{t=0}^{T}(\omega A\cos(\omega t)\sigma_{\mathrm{jit}})^2 \mathrm{d}t} = \frac{\omega A\sigma_{\mathrm{jit}}}{\sqrt{2}} \tag{1.29}$$

在整个时钟周期 T 内，将式（1.29）的结果与 $A/\sqrt{2}$ 做比值，就可以得到信噪比（Signal-to-Noise Ratio，SNR）公式，即

$$\mathrm{SNR} = \left(\frac{1}{\omega\sigma_{\mathrm{jit}}}\right)^2 = \left(\frac{1}{2\pi f\,\sigma_{\mathrm{jit}}}\right)^2 \tag{1.30}$$

其单位通常为 dB，即

$$\mathrm{SNR} = 20\lg\left(\frac{1}{\omega\sigma_{\mathrm{jit}}}\right) = 20\lg\left(\frac{1}{2\pi f\,\sigma_{\mathrm{jit}}}\right) \tag{1.31}$$

对于采样信号，在一半的采样频带内，式（1.31）中信号功率与噪声功率的比值都是有效的。虽然式（1.31）是在假设没有信号相关性的情况下，描述了时钟抖动的效应，但式（1.31）仍然可以对时钟抖动信号进行有效的一阶近似估计。

对于不同的时钟抖动信号标准差，信噪比与输入信号频率的关系如图 1.10 所示。近年来，虽然 ADC 或数/模转换器（Digital-to-Analog Converter，DAC）设计技术不断进步，但要满足 $\sigma_{\mathrm{jitter}} < 1\mathrm{ps}$ 仍然是一个巨大挑战。

在离散时间域中，时钟抖动噪声与输入信号频率的线性关系可以使我们快速地提取时钟抖动信号。这里我们把时钟抖动描述成一种随机时间现象。在大多数情况下，时钟

抖动信号都会展现出一定的频率幅度分量。在一个锁相环电路中，我们可以观测到以下这些分量。

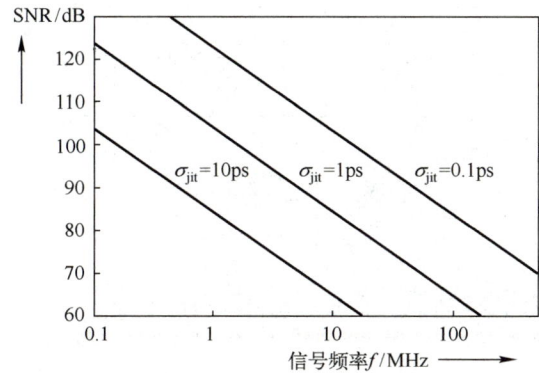

图 1.10　对于不同的时钟抖动信号标准差，信噪比与输入信号频率的关系

（1）输出信号中的白噪声（与频率无关）。

（2）振荡器的白噪声（从振荡频率开始，在功率谱中表现为下降的斜率 $1/f^2$）。

（3）在锁相环产生参考信号的倍频信号时，杂散信号会出现在输出信号频率的两侧，且具有相等的频率间隔。

（4）一些杂散信号和噪声会通过衬底耦合及输出调制进入锁相环电路中。

从频谱的角度考虑，时钟抖动信号频谱会调制输入信号。采样频率附近的时钟抖动信号会在输入信号周围产生频谱，如图 1.11 所示。由于时钟抖动产生的时间误差被调制回低频后会产生更小幅度的误差值，所以这时载波噪声比也会相应增加。

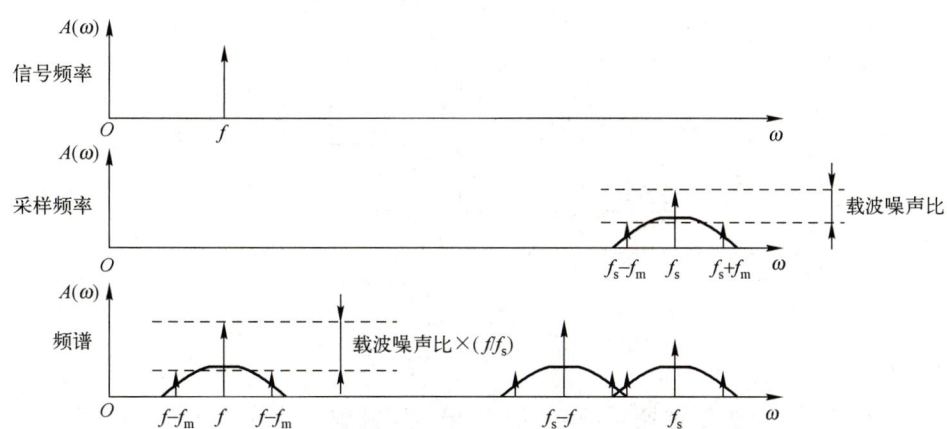

图 1.11　采样频率附近的时钟抖动信号在输入信号周围产生的频谱

数字缓冲器如图 1.12 所示。它会在理想采样信号中增加晶体管噪声。如果时钟抖动是由数字单元的延时时间变化产生的，那么时钟抖动信号也可能同时包含信号分量及较强的杂散分量。这种影响与图 1.11 中的现象相似，也会产生杂散分量和信号失真。此外，电源电压的波动会影响数字缓冲器的工作状态，从而在采样过程中产生时钟抖动信号及不确定的时钟沿。

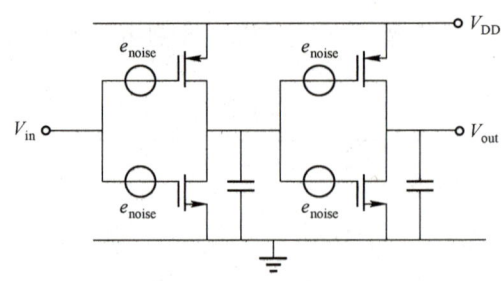

图 1.12　数字缓冲器

1.2　采样保持电路及跟踪保持电路

采样保持（Sample-and-Hold，SH）电路及跟踪保持（Track-and-Hold，TH）电路是执行采样操作的主要电路。在本节中，我们会对采样保持电路的性能指标、构成元器件及基本应用结构进行讨论。

1.2.1　采样保持电路

前面我们已经讨论过采样原理。对于采样保持电路的设计，要综合考虑采样过程造成的限制，并最优化采样功能。采样功能通常都是由跟踪保持电路来完成的。跟踪保持电路可以在 ADC 的采样周期内产生一个稳定的输入信号。跟踪保持电路主要由一个开关和一个电容组成，如图 1.13 所示。

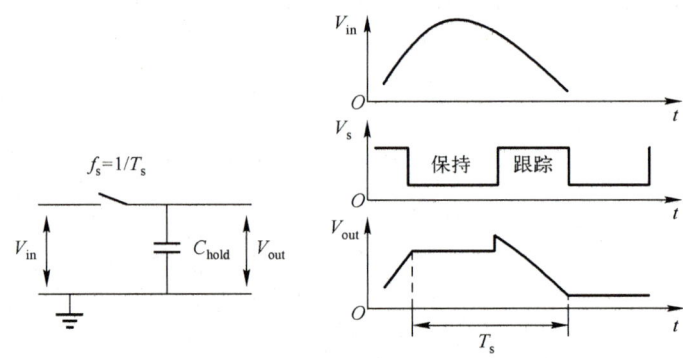

图 1.13　跟踪保持电路及其时序

在图 1.13 中，在开关导通期间，电容上的信号跟随输入信号变化（跟踪相位）；在开关断开时，电容上的信号保持为开关断开时刻的最终值（保持相位）。这个开关断开时刻称为理论采样点。两个跟踪保持电路串联起来，构成采样保持电路。其中，第二个跟踪保持电路由采样信号的反相信号进行触发。跟踪保持电路和采样保持电路的输入和输出信号的变化如图 1.14 所示。在整个采样周期内，采样保持电路可以保持信号不变，这使得后级电路可以进一步对采样保持电路的输出信号进行处理。

在 ADC 中，跟踪保持电路和采样保持电路都可以用于在特定的采样时刻，对模拟输入信号进行采样操作。采样保持电路可以在一个时钟周期内，将输出信号保持在采样时钟断开时的最终电平上，保证在模/数转换期间可以重复使用该信号。在模/数转换过程中，采样保持电路的作用如图 1.15 所示。

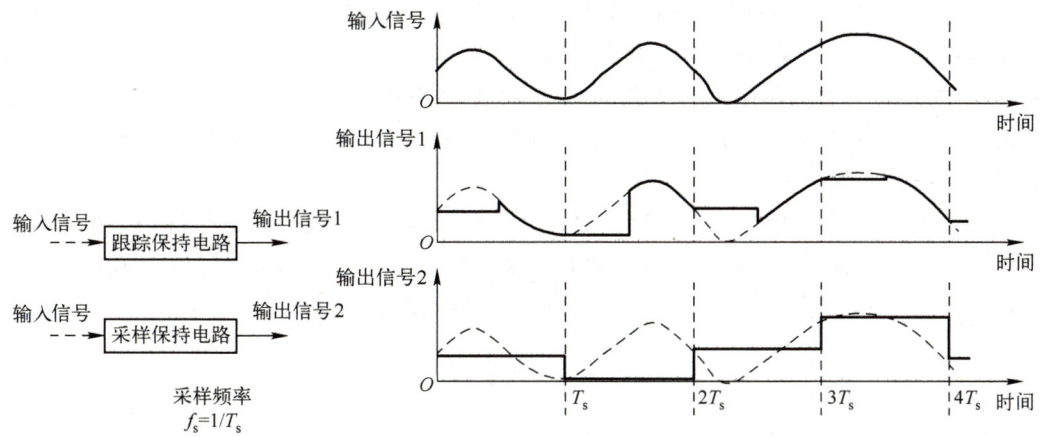

图 1.14　跟踪保持电路和采样保持电路的输入和输出信号的变化

采样保持电路的另一个应用是在数/模转换过程中，将狄拉克脉冲序列恢复成连续时间信号。在数/模转换过程中，采样保持电路的作用如图 1.16 所示。DAC 的输入信号是一系列对应于采样时刻而获得的数字码（这些数字码可以从 ADC 或其他数字信号处理电路中得到）。

图 1.15　在模/数转换过程中，采样保持电路的作用　图 1.16　在数/模转换过程中，采样保持电路的作用

我们对采样保持电路的输出信号进行频谱分析，同样可以得到理想的采样数据及输入信号的倍频信号频谱。在时域中，可以直接利用采样时刻的采样值作为该采样周期内所有时刻的值。零阶、一阶及高阶采样保持电路的输出信号如图 1.17 所示。从图 1.17 中可以看出，只要使用足够高阶的采样保持电路，我们就能恢复出采样信号。

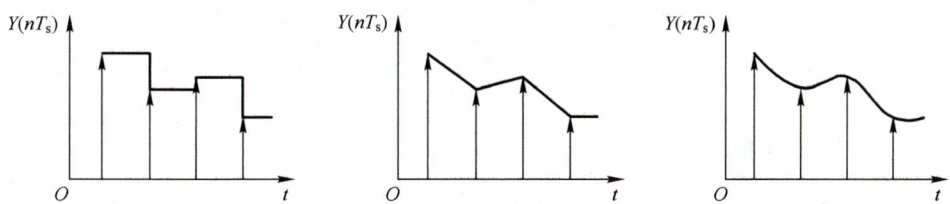

（a）零阶采样保持电路的输出信号　（b）一阶采样保持电路的输出信号　（c）高阶采样保持电路的输出信号

图 1.17　零阶、一阶及高阶采样保持电路的输出信号

在大多数 DAC 中，后级电路会使用插值模拟滤波器进行数据平滑，所以通常只会使用

零阶采样保持电路。此外，在采样周期内，数字输入信号都会存储在数据锁存器中，所以零阶采样保持电路都处于空闲状态。基于这种机制，无论电阻串型 DAC 还是电流型 DAC，都可以在任意时刻进行数/模转换。但当 DAC 的输出信号要在采样周期内完成建立时，就应该在输入端添加一级采样保持电路，以防止在输出端出现不完全的转换结果。当 DAC 的输出信号存在"毛刺"时，采样保持电路可以去除这些"毛刺"，并提高转换数据的质量。因此，采样保持电路的输出信号可以被后级电路在任意时刻进行处理，这也对采样保持电路提出了更高的设计要求。

在整个保持周期(T_h)内，零阶采样保持电路对采样时刻的采样值进行保持，但改变了采样信号的形状。这种改变是通过一个传递函数来实现的。我们可以认为这个传递函数的脉冲响应就是在整个保持周期内，将狄拉克脉冲序列乘以常数"1"得到的，即

$$h(t) = \begin{cases} 1, & 0 < t < T_h \\ 0, & \text{其他} \end{cases} \tag{1.32}$$

在频域中，零阶采样保持电路的传递函数 $H(\omega)$ 可以通过傅里叶变换得到（这个变换的结果具有时间量纲）。为了得到一个无量纲的传递函数，我们引入归一化的时间 T_s（采样周期），于是有

$$H(\omega) = \int_{t=0}^{t=\infty} h(t) \times e^{-j\omega t} dt = \frac{1}{T_s} \int_{t=0}^{t=T_h} 1 \times e^{-j\omega t} dt = \frac{\sin(\pi f T_h)}{\pi f T_s} e^{-j\omega T_h/2} \tag{1.33}$$

采样保持电路的时域和频域响应如图 1.18 所示。当保持周期逼近狄拉克函数时，采样保持电路的传输特性在整个频带范围内保持不变。当保持周期等于采样周期时，传递函数在采样频率和它的倍频上会产生一个零点。

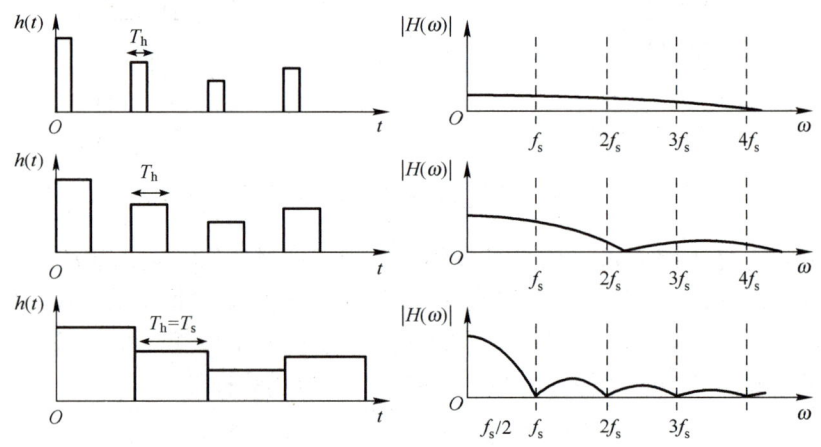

图 1.18　采样保持电路的时域和频域响应

1.2.2　特殊的性能

在模拟和采样数据域中，采样保持电路必须满足最高工作频率的要求。为了获得最高的信噪比，还必须尽可能地对采样保持电路输入最大幅度的信号。这两项要求使得采样保持电路成为实现最优化转换性能的关键因素。采样保持电路的性能通常包括失真（总谐波失真）、信噪比、功耗等。除了这些性能，采样保持电路的性能还包括平台误差、电压降、穿

通效应和孔径时间。

1. 平台误差

脉冲信号会使保持电容上的电压产生同步下降，这种现象称为平台误差。MOS 或 BJT 的基极电荷导电层的移除会使电荷流回源极及保持电容中，从而引起平台误差。

2. 电压降

在采样保持电路中，保持电容上的电荷可能发生泄漏，这时输出信号会产生电压降。在 BJT 电路设计中，该泄漏是由 BJT 的基极电流引起的。这种影响会导致采样频率下降很多。在深亚微米工艺中，BJT 栅极较薄，更容易产生电压降。

3. 穿通效应

在采样保持电路中，穿通效应描述了从输入信号到输出信号的转换过程中，MOS 开关的源漏电容引起不期望的耦合通孔连线或残余电荷耦合。在集成电路中，穿通效应影响较小，但通常仍要通过 T 形开关电路进一步降低该效应。

4. 孔径时间

孔径时间是指决定采样值所需要的时间。通常，孔径时间较短。在采样保持电路中，NMOS 开关在开始关断后，可能会保持较长的导通时间，这会导致孔径时间的增加。

通常，希望孔径时间越短越好，但双斜率 ADC 却具有非常长的孔径时间。这是因为双斜率 ADC 的输入信号要在孔径时间内进行积分，以滤除高频段的噪声。

1.2.3　电容和开关的应用

1. 电容

在跟踪保持电路和采样保持电路中，开关和电容是最主要的两个元器件。为了获得 40dB 以上的信噪比，要尽可能地降低电路中的 kT/C 噪声，此时电容值主要由 kT/C 噪声决定。对开关的要求主要取决于电容的使用方式。若将一个电容具有较大寄生参数的极板（通常是底极板）连接地时，就可以将其看成一个电压缓冲器。在大多数电容应用中，电容作为电压-电荷转换器（电荷存储器）使用，这就要求该种转换必须具有线性关系。

在 CMOS 开关工艺中，不同的应用要选择不同的电容，具体分析如下。

（1）在大多数应用中，扩散电容并不适用。因为它自身容易产生电荷泄漏，并且具有非线性及单位面积电容值小的劣势。

（2）栅-沟道电容具有最大的单位面积电容值。然而，这类电容需要较大的开启电压，且这个开启电压往往要超过晶体管的阈值电压，这意味着在电路中会产生较大偏置电压。

（3）互连层可以产生顶层平板电容和边缘电容。将不同的互连层层叠，奇数层和偶数层即可形成平板电容。这类电容不需要偏置电容，具有较好的线性度，并可抑制寄生效应。

（4）在一些工艺中，也可以使用金属-绝缘层-金属电容。

（5）在一些更古老的工艺中，也会使用双层多晶硅电容。但它的耗尽层会产生电压的非线性，对电路产生不利影响。

大多数电容结构都会有一定的非对称性，这主要是因为其中一个电容极板靠近衬底造成的。在电路拓扑结构中，我们通常都要将对噪声更不敏感的电容端口布置在靠近衬底的位置，从而减小衬底噪声对电容的影响。此外，应减小平行线之间的耦合电容。最后，要保持时钟线远离电容，或者在两者之间加入地线。

2. 开关

对于跟踪保持电路的开关，其导通电阻必须非常小且保持常数，而其关断电阻则为无穷大。对于 MOS 开关，它的导通电阻依赖于栅极电压与阈值电压的差值，即

$$R_{\text{on,NMOS}} = \frac{1}{(W/L)_N \beta_N (V_{DD} - V_{in} - V_{T,N})}$$

$$R_{\text{on,PMOS}} = \frac{1}{(W/L)_P \beta_P (V_{in} - |V_{T,P}|)} \tag{1.34}$$

当输入电压小于栅极电压与阈值电压的差值时，NMOS 导通，且最大的栅极电压可以等于电源电压；当输入电压高于栅极电压一个阈值电压时，PMOS 导通。在低电源电压和大信号传输时，MOS 开关中与电压相关的电阻会造成孔径时间的差异，并产生信号失真。不同尺寸 MOS 开关对保持信号的影响如图 1.19 所示。

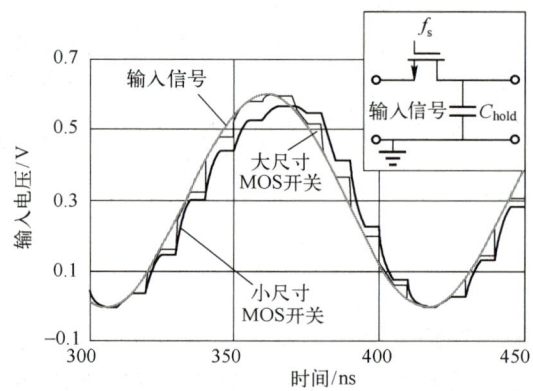

图 1.19　不同尺寸 MOS 开关对保持信号的影响

当将一个频率为 10MHz 的输入正弦信号采样到 10pF 电容上，且 MOS 开关的尺寸为 50/0.1μm 时，仿真结果显示没有对输出信号产生负面影响；但是，当 MOS 开关的尺寸缩小到原来的 1/10 时，仿真结果明显显示在更高的电压处，输入信号和输出信号之间的延时有所增加。这是因为在更高的电压处，MOS 开关具有更少的沟道电荷，同时 RC 时间常数也随之增加。这种与输入信号有关的孔径时间效应也是一种失真。

假设在整个输入信号范围内电阻的变化为 ΔR，那么有

$$R[V_{in}(t)] = R_0 + \frac{V_{in}(t)}{V_{in,\text{peak-peak}}} \Delta R \tag{1.35}$$

当输入信号 $V_{in}(t)$ 为 $0.5V_{in,\text{peak-peak}} \sin(\omega t)$ 时，电流值主要由电容值决定，即

$$I(t) \approx \omega C \times 0.5 V_{in,\text{peak-peak}} \cos(\omega t)$$

这时，电阻上的电压降分为线性项和二次项。其中，二次项可以被认为是出现在电容上的失真项，并可以表示为

$$\mathrm{HD}_2 = \frac{\omega \Delta RC}{4} \tag{1.36}$$

在固定电压控制的简单开关电路中，开关导通电阻与输入信号相关。一种应用较为广泛的低阻抗开关——CMOS 开关如图 1.20 所示。其中，NMOS 与 PMOS 两个晶体管相互补偿对方导通性较弱的区域。在整个输入电压范围内，CMOS 开关的电阻变化较小，导通电阻较为恒定。CMOS 开关的应用也意味着在 NMOS 与 PMOS 的栅极要同时获得时钟信号。如果 PMOS 在 NMOS 之前导通，这就会产生孔径时间的差异，从而产生输入信号失真。此外，CMOS 开关会对输入信号幅度产生一定的调制作用。

采用 CMOS 开关的优点在于 CMOS 开关在导通时具有相对稳定的导通电阻，从而减小输入信号采样时产生的失真。但随着电源电压的下降（如 1V 以下的电源电压），CMOS 开关已经处于截止边缘，无法对输入信号进行采样。

如图 1.21 所示，当采用 CMOS 开关进行采样时，由电源电压作为 NMOS 的栅极驱动电压，由地电位作为 PMOS 的栅极驱动电压，两者的时钟信号相位相反。当输入信号为 0 时，NMOS 的栅源电压即为电源电压，即 $V_{\mathrm{GS}} = V_{\mathrm{DD}}$。这时，即使电源电压低至 0.6V，也足以使得 NMOS 导通。

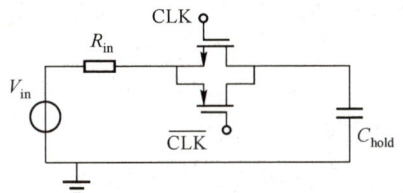

图 1.20　CMOS 开关

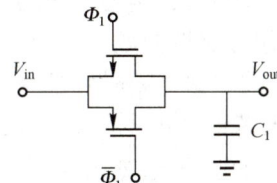

图 1.21　低电源电压下的 CMOS 开关

在 0.13μm CMOS 开关中，对于 NMOS，典型的 NMOS 阈值电压约为 0.3V；当 $V_{\mathrm{GS}} - V_{\mathrm{T}} \geq 0.2\mathrm{V}$ 时，NMOS 才能良好地导通，此时最小的 V_{GS} 为 0.5V；根据 $V_{\mathrm{GS}} = V_{\mathrm{DD}} - V_{\mathrm{in}} \geq 0.5\mathrm{V}$，可以得到 $V_{\mathrm{in}} \leq V_{\mathrm{DD}} - 0.5\mathrm{V}$；如果输入信号 V_{in} 继续增大，则 NMOS 不能导通。

对于 PMOS，有 $V_{\mathrm{in}} = |V_{\mathrm{GS}}| - |V_{\mathrm{T}}| \geq 0.2\mathrm{V}$，所以可以得到 $V_{\mathrm{in}} \geq 0.5\mathrm{V}$；当输入信号 V_{in} 更低时，PMOS 将不能导通。

综合以上讨论，输入信号要限制在 $0.5 \sim (V_{\mathrm{DD}} - 0.5)\mathrm{V}$ 的范围之内。0.13μm CMOS 开关的标准电源电压为 1.2V。为了在 CMOS 开关导通时完成采样，输入信号只能局限在 $0.5 \sim 0.7\mathrm{V}$ 的狭小输入范围之内，这就严重限制了 ADC 的动态范围。如果要进一步进行低功耗设计，就要降低电源电压。当电源电压下降至 1V 时，输入信号 V_{in} 的输入范围就几乎被压缩为 0V。此时，CMOS 开关无论何种情况都无法导通。

我们还可以得到另一个结论，即要对最小电源电压进行限制。仍以 0.13μm CMOS 开关为例，为了使 CMOS 开关具有较好的导通状态，电源电压的最小值不得低于两倍的 $(V_{\mathrm{T}} + V_{\mathrm{Dsat}})$，即 $V_{\mathrm{Dsat}} = 0.2\mathrm{V}$ 时，最低的电源电压不得低于 1V，否则 CMOS 开关不能应用在采样开关中。

当电源电压低于两倍的 $(V_{\mathrm{T}} + V_{\mathrm{Dsat}})$ 时，如何才能保证采样开关的有效性呢？目前，主要有以下 3 种方法来解决这个问题。

（1）改进工艺。在 0.35μmCMOS 开关工艺中，通常将 CMOS 开关设置为两种栅氧化层的厚度。其中，较薄的栅氧化层具有较低的阈值电压；较厚的栅氧化层则具有较高的阈值电压和较低的泄漏电流，从而在数字电路中可以降低待机时的功耗泄漏。但随着阈值电压的降低，相应地会存在一些局限性。若阈值电压较低，则 $i_{DS}-V_{GS}$ 曲线在弱反型区时会穿过 $V_{GS}=0$ 的坐标轴，即当 $V_{GS}=0$ 时，仍然存在泄漏电流，也就是亚阈区导电。由于阈值电压随着温度的变化率为 2mV/℃，而 CMOS 开关芯片的工作时温度往往高达 100℃，此时阈值电压可能比常温时低 200mV；同时，亚阈区泄漏电流与 V_{GS} 呈指数关系。因此在 CMOS 开关芯片温度较高时，较大的泄漏电流也会引起 CMOS 开关芯片额外的功率耗散，无法实现 CMOS 开关芯片低功耗。

（2）采用电压乘法器提供超过电源电压的输出电压。该输出电压只作为 CMOS 开关的栅极驱动电压，CMOS 开关中几乎没有电流，因此这种方法使 CMOS 开关附加功耗较小。电压乘法器通常由多级二极管和电容组成。电压乘法器的级数越多，输出电压越大，且电容越大，输出功率也越大。

电压乘法器存在以下一些不可避免的缺点。

① 因为电压乘法器的功率效率比较低，所以为了获得较大的功率效率，必须增大时钟频率及电容值，而高速时钟容易在衬底中注入脉冲干扰，在模拟电路中引入噪声。

② 必须仔细设计电压乘法器的输出电压范围，避免输出电压过高导致栅氧化层被击穿，从而引起可靠性问题。

③ 电压乘法器需要时钟驱动电路来驱动电容，且时钟驱动电路通常为片内 RC 振荡器，而 RC 振荡器会产生附加功耗，也会对衬底造成噪声扰动。

（3）采用低功耗运算放大器作为采样开关。这个低功耗运算放大器就是采样开关运算放大器。图 1.22 为传统开关电容积分器。其中，Φ_1 和 Φ_2 是相位差为 180° 的不交叠时钟信号。当 Φ_1 为高电平时，输入信号对采样电容 C_s 充电，输入信号 V_{in} 和参考信号 V_{ref} 分别注入采样电容 C_s 的两个极板；当 Φ_2 为高电平时，采样电容 C_s 上的电荷转移到积分电容 C_f 上。

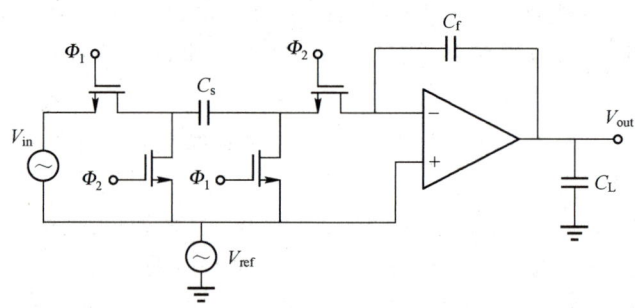

图 1.22　传统开关电容积分器

在单电源 CMOS 开关电路中，通常都设置参考电压 V_{ref} 为一个正值。我们首先假设在 0.13μm CMOS 开关中，阈值电压为 0.3V，输入电压为 0.6V，电源电压为 1V，参考电压为 0.2V。若在 Φ_1 为高电平时进行采样，则输入的栅源电压 $V_{GS}=V_{DD}-V_{in}-V_{ref}=1V-0.6V-0.2V=0.2V$，这时 $V_T=0.3V$，$V_{GS}<V_T$，因此 CMOS 开关处于截止状态，无法对输入信号进行采样。

　　一种解决采样开关在较低的电源电压时无法导通的有效方法就是在串联的开关电容积分器中插入采样开关运算放大器来代替 CMOS 开关。带有采样开关运算放大器的串联积分器如图 1.23 所示。虚线框内的采样开关运算放大器代替了原来电路中的 CMOS 开关。

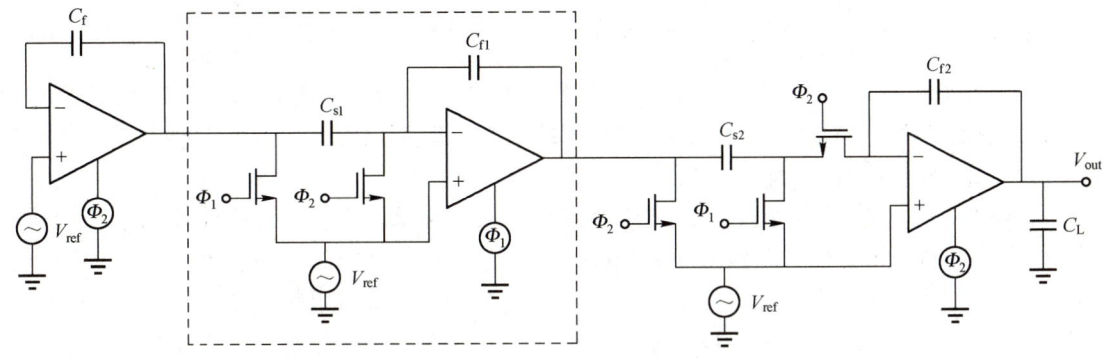

图 1.23　带有采样开关运算放大器的串联积分器

　　从图 1.23 中可以看出，虚线框中的积分器在 Φ_2 为高电平时与前级输出端相连，电容 C_{s1} 的左极板和右极板分别加载前级的输出信号和参考电压；当 Φ_1 为高电平时，电容 C_{s1} 的左极板加载参考电压，根据电荷守恒，此时 C_{s1} 的右极板即变为前级的输出端，其输出信号到下一级积分器中进行采样。由于各个 CMOS 开关的栅源电压 V_{GS} 都为 $V_{DD} - V_{ref}$，因此即使 CMOS 开关在较低的电源电压时，也能保证 CMOS 开关的导通。

　　典型的采样开关运算放大器如图 1.24 所示。采样开关运算放大器的基本结构为一个 Class-A 的两级密勒补偿结构，且为了满足开关的需要加入了两个由时钟信号控制的 M_9（NMOS）和 M_{10}（PMOS）。

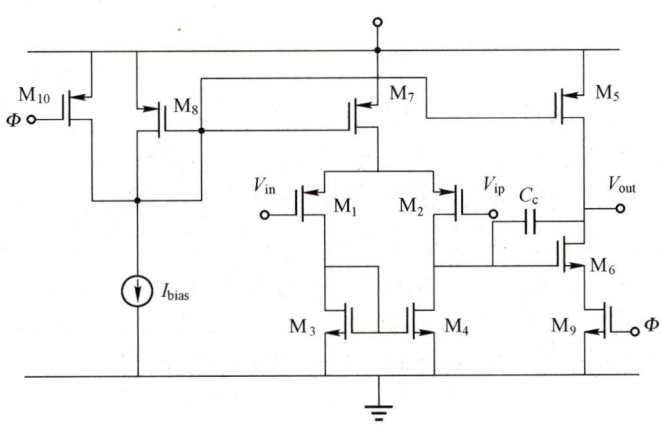

图 1.24　典型的采样开关运算放大器

　　采样开关运算放大器工作原理：当时钟信号 Φ 为高电平时，M_{10} 截止，M_9 导通，采样开关运算放大器处于正常工作状态；当时钟信号 Φ 为低电平时，M_{10} 导通，将 M_5、M_7 和 M_8 的栅极电压都拉至电源电压，使得这 3 个晶体管截止，此时 M_9 也截止，采样开关运算放大器停止工作。

　　再回到 MOS 开关的讨论中。我们知道，MOS 开关要在源极和漏极之间建立一个沟道电荷层才能导通，而沟道电荷又是栅电容和栅源电压的产物。在简单的跟踪保持电路中，有

效栅源电压为 $V_{DD}-V_T-V_{in}$，即一个固定的栅极驱动电压减去输入电压。在这个情况下，沟道电荷与输入信号是相关的。如果 MOS 开关关断，那么在保持电容中将会增加一部分信号电荷和一部分常数电荷，即

$$V_{hold} = V_{in} + \frac{Q_q}{2C_{hold}} = V_{in} + \frac{WLC_{ox}(V_{in}-V_{DC})}{2C_{hold}} = V_{in}\left(1 + \frac{WLC_{ox}}{2C_{hold}}\right) - \frac{WLC_{ox}V_{DC}}{2C_{hold}} \tag{1.37}$$

在实际情况中，当进行采样时，微小的输入信号会被放大，从而会损坏流水线型或基于算法实现的 ADC。在一些先进的工艺中，MOS 开关的沟道电荷较少，因此上述电荷的变化不会产生过多的负面效应。

当 MOS 开关关断时，我们必须移除 MOS 开关中存储的电荷，这样才能在下一个采样周期时获得精确的采样值。在实际中，MOS 开关中总会留有一部分残余电荷，而这部分残余电荷会平均分布在信号源和保持电容上。通常，MOS 开关的通断都具有一定的上升时间和下降时间，这时候沟道就不能被看成一个单一的元器件，而必须被看成一条传输线进行分析。MOS 开关的沟道电荷从传输线的一端流向 MOS 开关的输出端。MOS 开关两端阻抗的不同及 MOS 开关非理想的上升和下降时间导致采样电容上产生不期望的信号分量。在一些

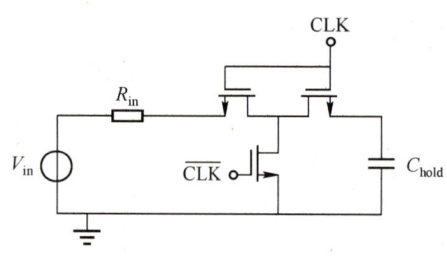

图 1.25　T 形开关电路

电路中，我们可以通过在跟踪保持电路的输入端添加电容平衡 MOS 开关两侧的阻抗值。

在输入信号和保持电容之间有时会存在容性耦合，产生时钟信号馈通。为了消除这种效应，我们可以采用 T 形开关的方法。T 形开关电路如图 1.25 所示。其中，T 形开关的两个串联晶体管由采样脉冲控制；第三个晶体管连接在两个串联晶体管的源极和地之间，由采样脉冲的反相信号进行控制。

3．底极板采样

我们之前讨论了与输入信号有关的沟道电荷会影响采样过程。为了消除这个影响，通常采用底极板采样的方式来解决。底极板采样的结构及时序如图 1.26 所示。其中，采样电容的底极板通过 MOS 开关连接地，M_{2A}、M_{2B} 略微在 M_{1A}、M_{1B} 前导通，使得 M_{1A}、M_{1B} 的时钟信号馈通和电荷注入不会对输出信号产生影响，而 M_{2A}、M_{2B} 的时钟信号馈通和电荷注入会对输出信号产生影响，从而使引入的输出信号误差通过差分结构消除。即便 M_{2A}、M_{2B} 的时钟信号馈通和电荷注入对输出信号的影响存在差异，但 M_{2A}、M_{2B} 的尺寸一般较小，所以引入的输出信号误差往往也可以被控制在精度要求范围之内。

4．栅压自举开关

为了克服各类失真及非理想效应，在采样保持电路中，通常采用栅压自举开关。

栅压自举开关的工作原理：在采样开关（栅压自举开关）导通时，采样开关的栅漏电压恒定，从而降低了采样开关引入的谐波失真。栅压自举开关电路如图 1.27 所示。其中，S_1、S_2、S_3、S_4、S_5 为开关；C 为自举电容；MS 为采样开关。当 CLK（时钟信号）有效时，MS 关闭，C 两端电压被充电到 V_{DD}；当 $\overline{CLK}$ 有效时，MS 导通，MS 的 V_{GD} 为 V_{DD}。栅压自举开关虽然可以降低导通阻抗和谐波失真，但也带来了可靠性的问题。在深亚微米的工艺下，如果 MOS 开关的 G、D、S、B 引脚中任意两个引脚的电压差超过 $1.7V_{DD}$，就会带来

可靠性的问题。

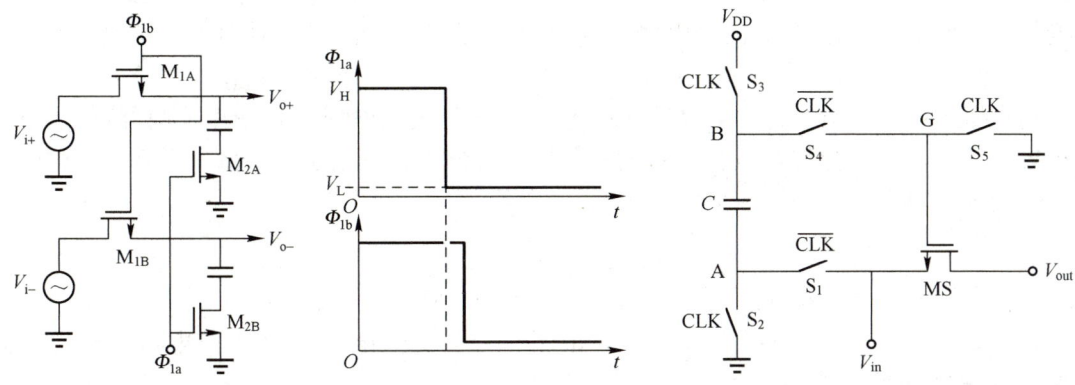

图 1.26　底极板采样的结构及时序　　　　　图 1.27　栅压自举开关电路

目前，栅压自举开关大致分为两类：有源栅压自举开关、无源栅压自举开关。有源栅压自举开关通常动态范围较高（大于 100dB），但带宽有限，设计相对复杂。无源栅压自举开关又可分为有衬底效应无源栅压自举开关和无衬底效应无源栅压自举开关两类。栅压自举开关的动态范围决定了栅压自举开关的具体结构。典型的无源 NMOS 型栅压自举开关电路如图 1.28 所示。

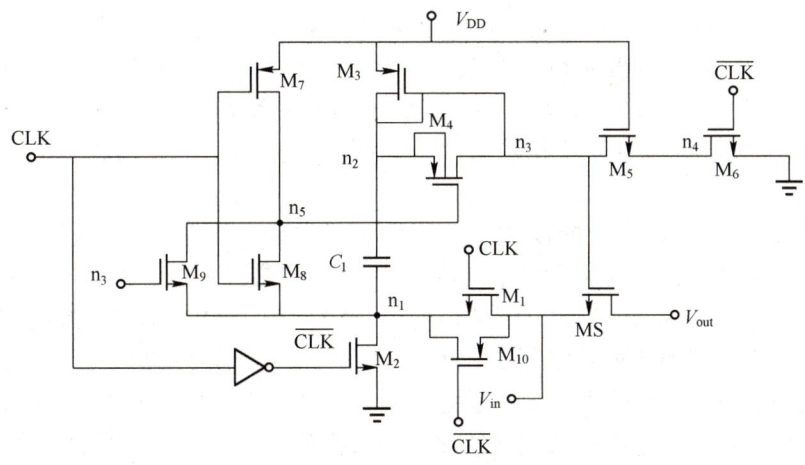

图 1.28　典型的无源 NMOS 型栅压自举开关电路

无源 NMOS 型栅压自举开关的工作原理：当 CLK 为低电平时，MS 处于保持状态，M_5、M_6 导通，节点 n_3 为低电平，M_3、M_2 导通，V_{DD} 通过 M_3、M_2 对电容 C_1 进行充电，C_1 两端电压被充至 V_{DD}（忽略 M_3、M_2 的导通电压降）。与此同时，MS 的栅极通过 M_5、M_6 接地，使其关断，M_1 和 M_{10} 组成的 CMOS 开关在时钟信号 CLK 的控制下保持关断。由于 M_7 导通，节点 n_5 为高电平，M_4 截止，使节点 n_3 与节点 n_2 断开。这样 MS 的输入端电压变化不会影响到电路内各节点电压。当时钟信号 CLK 为高电平时，MS 进入采样状态，M_1、M_{10} 导通，使节点 n_1 处的电压与输入电压 V_{in} 几乎相等，M_2 截止，M_4、M_8 导通，节点 n_3 处电位升高，M_3 截止，MS 的栅极与源极分别通过 M_4、M_1、M_{10} 与电容 C_1 连接，其栅源电压差近似为电容 C_1 上的电压 V_C。栅压自举开关通过采样状态将内部部分节点电压提升，降低了电路的可靠性。当 MOS 开关尺寸进入深亚微米后，MOS 开关 4 个引脚中任意两个引脚之间的电压差不能超过 $1.7V_{DD}$。为了提高无源 NMOS 型栅压自举开关电路的可靠性，在电路中增加了功能上相对冗余的 M_9 和 M_5。M_9 的作用是确保 M_4 在导通时的栅源电压不超过 V_{DD}。M_5 的作用是在 CLK 为低电平时，保证 M_6 的 V_{gd} 与 V_{ds} 不超过 V_{DD}。

需要指出的是，虽然电容 C_1 在保持阶段两端电压被充电到 V_{DD}，但在采样阶段由于寄生电容的存在，使得保持在电容上的电荷发生电荷分享。发生这个电荷分享后，电容两端电压变为 V_C，即

$$V_C = \frac{V_{DD}C_1}{C_1 + C_{pn1} + C_{pn2} + C_{pn3}} \tag{1.38}$$

式中，C_{pn1}、C_{pn2}、C_{pn3} 分别为节点 n_1、n_2、n_3 处的寄生电容。C_1 上的电荷分享现象会给电路带来非线性因素。

从式（1.38）中可以看出，V_C 的大小决定着开关导通阻抗的大小。在 V_C 不变的情况下，加大 MS 的尺寸可以减小导通阻抗，提高开关的带宽，同时 n_3 处寄生电容 C_{pn3} 也会增大，V_C 由于电荷分享的发生而变小。可见，在无源 NMOS 型栅压自举开关电路设计中存在尺寸、带宽之间的制约关系。所以，必须对无源 NMOS 型栅压自举开关电路中 C_1 的大小及各个 MOS 开关（特别是 MS）的尺寸仔细设计。

5. 对保持电容的缓冲设计

为了对保持电容的电压进行缓冲，可以采用源跟随器或源退化差分对作为缓冲器使用。这时，开环放大器的速度要和非线性进行折中设计。为了提高线性度，也可以采用反馈放大器。这类反馈放大器不但可以对保持电容的电压进行缓冲，也可以承担一部分模/数转换功能。因此在不同的 ADC 拓扑结构中，对缓冲器提出了不同的要求，具体有以下几方面。

（1）开关的信号带宽、缓冲器的输入、输出信号带宽都是互相关联的。在反馈结构中，开关的信号带宽通常要和缓冲器的输入、输出信号带宽相等，而缓冲器的输入、输出信号带宽又与运算放大器结构相关。通常，使用 NMOS 和 NMOS 输入级的缓冲器结构并不是一种最优的选择，因为这种结构会在通路上损失一部分的信号带宽。对于 ADC 来说，最优的缓冲器结构既可以允许较大幅度信号的传输，又可以使电路对工艺参数和电源电压的敏感度降低。所以，我们对跟踪保持电路的设计通常都从电路传输所需的信号带宽入手。

（2）如果缓冲器由一个单位增益反馈运算放大器构成，那么该运算放大器的最小直流增益为

$$A_{DC} > \frac{1}{\varepsilon} = 2^N \tag{1.39}$$

式中，ε 为建立误差。

从式（1.39）中可以看出，ε 未知，且为了获得更高的精度，要尽可能地降低 ε。实际上，在大多数运算放大器结构中，ε 中的一部分与信号线性相关，并且会产生微小的增益误差。这种误差在大多数 ADC 中基本是可以接受的。

（3）采样信号建立的速度依赖于跟踪保持电路达到所需精度输出信号的时间。为了在一个采样周期达到所需的输出信号精度，缓冲器的单位增益带宽至少要等于采样频率。通常

在采样信号的快速建立过程中，只有一小部分的采样脉冲周期用于采样信号建立，这时要求缓冲器的单位增益带宽大于采样频率的 3 倍以上。

1.2.4　跟踪保持电路

1. 基本结构

为了驱动跟踪保持电路及保持电容，缓冲器必须满足跟踪保持电路对带宽、失真及时间精度的最大要求。在现代低电压集成电路中，缓冲器很难满足这些要求。在一些系统解决方案中，工程师们不得不用片外驱动器来使缓冲器满足这些要求。片外驱动器驱动片上跟踪保持电路如图 1.29 所示。

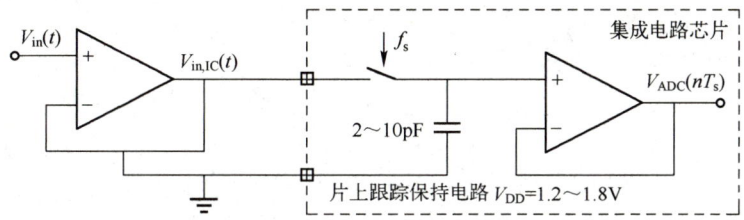

图 1.29　片外驱动器驱动片上跟踪保持电路

片外驱动器驱动片上跟踪保持电路的缺陷：该电路芯片的输入焊盘连接一个保护电路。这使得串联电阻和扩散电容会将输入端作为负载端，从而限制输入信号带宽，并使输入信号产生一定的失真。所以，跟踪保持电路通常采用栅压自举开关来保持导通电阻的恒定。

采用片外驱动器的方案存在一些不足之处。首先，为了对电容电压进行缓冲，要求缓冲器具有较大的输入范围，并且具有较高的共模抑制比（Common Mode Rejection Ratio，CMRR）；其次，缓冲器也会在电路中增加失调电压和 $1/f$ 噪声。

为了使缓冲器获得较大的输入范围，同时克服其他不利因素，我们可以采用失调抵消技术的跟踪保持电路，如图 1.30 所示。在跟踪相位（时钟信号开关闭合）时，缓冲器是一个单位增益反馈结构。缓冲器的失调电压及低频噪声都出现在运算放大器的负输入端，并存储在电容中。在保持相位时，只有反相时钟信号开关闭合。运算放大器通过电容形成反馈。根据电荷守恒，这时的输出信号将会"复制"输入信号，从而保证在电容两端具有和输入信号连接时相同的电压。在这种情况下，输出电压就不会受到输入失调电压及低频噪声的影响。但是，由运算放大器产生的高频噪声则会被采样到信号中。失调电压到输出信号的传递函数为

$$V_{\text{out,error}} = V_{\text{off}}(z)(1 - z^{-0.5}) \tag{1.40}$$

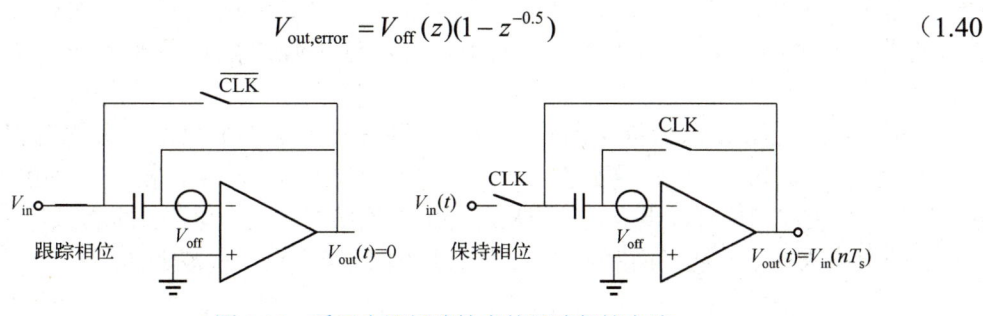

图 1.30　采用失调抵消技术的跟踪保持电路

假设时钟信号的占空比为 50%，其在频域的传递函数可以表示为

$$H(f) = 2\sin[\pi f / (2 f_s)] \tag{1.41}$$

从式（1.41）中可以看出，该传递函数有效降低了直流失调电压。然而，这种机制也将 $f_s/2$ 附近的信号放大了两倍，这是我们所不希望得到的。

下面讨论跟踪保持电路这类开关电容电路的噪声特性。跟踪保持电路在跟踪相位时的等效电路如图 1.31 所示。在跟踪相位的初始阶段，开关电阻中的连续时间噪声出现在电容上。同时，来自运算放大器负输入端的噪声也被采样到电容中。运算放大器的噪声主要由输入差分对噪声所决定。由于 $1/g_m \gg R_{sw}$，且开关电阻和采样电容的噪声又分布在一个较大的带宽范围之内，所以运算放大器的噪声在电路中是主要的噪声。

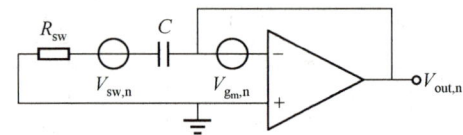

图 1.31　跟踪保持电路在跟踪相位时的等效电路

在图 1.31 中，用 $V_{g_m,n}$ 表示运算放大器的噪声电压，而输出噪声电压 $V_{out,n}$ 可表示为

$$V_{out,n}^2 = 2 \times \frac{4kT}{g_m} \int_{f=0}^{f=\infty} \frac{1}{1+(f/f_{UGBW})^2} \mathrm{d}f = \frac{8kT}{g_m} \cdot \frac{\pi f_{UGBW}}{2} \tag{1.42}$$

反馈通路将输出噪声电压返回输入端。结合输入差分对噪声频谱及单位增益传递函数，可以得到跨导噪声修正系数 α 为 1。式（1.42）中的系数 2 来源于两次不连续采样。这两次不连续采样分别是在跟踪相位时和保持相位重新连接时。系数 $(f_{UGBW}\pi)/2 \approx 1.57 f_{UGBW}$ 表示理想一阶传递函数能量的滚降特性。一级运算放大器的单位增益带宽由输入差分对的跨导和负载电容决定，即 $f_{UGBW} = g_m/(2\pi C_{load})$。二级运算放大器的单位增益带宽则由输入差分对的跨导和密勒补偿电容决定。于是，可得

$$V_{out,n}^2 = \frac{2kT}{C_{load}} \ \text{或} \ V_{out,n}^2 = \frac{2kT}{C_{Miller}} \tag{1.43}$$

因此，如果二级运算放大器的单位增益带宽与一级运算放大器的单位增益带宽成比例，那么密勒补偿电容则与一级运算放大器的负载电容大小相近。运算放大器的负载电容也包括了采样电容，这意味着采样电容的噪声电压大约为 $2kT/C$。

在反馈相位之后，电容的噪声电压包括两部分：采样噪声电压及运算放大器产生的连续时间噪声电压。这些噪声电压将会在下一个周期中被采样。开关电容电路在一个周期内的开关动作会产生多个独立的噪声，而这些噪声能量最终相加，恶化该电路性能。

一种标准的差分跟踪保持电路噪声传输机制——基于跨导器的差分跟踪保持电路如图 1.32 所示。其中，一个跨导器替代了原来的运算放大器；在采样相位时，电容直接连接输入信号；在反馈相位时，电容直接连接跨导器的输出端。这个电路并没有抵消失调电压，kT/C 噪声只被采样了一次，而跨导器在跟踪相位中的噪声也没有被采样。

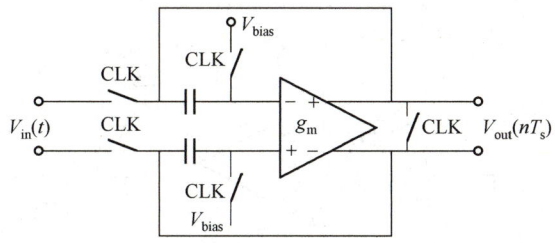

图 1.32　基于跨导器的差分跟踪保持电路

2. 跟踪保持放大电路

一种更复杂的跟踪保持电路在跟踪、保持信号的同时，还可以对信号进行放大，其电路如图 1.33 所示。在跟踪相位时，开关 S_3 闭合，将运算放大器连接为单位增益反馈电路，电容 C_1 和 C_2 并联连接输入信号；在保持相位时，开关 S_1 通过电容 C_2 产生反馈通路，而开关 S_2 将电容 C_1 连接地。这时，C_1 上对应输入信号的电荷就转移到 C_2 上，电路的输入电压和输出电压关系可以表示为

$$V_{\text{out}} = \frac{V_{\text{in}}(C_1 + C_2)}{C_2} \tag{1.44}$$

从式（1.44）中可以看出，对信号的采样使得噪声能量也增加了 C_1+C_2 倍。在保持和放大相位时，C_1 连接地。运算放大器的输入噪声也被放大了两倍，同时还加入了 C_1 的噪声。

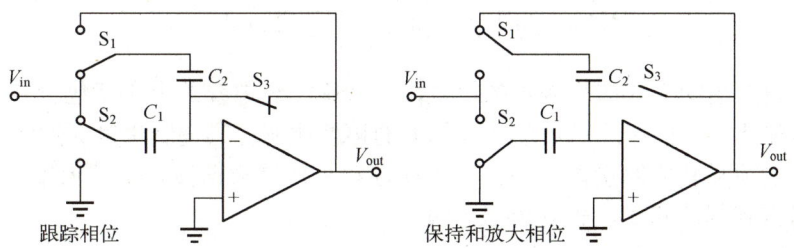

图 1.33　跟踪保持放大电路（主要用于流水线型 ADC）

虽然运算放大器的准确参数指标依赖于跟踪保持电路，但我们仍然可以给出一些大致的约束条件。为了获得足够低的失真值，运算放大器的直流增益要超过失真值。例如，要获得 60dB 的失真值，运算放大器增益要设计为 60～70dB。在一些模/数转换结构中，积分非线性和微分非线性与电荷转移的精度有关。

因为大多数运算放大器在跟踪保持电路中都连接为单位增益反馈结构，所以在保持相位时，运算放大器的建立时间常数必须满足建立误差的要求，即为$1/2\pi f_{\text{UGBW}}$。如果单位增益频率等于采样频率，那么时间常数 2π 只能满足一个完整的采样周期（$e^{-2\pi} = 0.002$）。我们通常都会选择单位增益频率为采样频率的 1.5～2 倍。在图 1.33 中，在保持相位时，运算放大器处于$(C_1 + C_2)/C_2$ 倍的放大模式。因此，单位增益频率也应该增加相应的倍数。

对于高精度 ADC，运算放大器的增益必须遵循式（1.39），才能避免不完全的电荷转移。另一种设计思路认为运算放大器输入误差为$V_{\text{out}}/A_{\text{DC}}$，通过降低输出电压可以降低输入误差，从而降低运算放大器增益，其电路如图 1.34 所示。

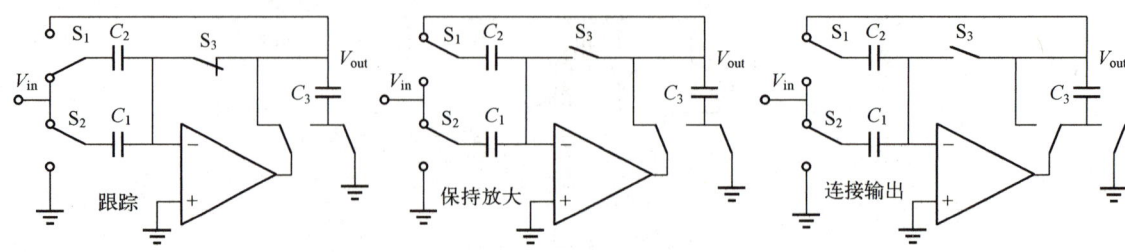

图 1.34　降低运算放大器增益的电路

3．失真和噪声

从前面的讨论可知，在跟踪保持电路的设计中，必须对失真和噪声的影响进行折中考虑。

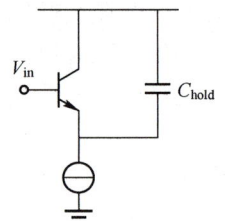

图 1.35　理想射随器电路

在如图 1.35 所示的理想射随器电路中，如果将输入信号复制到电容上，同时电流源提供理想的恒定电流，那么可以使晶体管中流出的容性电流 i_C 为 $j\omega CV_a \sin(\omega t)$。这个电流会对基极-发射极电压产生调制，即

$$I - i_C = I_0 e^{q(V_{BE} - \Delta V_{BE})/(kT)} \tag{1.45}$$

对式（1.45）的等号两边的表达式取对数，并进行泰勒级数展开，取其前 3 项可得

$$\Delta V_{BE} = \frac{kT}{q}\left[\frac{i_C}{I} - \frac{1}{2}\left(\frac{i_C}{I}\right)^2 + \frac{1}{3}\left(\frac{i_C}{I}\right)^3\right] \tag{1.46}$$

如果理想射随器的输入信号为正弦信号，那么施加在电容的电压就包含 2 次项和 3 次项等。它们是整体信号电流的函数项，与基波的幅度比例称为调制深度。通常，采用差分电路可以消除 2 次项和其他偶次谐波项，但 3 次项和其他奇次谐波项仍然保留。

我们可以得到基波和 3 次失真电压分量：

$$v_{C,1} = V_a - \frac{kT}{q}\left(\frac{V_a j\omega C}{I}\right)$$

$$v_{C,3} = \frac{1}{12}\frac{kT}{q}\left(\frac{V_a \omega C}{I}\right)^3 \tag{1.47}$$

从式（1.47）中可以看出，增大电流、减小信号幅度、降低频率或减小电容都可以降低 3 次失真电压分量的影响。从另一方面考虑，减小信号幅度和保持电容都会降低信噪比。失真与噪声电压相对保持电容的变化趋势如图 1.36 所示。失真与噪声电压相对保持电容的变化趋势正好相反，不可能同时得到最优化的失真和噪声电压。但对于给定电路的工作频率、信号幅度和偏置电流参数，存在一个最优的电容值可以最小化电路的噪声和失真电压。

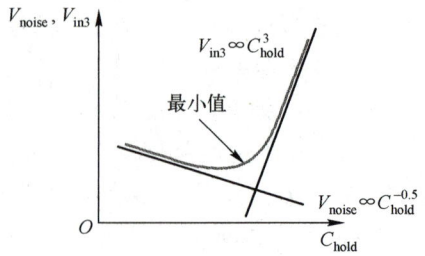

图 1.36　失真与噪声电压相对保持电容的变化趋势

1.3　量化

量化是模/数转换过程中的一个主要步骤。量化过程会产生积分非线性、微分非线性及单调性等问题。同时，信噪比也受量化过程的严重影响。数字采样信号通常包含一组比特数据，在二进制中，这些比特数据表示为 0 或 1。一个模拟信号的二进制表示受限于数字码的宽度及数字处理过程。模/数转换就要将模拟信号表示为最接近的数字码的过程，这个具体的转换过程称为量化。在模/数转换过程中，绝大多数的连续时间信号都要经历量化的过程。

量化最开始是在电话传输技术中产生的。在这个应用中，语音信号的幅度由一连串脉冲信号表示，这种技术称为脉冲调制编码（Pulse Code Modulation，PCM）。如今，该技术已经普及到多种技术应用中，作为描述量化后模拟采样信号的数字格式。

如图 1.37 所示，信号电压和一系列的参考值进行比较；这些参考值为一系列离散的电压值；连续信号的幅度与最接近的参考值进行比较，生成数字码。因此，在每一个模/数转换过程中都会产生误差信号。从模拟域到数字域的转换也就很自然地受到这些误差信号的影响，这些误差信号称为量化误差。量化误差产生的功率也限制了模/数转换过程的质量。

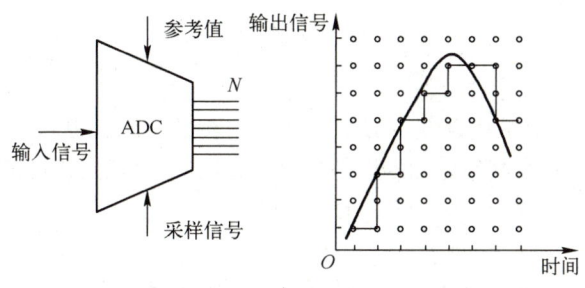

图 1.37　量化过程

在采样时刻后，将连续信号用最接近的离散值进行表示，大多数的离散值表示都是基于二进制码得到的，即都用 2 的 N 次方来表示。其中，指数 N 称为 ADC 的分辨率；它表示将连续信号划分为 2^N 个幅度步长。N_{out} 表示 ADC 输出的 N 位数字码。一个 ADC 的精度取决于量化的质量。许多工程师经常混淆"精度"和"分辨率"的概念。举个例子，我们将 0～0.8V 的连续信号量化为 8 个步长，理想值为 0V, 0.1V, 0.2V, …, 0.7V，分辨率为 3 位。但在实际中，这些量化步长会受到失调误差、增益误差和随机误差的影响。如果量化后的电压漂移到 0.04V, 0.14V, …, 0.74V，虽然它们之间的相对误差为 0，即分辨率非常精确，但当考虑外部的绝对电压值时，绝对精度便少了 0.04V。

在二进制中，通常用"直接二进制"来表示信号，即

$$B_s = \sum_{i=0}^{i=N-1} b_i 2^i = b_0 + b_1 2^1 + b_2 2^2 + \cdots + b_{N-1} 2^{N-1} \tag{1.48}$$

系数 2^{N-1} 称为最高有效位（Most Significant Bit，MSB），相邻两个量化步长的间隔称为最低有效位（Least Significant Bit，LSB）。LSB 的物理含义为

$$\frac{\text{输入信号摆幅}}{2^N} = \text{LSB} \Leftrightarrow A_{\text{LSB}} = \frac{\text{物理参考量}}{2^N} \tag{1.49}$$

式中，A_{LSB} 表示电压、电流、电荷或其他物理量；物理参考量为模拟物理量的范围。从式（1.49）中可以看出，不会对超出范围的信号进行转换。所以，在许多 ADC 中要定义"过载"范围。随着量化位数的增加，输入 ADC 的正弦信号 1～8 位的量化结果如图 1.38 所示。

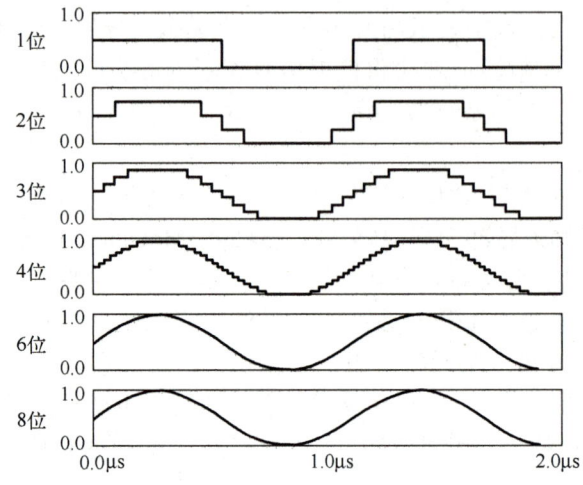

图 1.38　输入 ADC 的正弦信号 1～8 位的量化结果

1.3.1　线性度

理想 ADC 仅仅展现出量化误差，但实际上因为转换方法、电路结构、分辨率、采样频率及工程师的设计水平，还存在其他方面的误差。这里我们主要针对 ADC 的线性度问题进行讨论。

1. 积分非线性

在图 1.39 中，设 $A(i)$ 为模拟信号，数字码依次从 i 变化到 $i+1$。那么理想 ADC 的输入信号可以表示为 $A(i)=iA_{LSB}$。这时，ADC 的积分非线性（Integral Non Linearity，INL）表示为实际转换值与理想转换值的偏差，即

$$\text{INL} = \frac{A(i) - iA_{LSB}}{A_{LSB}}, \quad i = 0,1,\cdots,2^N-1 \tag{1.50}$$

积分非线性如图 1.39 所示。

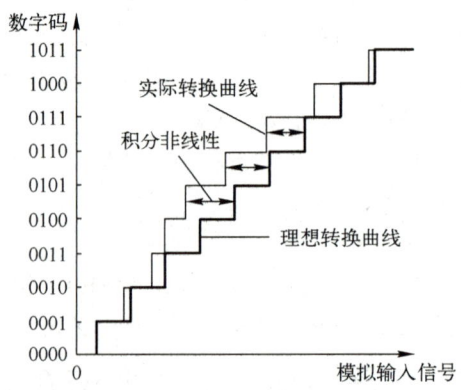

图 1.39　积分非线性

为了方便说明，更普遍的表示方法是用整个量化范围内的最大偏差与最低有效位数的比值来表示积分非线性：

$$INL = \max\left|\frac{A(i) - iA_{LSB}}{A_{LSB}}\right|, \quad i = 0,1,\cdots,2^N - 1 \tag{1.51}$$

从图 1.39 中可以看出，实际转换曲线发生了偏移，甚至与实际转换曲线产生了 1 个 LSB 的偏差。因此，我们就可以说该 ADC 的积分非线性为 1 个 LSB。

以上表明，ADC 的转换过程始于输入信号为零时，终止于输入信号达到最大幅度时，这一点在许多工业及测量仪器中具有十分重要的意义。在另一些系统中，由于采用了交流耦合技术，输入信号的绝对失调误差是可以接受的。但是，因为一些系统也会对转换曲线斜率中的偏移进行处理，这就会导致误差被放大。在这些情况中，我们对积分非线性具有较为宽松的定义：积分非线性是指实际转换曲线与最佳转换拟合曲线的对比结果。采用这个定义，图 1.39 中的积分非线性就不是 1 个 LSB，而是 0.5 个 LSB。当然这只是数值上的表示方法，而不是真将积分非线性进行了降低，但这是我们表示 ADC 积分非线性更为通用的表示方法。

ADC 的积分非线性与其谐波失真性能紧密相关。这是因为积分非线性的特性曲线决定了谐波分量的幅度。在频域中，我们通常用总谐波失真来表示 ADC 的线性偏差，总谐波失真（Total Harmonic Distortion，THD）可以表示为谐波功率与基波功率的比值，通常用对数形式表示，即

$$THD = 10\lg\left(\frac{谐波功率}{基波功率}\right) \tag{1.52}$$

由于高次谐波功率逐渐减小，所以在计算时通常只计算到 5 次或 10 次谐波功率。更高次谐波功率仅用于计算信纳比时使用。

2. 微分非线性

除了积分非线性，微分非线性（Differential Non Linearity，DNL）是另一个表征 ADC 和 DAC 直流转换曲线的重要参数。微分非线性定义为实际转换步长和理想转换步长（1 个 LSB）之间的差值，数学上可以表示为

$$DNL = \frac{A(i+1) - A(i)}{A_{LSB}} - 1, \quad i = 0,1,\cdots,2^N - 2 \tag{1.53}$$

与积分非线性类似，微分非线性也可以用其中的最大值表示为

$$DNL = \max\left|\frac{A(i+1) - A(i)}{A_{LSB}} - 1\right|, \quad i = 0,1,\cdots,2^N - 2 \tag{1.54}$$

有限的微分非线性如图 1.40 所示。在一些二进制结构的模/数转换器中，输入信号幅度的增加反而会产生更小的数字码，即 ADC 出现了非单调性。当 ADC 处于一个控制环路中时，这种非单调性会产生灾难性的后果。所以，许多系统要求 ADC 必须具有单调的转换特性，即输入信号幅度增加时，ADC 输出数字码产生正向增加或零增加。

在图 1.40 的高位段，输入信号的增加导致一次产生两个 LSB，跳过了一个数字码，这种错误称为失码。需要注意的是，一个失码等效的微分非线性为-1。8 位 ADC 的积分非线性和微分非线性如图 1.41 所示。微分非线性在 0.7 和-0.4 之间变化，这时我们就可以认为该

ADC 的最大微分非线性为 0.7。同样，积分非线性在 1.2 和-1.1 之间变化，那么此时该 ADC 的最大积分非线性就为 1.2。

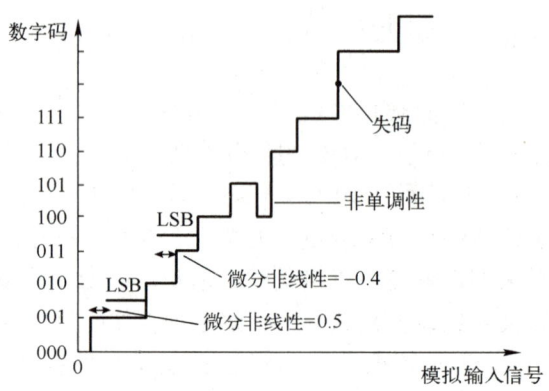

图 1.40　有限的微分非线性

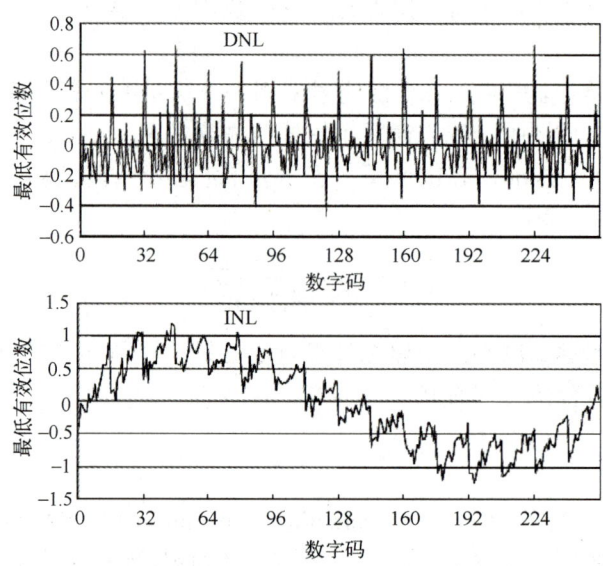

图 1.41　8 位 ADC 的积分非线性和微分非线性

1.3.2　量化误差

我们知道，量化的能量限制了 ADC 的性能。我们用一个 100MHz 的采样信号对 1MHz 信号进行采样，1～8 位量化的结果如图 1.42 所示。量化和采样是两个相互独立的过程。采样可以看成量化信号的独立预处理。在 1 位量化中，ADC 实际上是一个简单的单阈值比较器，将正弦输入信号转换为简单的方波。量化误差等于正弦信号傅里叶级数展开的高阶部分，即

$$f(t) = \frac{4}{\pi}\sin(2\pi f t) + \frac{4}{3\pi}\sin(3 \times 2\pi f t) + \frac{4}{5\pi}\sin(5 \times 2\pi f t) + \cdots \tag{1.55}$$

此时，基波功率与谐波功率的理论比值为 6.31dB。

当量化分辨率增加时，由于逼近正弦信号的多级离散信号功率增加，信号的谐波功率相应减少。量化实际上是一个失真的过程。布拉赫曼推导了量化信号 $\hat{A}\sin(2\pi f t)$ 第 p 次谐波的表达式：

$$y(t) = \sum_{p=1,3,5,\cdots}^{\infty} A_p \sin(2\pi p f t)$$

当 $p=1$ 时，　$A_p = \hat{A}$

当 $p=3,5,\cdots$ 时，　$A_p = \sum_{n=1}^{\infty} \frac{2}{n\pi} J_p(2n\pi\hat{A})$　　　　　　（1.56）

式中，A_p 为谐波项的系数；J_p 为一阶贝塞尔函数。对于幅度较大的信号 $\hat{A}$，式（1.56）最后两个表达式可以近似为

当 $p=1$ 时，　$A_p = \hat{A}$

当 $p=3, 5, \cdots$ 时，　$A_p = (-1)^{(p-1)/2} \frac{h(\hat{A})}{\sqrt{\hat{A}}}$　　　　　　（1.57）

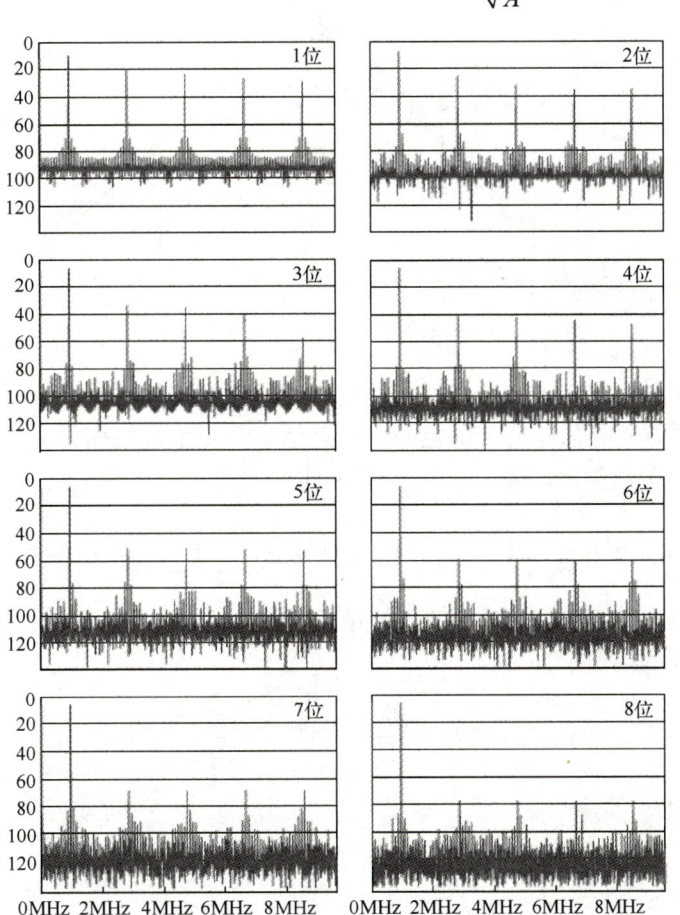

图 1.42　1～8 位量化的结果

对于 $\hat{A} = 2^3, 2^4, 2^5$，$h(\hat{A})$ 的值近似为常数。基波分量 A_1 和奇次谐波分量的比值近似为 $\hat{A}^{3/2} = 2^{3N/2}$，用 dB 值来表示。理论上，每增加 1 位的量化，奇次谐波的功率降低 9dB，但经过研究发现，实际上近似降低 8dB。

在系统层面，量化误差是一种非线性现象。在高于 6 位的量化中，我们可以用近似的方法来处理这种非线性。在量化过程的一阶近似中，我们认为在转换范围内连续时间信号具

有一致的概率分布密度。这种假设没有考虑信号的不同特性，其结果也不会因为信号特性的不同而发生变化。

当 ADC 的输入信号稳定增加时，产生的误差信号（锯齿波为误差信号）如图 1.43 所示。误差信号在-0.5LSB～0.5LSB 转换值之间变化。我们可以用两个跳变点之间的平均值来重建输入信号。如果量化步长一致，我们就可以获得最优的量化质量和最低的误差功率。误差功率在 ADC 的分析和应用中具有重要的地位。对于小信号输入及低分辨率的 ADC，量化误差取决于输入信号，并以失真的形式出现在信号中。然而，对于幅度足够大的输入信号，并且频率与采样频率无关时，大量失真信号及折叠返回的采样信号就可以用误差信号的统计值进行逼近。在 $0\sim f_s/2$ 及更高的镜像频带内，这个确定的误差信号近似为白噪声，且仅具有一部分的噪声特性。

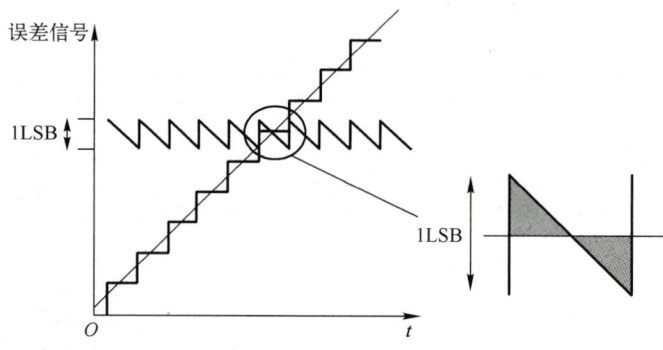

图 1.43　产生的误差信号（锯齿波为误差信号）

我们假设在-0.5LSB～0.5LSB 之间误差信号的概率密度为常数，且均匀分布，该范围内的功率是通过计算方差的估计值来确定的。误差信号幅度平方的积分乘以概率密度函数就可以得到等效的量化误差功率，即

$$量化误差功率 = \frac{1}{A_{\text{LSB}}} \int_{\varepsilon=-0.5A_{\text{LSB}}}^{\varepsilon=0.5A_{\text{LSB}}} A_{\text{error}}^2(\varepsilon)\mathrm{d}\varepsilon = \frac{1}{A_{\text{LSB}}} \int_{\varepsilon=-0.5A_{\text{LSB}}}^{\varepsilon=0.5A_{\text{LSB}}} \varepsilon^2\mathrm{d}\varepsilon = \frac{A_{\text{LSB}}^2}{12} \tag{1.58}$$

在大多数应用中，由式（1.58）确定的量化误差功率具有足够高的精度。量化误差功率也可以用输入信号摆幅表示为

$$量化误差功率 = \frac{A_{\text{LSB}}^2}{12} = \left(\frac{输入信号摆幅}{2^N \sqrt{12}}\right)^2 \tag{1.59}$$

式中，N 为 ADC 的分辨率。

1.3.3　信号与噪声

前面介绍过，当 $N=7$ 时，误差信号频谱已经可以近似看成白噪声。奇次谐波大致等于-54dB。在一些特定的系统中，我们必须特别注意量化误差的失真部分。如果量化误差的白噪声假设成立，那么量化误差噪声会将 ADC 的分辨率限制在 14～16 位。

许多系统的规格参数都是基于正弦输入信号进行定义的，这是由于我们可以比较容易地产生高精度的正弦信号。因此，在 ADC 中，我们也用正弦信号来表征电路的性能。作为 ADC 最重要的参数指标，信噪比（SNR）定义为输入信号功率与噪声功率的比值，即

$$\text{SNR} = 10\lg\left(\frac{\text{输入信号功率}}{\text{噪声功率}}\right) = 20\lg\left(\frac{V_{\text{signal,rms}}}{V_{\text{noise}}}\right) \tag{1.60}$$

ADC 的量化误差都是非相关的，因此产生的噪声频谱都是白噪声频谱。这些噪声功率分布在 $f=0$、$f=f_{s}/2$ 及采样频率的倍频处。我们可以用量化误差功率来计算等效信噪比：

$$量化误差功率 = \frac{A_{\text{LSB}}^{2}}{12}$$

$$输入信号功率 = \frac{1}{T}\int_{t=0}^{t=T}\hat{A}^{2}\sin^{2}(\omega t)\mathrm{d}t = \frac{\hat{A}^{2}}{2} = \frac{2^{2N}A_{\text{LSB}}^{2}}{8}$$

$$\text{SNR} = \frac{输入信号功率}{量化误差功率} = \frac{3}{2}\times 2^{2N}$$

$$\text{SNR} = 10\lg\left(\frac{3}{2}\times 2^{2N}\right) = 1.76 + N \times 6.02 \tag{1.61}$$

式（1.61）经常作为指导 ADC 信噪比的设计公式，因此一个 8 位 ADC 的信噪比就被限制在 50dB 以内。这些信噪比定义也存在其局限性。虽然可以用高斯白噪声来近似量化误差功率，但实际上量化误差功率还存在着其他的失真项。我们采用不同的 N 值对理想 ADC 进行信噪比仿真。当 $N=1$ 时，仿真结果接近于数学计算结果。但随着 N 值的增加，仿真结果会在一定程度上小于理想计算值。这种过估计的原因是我们假设信号在整个范围都是一致的，但实际上正弦信号波峰值和波谷值仍然存在着些许不同。

可以采用两种方式来降低量化误差功率，即增加分辨率和增加 f_{s}，将噪声在整个频带内压缩。在确定的带宽内，将采样频率加倍就可以将量化误差功率减半，从而获得更高的信噪比。因此，普遍采用的设计技术有奈奎斯特 ADC 和过采样 ADC 两种。

信噪失真比又称信纳比，可以表示为

$$\text{SINAD} = 10\lg\left(\frac{输入信号功率}{量化误差功率 + 热噪声功率 + 谐波功率}\right) \tag{1.62}$$

无杂散动态范围（Spurious-Free Dynamic Range，SFDR）表示输入信号功率与最大失真信号功率的比值。

动态范围（Dynamic Range，DR）表示输入信号功率与噪声底极板功率的比值，它有时等于信噪比或信噪失真比。

为了清晰地表征 ADC 精度，我们通常用有效位数（Effective Number of Bits，ENoB）对其进行表示，即

$$\text{ENoB} = \frac{\text{SINAD} - 1.76}{6.02} \tag{1.63}$$

利用有效位数，我们就可以很容易地对不同 ADC 进行比较。假设存在一个 8 位分辨率的 ADC，如果测试结果为 6.8 位，那么我们就认为该 ADC 的有效位数为 6.8 位，其损失了相当一部分的动态性能。通常，对于 8 位 ADC，损失的精度不能超过 0.5 位；对于 12 位 ADC，损失的精度不能超过 1 位。

第2章 ADC 基础

自 20 世纪 90 年代以来，数字电路在许多领域中逐渐取代模拟电路，已成为集成电路中重要的环节。但模拟电路作为最为经典的电路设计形式，仍然在许多方面具有不可撼动的地位。ADC 通常用于传感器信号的采样及数字化，其目的在于使不同的电流或电压信号可以在数字域进行处理。本章着重介绍 ADC 的基本概念和性能参数，为学习 ADC 电路做好知识储备。

2.1 性能参数

用户可以通过不同的性能参数来定义 ADC。有的 ADC 要求传递函数中不能有失码情况出现，而有的 ADC 则需要较低的输出噪声。因此，我们必须熟知 IEEE Std 1241—2000 定义 ADC 的各项性能指标。例如，ADC 的分辨率是指 N 位 ADC 可以识别的最小输入电压，但是 ADC 的分辨率并不能定义其精度（即可识别的位数）。当一个 20 位 ADC 受到噪声的严重干扰时，其 20 位中可能只有 12 位可以进行稳定的模/数转换。ADC 的性能参数可以分为直流参数和交流参数。

ADC 的很多参数都可以用最低有效位（LSB）表示，输入电压范围（最大幅度）除以数字码的总数等于 1 LSB。如果一个 12 位 ADC（总共 4096 个数字码）的输入电压范围是 4.096V，则该 ADC 的 LSB 等于 1mV。

一个理想的 3 位 ADC 传递函数曲线如图 2.1 所示。该曲线从比最低数字码——负满刻度值（Negative Full Scale，NFS）低 0.5LSB 处开始，在比最高数字码——正满刻度值（Positive Full Scale，PFS）高 1.5LSB 处结束。将 ADC 根据不同的模拟输入电压输出数字码的过程称为数字码转换。

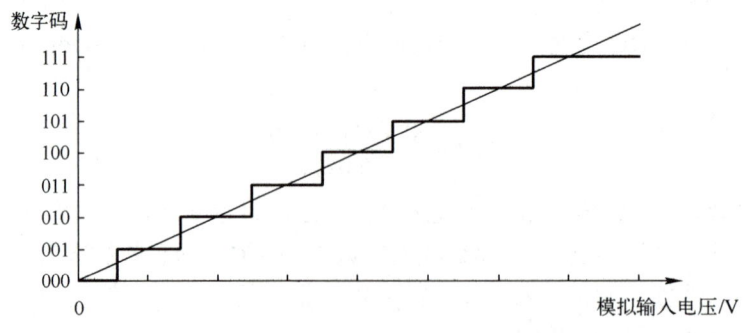

图 2.1 一个理想的 3 位 ADC 传递函数曲线

并行 ADC 又称快闪型 ADC。它通过电阻分压产生不同的输入参考电压，并同时与输入电压 V_{in} 通过比较器进行比较，且一个时钟周期后就可得到比较结果。

如图 2.2 所示，输入电压通过电阻分压器产生数字码并转换所需的参考电压。该参考电压与比较器的同相输入端相连，而模拟输入电压与比较器的反相输入端相连。

在图 2.2 中，模拟输入电压为 1.9V，所以低 4 位比较器输出的数字码都是 1，高 3 位比较器输出的数字码都是 0。这些比较器输出的数字码称为温度计编码。温度计编码还要通过数字电路转换成二进制编码。在图 2.2 中，并行 ADC 的输出数字码是 100。

从并行 ADC 的结构可以看到，一个 N 位并行 ADC 需要 2^N-1 个比较器。该 ADC 的复杂程度随着精度位数的增加呈指数级增加，所以全并行 ADC 的精度一般不超过 10 位。

并行 ADC 可以在一个时钟周期内完成所有位的模/数转换，因此并行 ADC 的转换速度非常快，其采样速度一般超过 1GHz。

一些 ADC 可以在不使结构复杂的同时也能实现模/数转换的功能，如著名的折叠型 ADC。

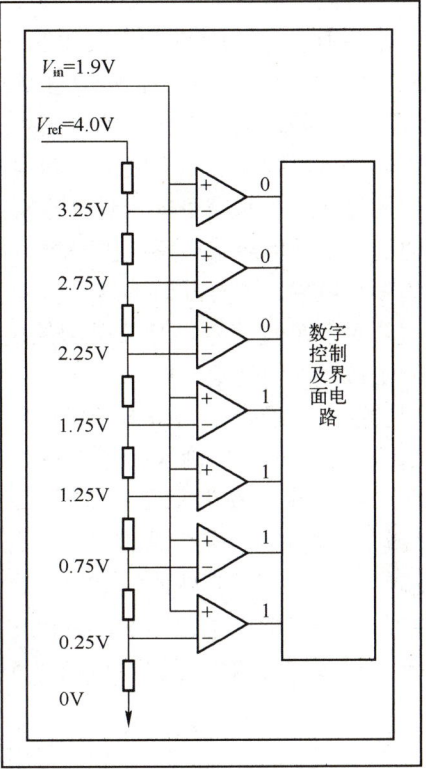

图 2.2　3 位并行 ADC

2.1.1　直流参数

直流参数描述了在不考虑动态特性时 ADC 传递函数的精度。至于 ADC 的动态特性，如由采样保持电路引起的输入频率非线性，我们将在 2.1.2 节中介绍。

1. 增益与误差

ADC 的传递函数定义了端点电压。单极型 ADC 以 0V 作为波谷电压，以参考电压或参考电压的整数倍作为电压峰值。双极型 ADC 的输入电压范围为负参考电压的整数倍到正参考电压的整数倍。单极型和双极型 ADC 的输入电压范围如图 2.3 所示。其中，FS（Full Scale）表示满刻度值。

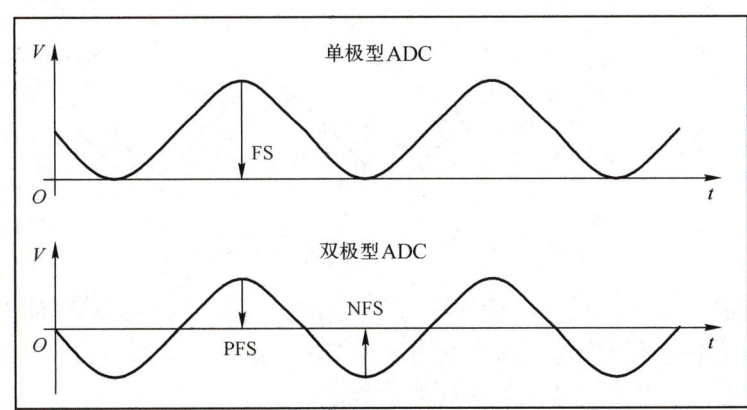

图 2.3　单极型和双极型 ADC 的输入电压范围

在通常情况下，信号利用单边走线并以电源地电位为参考电压，这种信号称为单端信号。单端信号的工作方式特别适用于以 ±15V 为电源电压的应用中，在这种情况下，地线独立于回流电流。

随着半导体制造工艺尺寸的进一步缩小，电路电源电压也随之减小。目前，单电源的 5V 电源电压已经成为业界的普遍应用标准。在这些应用中，电源电流通过地电位返回输入源，此时的地电位也作为单端信号的参考电位。任何直流电源电流都可以通过地电阻上产生直流电压，因此要以固定电位的地电位作为参考。对于一些时钟系统，情况可能更为恶化，因为这些时钟系统可能为数字电路或 DC—DC 转换器。它们会向地平面注入脉冲电流，并通过寄生地电阻或电感产生噪声电压。如果在应用中以含有噪声电压的地电位作为单端信号的参考电位，并且此时的地电位不为 0，那么在传输信号中就会引入误差。

对于单端信号，开关引起的电荷注入效应是另一种误差源。在电路设计中，开关主要应用在采样保持电路中。

因此，现今采用单电源供电的 ADC 大都采用差分结构。这就意味着 ADC 要对正输入信号（INP）和负输入信号（INN）之间的差分电压进行转换。电路中不同的信号类型如图 2.4 所示。噪声和失真信号对输入信号来说是共模信号。差分结构可有效抑制噪声和失真信号对输出信号造成的干扰。此外，设计者还经常使用伪差分结构。该结构的一个输入端接固定电位（典型值为 0V）。在双极型 ADC 中，该输入端可以连接 2.5V 电压。在应用中，如果将地电位或 2.5V 直流电压与输入信号一同作用在输入端，并与输入信号平行走线，那么可有效地抑制噪声信号带来的失真。

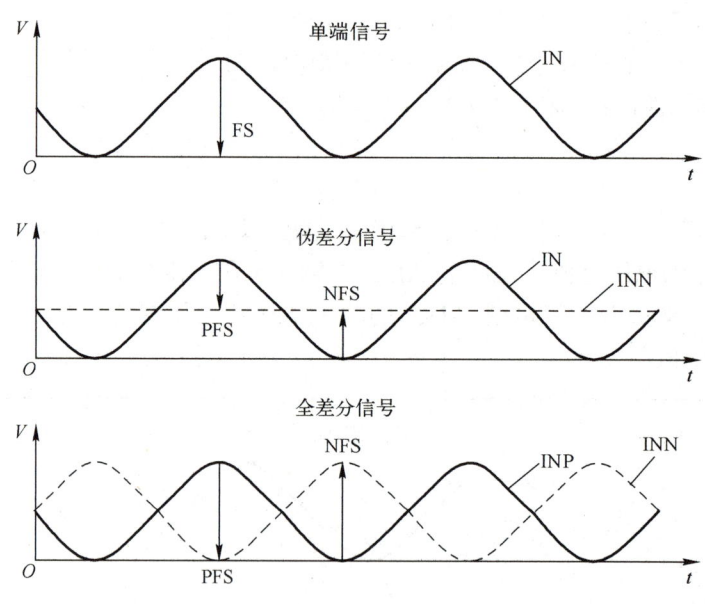

图 2.4　电路中不同的信号类型

全差分结构的负输入信号与正输入信号是反相平行的。这种结构可使输入电压的动态范围增加一倍而又不会超过电源电压。利用这种方法，设计者可以增加一倍的输入信号幅度而不产生失真信号，同时可有效增加系统的信噪比。

以德州仪器公司生产的基于折叠闪存结构的 ADS12D1800RF 芯片为例，其模拟输入信号参数如表 2.1 所示。在表 2.1 中，全差分信号被定义为"满刻度差分输入电压范围"。共模输入电压受"电压范围"的限制。在通常情况下，输入信号（INP 和 INN）范围与共模输入电压范围一样，也可定义为差分信号幅度的函数。

表 2.1　ADS12D1800RF 芯片的模拟输入信号参数

参　　数	最 小 值	典 型 值	最 大 值	单　位
电压范围	−0.4	—	2.4	V
满刻度差分输入电压范围	740	800	860	mV
差分输入电阻	91	100	109	Ω
差分输入电容	—	0.02	—	pF
输入电容（引脚接地）	—	1.6	—	pF

增益误差是指实际输入电压范围与理想输入电压范围之间的差值与理想输入电压范围的比值，即

$$增益误差 = \frac{实际输入电压范围 - 理想输入电压范围}{理想输入电压范围} \tag{2.1}$$

参考电压和地电位误差造成的并行 ADC 终端节点误差如图 2.5 所示。

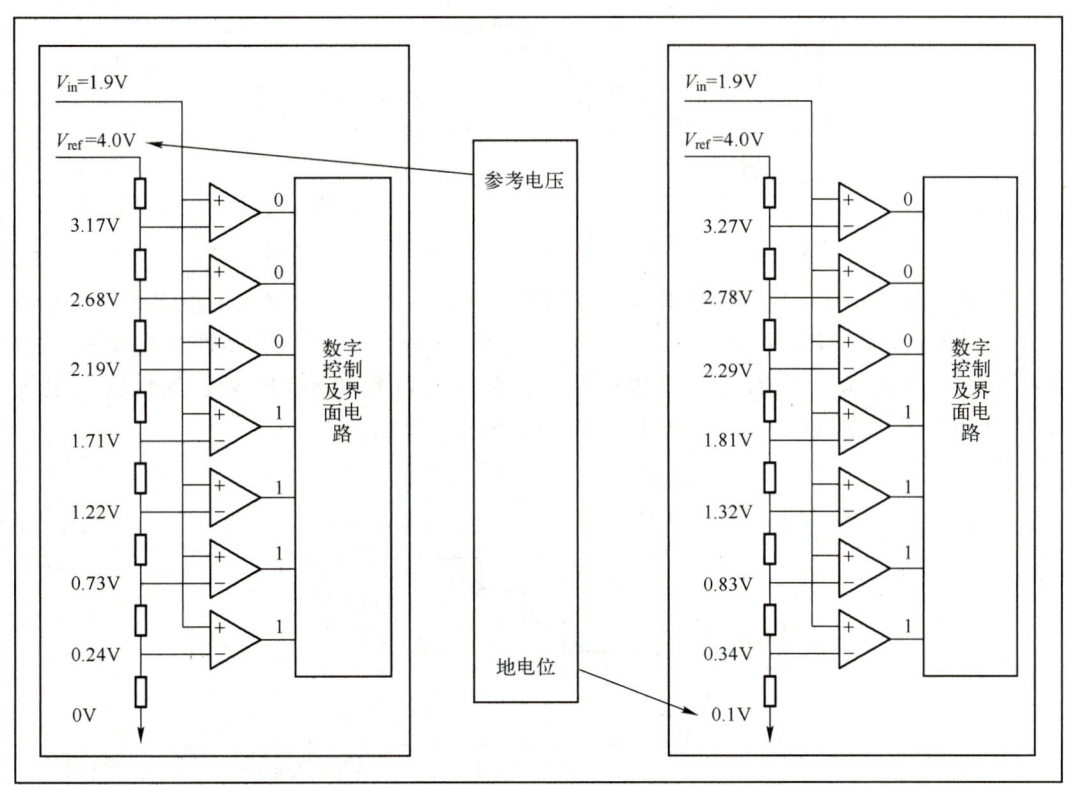

图 2.5　参考电压和地电势误差造成的并行 ADC 终端节点误差

输入电压范围定义为最大数字码对应的电压减去最小数字码对应的电压再加上 2LSB。增益误差一般采用满刻度值比值的形式表示，即

$$增益误差 = \frac{(PFS - NFS)}{参考电压} - 1 \qquad (2.2)$$

理想输入电压范围应该与参考电压大小相等。单极型 ADC 的增益误差如图 2.6 所示。双极型 ADC 的增益误差如图 2.7 所示。

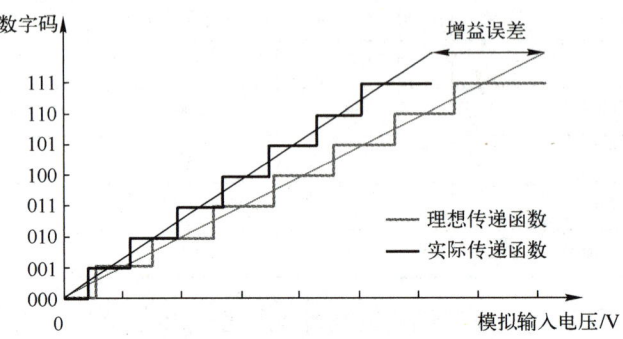

图 2.6　单极型 ADC 的增益误差

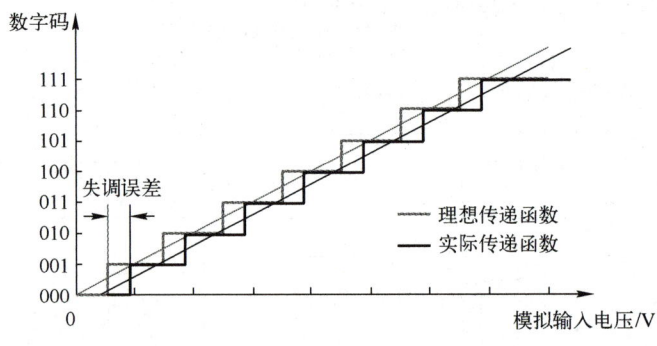

图 2.7　双极型 ADC 的增益误差

失调误差是指输入电压为 0V 时发生的偏移。因此，失调误差又称单极零误差和双极零误差。单极零误差与 NFS 相等。失调误差可以用第一个数字码对应的转换电压减去 0.5LSB 表示（见图 2.8）。第一个数字码理想转换曲线应该定位到 0.5LSB 处。如果输入电压为 0V，则理想的双极型 ADC 将在 000 和 111 之间输出半个 LSB。

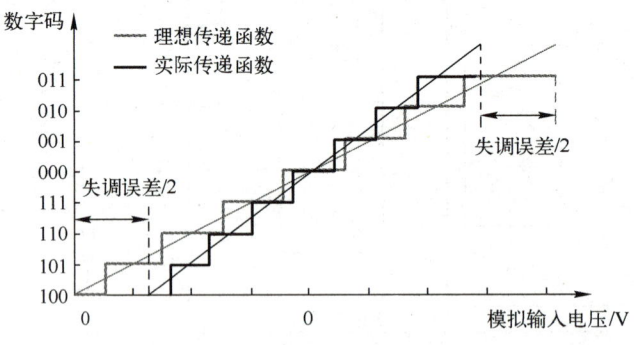

图 2.8　单极型 ADC 的失调误差

在信号通路中，增益误差和失调误差经常会受到电路中含有电阻的放大器的影响。因此，增益误差和失调误差一般要在电路中进行校准，所以它们的绝对误差并没有太多的参考价值。

双极型 ADC 的失调误差如图 2.9 所示。

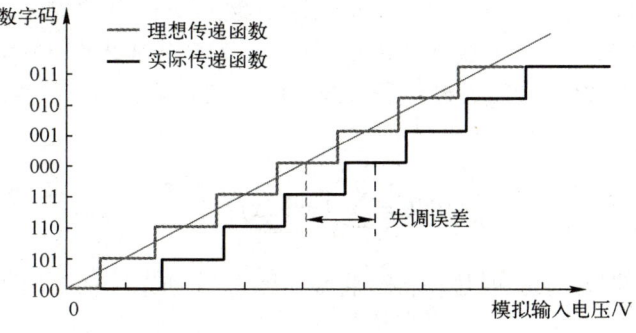

图 2.9　双极型 ADC 的失调误差

2．微分与积分非线性

ADC 中每个数字码对应的宽度都应该是 1LSB，假若 ADC 的传递函数曲线中数字码对应的宽度不是 1LSB，则认为该数字码存在微分非线性（DNL）。ADC 的微分非线性可表示为

$$DNL=数字码宽度-1LSB \tag{2.3}$$

电阻或电容匹配、比较器的失调误差及电阻的电压系数等因素（误差源）都会引起 ADC 的非线性，这些误差源已在并行 ADC（见图 2.10）中标出。其中，该 ADC 的输入有效转换电压受到比较器的失调误差的影响，导致第五个和第六个输入转换电压都是 2.50V。

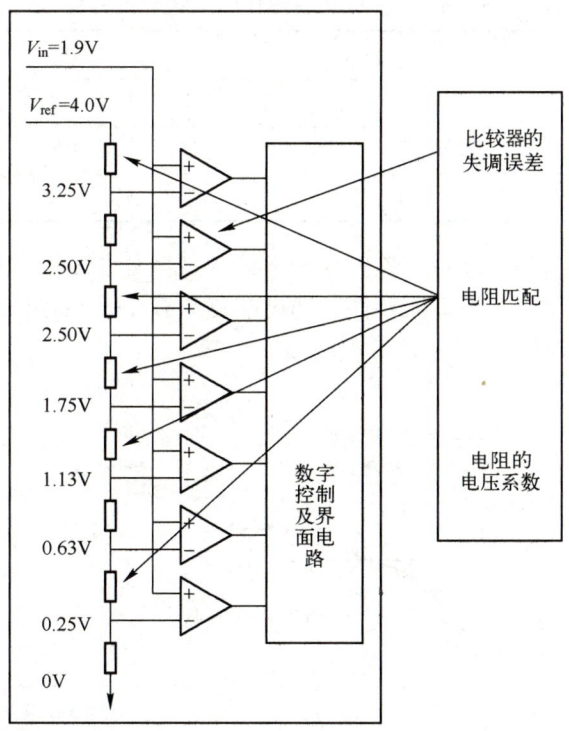

图 2.10　并行 ADC 的误差源

如果 ADC 的相邻数字码之间距离大于 1LSB，则 DNL 为正值，否则 DNL 为负值。如果一个数字码不存在（DNL=-1LSB），ADC 则会出现"失码"的状况。

从数学的角度来看，积分非线性（INL）可表示为微分非线性（DNL）在指定范围内的积分。如果在 NFS 与 PFS 之间连接一条直线，INL 则表示实际有限精度的传输特性与该直线的垂直距离，即

$$INL = \sum_{x=1}^{code} DNL(x) \qquad (2.4)$$

图 2.10 所示的并行 ADC 的传输特性曲线如图 2.11 所示。图 2.11 中传输特性曲线的非线性如表 2.2 所示。

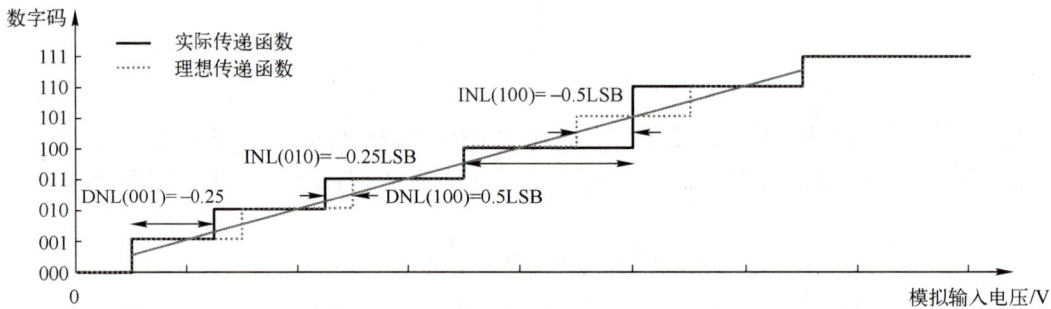

图 2.11   图 2.10 所示的并行 ADC 的传输特性曲线

表 2.2   图 2.11 中传输特性曲线的非线性

数 字 码	001	010	011	100	101	110
数字码宽度（LSB）	0.45	1	1.25	1.5	0	1.5
DNL（LSB）	−0.25	0	0.25	0.5	−1	0.5
INL	−0.25	−0.25	0	0.5	−0.5	0

因为 ADC 的失调误差、增益误差、积分非线性及微分非线性都是以直流输入电压衡量的，所以这些特性又称 ADC 的直流特性。通过端点计算 INL 如图 2.12 所示。通过最佳拟合曲线计算 INL 如图 2.13 所示。

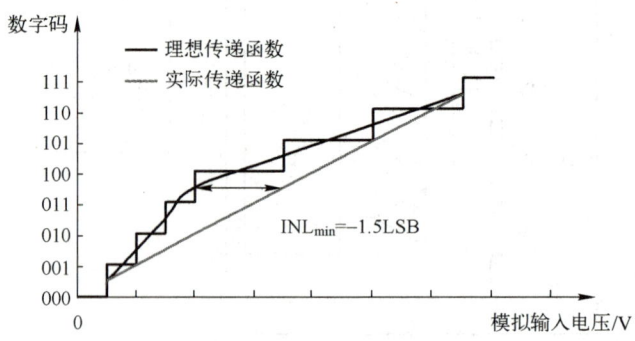

图 2.12   通过端点计算 INL

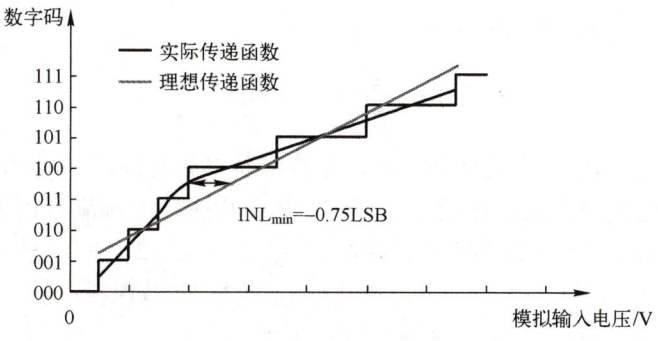

图 2.13　通过最佳拟合曲线计算 INL

2.1.2　动态特性

ADC 的输出数字码表示一个特殊的电压，即 V_{code} =数字码×LSB。另一方面，1LSB 完整的输入电压范围可通过该数字码体现。实际输入电压 V_{in} 和电压 V_{code} 之间的差称为量化噪声。

总噪声在频域中是通过傅里叶变换进行评估的，即

$$F(f) = \int_{-\infty}^{+\infty} f(t)e^{-j2\pi ft}dt \tag{2.5}$$

$$f(t) = \int_{-\infty}^{+\infty} F(f)e^{+j2\pi ft}df \tag{2.6}$$

ADC 将连续时间信号 $f(t)$ 转变成离散时间信号 $f_n(t)$，如图 2.14 所示。从数学的角度来讲，等距脉冲信号 $i(t)$ 可表示为

$$i(t) = T_s \sum_{n=-\infty}^{+\infty} \delta(t-nT_s) \tag{2.7}$$

所以，采样信号 $f_n(t)$ 可表示为

$$f_n(t) = f(t)\left[T_s \cdot \sum_{n=-\infty}^{+\infty} \delta(t-nT_s)\right] \tag{2.8}$$

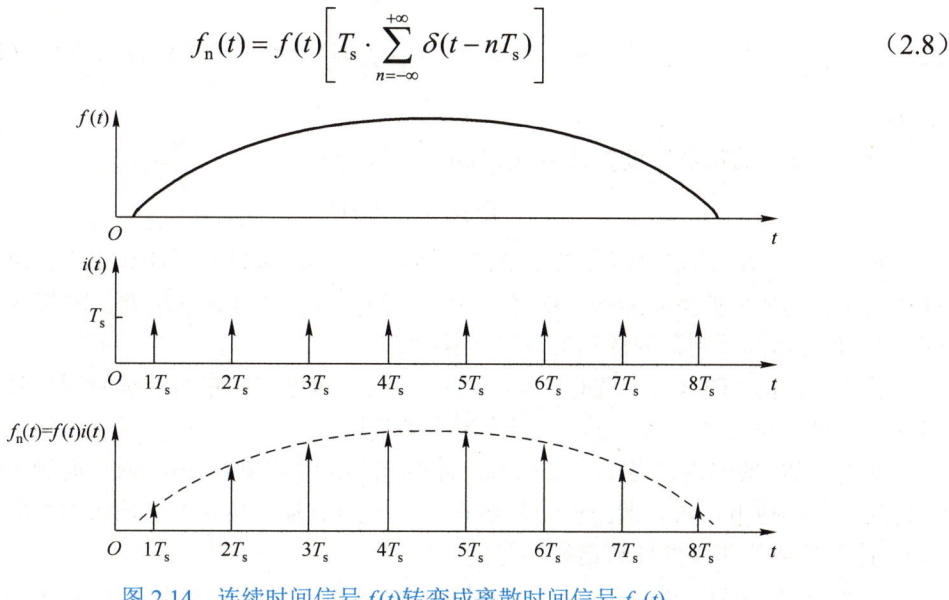

图 2.14　连续时间信号 $f(t)$ 转变成离散时间信号 $f_n(t)$

将式（2.8）进行傅里叶变换：

$$F_s(f) = \sum_{\nu=-\infty}^{+\infty} F(f - \nu f_s) \tag{2.9}$$

可见，采样信号 $f_n(t)$ 产生周期性频谱，采样频率（采样速度）$f_s(t)$ 等于 $1/T_s$。

如果要将连续时间信号从采样信号的频谱中恢复出来，必须满足以下两个条件。

（1）原始信号频谱 $F(f)$ 的带宽必须限制在 $-f_s/2 \sim f_s/2$ 之间。只有这样，$F_s(f)$ 的基频谱（已采样信号在 $-f_s/2 \sim f_s/2$ 之间的频谱）才能与 $F(f)$ 保持一致。

（2）采样信号通过角频率为 $f_s/2$ 的低通滤波器。

若使已采样信号通过低通滤波器将连续时间信号完全恢复出来，最大信号频率 $f_{\max}$ 必须满足：

$$f_{\max} < \frac{f_s}{2} \tag{2.10}$$

式（2.10）称为奈奎斯特采样定理。

奈奎斯特采样定理在应用上有一定的局限性。首先，理想的低通滤波器是不存在的，而且已采样信号可以表示成不同比重的脉冲信号的叠加，而数字信号借助输出方波信号的 DAC 可以得到恢复。其次，采样信号必须是等间距的，否则会因采样时间 nT_s 的抖动而引入额外的误差。最后，ADC 的量化误差也会引入数字信号当中。

如果 $f_n(t)$ 不仅在时域上是离散的，而且是周期性的，那么得到的频谱 $F_s(f)$ 也是离散且周期性的。在时域和频域上，信号可分别表示成关于 N 个等距离散信号 $f[nT_s]$ 叠加和的函数，即

$$F\left(\frac{\mu}{N}f_s\right) = T_s \cdot \sum_{n=0}^{N-1} f(nT_s) e^{-j2\pi\mu n/N} \tag{2.11}$$

$$f(nT_s) = \frac{f_s}{N} \cdot \sum_{\mu=0}^{N-1} F\left(\frac{\mu}{N}f_s\right) e^{-j2\pi\mu n/N} \tag{2.12}$$

式中，$F_s\left(\dfrac{\mu}{N}f_s\right)$ 为连续时间信号在频率为 $\dfrac{\mu}{N}f_s$ 时的幅度，又称幅值密度（bin），单位为 V/Hz。

频率为 μ 时的幅值密度二次方又称 μ 的功率，即

$$P(\mu) = F^2(\mu) \tag{2.13}$$

对 N 位 ADC 的输出信号进行采样，然后借助式（2.11）可计算出该输出信号的频谱，这种变换称为离散傅里叶变换（DFT）。DFT 要进行 $(2N)^2$ 次乘法运算。如果 $N = 2^k$，这种不同于 DFT 的运算规则称为快速傅里叶变换（FFT）。

总之，借助 FFT 可将 ADC 的输出数据转换成频谱，如果对连续时间信号的一个或多个周期等距离采样 N 次（$N = 2^k$），则称为相干采样。

如果 ADC 的输入信号是正弦信号，此时输入信号限制在 1bin 内，而噪声信号和谐波信号将限制在其他 bin 内。谐波信号是随频率出现的信号，其频率是输入信号频率的整数倍。ADC 传递函数的非线性导致谐波信号的产生。

一个 16 位 ADC 以 1.024MHz 的数据传送速度对频率为 10kHz 的正弦信号进行转换，

并将转换结果中 4096 个样本进行 FFT，其结果如图 2.15 所示。N 个样本产生 N/2bin，根据奈奎斯特定理，bin 的最高频率是数据传送速度的一半（512kHz）。相邻 bin 之间相隔为 1024kHz/4096=250Hz，它们都是信号频谱的采样。最低位的 bin 携带有直流输入电压的幅值，频率为 10kHz 的正弦输入信号的幅值包含在 40bin 中。

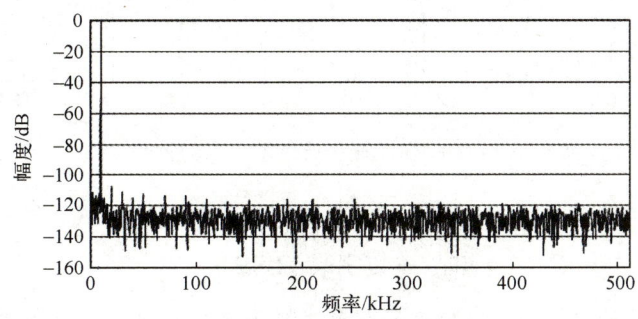

图 2.15 4096 个样本进行 FFT 的结果

输入信号可以称为基波或 1 次谐波，输入信号在两倍频率处称为 2 次谐波，以此类推。例如，40bin、120bin、160bin 等都包含有谐波成分，而噪声信号则分布在其他 bin 当中。

如果 ADC 在内部时钟的作用下工作，相干采样是不可能的。在这种情况下，从数学的角度来说，窗函数可起到调节输入信号的作用，强制输入信号的起点和终点都在零点处。不相干采样的输入信号 FFT 的结果如图 2.16 所示。

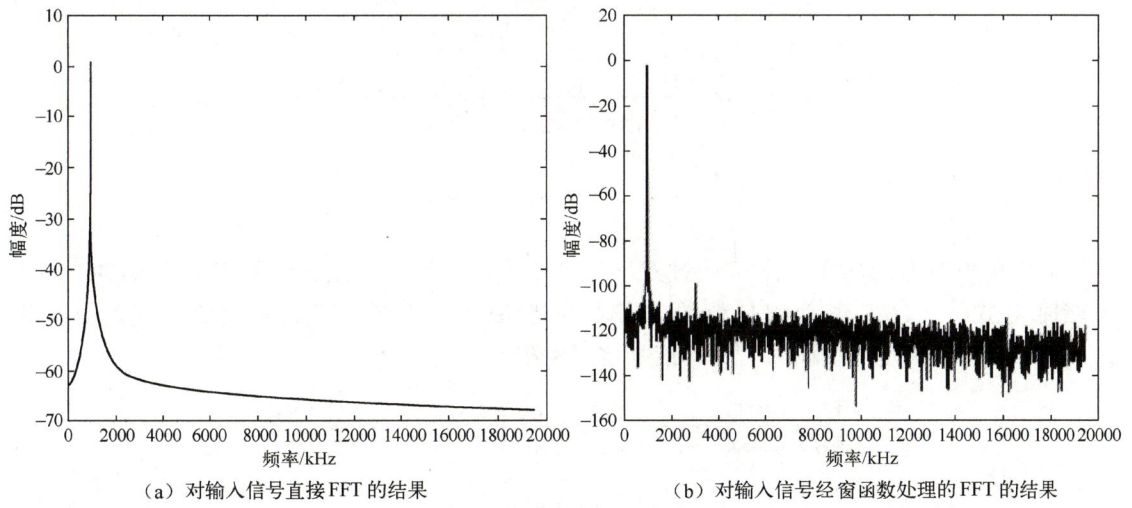

（a）对输入信号直接 FFT 的结果　　　　　（b）对输入信号经窗函数处理的 FFT 的结果

图 2.16 不相干采样的输入信号 FFT 的结果

当信号的频率大于数据传送速度的 1/2 时，信号则在基带以内。数字化过程中信号理论上的折叠过程如图 2.17 所示。例如，信号的 bin 总数为 2048，而基波包含在 1000bin 中时，那么 2 次谐波将包含在 2000bin 中，3 次谐波包含在 1096[2048-(3×1000-2048)]bin 中，4 次谐波包含在 96bin 中，5 次谐波包含在 904bin 中，6 次谐波包含在 1904bin 中，以此类推。

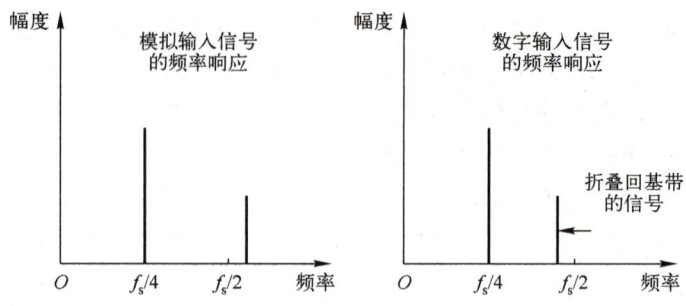

图 2.17　数字化过程中信号理论上的折叠过程

N 位 ADC 的数字输出可以表示成与 LSB 成整数倍的电压形式，即

$$V_{code} = 数字码 \times LSB \tag{2.14}$$

用数字码表示的 V_{in} 和 V_{code} 的差值称为量化噪声 err_{qu}。加入量化噪声 err_{qu} 的 ADC 传递函数如图 2.18 所示。

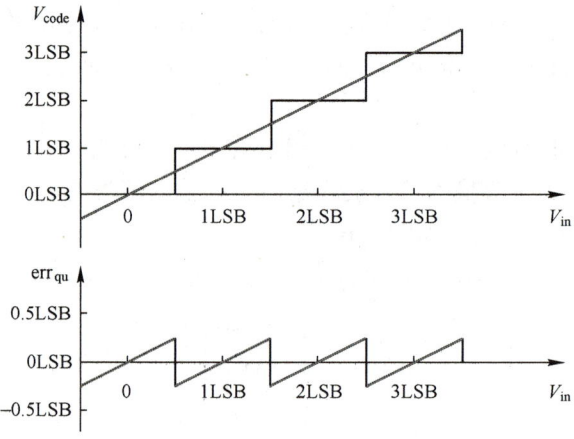

图 2.18　加入量化噪声 err_{qu} 的 ADC 传递函数

量化噪声的平均功率 N_{qu} 可通过式（2.15）计算得到，当正弦信号作用于 ADC 的输入端时，式（2.16）表示的是该输入信号的功率 S。式（2.17）揭示了式（2.15）和式（2.16）共同决定了该输入信号的信噪比（SNR）。

$$N_{qu} = \frac{1}{LSB} \int_{-0.5LSB}^{0.5LSB} err_{qu}^2 \, dV_{in} \int \; = \frac{1}{LSB} \int_{-0.5LSB}^{0.5LSB} V_{in}^2 \, dV_{in} = \frac{LSB^2}{12} \tag{2.15}$$

$$S = \left(\frac{FS}{2\sqrt{2}} \right)^2 = \frac{FS^2}{8} = \frac{(2^n LSB)^2}{8} = 2^{2n-3} LSB^2 \tag{2.16}$$

$$SNR = 10 \lg \left(\frac{S}{N_{qu}} \right) = 10 \lg \left(\frac{3}{2} \times 2^{2n} \right) = 6.02n + 1.76 \tag{2.17}$$

通过式（2.17）可计算得到理想的 16 位 ADC 的信噪比是 98dB。量化噪声并不是唯一的噪声源，像采样噪声、热噪声及闪烁噪声等噪声源在分析时也要考虑。

SNR 可以通过 FFT 数据计算得到，即

$$\text{SNR} = 10 \times \lg \left[\frac{P(s)}{\sum_{n=2}^{N/2} P(n) - \sum_{k=1}^{9} P(ks)} \right] \qquad (2.18)$$

式（2.18）中，分子是输入信号 bin 的功率；分母是除直流信号 bin $P(1)$ 以外，其他信号 bin 的功率之和减去 9 个谐波功率之和，其中 $k=1,2,3,\cdots,9$。根据 IEEE 定义，输入信号 bin 的功率可用来计算总谐波失真。

通过式（2.17）可计算 ADC 的有效位数（ENoB），即

$$\text{ENoB} = \frac{\text{SINAD} - 1.76}{6.02} \qquad (2.19)$$

式（2.19）中的 SINAD 不仅包括噪声信号 bin，还包括谐波信号 bin，式（2.20）是 SINAD 的计算公式。低频信号的谐波一般是很小的，以至于 SNR 与 SINAD 有着相近的计算结果，即

$$\text{SINAD} = 10\lg \left[\frac{P(s)}{\sum_{n=2}^{N/2} p(n) - P(s)} \right] \qquad (2.20)$$

ADC 的非线性是产生谐波的原因，而噪声信号不是产生谐波的原因。因此，可将所有谐波功率 $P(ks)$ 相加得到的和，除以 $P(s)$，此比值定义为总谐波失真。在大部分的 ADC 产品中，总谐波失真一般包括 9 个谐波功率，一些公司定义的总谐波失真只包括其中 3 个谐波功率。

$$\text{THD} = 10\lg \left[\frac{\sum_{k=1}^{9} P(ks)}{P(s)} \right] \qquad (2.21)$$

在 ADC 中，无杂散动态范围是指信号功率与剩余频率 bin 功率的差值。

由于信号发生器性能的限制，很难对频率大于 40kHz、SNR 超过 85dB 的 ADC 进行交流测试。因此在很多应用中，SNR 一般是通过直流测试估算得到的。16 位逐次逼近型 ADC 的数字码柱状图如图 2.19 所示。

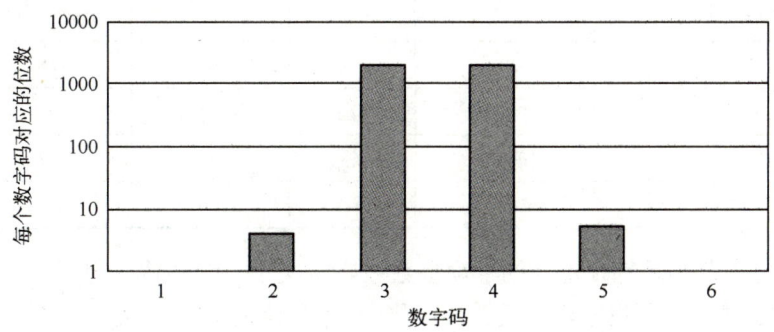

图 2.19　16 位逐次逼近型 ADC 的数字码柱状图

在一般估算中，方均根噪声等于输出码的标准偏移量。在图 2.19 中，标准偏移量是 0.5LSB。16 位 ADC 的方均根信号满刻度值是 $\dfrac{2^{16}\text{LSB}}{2\sqrt{2}} = 23170\,\text{LSB}$，所以 SNR 近似为

$$20\lg\left(\frac{23170}{0.5}\right)=93.3\ \text{dB}。$$

2.1.3　数字接口

　　ADC 的数字输出端要与微控制器、数字信号处理器或 FPGA（现场可编程逻辑门阵列）等集成模块进行通信，这一过程是通过数字接口完成的。通信集成模块的数字接口电压必须和通信协议保持一致。

　　电子元器件工程联合委员会定义了微电子产业的标准。本书讨论的工业产品广泛使用 CMOS 标准。由 JESD12-6 定义的 5V CMOS 标准如表 2.3 所示。由 JESD8C.01 定义的 3.3V CMOS 标准如表 2.4 所示。数字接口电压一般被认为是电源电压的函数，通常以 DVDD 或 VIO 命名。

表 2.3　由 JESD12-6 定义的 5V CMOS 标准

参　数	条　件	符　号	最 小 值	最 大 值	单　位
高输入电平	—	V_{IH}	0.7DVDD	—	V
低输入电平	—	V_{IL}	—	0.3 DVDD	V
高输出电平	稳定在 I_{OH} 的 1% 之内	V_{OH}	DVDD-0.1	—	V
	稳定在 I_{OH}	V_{OH}	DVDD-0.8	—	V
低输出电平	稳定在 I_{OL} 的 1% 之内	—		0.1	V
	稳定在 I_{OL}	—		0.5	V
输入泄漏电流	—	I_{I}		±1	μA
三态输出高阻电流	—	I_{OZ}		±10	μA

表 2.4　由 JESD8C.01 定义的 3.3V CMOS 标准

参　数	条　件	符　号	最 小 值	最 大 值	单　位
高输入电平	—	V_{IH}	2	DVDD+0.3	V
低输入电平	—	V_{IL}	-0.3	0.8	V
高输出电平	$I_{\text{OH}}=-100\mu\text{A}$	V_{OH}	DVDD-0.2	—	V
低输出电平	$I_{\text{OL}}=-100\mu\text{A}$	V_{OL}		0.2	V
供电电压	—	DVDD	3.0	3.6	V

　　数字输入电压范围是特别重要的一项参数。它定义了一个高输入电平 V_{IH} 和低输入电平 V_{IL}。同样，数字输出电压也限定在高输出电平 V_{OH} 和低输出电平 V_{OL} 之间。输出电压取决于负载电流（I_{OH} 和 I_{OL}）。

　　20 世纪 90 年代末，电源电压从 5V 迅速地降至 3V 或 3.3V（DVDD）。因此，许多公司在很宽的范围内定义接口电压。节选由 TI 公司生产的 ADS1282 数据手册中接口电压如表 2.5 所示。一般产品的逻辑电平并没有降到 1.8V 以下，因为逻辑电平越低，信号对印制电路板上的干扰越敏感，同时使数据的无误传输变得更加困难。

表 2.5　节选由 TI 公司生产的 ADS1282 数据手册中接口电压

参　　数	最　小　值	最　大　值	单　位
V_{IL}	DGND（地电位）	0.2DVDD	V
V_{IH}	0.8DVDD	DVDD	V
$V_{OL}(I_{OL}=1mA)$	—	0.2DVDD	V
$V_{OH}(I_{OH}=1mA)$	0.8DVDD	—	V
DVDD	1.65	3.6	V

　　两个相互通信的集成模块除了要保持相同的接口电压，还必须有相同的协议才可以进行通信。假设 ADC 输出 16 位的数字码，那么其接口上需要 16 条并行的信号传输线进行通信，且一些额外的地址和同步线是必需的，这种接口称为并行接口。使用并行接口从 IC 中读出数据的过程如图 2.20 所示。使用并行接口向 IC 中写入数据的过程如图 2.21 所示。并行接口种类繁多，本书不再一一详述。

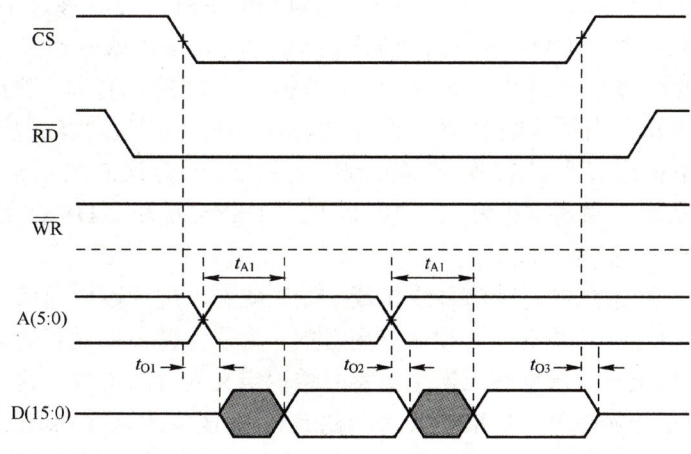

图 2.20　使用并行接口从 IC 中读出数据的过程

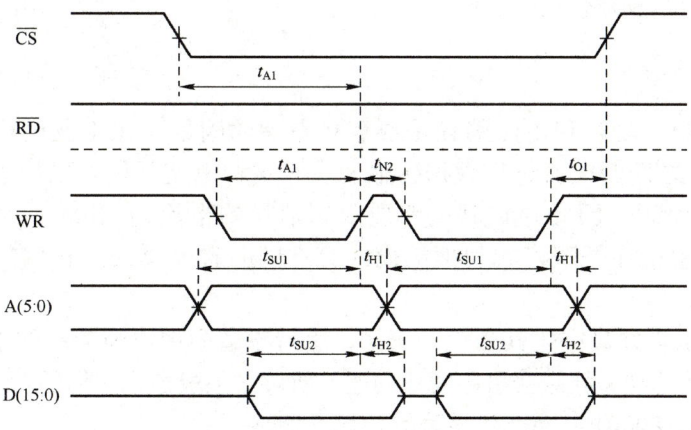

图 2.21　使用并行接口向 IC 中写入数据的过程

当从指定的 IC 芯片中读取数据时，要先拉低片选信号 $\overline{CS}$ 电平以便选中设备。需要注意的是，一些设备可能要连接到同一接口上，当读信号 $(\overline{RD})$ 电平被拉低时，表示开始读操作，然后所选设备输出地址指向数据。如果地址发生改变，在主 IC 锁存数据之前要等待一个已定义的等待时间。

向设备写数据与向设备读数据的过程是相似的。拉低片选信号 $\overline{CS}$ 电平表示设备被选中，可随意选择数据地址。拉低写信号 $(\overline{WR})$ 电平表示开始写操作，数据从主机传送到接口。当写 $(\overline{WR})$ 信号的上升沿到来时，被选设备将数据通过接口锁存在地址指向的寄存器当中。

因为并行接口具有快速传输数据的特点，通常将其应用于快速 ADC 或具有高带宽信道数的 ADC 中。并行接口不足的是需要 3 条同步线、16 条数据线和可选地址线，而这些信号线在印制电路板上会占据大量的面积，而且通过并行接口传输数据的 IC 芯片也需要一个高带宽的引脚。因此，数据通常是按顺序传输的，这种工作模式一般称为串行接口。使用串行接口进行数据传输的过程如图 2.22 所示。

同样，在图 2.22 中，当片选信号 $(\overline{CS})$ 变为低电平时，设备被选中。包含地址的数据可以被双向传送，通过 DIN 端口将数据从主机传向设备，或者通过 DOUT 端口将数据从设备传向主机。每个时钟周期传送 1 位数据，这样的串行接口通常从数据的最高位（MSB）开始传输。当最大时钟频率约为 50MHz 时，每微秒大约只允许传输 3 个 16 位的数据，并将单信道设备的转换频率限制在每秒 300 万次左右。6 通道同时采样的 ADC 将转换频率限制在每秒 50 万次，如 TI 的 ADS8556 和 ADI 的 AD7656。串行接口的优势是只需要 4 条信号线。

I^2C 接口只通过两条线（时钟信号线和数据线）就可以进行数据通信。当没有发生数据传输时，主机与从机之间的数据线必须保持高阻抗。为了保持数据线有效的逻辑电平，要使用上拉电阻。将上拉电阻与数据线上寄生电容的乘积定义为时间常数，这个时间常数将限制数据线上的最大数据传输频率（标准模式为 100kHz，快速模式为 400kHz，加强快速模式为 1MHz，高速模式为 3.4MHz），然后主机和从机只控制拉低时钟信号线电平即可。当电源电压全加到上拉电阻上时，I^2C 芯片功耗将会很高。I^2C 接口在工业中应用时的数据传输频率很低，所以该接口很少被使用。

2.1.4　功耗指标

在一些应用中，功耗和电流消耗是要重点考虑的因素。在工业过程控制中，信息通常借助 4～20mA 之间的电流进行数据传输。有时这种电流不仅可以用于传递信息，而且可作为电路的电流源。因此，控制电路要限制消耗的电流为 4mA。为了降低电路的功耗，我们需要设置诸如睡眠模式和掉电模式等不同的省电模式，它们的剩余功耗和恢复时间有所不同。

一些设备要求必须最小化其功耗。例如，手持设备中由电池驱动的手机或具有高密度电池的电气设备的总功率耗散会引起发热问题，所以必须最小化它们的功耗。此外，高频元器件（如 ADS12D1800RF）会产生显著的功耗。

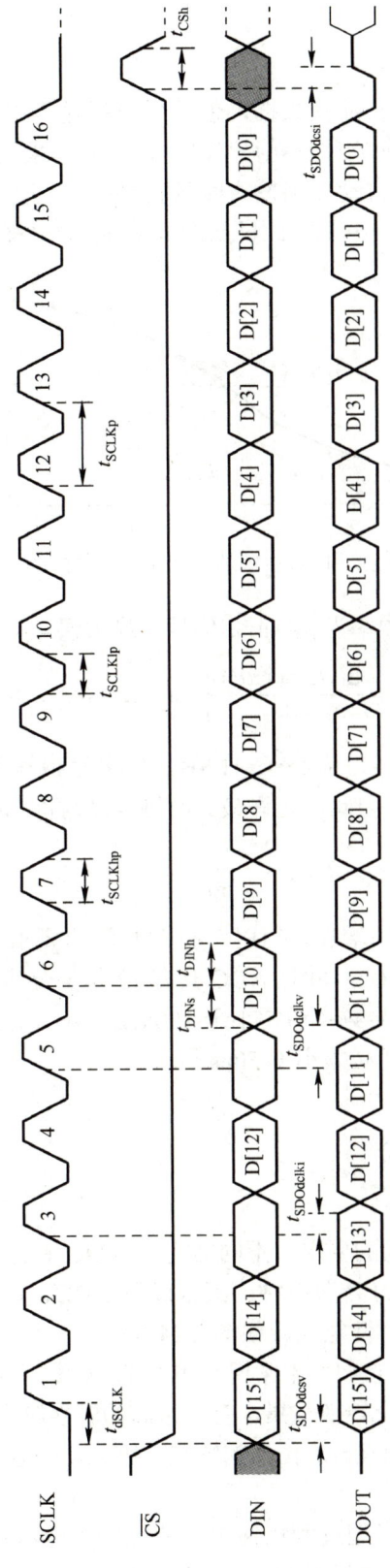

图2.22　使用串行接口进行数据传输的过程

2.1.5   时钟抖动

我们希望以等距离的时间步长捕获数据，但采样模拟输入电压的数字信号边沿会在时域上出现或左或右的偏移，这种现象称为孔径抖动。由于经常采用时钟信号捕捉模拟输入信号，所以孔径抖动通常又称时钟抖动。当发生时钟抖动时，动态输入信号的电压值将会改变，从而捕获到错误的电压信号。由于时钟抖动造成 ADC 的采样误差如图 2.23 所示。

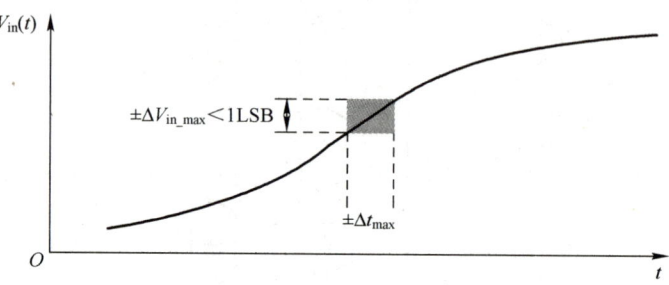

图 2.23   由于时钟抖动造成 ADC 的采样误差

假设输入信号是幅值为 A、频率为 f 的正弦信号，最大误差 ε 为

$$\varepsilon = \left.\frac{\mathrm{d}V_{\mathrm{in}}}{\mathrm{d}t}\right|_{\max} \cdot \Delta t = \left.\frac{\mathrm{d}(A\sin(2\pi ft))}{\mathrm{d}t}\right| \cdot \Delta t = 2\pi fA\Delta t < 1\mathrm{LSB} \qquad (2.22)$$

式（2.22）同样假设了理想误差应小于 1LSB。如果模拟输入信号满量程是幅度的两倍，那么可以用 2^n LSB 代替 $2A$。因此，允许最大时钟抖动时间 $\Delta t_{\max}$ 可表示为

$$\Delta t_{\max} < \frac{1}{2^n \pi f} \qquad (2.23)$$

随着分辨率和输入信号频率的增加，对时钟抖动时间的要求也越来越高。假设在通信应用中，输入信号的频率为 500MHz，并且 ADC 具有 12 位的分辨率，那么时钟抖动时间必须小于 155fs。在工业应用中，信号频率通常小于 100kHz，ADC 的分辨率通常达到 16 位以上。对于这种情况，时钟抖动时间必须小于 50ps。

2.2   ADC 的结构

不同的应用对 ADC 有着不同的要求，不同结构的 ADC 在速度、功耗、分辨率和复杂性上有着显著的差异。ADC 一般可分为 3 种：流水线型 ADC、逐次逼近型 ADC 和 Sigma-Delta ADC。不同结构的典型 ADC 性能比较如图 2.24 所示。

还存在其他结构的 ADC，但它们并不常用。闪存型 ADC 已经在前面介绍过了，这种 ADC 在每个时钟周期都会输出一个转换结果，有非常高的转换频率。但是，闪存型 ADC 具有元器件数目过多和分辨率低（如 4～8 位）的缺点。因此，闪存型 ADC 通常用于某些无线或雷达设备及示波器当中。

为了减少元器件的数量，可以通过利用简单且快速的差分级电路对模拟输入信号进行预编码，然后通过与每个位并行的比较器对已预编码的模拟信号进行数字化，这种结构称为折叠型 ADC。12 位分辨率和 9 个有效位的折叠型 ADC 可以实现每秒 10 亿次采样级别的转

换频率。采用折叠型 ADC 的应用场合基本与采用闪存型 ADC 的应用场合相同。

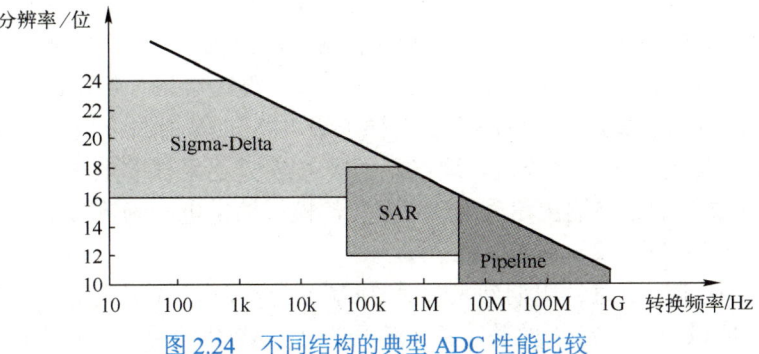

图 2.24　不同结构的典型 ADC 性能比较

斜率 ADC 可以应用在转换频率较低的场合中。斜率 ADC 使得参考信号逼近、直到等于输入信号。因此，斜率 ADC 的转换频率特别低，且无法获得特别高的转换精度。由于该结构比较简单，所以斜率 ADC 经常应用在低成本的电压表中。

2.2.1　流水线型 ADC

流水线型 ADC 在每个时钟周期都会对输入电压进行采样，但一次只能处理位数很少的数字码。流水线型 ADC 先从输入电压中减去正或负的参考电压得到余量电压，再将其进行放大并传递到下一级电路以计算下一位数字码。多级流水线型 ADC 的典型结构如图 2.25 所示。

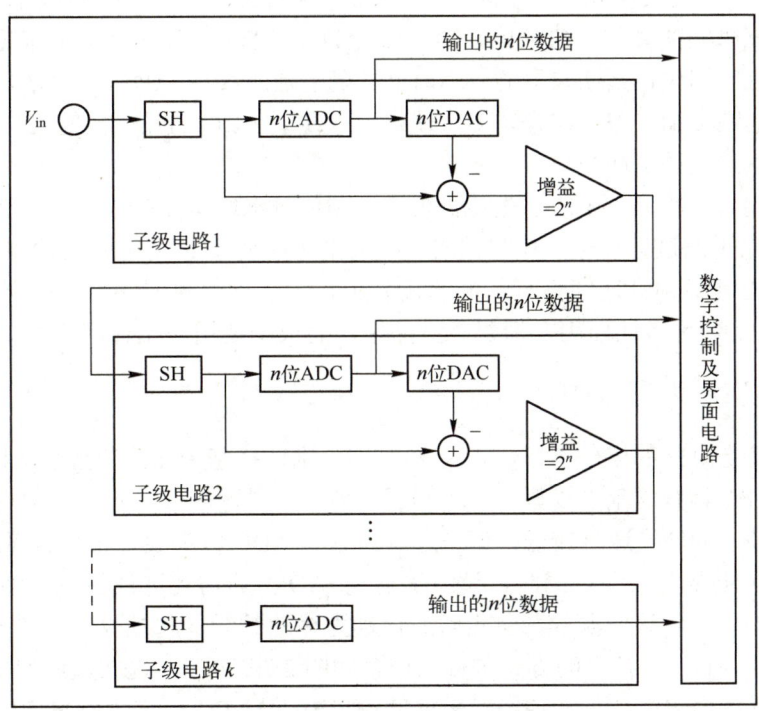

图 2.25　多级流水线型 ADC 的典型结构

为了便于理解流水线型 ADC 的工作原理，我们对一个 3 级且每一级电路具有 1 位分辨率的 3 位流水线型 ADC 的工作原理进行分析。该 ADC 的输入电压为 1.9V，参考电压为

2V，输出电压满量程是参考电压的两倍，即 4V。

首先对输入电压进行采样，然后与 2V 参考电压进行比较。由于参考电压较高，所以比较器（1 位 ADC）的输出电压为 0V，DAC 的输出电压也为 0V，V_{in} 减去 0V 仍然是 V_{in}（1.9V）。之后，将输出信号通过增益级乘以 2（3.8V）传递给下一级电路。

下一个时钟周期到来时，子级电路 2 采样子级电路 1 输出的 3.8V。同时，子级电路 1 将保持输入电压 V_{in} 的下一个采样值。现在，子级电路 2 已采样的电压（3.8V）高于参考电压，使得子级电路 2 的数字输出信号为 1。因此，模拟输出电压为输入电压减去参考电压的值乘以 2，即 $(3.8V - 2V) \times 2 = 3.6V$。

子级电路 3 在第三个时钟周期到来时对 3.6V 进行采样，并再次与 2V 进行比较，因为 3.6V 大于 2V，所以子级电路 3 的数字输出信号为 1。ADC 的总数字输出信号为 011。上述 ADC 的传递函数曲线是对称的，它的第一个数字码转换是发生在高于 0V 的 1LSB 处。从前面论述中得知，理想 ADC 的传递函数曲线是不对称的，所以其第一个数字码转换应发生在高于 0V 的 0.5LSB 处，其最后一个转换发生在比输出电压满量程低 1.5LSB 处。因此，该架构具有 0.5LSB 的失调误差。

上述示例表明，流水线型 ADC 需要 k 个比较器和 $k-1$ 个放大器（$k = 3$）。流水线型 ADC 的电路复杂度随分辨率的增加而线性增加，而不像闪存型 ADC 那样其电路复杂度随分辨率的增加呈指数级增加。目前，性能较好的 12 位流水线型 ADC 的转换频率最高可达到 1GHz，SNR 可达到 65dB。经过校准的流水线型 ADC 的差分非线性（DNL）可优于 ±1LSB，功耗在 2W 内。

流水线型 ADC 的采样频率低于闪存型 ADC 的采样频率，因为流水线型 ADC 的建立时间是不同级建立时间的叠加，包括比较器（或 ADC）、DAC 和缓冲器的延迟时间，而闪存型 ADC 的建立时间仅包括比较器的延迟时间。随着流水线型 ADC 串联的电路数量增多，其信号路径中的噪声和误差也越来越多，使得流水线型 ADC 的噪声性能比其他架构的 ADC 差得多（如逐次逼近型 ADC）。

流水线型 ADC 的另一个缺点是传输延迟。即使流水线型 ADC 的转换速度再高，信号也必须通过 k 级电路进行传输，使得完成一次数据传送需要 k 个时钟周期。流水线型 ADC 一般应用在要处理高频且连续运行信号的设备中，如录像机更看重 ADC 的转换速度。因此，流水线型 ADC 更多地使用在消费类产品中，而很少使用在工业应用中。

2.2.2　逐次逼近型 ADC

如果要对特定时间的信号进行快速模/数转换，则选择基于逐次逼近型 ADC 是正确的。逐次逼近型 ADC 具有与流水线型 ADC 相近的数据传送速度或吞吐率，但一次只能转换一个采样值，因此它的转换速度较低。但是逐次逼近型 ADC 只需要一个比较器和一个 DAC，这极大地降低了电路复杂度。同时，逐次逼近型 ADC 的功耗远低于流水线型 ADC 的功耗。此外，它的噪声和误差源的数量也随着内部电路的数量一起减少。

逐次逼近型 ADC 以权重的方式进行工作。如图 2.26 所示，逐次逼近型 ADC 的输入电压保存在采样保持电路中，从而使经过采样的输入电压与 DAC 产生的参考电压的一半进行比较；如果输入电压较高，则将它的 DAC 的输出电压提高参考电压的 1/4；如果输入电压仍然较高，则将它的 DAC 的输出电压再加上参考电压的 1/8；在每个时钟周期内，它的 DAC 将根据精度的位数接近输入电压。

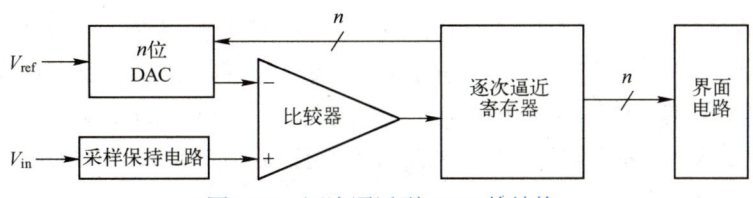

图 2.26　逐次逼近型 ADC 的结构

逐次逼近型 ADC 连续评估每一位输出信号的值。如果逐次逼近型 ADC 具有 n 位的分辨率，则完成数据转换需要 n 个时钟周期。

下面我们对一个 3 位逐次逼近型 ADC 的工作原理进行分析。当该 ADC 进行第一次近似时，将 1.9V 的输入电压与 4V 参考电压的一半（2V）进行比较；由于 $V_{in}<V_{ref}/2$，所以 MSB 为 0。当使 $V_{ref}/4$ 为 1V 时，该 ADC 进行第二次近似；这次由于输入电压较高，所以该 ADC 输出信号的第二位为 1。此时，它的 DAC 必须使 $V_{ref}/8$ 为 0.5V；1.9V 的输入电压仍然高于 1.5V，因此该 ADC 输出信号的第三位也为 1。最终，逐次逼近型 ADC 的数字输出信号仍为 011。

逐次逼近型 ADC 的性能完全依赖于它的 DAC 的精度。逐次逼近型 ADC 的比较器也会增加它的噪声和失调误差。目前，较为先进的逐次逼近型 ADC 可以在转换速度为 1.6MHz 时实现 18 位的分辨率，消耗功耗为 18mW，或者在转换速度为 10MHz 时实现 16 位的分辨率，消耗功耗为 150mW。为了实现高速且具有良好的噪声性能（SNR 大于 100dB），逐次逼近型 ADC 要消耗大量的功率。

逐次逼近型 ADC 既不具有很高速度也不具有很高性能，但其应用却很广泛，在电机控制、医疗、工业过程控制及触摸屏产品等更多的应用中，都可以见到逐次逼近型 ADC。

2.2.3　Sigma-Delta ADC

在 Sigma-Delta ADC 中，使用 Sigma-Delta 调制器可实现很高的分辨率，其输入信号在数字化之前要先经 Sigma-Delta 调制器处理。如图 2.27 所示，模拟输入信号 A 和数字输出信号 Y 之间的差值经过积分器传递给比较器；该比较器代替了 ADC 以简化电路结构；该比较器将量化噪声 N 加到积分信号上。

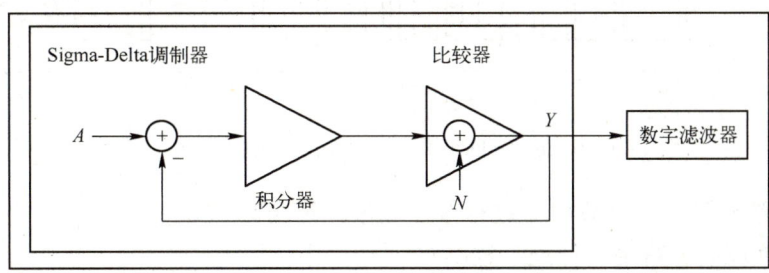

图 2.27　具有一阶积分器的 Sigma-Delta ADC

大部分调制器采用开关电容式结构。连续时间调制器能实现 Sigma-Delta ADC 更高的速度而越来越受到欢迎。在下面传递函数的计算中，选择了连续时域的计算方法。其中，积分器用 $1/s$ 表示；s 表示复数拉普拉斯变量。图 2.27 所示的结构可用以下函数表示：

$$Y = (A-Y)/s + N$$

$$Y = A \cdot \frac{1}{1+s} + N \cdot \frac{s}{1+s} \tag{2.24}$$

输入信号的传递函数 $F_A(s) = 1/(1+s)$ 描述了一个低通滤波器。量化噪声的传递函数 $F_N(s) = s/(1+s)$ 描述了一个高通滤波器。Sigma-Delta 调制器的工作原理是抑制输入信号在低频处的量化噪声，并将其搬移到较高频率处（噪声整形）。Sigma-Delta 调制器输出端的数字滤波器作为低通滤波器，抑制包括量化噪声在内的所有高频信号。Sigma-Delta 调制器与数字滤波器一起称为 Sigma-Delta ADC。

如图 2.27 所示的积分器是一阶滤波器。更高阶的滤波器将会有更有效的噪声整形功能。一阶、二阶和三阶 Sigma-Delta 调制器的噪声传递函数如图 2.28 所示。将过采样比（Over Sampling Ratio，OSR）代入式（2.25），可以求出 m 阶 Sigma-Delta 调制器的理想信噪比：

$$\text{SNR} = (20m+10)\lg(\text{OSR}) - 10\lg\left(\frac{\pi^{2m}}{2m+1}\right) + 6.02\pi + 1.76 \tag{2.25}$$

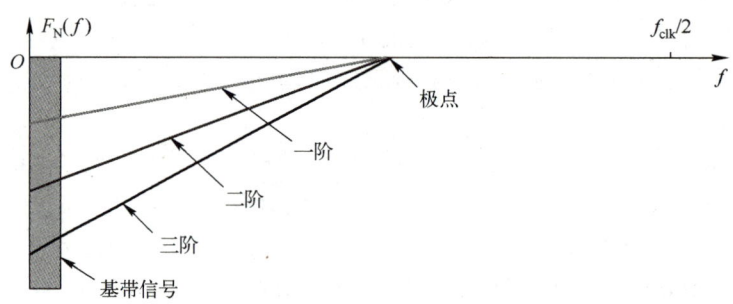

图 2.28　一阶、二阶和三阶 Sigma-Delta 调制器的噪声传递函数

Sigma-Delta 调制器输出信号与输入信号的关系如图 2.29 所示。其中，输出信号是由 1 和 0 组成的数据流，而不是二进制码；如果输入信号接近负满刻度值，则输出信号主要由 0 组成；如果输入信号接近正满刻度值，则输出信号主要由 1 组成；如果输入信号接近满刻度值的一半，则输出信号中 0 和 1 的数量相等。

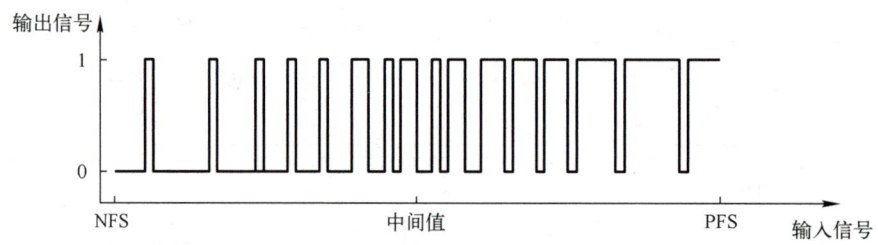

图 2.29　Sigma-Delta 调制器输出信号与输入信号的关系

数字滤波器不仅可以对数据流进行低通滤波，还可以从低分辨率、高速数据流中抽取输入信号并转换成高分辨率、低速二进制数。

式（2.25）表明 Sigma-Delta 调制器可以实现高精度的数据转换。

式（2.25）还表明对输入信号抽取时需要过采样，因此 Sigma-Delta 调制器不能对输入信号进行快速模/数转换。数字滤波器还会延迟输入信号，因此 Sigma-Delta 调制器通常用于转换低频连续时间信号，如音频信号（$f_{in}=20\text{Hz}\sim40\text{kHz}$）等。Sigma-Delta 调制器也经常应用于对转换速度没有特别要求的离散信号测量中，如温度或质量的测量。

由数字滤波器增加的时间延迟多少取决于 Sigma-Delta 调制器的数据传送速度。

根据经验，m 阶 Sigma-Delta 调制器的噪声将以每 10 倍频程提升。为了有效抑制这个噪声，需要更高阶的数字滤波器。另一方面，数字滤波器的阶数越高，数字滤波器的延迟时间越长，通带平坦度越差。因此，数字滤波器的阶数通常选为 $m+1$。

SINC 滤波器由于其合适的尺寸而被广泛应用。二阶 SINC 滤波器的结构如图 2.30 所示。其中，Y_{mod} 表示 Sigma-Delta 调制器的输出信号（数据流）。该数据流首先通过积分器形式的低通滤波器抑制噪声。该低通滤波器要避免将较高频率的噪声折叠到信号频带中。一旦高频噪声被抑制，通过调节过采样比，二阶 SINC 滤波器的数据传送速度可以降低到奈奎斯特速度。一旦这个数据传送速度被降低，则二阶 SINC 滤波器必须通过加入与之前已使用的积分器相同数量的微分器调整信号通带。Y_{out} 经过滤波后以二进制的格式输出。

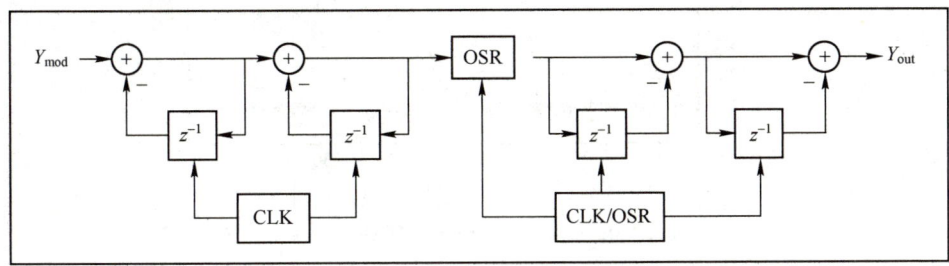

图 2.30　二阶 SINC 滤波器的结构

在图 2.30 中，z^{-1} 表示一个时钟周期的延迟。二阶 SINC 滤波器的积分器可以连续地对 Sigma-Delta 调制器的输出信号（数据流）求和，迟早会发生数据溢出，所以保持 Y_{out} 的确定性非常重要，这意味着在 OSR 时钟周期内只能发生一次数据溢出，这将取决于过采样比 OSR 和二阶 SINC 滤波器的最小寄存器宽度（W_R）。二阶 SINC 滤波器的寄存器宽度为

$$W_R = m_f \log_2 OSR \qquad (2.26)$$

二阶 SINC 滤波器的滤波响应（10MHz 数据流，OSR=32）如图 2.31 所示。二阶 SINC 滤波器的数据传送速度等于 Sigma-Delta 调制器时钟频率除以过采样比。

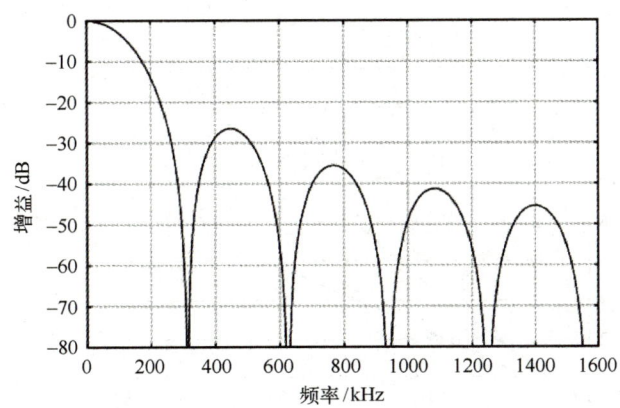

图 2.31　二阶 SINC 滤波器的滤波响应（10MHz 数据流，OSR=32）

二阶 SINC 滤波器的脉冲响应（10MHz 数据流，OSR=32）如图 2.32 所示。可见，微分器使 Y_{out} 保持与 Sigma-Delta 调制器的数据传送速度相同，直到它可以跟随模拟输入信号。因此，延迟时间 t_{gd} 和建立时间 t_s 之间存在差异：

$$t_{gd} = 0.5 m_f \text{OSR} T_{CLK} \tag{2.27}$$

$$t_s = m_f \text{OSR} T_{CLK} \tag{2.28}$$

式中，T_{CLK} 表示调制器的时钟周期。

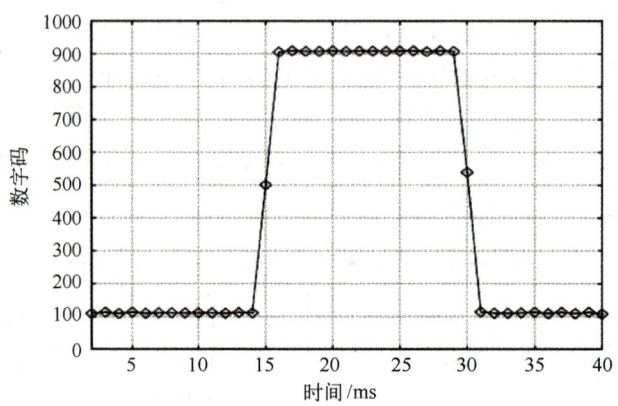

图 2.32　二阶 SINC 滤波器的脉冲响应（10MHz 数据流，OSR=32）

当施加小于奈奎斯特频率的模拟输入信号时，数字滤波器处于稳定状态。注意：给定的具有恒定时钟频率的滤波器的延迟时间是固定的。

在实际应用中，Sigma-Delta 调制器通常在其数据手册中提供支持数字滤波器设计的图表。如果电动机驱动器需要一个分辨率为 12 位的 Sigma-Delta 调制器用于电流测量，则可以对该调制器使用三阶 SINC 滤波器。当使用一个时钟频率为 10MHz、二阶 Sigma-Delta 调制器时，可计算其延迟时间为

$$t_{gd} = 0.5 \times 3 \times 64 \times 100\text{ns} = 9.6\mu\text{s} \tag{2.29}$$

当分辨率相同时，可以使用 OSR 为 128 的 SINC2 滤波器。通过计算可得其延迟时间为 12.8μs，因此三阶 SINC 滤波器就可以满足要求了。AMC1203 的 ENoB 关于 OSR 的曲线如图 2.33 所示。

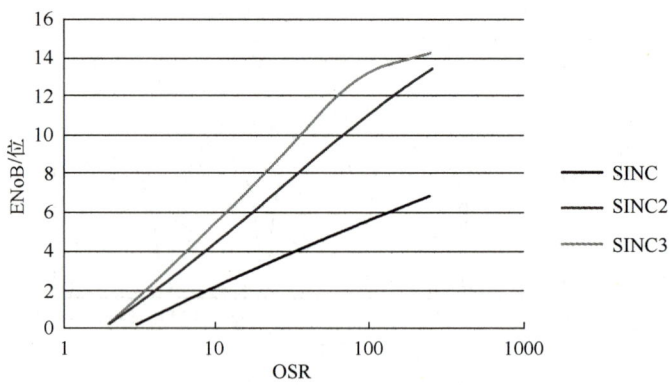

图 2.33　AMC1203 的 ENoB 关于 OSR 的曲线

在图 2.33 中，从 OSR 为 100 的这一点开始，电路噪声将以量化噪声占据主导。因此，对于 OSR>100，OSR 每增大一倍，则电路噪声性能仅优化 3dB。

对于相同的电动机控制电路，要对电流进行实时监控，以便当出现过电流时可以在短

时间内（如 3μs）关闭电流。AMC1203 的 ENoB 关于建立时间的曲线如图 2.34 所示。可以借助图 2.34 来定义理想的滤波器。当建立时间为 3μs 时，二阶 SINC 滤波器可实现 5.8 位的最高分辨率，而 OSR 为

$$OSR = \frac{t_s}{m_f T_{clk}} = \frac{3}{2 \times 0.1} = 15 \tag{2.30}$$

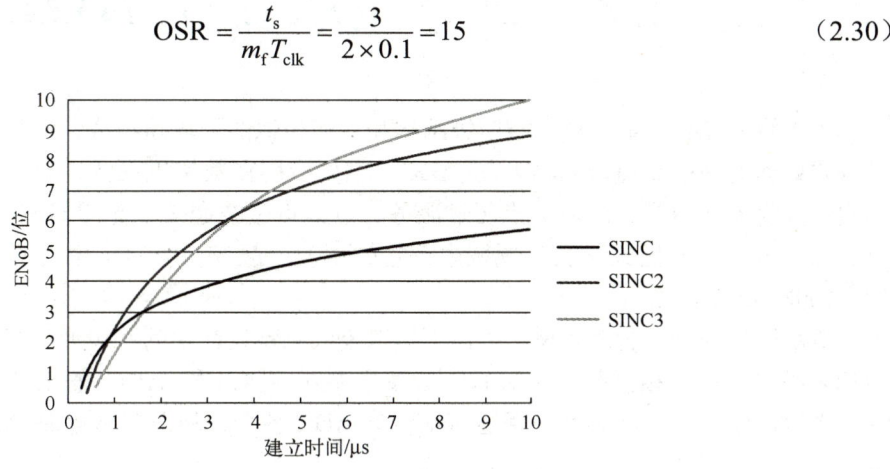

图 2.34　AMC1203 的 ENoB 关于建立时间的曲线

在上述电动机控制应用中，两台 SINC 滤波器将并行工作。OSR 为 64 的三阶 SINC 滤波器用于正常调节电路，OSR 为 15 的二阶 SINC 滤波器用于过电流保护。

每种转换器技术都有其独特的优势，并可适用于特殊的应用场合当中。工程师要分析实际应用中对 ADC 的具体参数要求，选择合适的结构，才能满足不同工业产品的应用要求。

第3章 流水线型 ADC

流水线型 ADC 是一种由若干级结构和功能相似的子电路组成，通过将量化过程以流水线方式处理而获得高速、高精度的 ADC，主要应用在数字机顶盒、数字接收机、中频与基带通信接收器（蜂窝、区域多点传输服务、点到点微波通信、无线局域网）、低功耗数据采集、医学成像、便携式仪表等领域中。它的精度一般在 10～16 位之间，工作频率通常在 10～500MHz 的范围内。

流水线型 ADC 的设计理念类似于模拟集成电路设计中的八边形法则，在速度、精度、功耗之间也存在着相互制约的关系。本章主要对流水线型 ADC 的工作原理、参数进行讨论。之后，以一个设计实例来阐述流水线型 ADC 各个模块及整体电路的设计思想。

3.1 流水线型 ADC 的工作原理

流水线型 ADC 是在子区结构的基础上，通过各级电路引入了采样保持放大电路，使各级电路可并行地对上一级电路得到的模拟余量进行处理的 ADC。从转换过程来看，流水线型 ADC 的各级电路之间采用串行处理的工作方式，每一级电路的输入信号都是上一级电路的输出信号，只有每一级电路完成了工作后，下一级电路才能开始工作。但就每一步转换来看，各级电路都在工作，没有一级电路在"休息"，所以每级电路的工作方式又可看成并行的。

流水线型 ADC 的工作原理如图 3.1 所示。可见，典型的流水线型 ADC 由时钟电路、流水线型转换结构、延时对准寄存器阵列和数字校正电路组成。其中，流水线型转换结构由采样保持电路、减法放大电路、DAC 组成的 MDAC（Multiplying Digital-to-Analog Converter），以及 Flash ADC 级联组成。

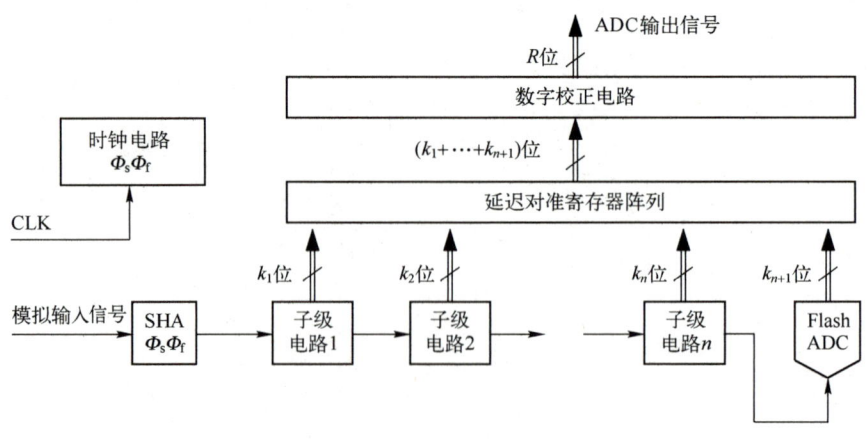

图 3.1　流水线型 ADC 的工作原理

流水线型 ADC 中各子级电路的结构如图 3.2 所示。它由一个低精度的子 ADC 和 MDAC 构成。在数据转换过程中，每一级 MDAC 首先对输入该级 MDAC 的模拟信号进行模/数转换并产生 $B_i + r_i$ 位的数字码，然后将这个数字码通过子 DAC 转换为模拟量，并与该级 MDAC 的输入信号相减得到余差；该余差再被放大 G_i 倍并被送入下一级 MDAC 进行同样的处理。其中，单级增益 G_i 可以表示为

$$G_i = 2^{B_i+1-r} \tag{3.1}$$

一个理想的 MDAC 输出信号可表示为

$$V_{\text{out},i} = G_i V_{\text{in},i} - D_i V_{\text{ref}} \tag{3.2}$$

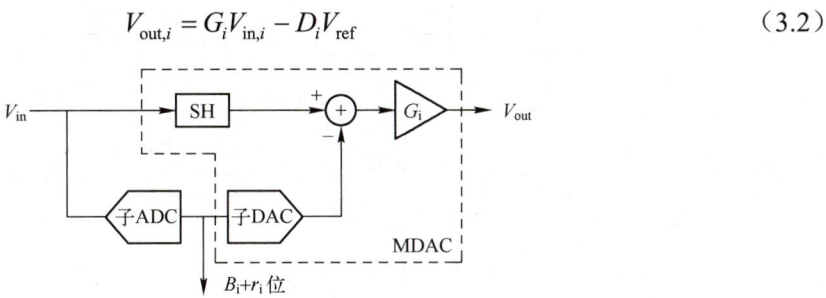

图 3.2　流水线型 ADC 中各子级电路的结构

式中，D_i 由子级电路中的低精度子 ADC 决定，$D_i \in [-(2^{B_i}-1), +(2^{B_i}-1)]$。为了保证流水线型 ADC 正常工作，应选用双相不交叠时钟信号对各子级电路进行控制，使流水线型 ADC 中的前端采样保持电路和各级 MDAC 在采样相、放大相之间交替工作来完成转换。双相不交叠时钟信号 $\varPhi_s$、$\varPhi_f$ 由时钟电路产生。其中，$\varPhi_s$ 控制前端采样保持电路和偶数级的 MDAC；$\varPhi_f$ 控制奇数级 MDAC。当时钟信号 $\varPhi_s$ 为高电平时，前端采样保持电路和偶数级 MDAC 处在采样相，奇数级 MDAC 处在放大相。这时，前端采样保持电路对模拟输入信号进行采样，而偶数级 MDAC 则对奇数级 MDAC 放大输出的模拟余差信号进行采样。当时钟信号 $\varPhi_f$ 为高电平时，前端采样保持电路和偶数级 MDAC 处在放大相，奇数级 MDAC 处在采样相。上述过程反复操作，输入信号就被各子级电路逐级串行处理，由于每级 MDAC 量化得到的数字码并非同步出现，所以采用延迟同步单元来进行同步。对于流水线型 ADC 使用冗余位的结构，要对每级 MDAC 得到的数字码进行重建，这就是数字校正模块的作用。对于不使用冗余位的流水线型 ADC，就可以将同步后的数字码直接输出。

3.1.1　采样保持电路

采样保持电路的作用是对模拟输入信号进行准确采样，并将采样结果保持，即对连续信号离散化。在传统结构流水线型 ADC 中，采样保持电路的精度和速度决定了整个系统能够达到的最高性能。最简单的采样保持电路是由一个开关和一个电容组成的，如图 3.3 所示。

在图 3.3（b）中，当 CLK 为高电平时，MOS 开关闭合，此时输出电压 V_{out} 跟随输入电压 V_{in} 变化；当 CLK 为低电平时，MOS 开关断开，电容保持了 MOS 开关断开时的电荷。以上结构虽然简单，但存在两个很严重的非理想因素：MOS 开关的沟道电荷注入和时钟馈通。这两种效应将很大程度上影响采样保持电路的精度。为了克服 MOS 开关的沟道电荷注入和时钟馈通给采样保持电路精度带来的影响，引入底极板采样技术，如图 3.4 所示。

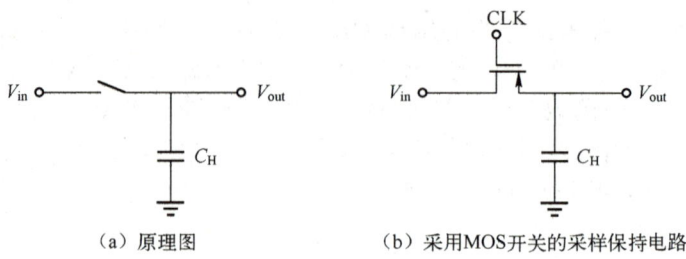

（a）原理图　　　　　　　（b）采用MOS开关的采样保持电路

图 3.3　采样保持电路

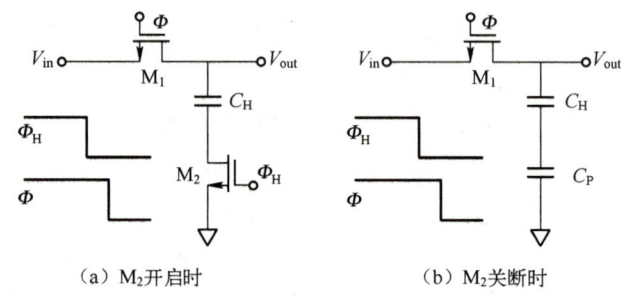

（a）M₂开启时　　　　　　（b）M₂关断时

图 3.4　底极板采样技术示意图

在图 3.4 中，M₂ 比 M₁ 稍微提前关断（一般情况下这个提前的时间为几百皮秒），且 M₂ 关断时注入电容 C_H 的电荷量基本与输入信号无关；然后 M₁ 关断，此时电容 C_H 下极板悬空，M₁ 不会注入电容 C_H 电荷，因此 M₁ 注入电容 C_H 电荷的非线性被消除。实际上，C_H 下极板并非悬空，而是有一个寄生电容的存在，如图 3.4（b）所示，故 M₁ 仍会注入 C_H 少量电荷。实际上，采样保持电路中加入了运算放大器，从而利用高增益运算放大器差分输入端近似虚地和电荷守恒定律进行底极板采样，可以达到更高的精度。该种采样保持电路分为电荷转移型和电容翻转型。电荷转移型采样保持电路如图 3.5 所示。其中，Φ_1 和 Φ_2 为两相不交叠时钟信号。

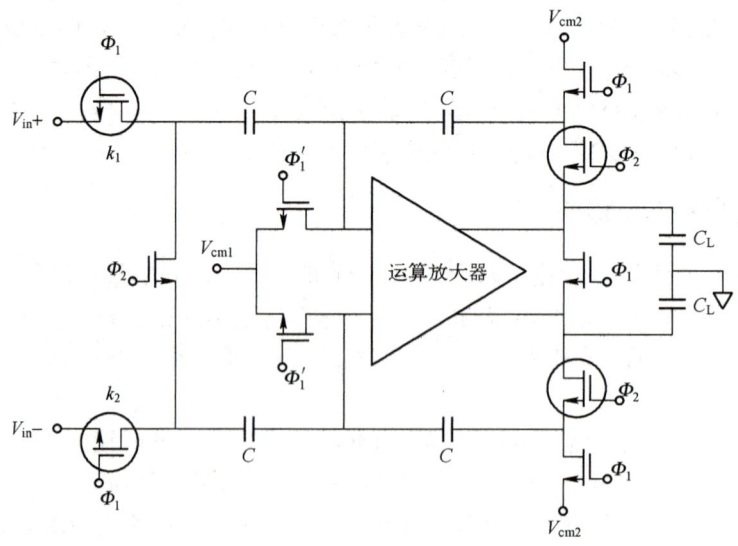

图 3.5　电荷转移型采样保持电路

电荷转移型采样保持电路在采样阶段跟踪输入信号，在保持阶段仅将采样电容中电荷量的差值部分传输到反馈电容，而共模输入电压仍留在采样电容中，所以电荷转移型采样保持电路能够接收大范围的共模输入信号，具有良好的共模抑制特性。电容翻转型采样保持电路如图 3.6 所示。

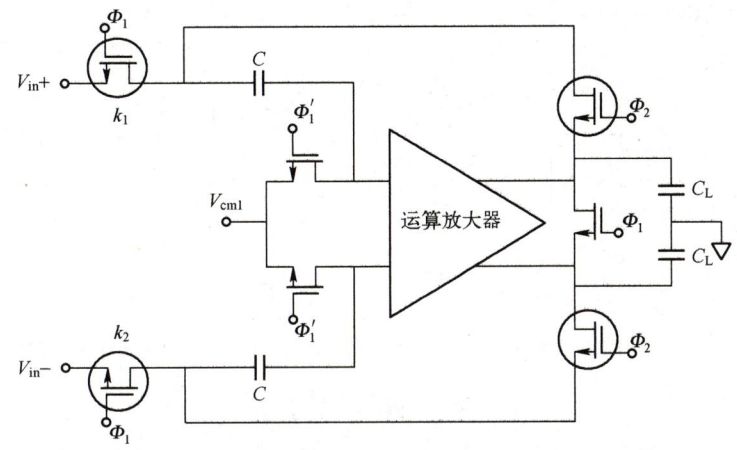

图 3.6　电容翻转型采样保持电路

电容翻转型采样保持电路对信号进行采样后，在保持阶段直接将采样电容的一端信号翻转并接到运算放大器输出端，实现对被采集信号的保持。

对于以上两种采样保持电路，如果不考虑运算放大器输入端寄生电容的影响，在保持阶段，电荷转移型采样保持电路的闭环反馈系数为 0.5，电容翻转型采样保持电路的闭环反馈系数为 1，因而在闭环单位增益带宽相同的情况下，电容翻转型采样保持电路具有更低的功耗。电容翻转型采样保持电路的缺点：共模输入信号范围较小，在低电压应用时会增加运算放大器的设计难度。

3.1.2　MDAC

在流水线型 ADC 中，MDAC 的主要功能是实现数/模转换、采样保持、相减和增益放大。作为流水线型 ADC 中的核心电路，MDAC 的性能对整体电路至关重要。MDAC 会带来多种误差。为了将这些误差降低到合理范围，目前通常使用带冗余位的 MDAC 结构。1.5 位/级 MDAC 传递函数如图 3.7 所示。

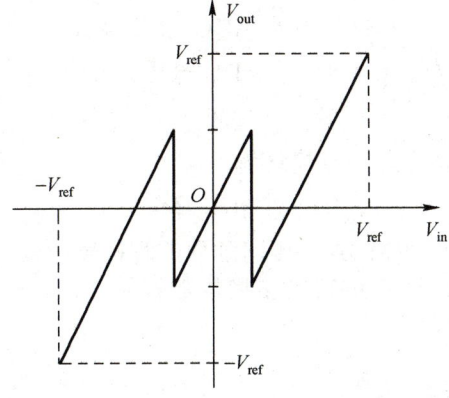

图 3.7　1.5 位/级 MDAC 传递函数

MDAC 结构如图 3.8 所示。其中，C_s 为采样电容；C_f 为反馈电容，且 $C_s=C_f$；Φ_1 和 Φ_2 为两相不交叠时钟信号；Φ_{1e} 的下降沿超前于 Φ_1，用于底极板采样。

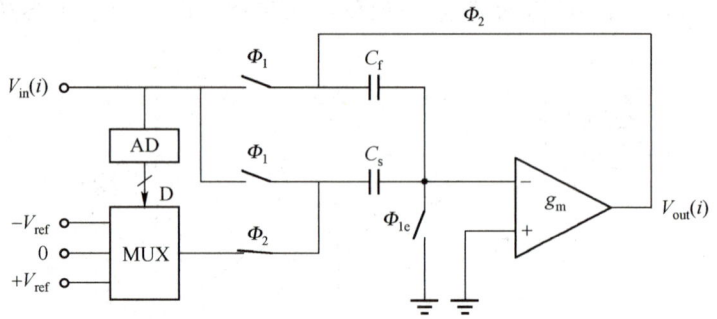

图 3.8　MDAC 结构

当 Φ_1 为高电平时，前级电路输出信号被电容 C_s 和 C_f 采样。这两个电容所存储的电荷量为

$$Q_1 = V_{in}(i)(C_s + C_f) \tag{3.3}$$

当 Φ_{1e} 变为低电平时，与电容顶极板相连的开关先断开，减小了沟道电荷注入效应（底极板采样技术）；当 Φ_2 为高电平时，MDAC 开启放大功能，C_f 的底极板与运算放大器的输出端连接，而 C_s 的底极板在子 ADC 输出的控制下连接 $+1/2V_{ref}$、0 或 $-1/2V_{ref}$ 电平。在理想情况下，假设运算放大器的增益为无穷大，其在闭环工作时的正、负输入端电平相等且为 0，则 MDAC 在减法放大阶段这两个电容存储的电荷量为

$$Q_2 = V_{out}(i)C_f + DC_sV_{ref} \tag{3.4}$$

在采样阶段结束时，运算放大器的负输入端在整个保持阶段始终处于虚地，根据电荷守恒定律，有

$$Q_1 = Q_2 \tag{3.5}$$

联立式（3.3）、式（3.4）、式（3.5），得

$$V_{out}(i) = V_{in}(i)\left(1 + \frac{C_s}{C_f}\right) - D\frac{C_s}{C_f}V_{ref} \tag{3.6}$$

式中，D 的取值为

$$D = \begin{cases} -1 & \text{子 ADC 输出为 00} \\ 0 & \text{子 ADC 输出为 01} \\ +1 & \text{子 ADC 输出为 10} \end{cases} \tag{3.7}$$

由于 $C_s = C_f$，式（3.7）可进一步简化为

$$V_{out}(i) = 2V_{in}(i) - DV_{ref} \tag{3.8}$$

式（3.8）为理想 1.5 位/级 MDAC 传递函数的解析表达式。上述 MDAC 结构是以 1.5 位/级为例的，若流水线型子 ADC 的有效转换位数 $B_i \geqslant 2$，其分析方法类似。

3.1.3　比较器电路

在 MDAC 中，输出的数字码都是经比较器得来的。比较器的功能就是通过比较输入信号和参考信号的大小来得到输出信号。比较器的功能如图 3.9 所示。当输入信号小于比较信号时，比较器的输出信号为低电平 V_{OL}；当输入信号大于比较信号时，比较器的输出信号为高电平 V_{OH}。比较器并非理想的元器件，它存在着增益有限、速度有限和失调误差等非理想因素。首先，比较器的增益决定着比较器可以分辨的最小信号幅度，比较器增益越大代表能分辨的信号幅度越小，比较精度越高；其次，比较器的速度决定着比较器能否应用于高速的系统中；最后，比较器的失调误差可以看成输入信号与比较信号之间存在的由工艺实现过程引入的固定误差，并在一定程度上决定着比较器的应用范围。

使用传统的运算放大器可以提供比较大的增益。但由于其速度有限，所以很少在高速应用中使用。目前，常用的比较器的结构如图 3.10 所示。它是使用预放大器加锁存器的结构。

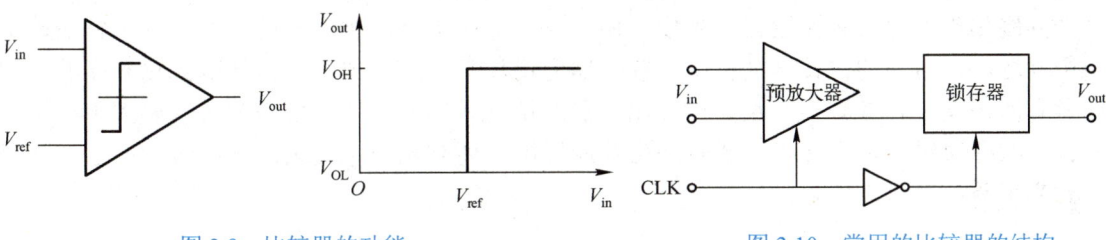

图 3.9 比较器的功能   图 3.10 常用的比较器的结构

首先来分析一下锁存器。锁存器的结构可以看成两个反相器串联后首尾相连的环路。锁存器模型如图 3.11 所示。锁存器小信号模型如图 3.12 所示。

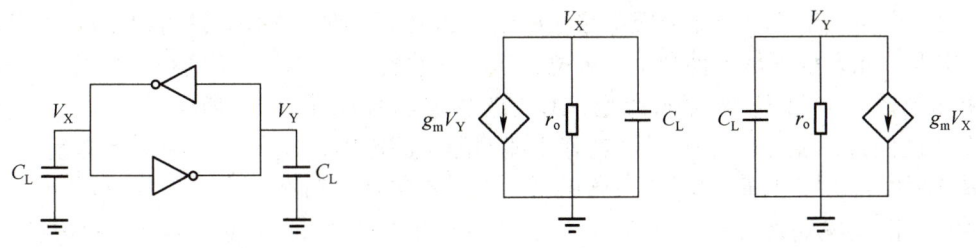

图 3.11 锁存器模型   图 3.12 锁存器小信号模型

由锁存器小信号模型可得

$$g_m V_X + V_Y / r_o + \mathrm{d}V_Y / \mathrm{d}t \cdot C_L = 0 \qquad (3.9)$$

$$g_m V_Y + V_x / r_o + \mathrm{d}V_x / \mathrm{d}t \cdot C_L = 0 \qquad (3.10)$$

式中，g_m、r_o 分别为反相器的跨导和输出阻抗。在式（3.9）、式（3.10）两边同乘 r_o，整理可得

$$A V_X + V_Y = -\mathrm{d}V_Y / \mathrm{d}t \cdot \tau \qquad (3.11)$$

$$A V_Y + V_X = -\mathrm{d}V_x / \mathrm{d}t \cdot \tau \qquad (3.12)$$

式中，$A = g_m r_o$ 是反相器的增益；$\tau = r_o C_L$ 是反相器的时间常数。由式（3.11）、式（3.12）整理可得

$$V_X - V_Y = -\frac{\tau}{A-1}\left(\frac{\mathrm{d}V_X}{\mathrm{d}t} - \frac{\mathrm{d}V_Y}{\mathrm{d}t}\right) \qquad (3.13)$$

设 X、Y 两点电压差的初始值为 V_{XY0}，则

$$V_X - V_Y = V_{XY0}e^{-\frac{t(A-1)}{\tau}} = V_{XY0}e^{-\frac{t}{\tau_{eff}}} \tag{3.14}$$

式中，τ_{eff} 为等效时间常数。假设反相器的增益 $A \gg 1$，则等效时间常数为

$$\tau_{eff} = \tau/(A-1) \approx C_L/g_m \tag{3.15}$$

等效时间常数越小，锁存器的速度越快。由式（3.15）可知，输出负载 C_L 应尽量小，反相器跨导 g_m 应尽量大。

尽管通过合理的设计，锁存器可以达到比较高的速度，但也存在着一些问题。首先，由于锁存器的输入端存在较大的失调误差，这会影响比较器的精度；其次，由于锁存器输出的是大信号，所以锁存器输出信号的变化引入输入信号中会产生比较大的回踢噪声，而这个回踢噪声不但影响比较器的精度，还对参考电压电路产生一定的干扰。为了解决以上两个问题，在常用的比较器结构中，锁存器前增加了预放大器，使得等效到输入端的失调误差和回踢噪声有效减小，从而提高比较器的精度。预放大器的增益和带宽要求由比较器的设计指标决定。在设计指标比较严格的应用中，通常预放大器采用多级级联的方式，以达到高增益、高带宽的目的。

3.1.4 冗余校正

流水线型 ADC 的转换是逐级进行的，且各级电路输出信号有时序差。所以，要对流水线型 ADC 各级电路输出信号进行延迟，以便与其模拟输入信号保持同步。对流水线型 ADC 而言，前级电路输出信号应比后级电路输出信号延迟半个时钟周期，这可以通过数字延迟寄存器来实现。冗余校正是一种利用冗余位信息，有效校正比较器不精确和失调误差的技术。未采用冗余校正的 2 位/级流水线型 ADC 的传递函数如图 3.13 所示。其中，理想传递函数为灰色曲线；受比较器失调误差等非理想因素的影响，实际传递函数为黑色曲线。当输出信号超出 V_R 时，可能会产生失调误差。为了避免这一情况，引入冗余校正算法，以保证 ADC 转换系统的线性度。采用冗余校正后的 1.5 位/级流水线型 ADC 的传递函数如图 3.14 所示。

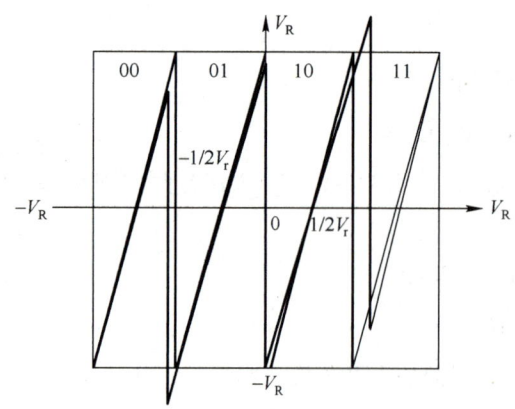

图 3.13 未采用冗余校正的 2 位/级
流水线型 ADC 的传递函数

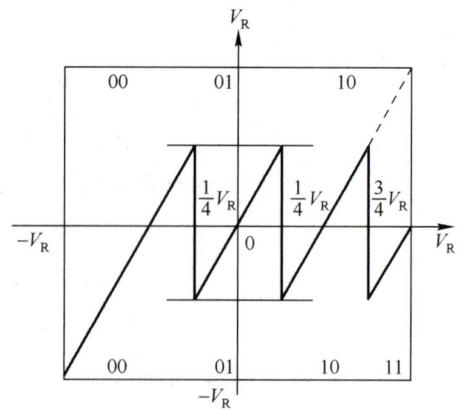

图 3.14 采用冗余校正后的 1.5 位/级
流水线型 ADC 的传递函数

1.5 位/级流水线型 ADC 采用冗余校正后，去掉了 $3/4V_R$ 处的比较电平，即去掉了 11 编码，使子 ADC 只有 00、01、10 这 3 种输出信号；各级电路编码在全加器中循环累加时，不会发生溢出，从而不会产生失调误差，这样就增加了电路的容错能力。

冗余校正电路的基本结构如图 3.15 所示。将编码电路的输出信号作为冗余校正电路的输入信号，通过延迟电路处理实现各级电路输出信号的同步，进而经加法电路对最终结果进行累加完成校正。

图 3.15 冗余校正电路的基本结构

3.2 流水线型 ADC 的非理想因素与误差源

在流水线型 ADC 中，有许多非理想因素和误差源限制着它的性能，如噪声、静态误差、动态误差等。噪声限制了流水线型 ADC 所能达到的最大信噪比（SNR）；静态误差限制了流水线型 ADC 的线性度（INL、DNL）；动态误差限制了流水线型 ADC 的动态性能（SFDR、THD）。本节主要论述这些非理想因素产生的原因。

3.2.1 噪声

在 CMOS 电路中，噪声主要有两类，即热噪声和 $1/f$ 噪声。热噪声是一种白噪声。它在一个很宽的频率范围内对 ADC 的影响都较大，在很大程度上制约着整个 ADC 的动态性能。$1/f$ 噪声是与频率相关的。在低频时，$1/f$ 噪声对 ADC 的影响较大，但在 ADC 高速运行的情况下，$1/f$ 噪声对其的影响可以忽略。下面将主要针对热噪声进行讨论。

在开关电容流水线型 ADC 中，热噪声的主要来源是开关、前端采样保持电路和 MDAC 中的运算放大器。设流水线型 ADC 整体分辨率为 N，每个子级电路具有相同的分辨率 n，C_u 为单位电容，令第一级 MDAC 中的采样电容为 $(2^n-1)C_u$，反馈电容为 C_u，之后对每级 MDAC 中的采样电容、反馈电容进行等比例缩减，缩减因子为 γ。第 i 级 MDAC 处于采样阶段时的单端电路如图 3.16 所示。

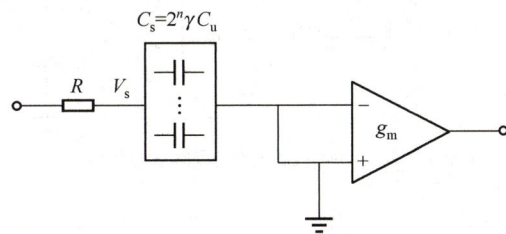

图 3.16 第 i 级 MDAC 处于采样阶段时的单端电路

在图 3.16 中，采样开关等效为一个导通电阻 R，采样开关与电容连接点的电压 V_s 可表示为

$$V_s = \frac{V_n}{1+j\omega R(C_s+C_f)} \tag{3.16}$$

式中，V_n 是由输入开关产生的等效热噪声电压；C_s、C_f 分别为采样电容和反馈电容。

存储在电容上的电荷量可表示为

$$Q_\text{s} = (C_\text{s} + C_\text{f})V_\text{s} = \frac{(C_\text{s} + C_\text{f})V_\text{n}}{1 + \text{j}\omega R(C_\text{s} + C_\text{f})} \tag{3.17}$$

由于热噪声是一个随机量，所以要将存储在电容上的电荷在整个频率范围内积分，得到总的热噪声电荷量为

$$S_\text{Q} = \frac{(C_\text{s} + C_\text{f})^2 \sigma^2 V_\text{n}}{1 + \omega^2 R^2 (C_\text{s} + C_\text{f})^2} \tag{3.18}$$

$$Q_\text{s} = \sqrt{\int_0^\infty S_\text{Q}\,\text{d}\omega} = \sqrt{kT(C_\text{s} + C_\text{f})} \tag{3.19}$$

式中，$k = 1.38 \times 10^{-23}\,\text{J/K}$，为玻尔兹曼常数；$T$ 为热力学温度。在保持阶段，电荷转移到 C_f 上，由此得到输出端热噪声为

$$\sigma_{V_0} = Q_\text{s}/C_\text{f} = \sqrt{kT(C_\text{s} + C_\text{f})}/C_\text{f} \tag{3.20}$$

将输出端热噪声等效到输入端热噪声，即

$$\sigma^2{}_{V_\text{in}} = \frac{\sigma^2{}_{V_\text{o}}}{A^2} \approx \frac{kT}{\beta A^2 C_\text{f}} = \frac{kT}{\beta 2^{2n} C_\text{u} \gamma} \tag{3.21}$$

考虑差分结构，输入端等效热噪声为

$$\sigma^2{}_{V_\text{in,diff}} = \frac{2\sigma^2{}_{V_\text{o}}}{A^2} = \frac{2kT}{\beta 2^{2n} C_\text{u} \gamma} \tag{3.22}$$

当 MDAC 处于减法放大阶段时，另一个热噪声由运算放大器引入。第 i 级 MDAC 减法放大阶段的单端电路如图 3.17（a）所示。仅考虑输入管、负载管沟道热噪声时的小信号电路如图 3.17（b）所示。其中，运算放大器噪声电流为 i_n，有

$$\overline{i_\text{n}{}^2} = 4kT\gamma g_\text{m} n_\text{eff} \tag{3.23}$$

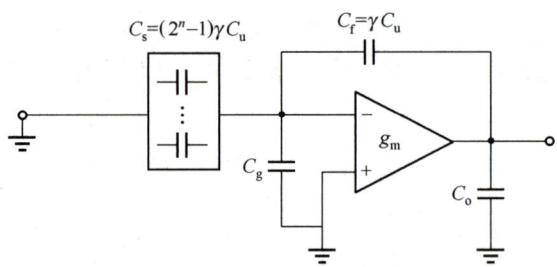

（a）第 i 级MDAC减法放大阶段的单端电路

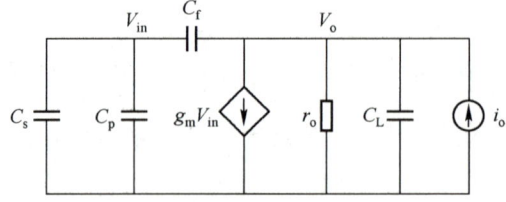

（b）仅考虑输入管、负载管沟道热噪声时的小信号电路

图 3.17　MDAC 电路

式中，g_{m1} 为运算放大器输入管跨导；n_{eff} 为运算放大器的噪声系数。n_{eff} 可表示为

$$n_{eff} = 1 + g_{mx}/g_{m1} \tag{3.24}$$

对于长沟道晶体管，γ 等于 2/3；对于亚微米 MOS，γ 需要一个更大的值，范围在 0.6～3 之间。通过图 3.17（b），得到由 V_o 到 $\overline{i_n^2}$ 的传递函数为

$$H(s) = \frac{V_o}{i_n^2} = \frac{r_0}{1 + g_m r_0 \beta + r_0 C_{Leff} s} \tag{3.25}$$

式中，C_{Leff} 为运算放大器的等效输出负载，即

$$C_{Leff} = C_L + (1-\beta)C_f = 2^n \gamma C_u + C_o + (1-\beta)\gamma C_u \tag{3.26}$$

在整个频率段上积分，得到闭环工作的 MDAC 输出端的热噪声电压可表示为

$$\overline{V_o^2} = \int_0^\infty |H(j\omega)|^2 \overline{i_n^2} \mathrm{d}\omega = \frac{\gamma n_{eff} kT}{\beta C_{Leff}} \tag{3.27}$$

考虑差分输出结构，MDAC 输出端的热噪声电压可表示为

$$\overline{V_o^2} = \frac{2\gamma n_{eff} kT}{\beta C_{Leff}} \tag{3.28}$$

最终，在每级 MDAC 输入端的总热噪声电压可表示为

$$\overline{V_n^2} = \frac{2kT}{\beta 2^n C_u \gamma} + \frac{2\gamma \eta_{eff} kT}{\beta 2^n C_{Leff}} \tag{3.29}$$

3.2.2　静态误差

在流水线型 ADC 中，静态误差包括运算放大器的失调误差、比较器的失调误差、电容误差、运算放大器的静态直流增益误差等。下面将逐个讨论以上非理想因素对流水线型 ADC 性能的影响。

1. 运算放大器的失调误差和比较器的失调误差

由于流水线型 ADC 使用多级串联的结构，其每一阶段的输出信号和输入信号必须维持相同的转换区间。然而，在子 ADC 内部的比较器和运算放大器都存在失调误差、直流增益误差、小信号稳定误差等非理想因素，会造成输入信号在转换过程中超出每一阶段的转换区间，导致失码或失级。采用数字冗余结构，可以有效地降低运算放大器及比较器的失调误差对整体电路线性度带来的影响。

2. 电容误差

目前的流水线型 ADC 多采用开关电容结构，电容自身带来的误差会对流水线型 ADC 的精度产生影响。电容误差是由电容失配和电容非线性引起的。电容失配主要是由电容的光刻边缘不整齐和氧化层厚度不均匀造成的。集成电路中的电容为

$$C = A\varepsilon_{ox}/t_{ox} = AC_{ox} \tag{3.30}$$

式中，A 为电容区域的面积；C_{ox} 为单位面积氧化层电容。光刻边缘不整齐直接影响着 A，而氧化层厚度不均匀影响着 C_{ox}。由于这两者不相关，所以总的电容偏差可表示为

$$\frac{\Delta C}{C} = \frac{\Delta C_{ox}}{C_{ox}} + \frac{\Delta A}{A} \tag{3.31}$$

由于电容的制造工艺会引入了一些寄生电容，而这些寄生电容与其两端的电压相关，从而形成了电容非线性。这个电容与两端电压的关系为

$$C(V) = C_0(1 + \alpha_1 V + \alpha_2 V^2) \tag{3.32}$$

那么，差分输出的电压差可表示为

$$V_{out} = V_i - \alpha_2 / 4V_i^3 \tag{3.33}$$

这样会直接引入 3 次谐波。以 SMIC 0.35μm CMOS 工艺为例，其 α_2 为 $50×10^{-6}$，由此引入的 3 次谐波为-80dB，这在一定程度上影响了流水线型 ADC 的性能。

3. 运算放大器的静态直流增益误差

在采样保持和 MDAC 电路中，理想情况下的运算放大器的静态直流增益被认为是无穷大的，但实际情况中，运算放大器的静态直流增益是有限的。当电路中运算放大器的静态直流增益为 A、闭环工作反馈因子为 β 时，有限静态直流增益给电路精度带来的误差为 $1/A\beta$。

3.2.3　动态误差

流水线型 ADC 中的动态误差主要由开关的非线性、运算放大器的有限带宽等引起的。

1. 开关的非线性

开关的非线性主要体现在电荷注入效应和时钟馈通上。电荷注入效应如图 3.18 所示。当 MOS 处于导通状态时，二氧化硅和硅的界面必然存在沟道，反型层中的总电荷量可表示为

$$Q_{ch} = WLC_{ox}(V_{DD} - V_{in} - V_{th}) \tag{3.34}$$

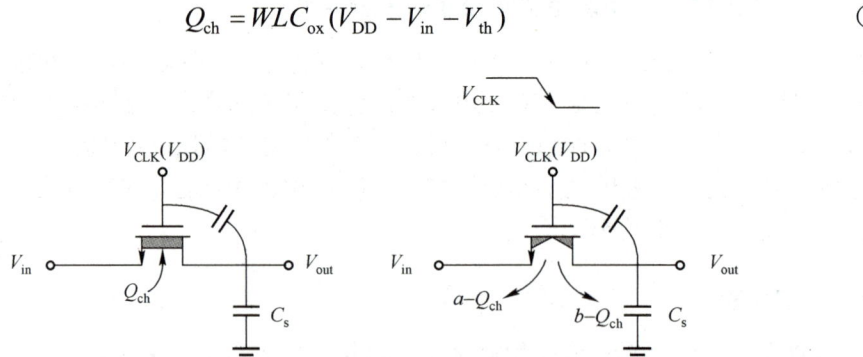

（a）MOS 处于导通状态　　　　　（b）MOS 处于断开状态

图 3.18　电荷注入效应

当 MOS 断开后，Q_{ch} 电量会通过源极端和漏极端流出，这种现象称为电荷注入。假设有一半的电荷注入采样电容上，则

$$\Delta V = \frac{WLC_{ox}(V_{DD} - V_{in} - V_{th})}{2C_s} \tag{3.35}$$

由式（3.35）可见，电荷注入引起的电压变化 ΔV 是一个与输入信号相关的函数，它引入了动态误差。采用差分结构、用电容吸收注入电荷、增加 MOS 开关源极和漏极端的对称性、加入辅助时钟电路等方式都能减小电荷注入带来的非线性影响。

时钟馈通是指 MOS 会通过其栅漏或栅源交叠电容将时钟跳变信号耦合到采样电容上。这种效应会给采样电压增加固定的误差，此误差可以表示为

$$\Delta V = V_{CK} \frac{WC_{ov}}{WC_{ov} + C_H} \tag{3.36}$$

式中，C_{ov} 为单位宽度的交叠电容。时钟馈通误差 ΔV 与输入电压无关，在输入/输出特性中表现为固定的失调误差。

2．运算放大器的有限带宽

在不考虑运算放大器有限增益的前提下，假设运算放大器是一个单极点系统，那么 MDAC 的输出电压为

$$V_{out} \approx ((C_s + C_f)/C_f V_{in} - DC_s/C_f V_{ref})(1 - e^{-\frac{t_s}{\tau}}) \tag{3.37}$$

式中，t_s 为建立时间；τ 为 MDAC 中运算放大器的闭环时间常数，可表示为

$$\tau = 1/\omega_{3dB} = 1/\beta\omega_u \tag{3.38}$$

式中，ω_u 为运算放大器单位增益带宽。式（3.37）中的 $e^{-\frac{t_s}{\tau}}$ 就是由运算放大器的有限带宽引入的动态建立精度误差；为了将其控制在 10 位精度范围内且留有一定裕度，那么 t_s 应为 8τ。

3.3　流水线型 ADC 电路设计实例

基于前两节对流水线型 ADC 理论的讨论，本节将具体分析一种 10 位/40MHz 采样保持与减法放大共享的流水线型 ADC，并详细介绍其各个模块的电路实现和测试结果。

3.3.1　工作原理

采样保持与减法放大共享的流水线型 ADC 是一种第一级电路融合了采样保持和减法放大功能的流水线型 ADC。它与第一级电路无采样保持结构的流水线型 ADC 不同点：它通过在第一级 MDAC 中引入时钟信号，将采样功能加入，从而使高速变化的模拟信号首先被采样保持为近似静态的模拟值后才传入比较器输入端，进行减法放大运算。这样就避免了因信号路径不匹配带来的动态性能下降问题。采样保持与减法放大共享的流水线型 ADC 除去第一级采样保持和减法放大共享模块外，其他级电路均与传统流水线型 ADC 相同。因此，采样保持与减法放大共享的流水线型 ADC 很容易与由传统结构改良且与多通道、运算放大器共享等改良结构兼容。第一级采样保持和减法放大共享模块的工作原理如图 3.19 所示。第

一级采样保持和减法放大共享模块的时序图如图 3.20 所示。

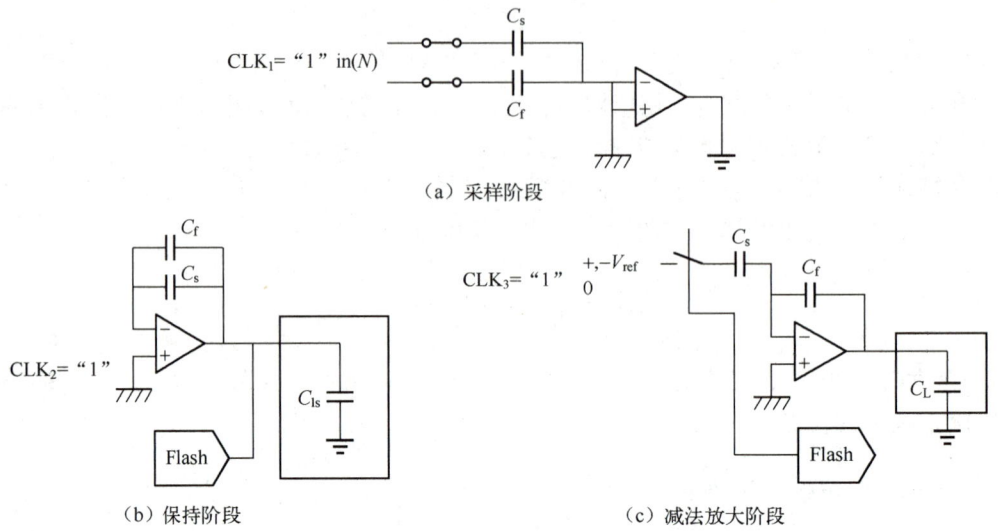

（a）采样阶段

（b）保持阶段 　　　　　　　　　　　（c）减法放大阶段

图 3.19　第一级采样保持和减法放大共享模块的工作原理

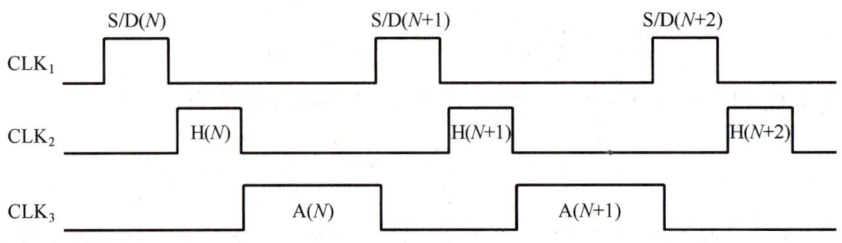

图 3.20　第一级采样保持和减法放大共享模块的时序图

在图 3.19 中，CLK$_1$ 为采样时钟，CLK$_2$ 为保持时钟，CLK$_3$ 为减法放大时钟。采样时钟和保持时钟的高电平持续时间为减法放大时钟的高电平持续时间的一半。与传统结构相比，该模块在一个时钟周期内，同时可完成采样保持和减法放大两项功能。当 CLK$_1$ 为高电平时，运算放大器输入端接共模电平，处于归零状态，而输入信号被采样至电容 C_s 和 C_f 上，运算放大器输入端电荷量为

$$Q_1 = V_{in}(C_s + C_f) \tag{3.39}$$

当 CLK$_2$ 为高电平时，运算放大器呈电荷翻转型采样保持连接形式，在压摆率足够大的情况下，输出电压快速建立并与前一相位采样电平值接近，稳定后送入比较器输入端；当 CLK$_3$ 为高电平时，采样电容 C_s 的底极板与比较器模拟电平选择单元相连，电路呈现减法放大状态，稳定后运算放大器输入端电荷量可表示为

$$Q_2 = V_{out}C_f + V_{dac}(D)C_s \tag{3.40}$$

在保持和减法放大两个阶段，运算放大器的输入端始终处于虚地状态，没有对地的电荷泄放通路。根据电荷守恒定律（$Q_1 = Q_2$），可得

$$V_{out} = (C_s + C_f)/C_f V_{in} - V_{dac}(D)C_s/C_f \tag{3.41}$$

当 $C_s = C_f$ 时，完成了 1.5 位/级 MDAC 的减法放大功能。

3.3.2　模块电路设计

采样保持和减法放大共享的流水线型 ADC 主要由采样保持和减法放大共享模块、减法放大模块、电压基准电路、时钟电路、延迟单元和数字误差校准电路组成。采样保持和减法放大共享的流水线型 ADC 的总体结构如图 3.21 所示。采样保持和减法放大共享模块是最为重要的组成部分，由采样开关、运算放大器、比较器、开关电容电路组成。

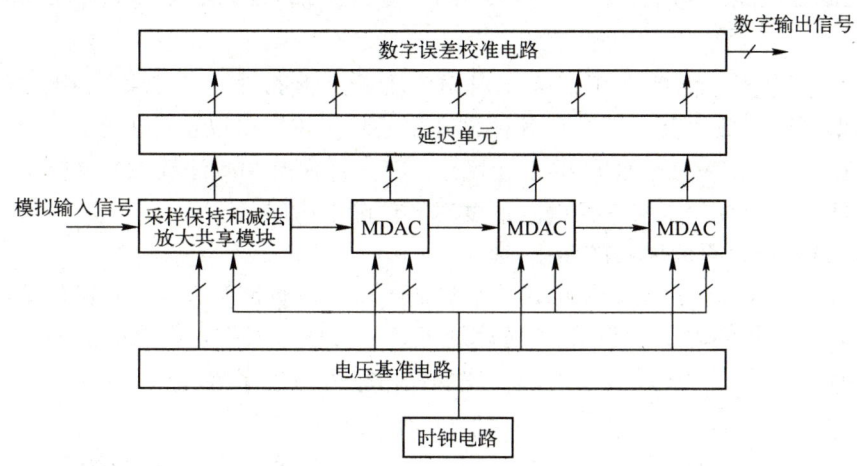

图 3.21　采样保持和减法放大共享的流水线型 ADC 的总体结构

1.　运算放大器设计

运算放大器是采样保持和减法放大共享模块的核心组成部分，它的速度和精度直接影响整个系统的速度和精度，同时它也是最主要的功耗模块。假设运算放大器为单极点系统，对它主要有直流增益和带宽两个方面要求：直流增益决定它的建立精度；带宽决定它的建立速度。相对于两级运算放大器，单级运算放大器最突出的优点是稳定性好、速度高，并且通过采用共源共栅及增益增强结构，可以获得较高的直流增益，是高速 ADC 设计的首选。

差分增益增强型套筒式运算放大器如图 3.22 所示。其中，$M_1 \sim M_8$ 及共模反馈尾电流管组成主运算放大器；A1 和 A2 是用来提高增益的辅助运算放大器。整个运算放大器的小信号增益为

$$A_V = A_{V1} g_{m1} (r_{on1} r_{on3} \parallel r_{op5} r_{op7})$$

式中，A_{V1} 是辅助运算放大器的增益。该种结构的优点：由于套筒式堆叠结构和辅助运算放大器的引入，该运算放大器较容易获得高的电压增益；该运算放大器基本可以看成单级的，具有较好的频率特性，无须频率补偿即可具有所需要的带宽。其缺

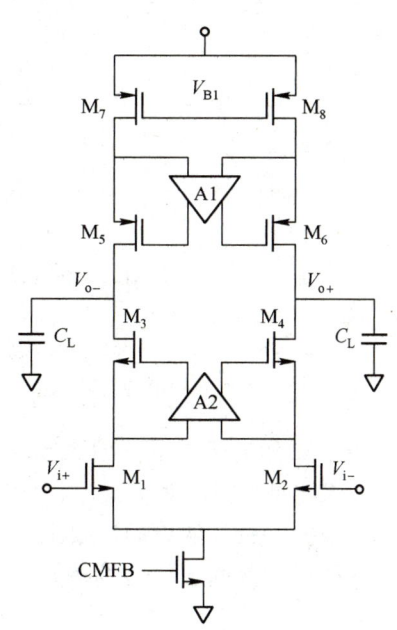

图 3.22　差分增益增强型套筒式运算放大器

点：辅助运算放大器在增加电路增益的同时引入了零点对、极点对，严重影响了电路大信号响应的快速建立；套筒式堆叠结构限制了电路的最大输出信号幅度。对于图 3.22 所示的运算放大器来说，当它正常工作时，所有 MOS（$M_1 \sim M_8$，M_{CMFB}）都必须工作在饱和区，这就要求：

$$V_{ds} = V_{dsat} + V_{margin}$$

式中，V_{ds} 是源漏电压；V_{dsat} 是使 MOS 工作在饱和区时的过驱动电压；V_{margin} 是为 V_{ds} 预留的裕量。

为了使电源电压、温度和工艺变化对电路影响达到最小，有必要采用高摆幅偏置电路，以精确偏置运算放大器，使其在各种温度和工艺偏差下得以正常工作。

下面依据 10 位/40MHz ADC 的设计目标，在采样保持和减法放大共享模块不同的工作状态下，具体讨论运算放大器的精度、速度对其性能的影响。

1）电路设计对运算放大器的精度要求

假设采样保持和减法放大共享模块中运算放大器的低频增益为 A，且在保持和减法放大阶段的反馈因子分别为 β_1、β_2。当不考虑速度、只考虑最终稳定精度的前提下，该运算放大器不涉及频域问题。因此，该运算放大器的输出信号可表示为

$$V_{out} = -AV_{in}$$

式中，V_{out} 为运算放大器的差分输出电压；V_{in} 为运算放大器的差分输入电压；A 为运算放大器的直流增益。

采样保持和减法放大共享模块的两种工作状态如图 3.23 所示。根据这两种不同工作状态下的电荷守恒定律，可以得出运算放大器低频增益与采样保持和减法放大共享模块精度之间的关系。

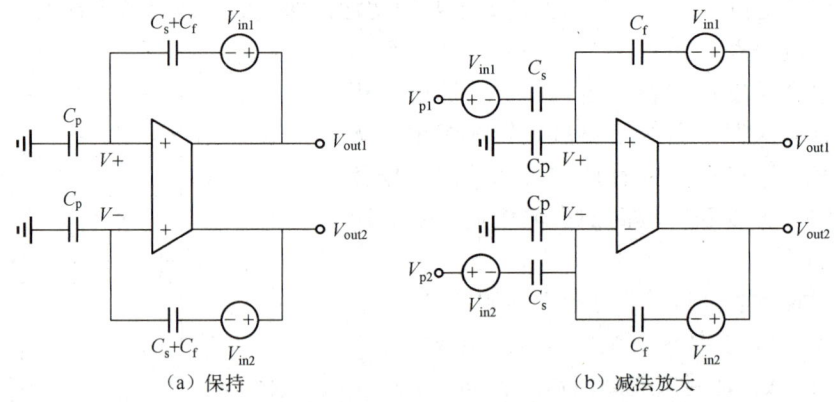

（a）保持　　　　　　　　　　　　　　　　　（b）减法放大

图 3.23　采样保持和减法放大共享模块的两种工作状态

由于实际电路中运算放大器增益并非无穷大，其正、负输入端存在微小的电压差。当运算放大器增益没有足够高时，该电压差不能得到充分抑制，将给电路最终的建立精度带来影响。根据 ADC 的单调性要求，对于 10 位精度采样保持和减法放大共享模块，在留有足够设计裕量的前提下（假设按照 12 位精度设计），输出容忍误差应满足：

$$\varepsilon \leqslant V_{P-P} / 2^{N+2} \tag{3.42}$$

当 V_{P-P} 为 2 时，$\varepsilon \leqslant 1/2^{11}$。假设采样模块中存储在运算放大器差分输入端的电荷量为

$$Q_1 = (V_{in1} - V_{in2})(C_s + C_f) \tag{3.43}$$

在保持模块中，考虑运算放大器输入端的寄生电容及不匹配等的影响，存储在运算放大器输入端的电荷量为

$$Q_2 = (V_{out1} - V_{out2})(C_s + C_f) - [(V+) - (V-)](C_s + C_f + C_p) \tag{3.44}$$

在减法放大模块中，存储在运算放大器差分输入端的电荷量为

$$Q_3 = (V_{out1} - V_{out2})C_f + (V_{p1} - V_{p2})C_s - [(V+) - (V-)](C_s + C_f + C_p) \tag{3.45}$$

由于从采样结束到减法放大稳定的整个过程中，运算放大器输入端与地不存在直流通路，根据电荷守恒定律（$Q_1 = Q_2 = Q_3$），可得

$$V_{out} = (2V_{in} - DV_p)(1 - 1/A\beta_2) \tag{3.46}$$

式中，β_2 为减法放大模块反馈系数；$\beta_2 = C_s/(C_s + C_f + C_p)$。

根据实际电路设计情况，当假设 $C_p \approx 0.3C_s$ 时，$\beta_2 = 0.44$，根据式（3.46）线性约束条件，当 $V_{P-P}=2$，$N=10$ 时，采样保持和减法放大共享模块中的运算放大器直流增益 $A \geqslant 74\mathrm{dB}$。

2）电路设计对运算放大器速度的要求

运算放大器的建立主要分为两个阶段：大信号响应阶段和小信号建立阶段。在大信号响应阶段，运算放大器以固定的电流给负载电容充电，其时间大概占建立时间的 1/3；小信号建立阶段的分析较为复杂，本部分假设运算放大器为一阶系统，根据小信号模型估算运算放大器开环单位增益带宽的选取范围。

（1）大信号响应阶段。

对于 40MHz 采样频率的流水线型 ADC，按照时钟信号上升沿和下降沿分别为 0.2ns 计算，保持模块工作时间为 4.8ns，减法放大模块工作时间为 11.4ns。在减法放大阶段，运算放大器用于给电容充电的时间为 $1/3 \times 11.4 = 3.8\mathrm{ns}$，即在 3.8ns 内，运算放大器支路电流将负载电容充电完成。设运算放大器尾管电流为 I_d，当负载电容为 1.4pF 时，根据差分运算放大器压摆率公式：$(I_d / C_L) \times 3.8\mathrm{ns} > 3$，得出 $I_d > 1.05\mathrm{mA}$。考虑工艺转角并留有足够的设计裕量，最终令 $I_d > 2\mathrm{mA}$。

（2）小信号建立阶段。

假设运算放大器为一阶系统，将运算放大器直流增益 A 转换为具有频率特性的传递函数 $A(s)$，得到该运算放大器在采样保持阶段的传递函数为

$$V_{out} / V_{in} = 1/(1 + 1/A(s)\beta_1) \tag{3.47}$$

该运算放大器在减法放大阶段的传递函数为

$$V_{out} / V_{in} = 2/(1 + 1/A(s)\beta 2)V_{in} - 1/(1 + 1/A(s)\beta 2)V_p D$$

$$= (2V_{in} - DV_p)/(1 + 1/A(s)\beta 2) \tag{3.48}$$

当假设运算放大器为一阶系统时，$A(s) = A_o /[1 + s/(2\pi GBW / A_o)]$，因而式（3.47）、式（3.48）可以简化为

$$V_{out} / V_{in} = 1/(1 + s/2\pi GBW\beta_1) \tag{3.49}$$

$$V_{out} / V_{in} = (2V_{in} - DV_p)(1/(1 + s/2\pi GBW\beta_2)) \tag{3.50}$$

保持和减法放大阶段的小信号线性误差分别为 $\exp(-t/\tau_1)$ 和 $\exp(-t/\tau_2)$ 。在采样保持和减法放大共享模块中，保持相位对于精度的要求只要满足比较器分辨率即可，因而保持相位在符合稳定性条件的前提下不予过多考虑。根据计算，40MHz 采样频率下，剔除大信号充电时间，减法放大阶段小信号稳定时间为 7.6ns。根据线性要求，可得

$$\exp\left(-\frac{7.6\times10^{-9}}{\tau_2}\right) < \frac{1}{2}\text{LSB} = \frac{1}{2}\times\frac{2}{2^{11}} \tag{3.51}$$

$$1/\tau_2 = 2\Pi\text{GBW}\beta_2 \tag{3.52}$$

联立式（3.51）、式（3.52），可得到满足 10 位/40MHz 采样频率要求的采样保持和减法放大共享模块中运算放大器单位增益带宽应大于 500MHz 的要求。考虑工艺转角及设计裕量，令 $\text{GBW} > 700\text{MHz}$ ，$\text{GBW}\cdot\beta_2 > 300\text{MHz}$ 。

通过以上分析及对相位裕度的经验性公式，最终得到用于采样保持和减法放大共享模块的运算放大器性能指标如下：

☆ 直流增益：$A_o > 74\text{dB}$ ；

☆ 主运算放大器单位增益带宽：$\text{GBW} > 700\text{MHz}$ ；

☆ 辅助运算放大器单位增益带宽：$\text{GBW}_b > 300\text{MHz}$ ；

☆ 主运算放大器相位裕度：$45° < \text{Px}_{\text{body}} < 65°$ ；

☆ 辅助运算放大器相位裕度：$55° < \text{Px}_{\text{booster}} < 70°$ 。

2. 采样开关设计

在采样保持和减法放大共享模块中，采样开关是模拟信号和电路的接口，其动态性能（如无杂散动态范围、谐波失真等）要比采样保持和减法放大共享模块的整体性能高 1~2 位。例如，当设计 10 位 ADC 时，采样保持和减法放大共享模块的开关性能至少应达到 12 位精度。传统的 MOS 导通时可以表示成一个电阻，其电阻值为

$$R_{\text{ON}} = \frac{1+\dfrac{V_D - V_S}{E_C L}}{C_{\text{ox}}\mu_{\text{eff}}\dfrac{W}{L}\left[V_G - \dfrac{V_S}{2} - \dfrac{V_D}{2} - V_{\text{To}} - \gamma\left(\sqrt{2\phi_F + V_{\text{SB}}} - \sqrt{2\phi_F}\right)\right]} \tag{3.53}$$

式中，V_G、V_S、V_D 分别代表 MOS 栅极电压、源极电压、漏极电压；V_{To} 是 MOS 源极与衬底同电位时的阈值电压；$\gamma = \sqrt{2q\varepsilon_{\text{si}}N_{\text{sub}}}/C_{\text{ox}}$ ，称为体效应系数，典型值在 0.3~0.4 之间；V_{SB} 为衬源电压；E_C 为 MOS 源极、漏极端的电场强度系数。由式（3.53）可见，当 MOS 作为开关时，其闭合电阻随输入信号的幅度变化而变化，主要表现在以下 3 个方面。

（1）开关闭合后，$(V_S + V_D)/2 \approx V_{\text{in}}$ 。

（2）式（3.53）的分母项包含了能引起谐波失真的输入信号的物理量。

（3）当存在短沟道效应时，式（3.53）的分子项也会带来谐波失真。

在以上 3 个方面中，最主要的非线性因素是式（3.53）的分母项 $V_G - (V_S + V_D)/2$ 对开关非线性的影响。为消减开关非线性带来的谐波失真，大多采样保持电路均采用电压提升型开关，使得开关栅极电压随输入信号的变化而变化，而栅源电压保持不变。典型的栅压自举采样开关电路如图 3.24 所示。

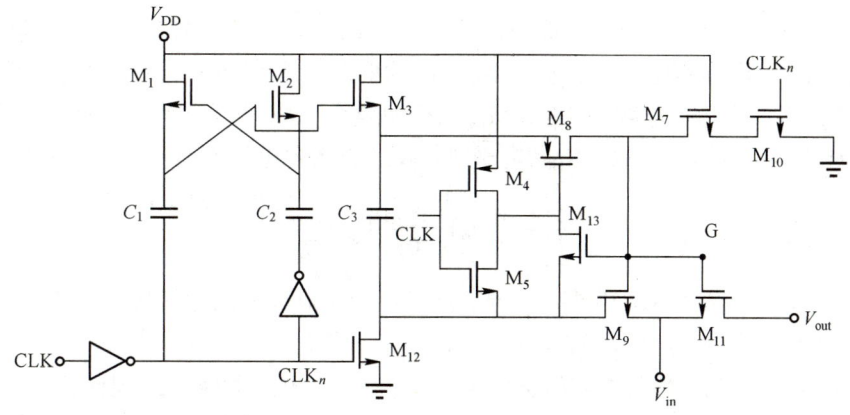

图 3.24　典型的栅压自举采样开关电路

在图 3.24 中，M_{11} 为采样开关，采用单向时钟信号控制。当 CLK 为低电平时，M_5、M_8 关断，M_{10} 导通，电路中存储的电荷通过 M_7、M_{10} 放电，使 M_{11} 处于关断状态。在 CLK 为低电平阶段，M_1、M_2、M_3 和电容 C_1、C_2、C_3 组成的电荷泵电路对电容 C_3 充电，使 C_3 上电压接近电源电压。当 CLK 为高电平时，M_{12}、M_3 呈高阻态，M_5 导通，将 M_8 栅压拉至接近 V_{in}，从而电容 C_3 上的电压差通过 M_9、M_8 加至 M_{11} 栅极和源极，使得 M_{11} 栅源电压接近 V_{DD}。在理想情况下，式（3.53）可以改写为

$$R_{ON} = \frac{1 + \dfrac{V_D - V_S}{E_C L}}{C_{ox}\mu_{eff}\dfrac{W}{L}\left[V_{DD} - V_{To} - \gamma\left(\sqrt{|2\phi_F + V_{SB}|} - \sqrt{2\phi_F}\right)\right]} \tag{3.54}$$

由式（3.54）可见，开关导通时的主要非线性因素（$V_G - (V_D + V_S)/2$）被消去了，当忽略短沟道效应时，只有 NMOS 的衬偏效应会给开关的非线性带来影响。但在实际情况中，由于充电电容 C_3 两个极板寄生电容的存在，以及传输管 M_{11} 栅源、栅漏电容带来的电荷注入和时钟馈通效应，使得典型结构的栅压自举采样开关要进一步改进，才能达到 12 位以上的采样精度。加入寄生电容等非理想因素后，传统的栅压自举采样开关电路如图 3.25 所示。

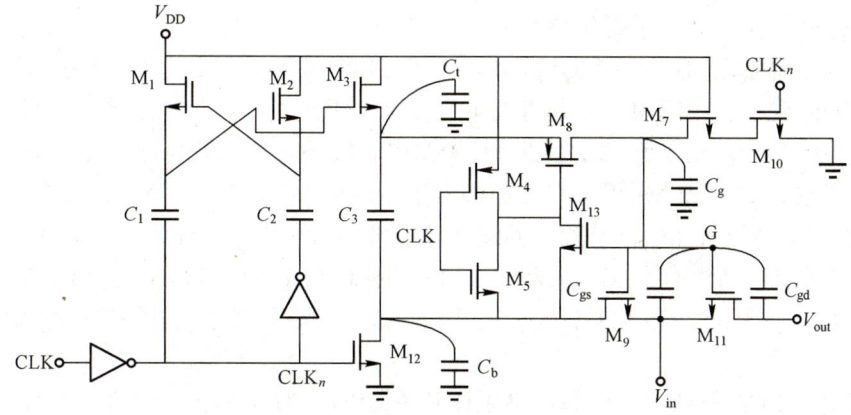

图 3.25　传统的栅压自举采样开关电路

在图 3.25 中，C_t、C_b 和 C_g 是叠加在电容 C_3 顶、底极板上的寄生电容。其中，C_t 主要由 M_3 和 M_8 的栅源电容组成；C_g 由 M_7、M_8 的栅漏电容和 M_{13}、M_9、M_{11} 的栅源电容组成；C_b 由 M_{12}、M_9 的栅漏电容和 M_5、M_{13} 的栅源电容组成。由于寄生电容和传输管 M_{11} 栅源、栅漏叠加电容的影响，当 CLK 高电平时，M_{11} 的栅源电压不等于 V_{DD}，其值为

$$V_{\text{boost}} = \frac{(C_t + C_3)V_{DD}}{C_{\text{tot}}} - \frac{C_{gs}}{C_{\text{tot}}}V_{\text{in}}(t_0) - \frac{C_{gd}}{C_{\text{tot}}}V_{\text{out}}(t_0) - \frac{C_b + C_t + C_g}{C_{\text{tot}}}V_{\text{in}} \qquad (3.55)$$

式中，C_{gs} 和 C_{gd} 为传输管 M_{11} 的栅源、栅漏电容；$V_{\text{in}}(t_0)$ 和 $V_{\text{out}}(t_0)$ 为传输管 M_{11} 的输入、输出电压；$C_{\text{tot}} = C_3 + C_t + C_g + C_{gs} + C_{gd}$。

由式（3.55）可见，寄生电容越大，开关带来的非线性也越大。因此，要针对图 3.25 中的几处寄生电容探讨新的电路结构，以减小寄生电容带来的影响。改进后的栅压自举采样开关电路如图 3.26 所示。

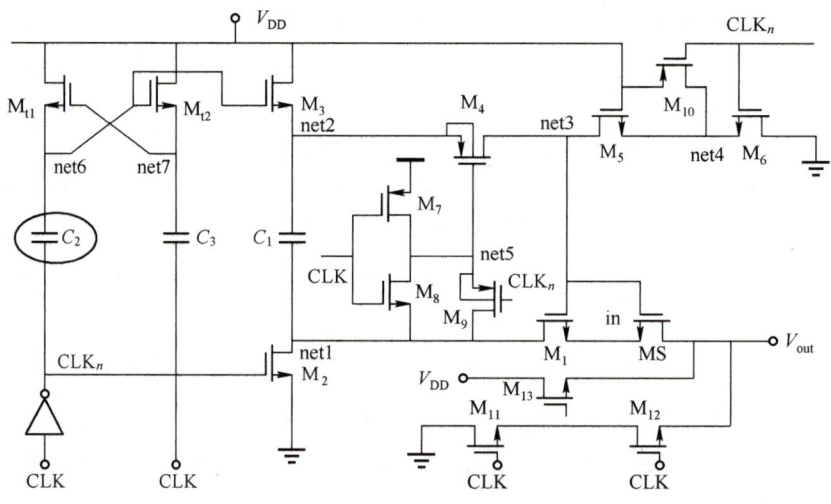

图 3.26　改进后的栅压自举采样开关电路

相比于传统结构，图 3.26 所示的新结构主要做了如下改动以减小寄生电容和电荷注入、时钟馈通效应所带来的影响。

（1）将图 3.25 中的 M_{13} 改为图 3.26 中的 M_9。M_9 受反相时钟信号 CLK_n 控制，不与传输管 MS 的栅极相连，减小了寄生电容 C_g。

（2）在 M_5、M_6 之间加入 PMOS（M_{10}）。当 CLK 为高电平时，M_{10} 导通，将 M_6 有效关断，由于 MOS 截止区的栅源、栅漏寄生电容要远小于线性、饱和区的栅源、栅漏电容，因此，相比于传统结构，处于强截止区的 M_6 栅源电容较小，有效降低了寄生电容 C_g 的值。

（3）增大电容 C_2，使 M_3 闭合时的栅源电压更接近 V_{DD}，提高其对 C_1 的充电效率。

（4）MS 的输出端加 M_{13}，消除时钟馈通效应带来的非线性。M_{13} 在 CLK 和 $\overline{\text{CLK}}$ 两个时钟信号相交时关断，当传输管 MS 关断时，MS 的栅极电压由 $(V_{\text{in}}+V_{DD})$ 变为 0，M_{13} 的栅极电压由 0 变为 $V_{\text{out(in)}}$，因而，当 MS 和 M_{13} 尺寸相同时，由输入信号带来的电荷注入效应可以被抵消。

在 25℃下，FFT 得到改进后的自举采样开关 SFDR 为 93.375dB，相比传统结构，动态性能提高了 6～8dB。FFT 分析结果如图 3.27 所示。

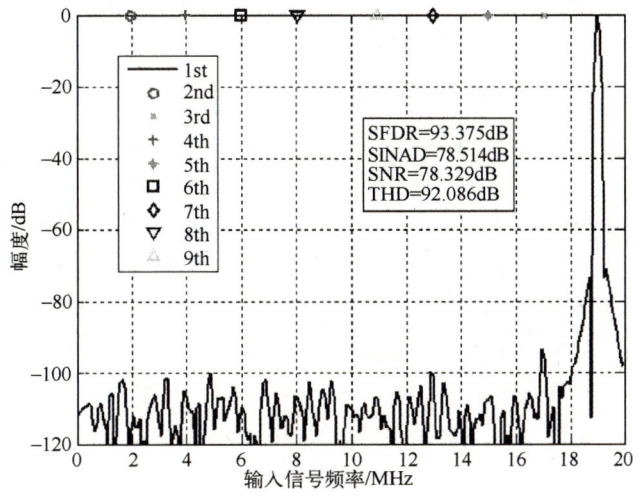

图 3.27　FFT 分析结果

3. 比较器设计

在采样保持和减法放大共享模块中，保持模块工作时间较短，引入误差大，因此相比于传统流水线型结构中的 MDAC 电路，对比较器的要求更为严格。本设计采用了带失调误差消除结构的比较器。整体比较器由预放大器和锁存器两部分组成，通过在比较器的锁存阶段将预放大器接成单位增益负反馈的形式，将预放大器的失调误差存储在输入电容上，消除由预放大器带来的失调误差。比较器整体电路如图 3.28 所示。比较器的时序图如图 3.29 所示。比较器预放大器电路如图 3.30 所示。比较器锁存电路如图 3.31 所示。

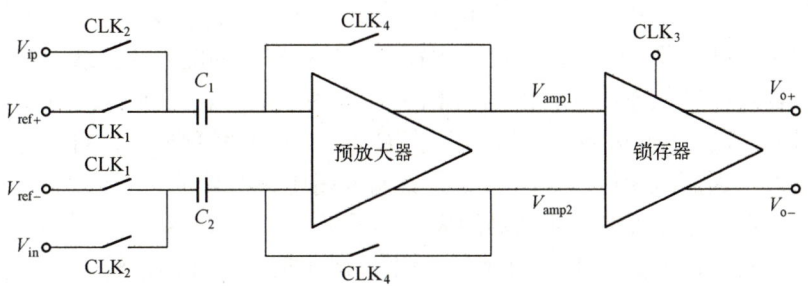

图 3.28　比较器整体电路

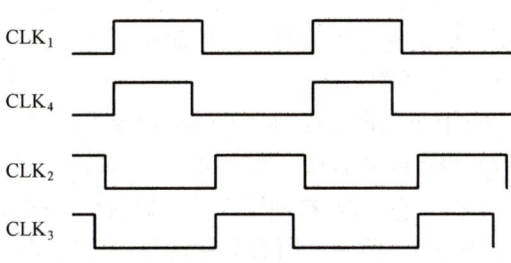

图 3.29　比较器的时序图

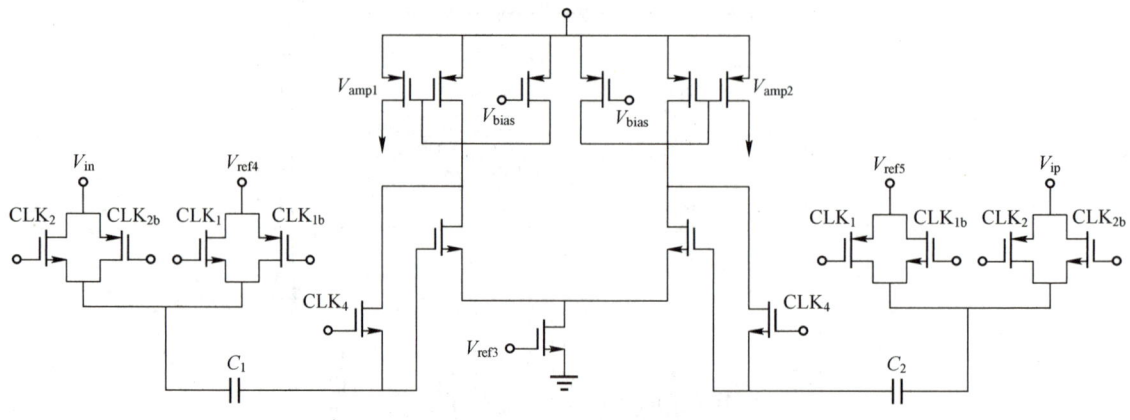

图 3.30   比较器预放大器电路

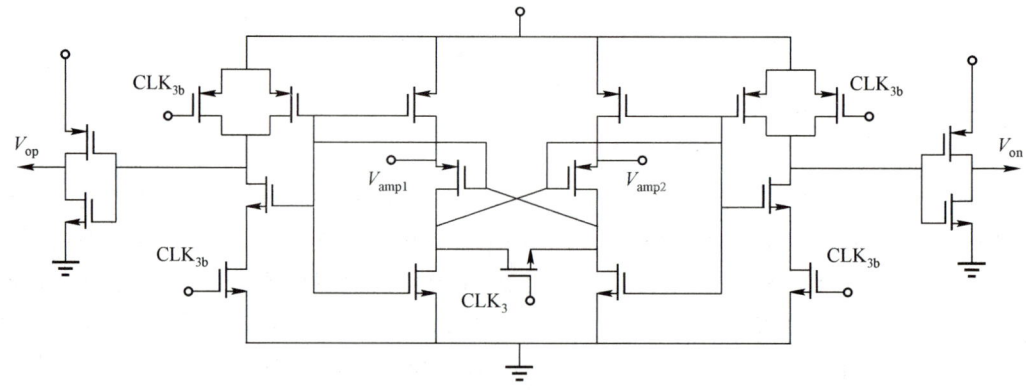

图 3.31   比较器锁存电路

在图 3.30 和图 3.31 中，CLK_{2b}、CLK_{3b} 分别为 CLK_2、CLK_3 的反相时钟信号。该比较器的工作过程：当 CLK_1 和 CLK_4 为高电平时，比较电平（$V_{ref4}-V_{ref5}$）或（$V_{ref5}-V_{ref4}$）输入比较器，预放大器自归零。同时，比较器比较上一时钟周期的输入模拟量。当 CLK_4 为低电平时，预放大器自归零状态结束，随后 CLK_1 也变为低电平。当 CLK_2 和 CLK_3 为高电平时，输入模拟量（$V_{in}-V_{ip}$）进入比较器，由于 CLK_1 高电平时预放大器自归零，将其失调误差存储在电容上，因而本相位时，给预放大器输入端传递的只是（$V_{in}-V_{ip}$）与（$V_{ref4}-V_{ref5}$）或（$V_{ref5}-V_{ref4}$）的差值，而将预放大器的失调误差抵消。当 CLK_3 为低电平时（下降沿），比较器的锁存电路通过 V_{amp1}、V_{amp2} 的微小差别形成正反馈，开始比较。

4. 时钟电路设计

本设计要产生的时钟信号如图 3.32 所示。其中，Q_1 和 Q_2 是两相非交叠时钟信号；Q_s、Q_c、Q_h 分别是 SMDAC 用到的采样时钟信号、比较时钟信号、减法放大时钟信号。先对输入时钟信号 CLK_IN（80MHz）用 D 触发器二分频得到 CLK_INL，并由 CLK_INL 产生传统的两相非交叠时钟信号。产生两相非交叠信号的时钟电路如图 3.33 所示。CLK_IN 与 Q_2 进行与运算得到 Q_s，CLK_IN 与 Q_1 进行或非运算，然后再同 Q_2 进行与运算滤除毛刺得到 Q_c。Q_1 和 Q_c 进行或运算得到 Q_h。Q_1、Q_2、Q_s、Q_c 再通过下降沿提前模块得到各自对应的下降沿提前时钟信号。下降沿提前模块如图 3.34 所示。所有时钟信号再通过缓冲器，采用分级驱动的方法驱动各自的负载。整体时钟电路如图 3.35 所示。该电路可通过插入反相器和传输门增加信号时间延迟，使各时钟信号在时间上同步。为了使时钟信号比较陡峭，电路调试可从后向前逐级进行。

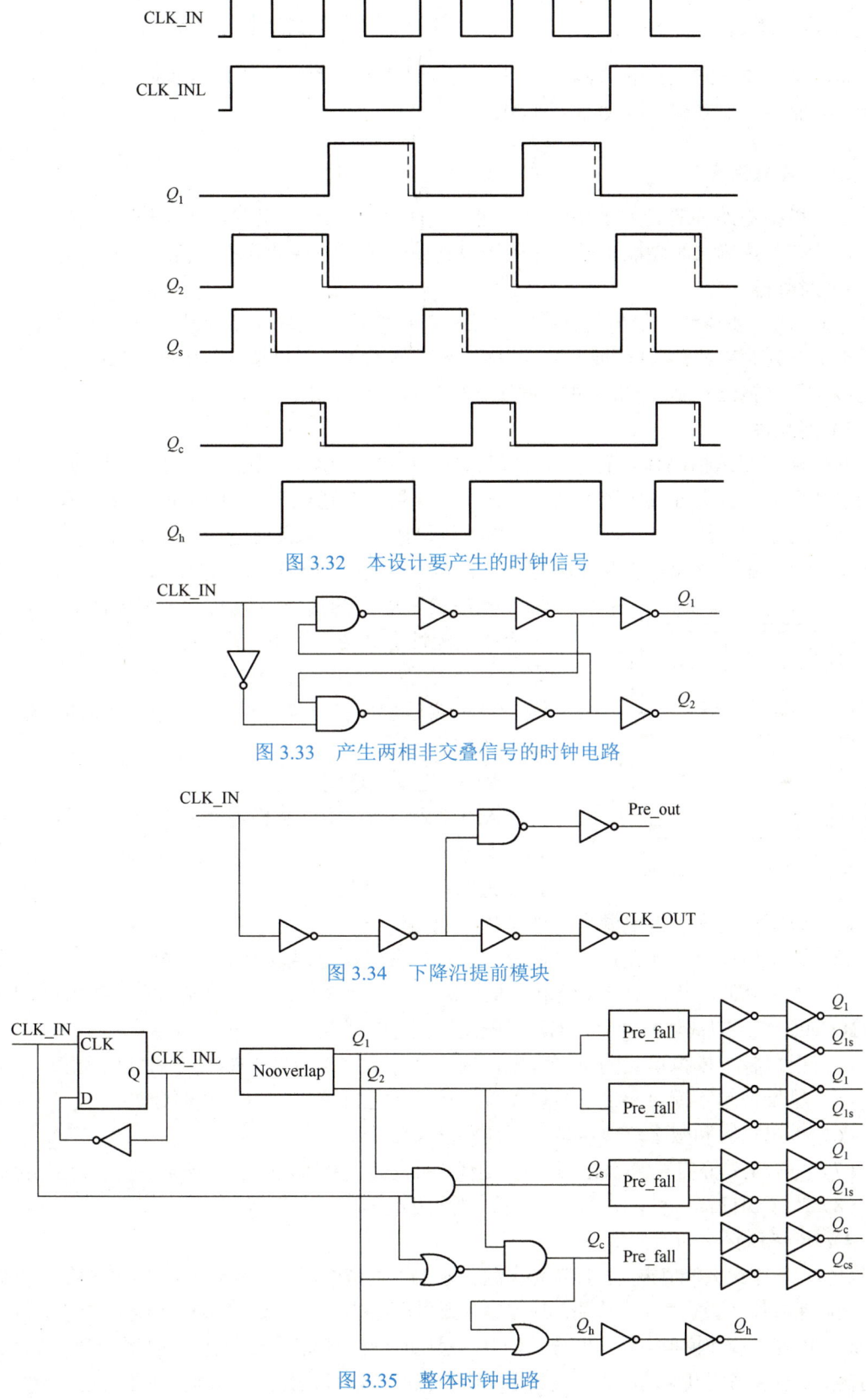

图 3.32　本设计要产生的时钟信号

图 3.33　产生两相非交叠信号的时钟电路

图 3.34　下降沿提前模块

图 3.35　整体时钟电路

3.3.3　采样保持和减法放大共享的流水线型 ADC 测试结果分析

本节采用 TSMC 0.35μm 1P4M 工艺来实现采样保持和减法放大共享的流水线型 ADC 的功能。下面主要对其整体版图布局和测试结果进行讨论。

1. 整体版图布局

对于模拟电路而言，好的版图设计可以将电路前仿真结果和后仿真结果间的差距缩到最小，并使芯片测试时功能正常。在版图设计中，主要考虑的因素包括以下几个方面。

1）对称性

ADC 的主要模块（如传统结构中的采样保持模块、采样保持和减法放大共享模块等）均采用全差分对称结构，以抑制共模干扰。在版图设计上，尽量保持电路结构的对称性，尽可能地使用"镜像复制"，将无规则的干扰转变成共模干扰。

2）匹配性

匹配性主要是指晶体管和电容的匹配性，尤其是电容的匹配性。晶体管匹配性的设计是为了减小运算放大器或比较器的失调误差，保持差分通道中 CMOS 的一致性等，因而绘制运算放大器输入晶体管，顶部、底部电流管，比较器输入晶体管时，尽量采取插指画法。对于镜像电流偏置网络，也尽量采用较大的 W、L 值，镜像管尽量靠近，提高电流的匹配性。减法放大电路的增益倍数取决于其采样电容和反馈电容的匹配性，如果电容不匹配，会严重影响 ADC 的无杂散动态范围，因此采样和反馈电容要采用共质心画法，并在四周加保护电容。共质心对称布局的匹配电容如图 3.36 所示。

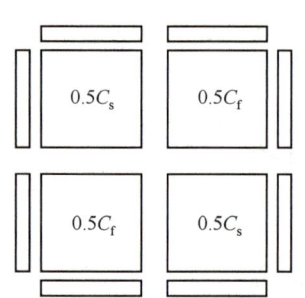

图 3.36　共质心对称布局的匹配电容

3）干扰及衬底间串扰

ADC 是一个典型的数模混合系统。它的数字电路和模拟电路都在同一个衬底上。为了避免由此产生的干扰，采取以下主要措施。

（1）数字电源和模拟电源由片外单独电源提供。

（2）数字地和模拟地在片内严格分开，片外在印制电路板上单点短接。

（3）为了降低串扰，数字电路和模拟电路应分开足够的距离，分别用 NPN（N-well-P，Tap-N well）三层隔离环与外界隔离，且隔离环接电源或地。

（4）根据各个模拟单元的重要程度，决定其与数字部分间距的大小和排列顺序。

（5）尽量使起始模块和目的模块靠近，保证较短的路径，减小线路延迟。

（6）模拟总线和数字总线尽量分开而不交叉混合。

（7）每对全差分信号尽可能一起并排走线，并注意要对输入的全差分信号进行隔离和保护。

（8）为了保证高频性能，数字电路尽量采用最小尺寸，有源区尽量小。

4）I/O 布局

计算电路中最大峰值电流，以决定电源和地 I/O 对数的选取。对于耗电量大的模块，例如，对于采样保持和减法放大共享模块，应在第一级采样保持、第一级 MDAC 模块就近摆放供电电源。时钟电路电源和模拟电路电源分开供电，避免时钟信号通过电源对模拟电路产生干扰。数字电路输出部分要考虑其驱动能力，且数字电路随着采样频率的增大，其动态功耗也随之增大。

通过以上论述，采样保持和减法放大共享的流水线型 ADC 的总体结构如图 3.37 所示。在图 3.37 中，包括 1 级采样保持和减法放大共享模块和 9 级 MDAC 模块。其中，由实线外框框住的部分为噪声电路，包括时钟电路、各级缓冲器、数字校正电路，以上部分均用 NPN 三层隔离环与外界隔离；虚线外框框住部分为带隙基准源及参考源，对噪声及电源电压波动等较为敏感，也采用 NPN 三层隔离环与外界隔离，以达到降低干扰的效果。

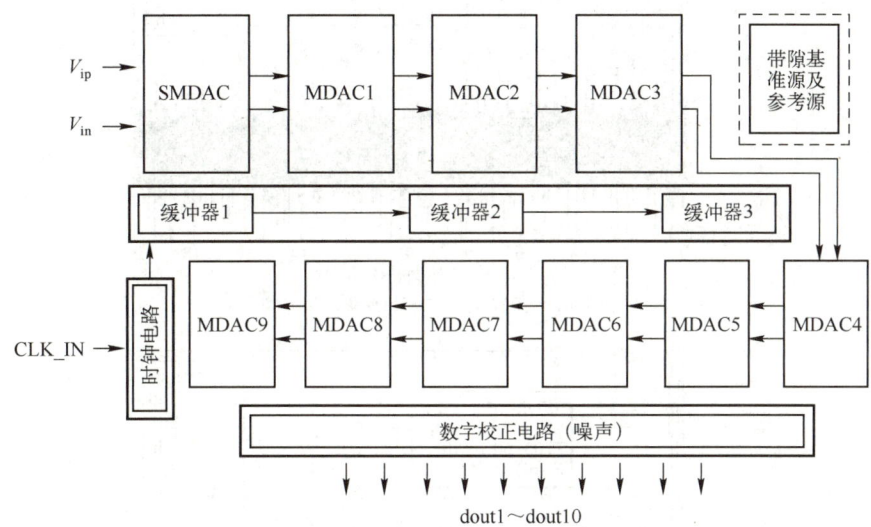

图 3.37 采样保持和减法放大共享的流水线型 ADC 的总体结构

采样保持和减法放大共享的流水线型 ADC 版图如图 3.38 所示。

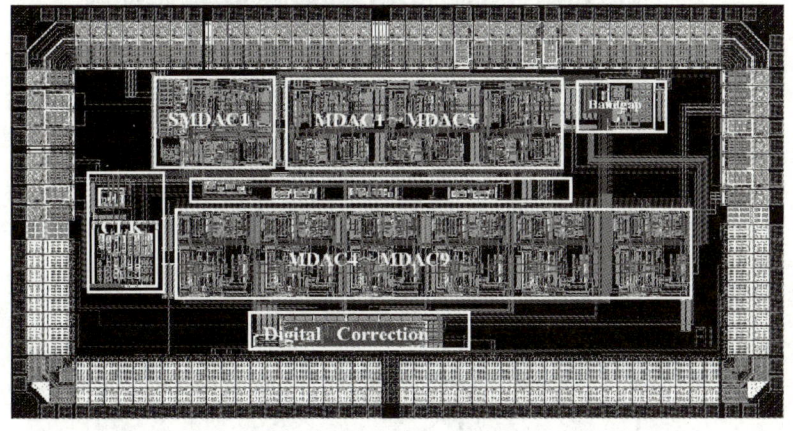

图 3.38 采样保持和减法放大共享的流水线型 ADC 版图

2. 测试结果分析

在测试中，为了提高信号发生器的输出信噪比，输入采样保持和减法放大共享的流水线型 ADC 的正弦信号要通过定制的带通或低通滤波器后再进入待测芯片。在不同采样频率和不同输入信号频率下，采样保持和减法放大共享的流水线型 ADC 的 FFT 测试结果如图 3.39 所示。

在不同采样频率和不同电压输入信号下，逻辑分析仪抓取的数字输出信号恢复波形如图 3.40 所示。从波形上看，采样保持和减法放大共享的流水线型 ADC 功能正常，性能与测试论述相符。

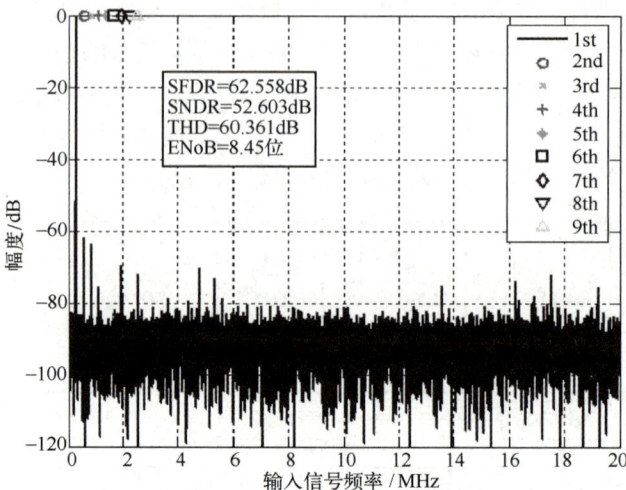

（a）在 40MHz 采样频率、280kHz 输入信号频率下

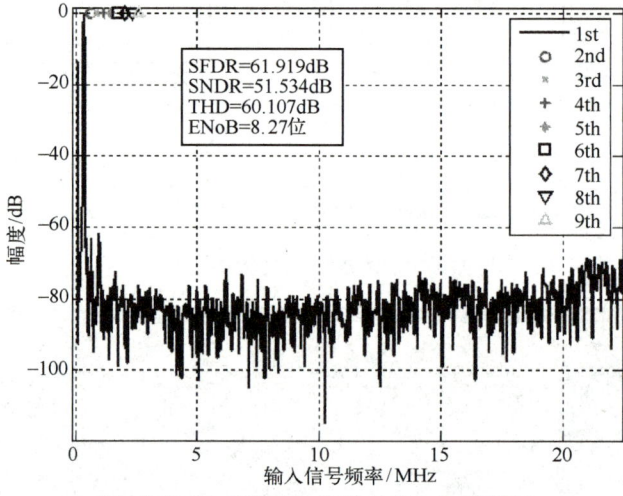

（b）在 45MHz 采样频率、325kHz 输入信号频率下

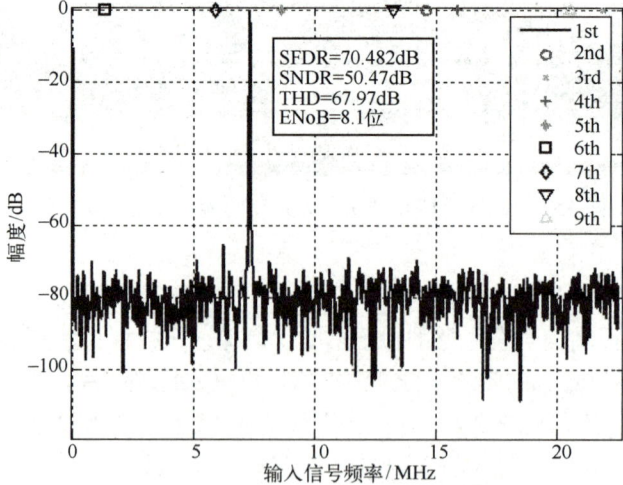

（c）在 45MHz 采样频率、7.6MHz 输入信号频率下

图 3.39　采样保持和减法放大共享的流水线型 ADC 的 FFT 测试结果

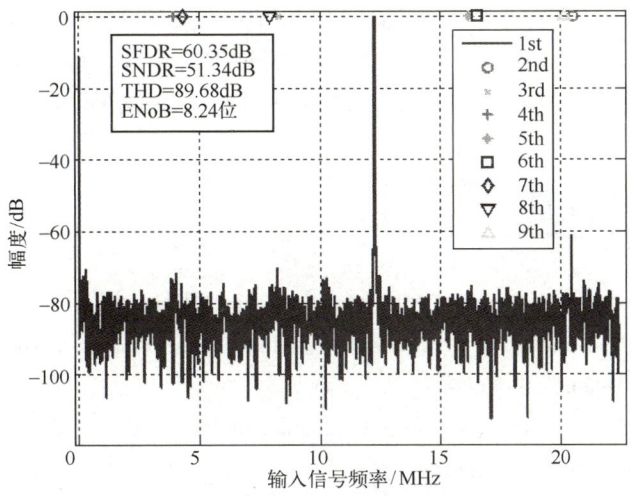

（d）在 45MHz 采样频率、12.3MHz 输入信号频率下

图 3.39   采样保持和减法放大共享的流水线型 ADC 的 FFT 测试结果（续）

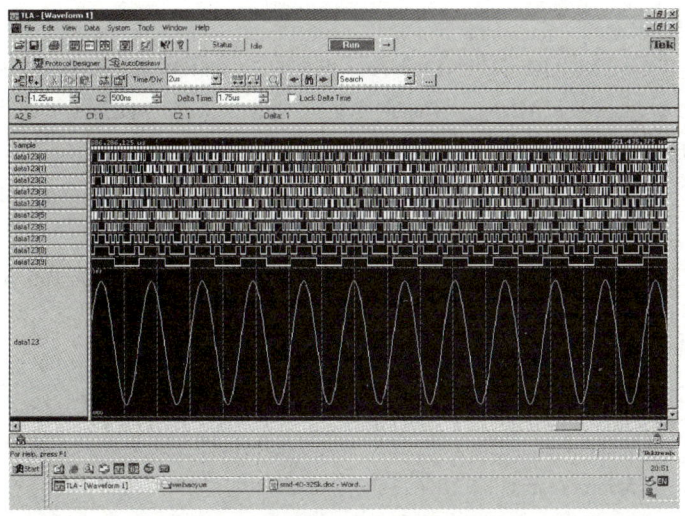

（a）在 45MHz 采样频率、1.8V 低频输入信号下

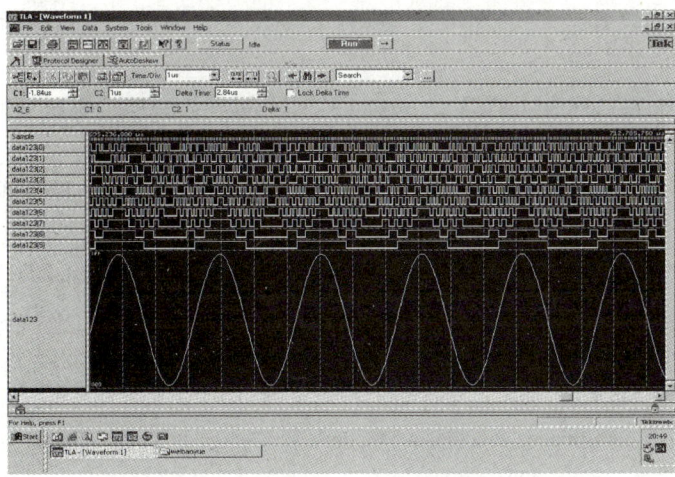

（b）在 45MHz 采样频率、1.98V 低频输入信号下

图 3.40   逻辑分析仪抓取的数字输出信号恢复波形

本章主要分析了基于 TSMC 0.35μm 工艺的采样保持和减法放大共享的流水线型 ADC 设计。测试结果表明，在 40MHz 采样频率下，采样保持和减法放大共享型 ADC 有效位数达到 8 位以上，且整体功耗约为 115mW，测试结果与预期设计目标相匹配。

3.4　参考文献

[1]　RAZAVI B. Design of Analog CMOS Integrated Circuits[M]. New York: McGraw-Hill, 2001.

[2]　ABO A M, GRAY Paul R. A 1.5-V,10-bit,14.3-MS/s CMOS Pipeline Analog-to-Digital Converter[J]. IEEE JSSC, 1999, 34(5): 599-606.

[3]　DELIC-IBUKIC A. Continuous Digital Calibration of Pipelined A/D Converters[D]. M.S. Thesis of Science, University of Maine, 2004.

[4]　RAZAVI B. Design of Analog CMOS Integrated Circuits. McGraw-Hill, 2001,341-343.

[5]　LU C C, WU J Y, LEE T S. A 1.5V 10-b 30-MS/s CMOS Pipelined Analog-to-Digital Converter[J]. IEEE 2007, 1955-1958.

[6]　CHOUIA Y, EL-SANKARY K, SALEH A. 14b,50MS/s CMOS Front-End Sample and Hold Module Dedicated to a Pipelined ADC[C]. The 47th IEEE International Mideast Symposium on Circuits and Systems. IEEE 2004,353-356.

[7]　ALLEN P E, HOLBERG D R. CMOS Analog Circuit Design[M]. the Second Edition. London: Oxford University Press, 2002.

[8]　RAZAVI B, WOOLEY B A. Design Techniques for High-Speed, High-Resolution Comparators[J]. IEEE JSSC,1992,27(12): 1916-1925.

[9]　CHEN J P, WEI T L. Analysis and Design of a Latched Comparator with Low Kickback Noise[J]. Microelectronics, 2005,35(4): 428-432.

[10]　YANG X L, LUO J F, NING N. A New High-speed, Low-power CMOS preamplifier-Latch Comparator[J]. Microelectronics, 2006, 36(2):213-216.

[11]　MURMANN B, BOSER B E. Background Calibration for Low-power High-performance A/D conversion[D]. Dept of Electrical Engineering and computer sciences, University of California, Berkeley, USA, 94720.

[12]　CHUANG S Y，SCULLERY T. A digitally self-calibrating 14bit 10-MHz CMOS pipelined A/D converter[J]. JSSC, 2002, 37(6): 674-683.

[13]　邬成，刘文平，权海洋. 一种 10 位 50MPSP CMOS 流水线 A/D 转换器[J]. 微电子学, 2004, 36(6): 682-684.

[14]　RAZAVI B. Design of Analog CMOS Integrated Circuits[J]. McGraw-Hill, 2001.

[15]　SCHREIER R, SILVA J, STEENSGAARD J. Design-Oriented Estimation of Thermal Noise in Switched Capacitor Circuits[J]. IEEE Transactions on Circuits and Systems Ⅰ ,2005,52(11): 2358-2368.

[16]　盛骤，谢式千，潘承毅. 概率论与数理统计[M]. 3 版. 北京：高等教育出版社，2009.

[17]　CHIU Y. High-performance Pipeline A/D Converter Design in Deep-Submicron CMOS[D]. Berkeley: University of California, 2004.

[18]　KIM K, KUSAYANAGI N, ABIDI A. A 10-b, 100-MS/s CMOS A/D Converter[J]. IEEE JSSC, 1997,

32(3): 447-454.

[19] JOHNS D, MARTIN K. ANALOG INTEGRATED CIRCUIT DESIGN[M]. New York: Wiley, 1997.

[20] ELCHENBERGER C, GUGGENBUHL W. Dummy Transistor Compensation of Analog MOS Switches [J]. IEEE JSSC, 1989,24(4):1143-1146.

[21] CHILAKAPATI U, FIEZ T S. Effect of Switch Resistance on the SC Integrator Settling Time[J]. IEEE Transactions on Circuits and Systems II ,1999,46(6):810-816.

[22] AKSIN D, AL-SHYOUKH M. Switch Bootstrapping for Precise Sampling Beyond Supply Voltage[J]. IEEE JSSC,2006,41(8): 1938-1943.

第4章　逐次逼近型 ADC

逐次逼近型 ADC 是一种中等采样频率（1～50MHz）、中等分辨率（10～18 位）的 ADC。它因为具有结构简单、功耗较低等优点，在传感器检测、工业控制领域中得到广泛应用。

逐次逼近型 ADC 的工作原理就是二进制搜索算法的应用，也就是用二差分法来逐次逼近所要转换的模拟输入量。逐次逼近型 ADC 主要由时序控制电路、采样保持电路、DAC、比较器、逐次逼近寄存器（Successive Approximation Register，SAR）组成。其中，DAC 和比较器是逐次逼近型 ADC 最重要的两个模块，它们分别决定着逐次逼近型 ADC 的精度和速度。

逐次逼近型 ADC 的基本结构如图 4.1 所示。这是一个将模拟输入量转换为 N 位数字输出量的逐次逼近型 ADC。在此结构中，首先采样保持电路（在采用电容阵列逐次逼近型 ADC 结构中，此电路可以并入 DAC 的电容阵列模块）将模拟输入信号 V_{in} 采样并保持，将其作为比较器的一个输入量。此时，SAR 启动二进制搜索算法。首先最高位（MSB）置 1，其他位置 0，并将 N 位数字码串（100,99,…,0）加到 DAC 电容阵列，此时 DAC 模拟输出电压为 $1/2V_{ref}$，其中 V_{ref} 是逐次逼近型 ADC 的参考电压；然后将 DAC 转换来的模拟电压作为比较器另一端的输入量，与模拟输入信号 V_{in} 进行比较。如果模拟输入信号 V_{in} 大于 $1/2V_{ref}$，比较器将会输出低电平，则最高位 MSB 保持 1 不变；如果模拟输入信号 V_{in} 小于 $1/2V_{ref}$，比较器将会输出高电平，则最高位 MSB 将被置 0。确定最高位的数字码后，保持最高位不变，再次将高位置 1，其他位置 0，并将该数字码串加到 DAC 电容阵列，进而比较出次高位的数字码。其他各位依次重复下去，直到比较出最低位（LSB）的结果为止，至此得出模拟输入信号 V_{in} 所对应的数字码。

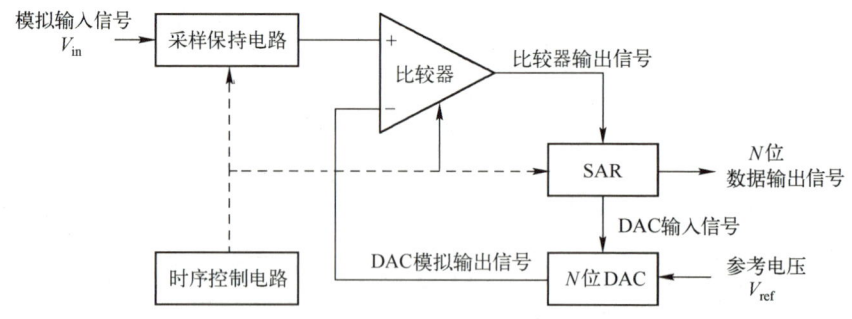

图 4.1　逐次逼近型 ADC 的基本结构

本章将介绍逐次逼近型 ADC 中的采样保持电路、DAC、参考电路和噪声的相关知识。最后，以一个 10 位/1MHz 逐次逼近型 ADC 作为设计实例进行讨论。

4.1　采样保持电路

采样保持电路本质上是一个电容，并在采样期间被输入电压充电。在转换过程中，通过输入开关（通常为 CMOS 开关）闭合，将模拟输入电压 V_{in} 加在电容上。采样保持电路如图 4.2 所示。输入开关的电荷注入效应会使采样保持电路产生一个失调误差，而这个失调误差的大小很大程度上取决于输入电压。

此外，输入开关的导通电阻是与电压相关的。导通电阻、采样电容和输入开关的寄生电容一起构成一个与电压相关的低通滤波器。在输入信号频率较高时，这个低通滤波器会产生较大的输出信号失真。输入开关的晶体管尺寸要足够大，才能减小低通滤波器输出信号失真。另一方面，晶体管尺寸大又会使低通滤波器的电荷注入效应更加显著。因此，可以采用改进结构——双开关采样保持电路，如图 4.3 所示。

在图 4.3 中，连接到地的开关 SW_1 可以固定电位，即无论输入电压如何变化，导通电阻均恒定。SW_1 的宽度 W 应该尽量小，以减少电荷注入。在 SW_1 固定电荷后，输入开关 SW_2 可以在不增加电荷的情况下断开，因此 SW_1 称为保持开关。

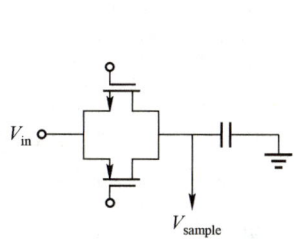

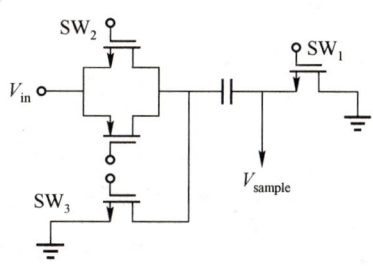

图 4.2　采样保持电路　　　　　　　图 4.3　双开关采样保持电路

最后，SW_3 连接电容到地，这样电容就连接到固定的电位上。当电容两端的电位被固定时，节点 V_{sample} 等于 $-V_{in}$。

当 SW_1 的电荷注入与电压无关时，图 4.3 中的采样保持电路可产生良好的线性度，但仍会产生很大的失调误差，且这个失调误差会随着电源电压和温度的改变而改变。如果采样电路是全差分结构的，那么这个问题就可以得到解决。全差分采样保持电路如图 4.4 所示。

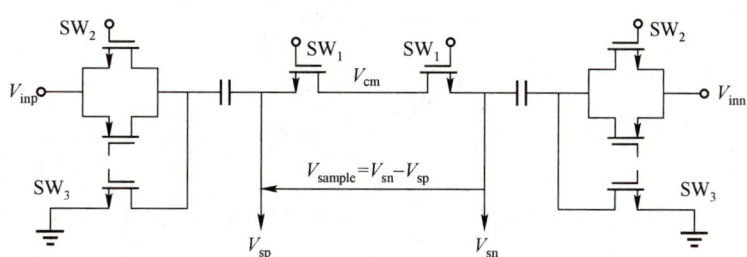

图 4.4　全差分采样保持电路

输入电压 $V_{sp/n}$ 固定后，$V_{inp/n}$ 可计算为

$$V_{inp/n} = V_{cm} - V_{sp/n} + V_{charge} \tag{4.1}$$

式中，V_{charge} 为由保持开关的注入电荷引起的失调误差。采用全差分电路结构对输入电压采样，其结果为

$$V_{sample} = V_{sn} - V_{sp} = V_{inp} - V_{inn} \tag{4.2}$$

两个保持开关注入相同的电荷后，电荷注入效应在差分电压 V_{sample} 中被消除。这种结构允许增加共模电压 V_{cm}，以此来选择比较器的理想共模工作点。

在典型的 5V（或更低电源电压）的 CMOS 工艺中，可以用标准的 CMOS 开关来实现导通电阻足够低的输入开关 SW_2。NCH 和 PCH 晶体管的宽度 W 是根据输入电压的恒定导通电阻选择的。CMOS 开关的导通电阻如图 4.5 所示。

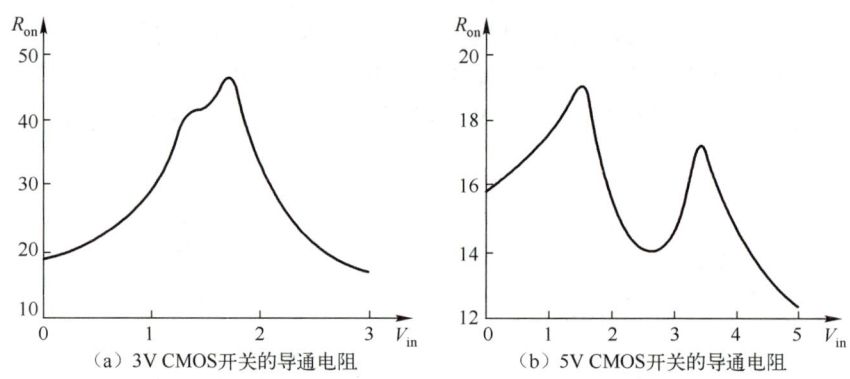

（a）3V CMOS开关的导通电阻　　　（b）5V CMOS开关的导通电阻

图 4.5　CMOS 开关的导通电阻

大输入电压范围（–10～10V）的 ADC 要使用大输入电压的晶体管，这将产生严重的体效应、大的导通电阻与寄生电容，从而导致较严重的输出信号失真。在这种情况下，可以使输入开关的栅源电压在采样阶段偏置到恒定电压，这种设计方法称为自举法。在采样过程中，高电压开关的导通电阻如图 4.6 所示。需要注意的是，自举电路将会显著增大开关电路的规模。

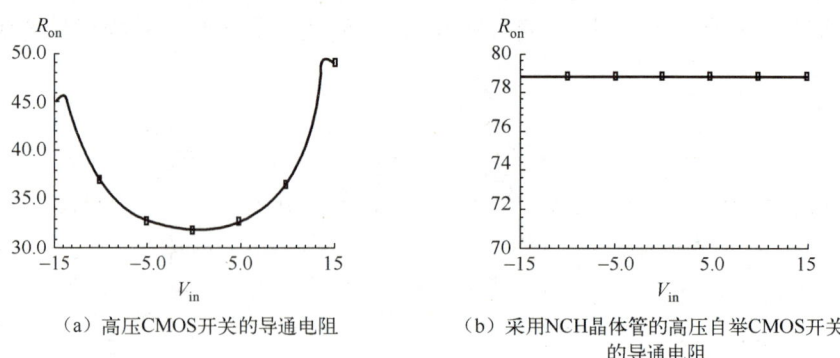

（a）高压CMOS开关的导通电阻　　（b）采用NCH晶体管的高压自举CMOS开关
的导通电阻

图 4.6　高电压开关的导通电阻

在任何情况下，采样保持电路性能完全依赖于电容的质量。典型的多晶硅—N 阱电容

的电压系数很高，以至于采样保持电路的积分线性度受损。高性能的 ADC 需要类似于多晶硅—多晶硅电容、金属—多晶硅电容和金属—金属电容等这些特殊工艺的电容。

采样保持电路可以被认为是一个 RC 电路，其中 R 是输入开关的导通电阻 R_{on}，C 是采样电容 C_s。导通电阻 R_{on} 引入的热噪声密度 $n_{R_{on}}$ 为

$$n_{R_{on}} = \sqrt{4kTR_{on}} \tag{4.3}$$

式中，k 为玻尔兹曼常数；T 为热力学温度。

热噪声在整个频率范围内均匀分布。然而输入电路的带宽被限制在 $f_{-3dB} = \dfrac{1}{2\pi R_{on}C}$。即使上述热噪声在高于频率 f_{-3dB} 时被抑制，也不会被消除。

集成一阶低通滤波器的频率响应将有效地产生 $\Delta f = \dfrac{\pi}{2}f_{-3dB}$。在采样过程中，低通滤波器的噪声（噪声密度为 n_f）电压有效值为

$$V_{rms,samp} = \sqrt{\int_0^\infty n_f^2 df} = \sqrt{n_{R_{on}}^2 \Delta f} = \sqrt{\frac{kT}{C}} \tag{4.4}$$

从式（4.4）中可以看出，采样噪声电压只由采样电容的大小所决定。如果 ADC 的输入电压范围减小了一半，那么 LSB 的大小也将除以 2，同时采样噪声电压也要减小一半。只有把采样电容提高 4 倍，才有可能将采样噪声电压降低。

新一代 CMOS 工艺具有最小栅极长度、低电源电压的特点，这限制了输入电压范围。一些现代模拟工艺的栅极长度被控制在 0.35～0.6μm（3.3～5V）之间，并应用于具有其他良好参数的元器件，如低 $1/f$ 噪声的晶体管、低电压系数的电容或低温度系数的电阻。

需要注意的是，图 4.4 中的采样保持电路是通过两个采样电容进行采样的，因此要考虑两次噪声（方均根电压要乘以 $\sqrt{2}$）。然而，差分结构可以将输出信号振幅增加 2 倍。在图 4.4 中，保持开关连接到共模电压 V_{cm}。此外，共模电压也是一种潜在的噪声源，而且电压源的带宽通常比采样保持电路的带宽要小得多。这将导致噪声在采样保持电路的正极和负极中相等。这些噪声将被全差分比较器和全差分 DAC 共模抑制 60～80dB。

4.2　电容式 DAC

DAC 是逐次逼近型 ADC 的核心。它的差分和积分非线性会直接反映在 ADC 的传递函数中。典型的 DAC 结构有串型 DAC、R-2R 型 DAC 或电流舵型 DAC。所有这些 DAC 都表现出了速度和性能上的局限性。

最理想的结构是电容式 DAC（CDAC），这种 DAC 是基于电荷再分配原理的。图 4.7～图 4.10 展示了一个电容式 DAC 的工作过程。采样过程中的电容式 DAC 如图 4.7 所示。MSB 判决时的电容式 DAC 如图 4.8 所示。MSB-1 决策时的电容式 DAC 如图 4.9 所示。MSB-2 决策时的电容式 DAC 如图 4.10 所示。

在图 4.7 中，所有电容都连接到输入电压 V_{inp} 进行采样。存储在电容上的电荷量为

$$Q_{\text{samp}} = \left(C + \frac{C}{2} + \frac{C}{4} + \frac{C}{4}\right)V_{\text{inp}} = 2CV_{\text{inp}} \tag{4.5}$$

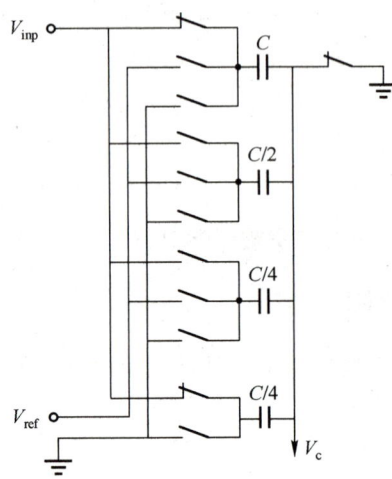

图 4.7   采样过程中的电容式 DAC

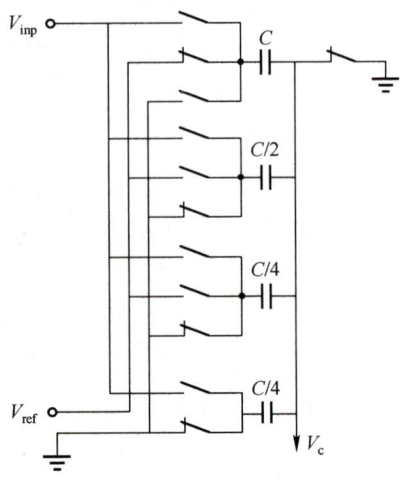

图 4.8   MSB 判决时的电容式 DAC

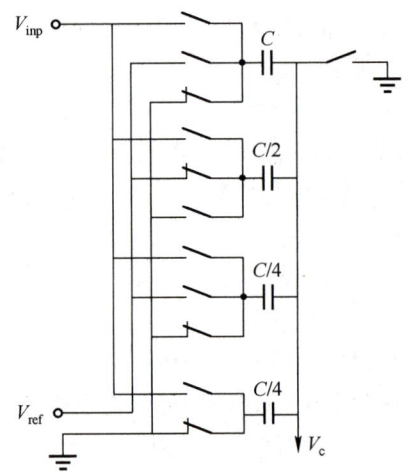

图 4.9   MSB-1 决策时的电容式 DAC

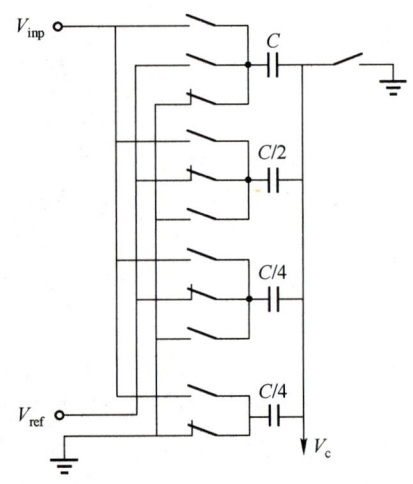

图 4.10   MSB-2 决策时的电容式 DAC

通过断开 V_c 和地之间的保持开关来固定电荷。之后，断开连接到输入电压 V_{inp} 的输入开关。为了判断最高位 MSB 的值，电容值为 C 的电容被连接到参考电压 V_{ref}，其他所有电容接地（见图 4.8）。该电容的电荷量为

$$Q_{\text{MSB}} = C(V_{\text{ref}} - V_c) + \left(\frac{C}{2} + \frac{C}{4} + \frac{C}{4}\right)(0 - V_c) \tag{4.6}$$

当电荷被固定时，Q_{samp} 和 Q_{MSB} 是相等的，则

$$2CV_{\text{inp}} = C(V_{\text{ref}} - V_c) + C(0 - V_c) \tag{4.7}$$

由式（4.7）可得

$$V_{\rm c} = \frac{V_{\rm ref}}{2} - V_{\rm inp} \tag{4.8}$$

$V_{\rm c}$ 连接比较器的负输入端，而比较器的正输入端连接地。因此，比较器比较电压 $V_{\rm c}$ 是否小于或等于 0V。

$$V_{\rm c} = \frac{V_{\rm ref}}{2} - V_{\rm inp} \leqslant 0{\rm V} \Rightarrow \frac{V_{\rm ref}}{2} \leqslant V_{\rm inp} \tag{4.9}$$

如果比较器输出 1，则输入电压大于参考电压的一半。为了判决 MSB-1，电容值为 C 的电容仍然连接 $V_{\rm ref}$，电容值为 $C/2$ 的电容从地连接到 $V_{\rm ref}$。假设参考电压为 4V，输入电压为 1.9V，则输入电压小于参考电压的一半。因此，比较器的输出 MSB 为 0，电容值为 C 的电容将接地，电容值为 $C/2$ 的电容连接参考电压。

图 4.9 所示为判断下一位时的电容式 DAC，其总电荷量为

$$Q_{\rm MSB-1} = \frac{C}{2}(V_{\rm ref} - V_{\rm c}) + \left(C + \frac{C}{4} + \frac{C}{4}\right)(0 - V_{\rm c}) \tag{4.10}$$

再次，$Q_{\rm MSB-1}$ 与 $Q_{\rm samp}$ 完全相同，因此有

$$V_{\rm c} = \frac{V_{\rm ref}}{4} - V_{\rm inp} \leqslant 0{\rm V} \Rightarrow \frac{V_{\rm ref}}{4} \leqslant V_{\rm inp} \tag{4.11}$$

比较器会判断输入电压是否大于参考电压的 1/4。在 $V_{\rm inp} = 1.9{\rm V}$ 的例子中，比较器的输出 MSB-1 为 1。电容值为 $C/2$ 的电容仍然连接参考电压，且下一位电容连接参考电压，如图 4.10 所示，那么有

$$Q_{\rm MSB-2} = \left(\frac{C}{2} + \frac{C}{4}\right)(V_{\rm ref} - V_{\rm c}) + \left(C + \frac{C}{4}\right)(0 - V_{\rm c})$$

$$V_{\rm c} = \frac{3V_{\rm ref}}{8} - V_{\rm inp} \leqslant 0{\rm V} \Rightarrow \frac{3V_{\rm ref}}{8} \leqslant V_{\rm inp} \tag{4.12}$$

从而，MSB-2 也是 1，逐次逼近型 ADC 的 3 位输出数字码是 011。

4.2.1　电容式 DAC 的基本结构

对于超过 10 位的逐次逼近型 ADC，由于电容阵列中电容值以二进制倍数递增，MSB 电容和 LSB 电容的比值显著增加（见图 4.11）。一个串联电容可以放置在 MSB 和 LSB 电容阵列之间。串联电容又称缩放电容。带有串联电容的电容式 DAC 电容阵列如图 4.12 所示。如果单纯对二进制电容式 DAC 进行比较，放置串联电容的解决方案将具有较大的 LSB 电容和较小的总电容。

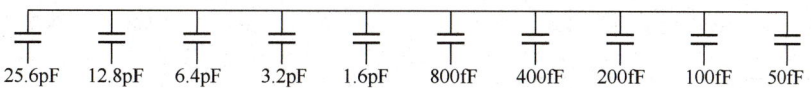

| 25.6pF | 12.8pF | 6.4pF | 3.2pF | 1.6pF | 800fF | 400fF | 200fF | 100fF | 50fF |

图 4.11　标准 10 位电容式 DAC 电容阵列

带有电阻分压器的电容式 DAC 电容阵列如图 4.13 所示。其中，LSB 电容是通过加到最小电容的电压调整的；电阻分压器用于调节参考电压，从而使 $V_{\rm c}$ 在 LSB 处发生变化。

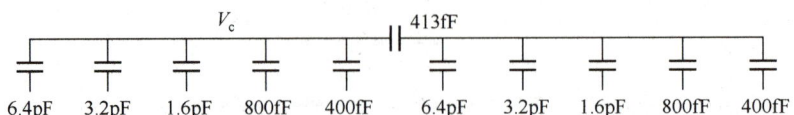

图 4.12   带有串联电容的电容式 DAC 电容阵列

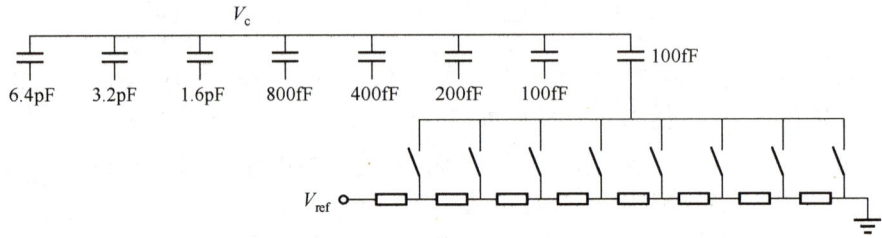

图 4.13   带有电阻分压器的电容式 DAC 电容阵列

在图 4.13 中，电容的匹配度高达 0.1%，因此可以直接实现 10 位精度。如果分辨率超过 10 位，则要校准或修调解决方案。

MSB 电容修调电路如图 4.14 所示。MSB 电容由并联相应于 1LSB 电容的一个连接开关的 2LSB 修调电容组成。可以通过 ADC 修调或校准 MSB 电容。如果修调电容被充电到参考电压，则 MSB 电容可以增加 1LSB 电容。同样地，如果修调电容仍然接地，MSB 电容就会减少 1LSB 电容。

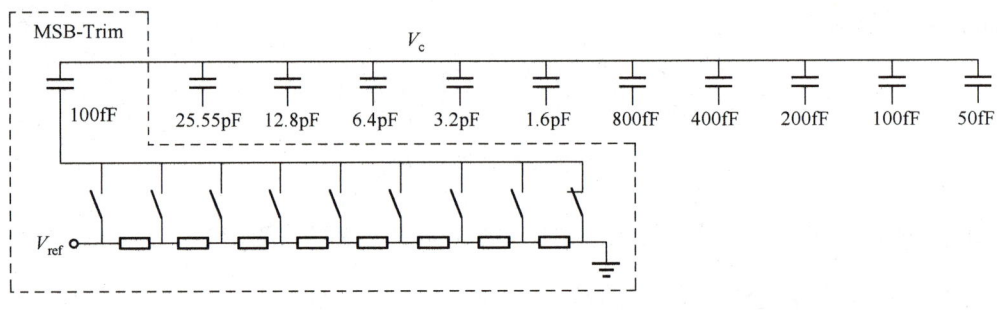

图 4.14   MSB 电容修调电路

图 4.14 所示电路的缺点是要通过直流电流驱动串联型 DAC，这样就增加了功耗。另一种选择是使用额外电容的 MSB 电容修调电路，如图 4.15 所示。

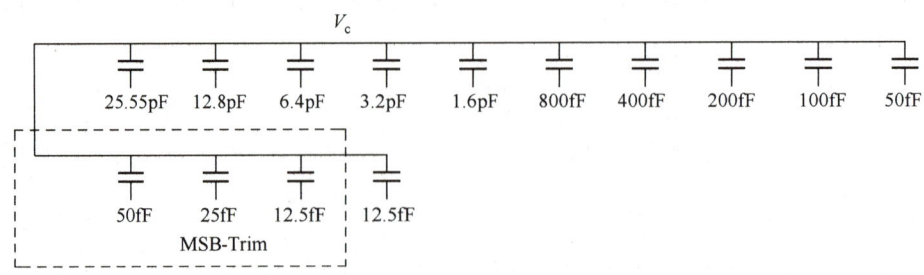

图 4.15   使用额外电容的 MSB 电容修调电路

4.2.2 修调方案

机械封装的应力和封装材料的非均匀介质在封装过程中将会改变测量参数，这将改变电容式 DAC 内部的寄生电容。对于 16 位逐次逼近型 ADC，特殊位的寄生电容会受到影响，可改变其 DNL 高达 6LSB。此外，在封装过程中会产生很大的误差漂移，所以完美修调电容式 DAC 几乎是不可能的。

激光切割可以在芯片上的任何地方进行，不需要额外的电路。因此，熔丝也可以被放置在布线上，这样就可以很容易地断开电容连接且非常有效地节省空间。

在封装内的修调方案是设计好的，可以通过熔断熔丝或增加记忆元器件（如 EPROM 或 OTP）来存储修调信息。

熔断熔丝的方法与激光切割熔丝的方法非常相似。熔断熔丝的方法是通过高电流来熔断熔丝，而不是通过激光来熔断熔丝，这也是这两种方法唯一的区别。熔丝要接到低阻抗晶体管、地或电源，这会增加晶体管的寄生电容，因此熔断器主要用于产生数字控制信号。

熔断器和 OTP 产生数字信号，这些信号被用来控制修调的开关。图 4.14 和图 4.15 所示的修调电路都可以通过这种技术实现。

一般来说，只有二进制加权位电容的匹配可以被修正。除此之外，在电容阵列中也可以调整失调误差、增益和 CMRR。

全差分电容式 DAC 如图 4.16 所示。在大多数情况下，输入电压将直接在位电容上采样，而图 4.16 中的采样电容和位电容分离。电容式 DAC 的分辨率一般保持为 N 位。全差分结构将保持电荷注入均匀。C_{jn} 和 $C_{jp}(j \in \{1, \cdots, N\})$ 是二进制加权电容，C_{1n} 表示 MSB（最高有效位或 1位）电容，C_{Nn} 表示 LSB（最低有效位或 N 位）电容。

在采样模式下，输入电压 V_{inp} 和 V_{inn} 与采样电容 C_{sn} 和 C_{sp} 连接，而电容式 DAC

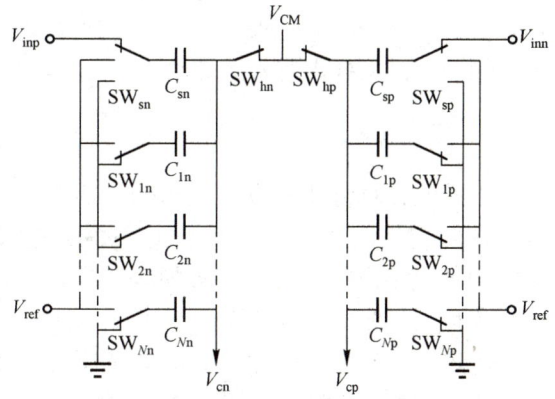

图 4.16 全差分电容式 DAC

中其余的电容 $C_{jn/p}$ 被切换连接到 0V。V_{cn} 和 V_{cp} 是所有电容连接到共模电压 V_{CM} 的另一个引脚，用于设置比较器的预期共模工作点。采样电容的电荷量为

$$Q_{sp/n} = C_{sp/n}(V_{CM} - V_{inn/p}) + \sum_{j=1}^{N} C_{jp/n} V_{CM} \tag{4.13}$$

电容式 DAC 通过断开 SW_{hn} 和 SW_{hp} 来固定电荷量 Q_{sp} 和 Q_{sn}，并在相同的工作点 V_{CM} 中进行采样，理想时将会产生相同的注入电荷量。由于工作在相同的工作点，开关对 ADC 的失真影响较小，特别是如果 V_{CM} 接近 0V 或 V_{DD}，在 NCH 或 PCH 晶体管都导通良好的情况下，这种影响可以最小化，从而对失调误差和失调误差漂移进行优化。断开采样开关后，C_{sn} 和 C_{sp} 应该与输入电压 V_{inp} 和 V_{inn} 断开连接，且在这个例子中应该对参考电压 V_{ref} 进行完全转换。根据普通 SAR 算法，位电容 $C_{jn}(j \in \{1, \cdots, N\})$ 将与 V_{ref} 和 0V 之间的工作点切换连接。位开关 $SW_{jn/p}(j \in \{1, \cdots, N\})$ 的连接状态用 x_{jp} 和 x_{jn} 表示。$x_{jn/p} = 0$ 说明位电容 $C_{jn/p}$ 上的

电压为 0V。$x_{jp/n} = 1$ 说明位电容 $C_{jn/p}$ 上的电压为参考电压 V_{ref}。位电容的电荷量为

$$Q_{\text{ip/n}} = C_{\text{sp/n}}(V_{\text{cp/n}} - V_{\text{ref}}) + \sum_{j=1}^{N}[C_{jp/n}(V_{\text{cp/n}} - x_{jp/n}V_{\text{ref}})] \tag{4.14}$$

由于 V_{cp} 和 V_{cn} 在转换过程中都处于高阻抗状态，并且采样后在每位判决过程中的电荷量相等，即 $Q_{\text{sp/n}} = Q_{\text{ip/n}}$。式（4.13）和式（4.14）设为相等，可求解出 V_{cp} 和 V_{cn}。下一步将评估差分比较器的输入电压 V_{c} 为 $V_{\text{cp}} - V_{\text{cn}}$，比较器将判决是否 V_{c} 大于 0。以上步骤可表示为

$$V_{\text{inp}}\frac{C_{\text{sn}}}{C_{\text{sn}} + \sum\limits_{j=1}^{N}C_{jn}} - V_{\text{inn}}\frac{C_{\text{sp}}}{C_{\text{sp}} + \sum\limits_{j=1}^{N}C_{jp}} >$$

$$V_{\text{ref}}\left[\frac{C_{\text{sn}} + \sum\limits_{j=1}^{N}(x_{jn}C_{jn})}{C_{\text{sn}} + \sum\limits_{j=1}^{N}C_{jn}} - \frac{C_{\text{sp}} + \sum\limits_{j=1}^{N}(x_{jp}C_{jp})}{C_{\text{sp}} + \sum\limits_{j=1}^{N}C_{jp}}\right] \tag{4.15}$$

在理想情况下，在电容式 DAC 正极上的电容等于在负极上分别对应的电容（$C_{\text{sn}} = C_{\text{sp}}$ 且 $C_{jn} = C_{jp}$）。位电容应进一步二进制加权，即 $C_{jn} = C \times 2^{-(j-1)}$（$j \in \{1, \cdots, N\}$）。在这个特定的例子中，采样电容也应该为 C（$C_{\text{sn}} = C_{\text{sp}} = C$）。

1. 修调 DNL

下面的计算将证明 DNL 依赖于二进制加权位电容的匹配。其中，最关键的匹配是 MSB 电容的匹配（这里指 C_{1n} 和 C_{1p}）。MSB 电容必须与位电容的总和 $C_{jn/p}(j \in \{2, \cdots, N\})$ 相匹配。输出数字码宽度由两个转换码决定，可通过式（4.15）计算。对于 MSB 的 DNL，上一个转换码 V_{tr1} 通过 $x_{1n} = 1$ 和 $x_{jn} = 0$（$j \in \{2, \cdots, N\}$）定义，下一个转换码 V_{tr2} 通过 $x_{1n} = 0$ 和 $x_{jn} = 1$ 定义。在这个例子中，逐次逼近型 ADC 工作在单端模式下，因此 x_{1p} 总是为 1 且 $x_{jp} = 0(j \in \{2, \cdots, N\})$。在输出数字码转换过程中，逐次逼近型 ADC 传递函数从一个输出数字码传递到下一个输出数字码。这意味着在转换过程的关键位决策中，比较器只是从输出 0 变为输出 1。下面的计算将进一步展示 C_{1n} 的不匹配量 ΔC（$C_{1n} = C + \Delta C$）。

$$V_{\text{tr1p}}\frac{C}{3C + \Delta C - C_{\text{N}}} - V_{\text{tr1n}}\frac{C}{3C - C_{\text{N}}}$$

$$= V_{\text{ref}}\left(\frac{2C - \Delta C}{3C + \Delta C - C_{\text{N}}} - \frac{2C}{3C - C_{\text{N}}}\right) \tag{4.16a}$$

$$V_{\text{tr2p}}\frac{C}{3C + \Delta C - C_{\text{N}}} - V_{\text{tr2n}}\frac{C}{3C - C_{\text{N}}}$$

$$= V_{\text{ref}}\left(\frac{2C - C_{N}}{3C + \Delta C - C_{\text{N}}} - \frac{2C}{3C - C_{\text{N}}}\right) \tag{4.16b}$$

如果在式（4.16a）和式（4.16b）的分母中，ΔC 可以被忽略，那么有

$$V_{tr1} = V_{tr1p} - V_{tr1n} = V_{ref}\frac{\Delta C}{C}$$

$$V_{tr2} = V_{tr2p} - V_{tr2n} = -V_{ref}\frac{C_N}{C} = -1LSB \qquad (4.17)$$

$$DNL_{MSB} = V_{tr1} - V_{tr2} - 1LSB = V_{ref}\frac{\Delta C}{C}$$

不匹配量 ΔC 与 DNL 成正比。它可以被与位电容并联的修调电容修正。如果它与位电容同相，则修调电容是负的；如果它与位电容反相，则修调电容是正的。

需要注意的是，在 V_{cp} 和 V_{cn} 上的寄生电容会增加。如果这些电容的电位一直保持不变，那么它们将会降低比较器输入电压的范围，但不会影响逐次逼近型 ADC 的线性度、增益或失调误差。然而，较低的电压范围会使比较器的噪声更大，从而降低了信噪比。

2. 修调增益

逐次逼近型 ADC 的增益和失调误差可以在数字域进行校准和修正，这将以牺牲分辨率为代价。例如，如果总增益需要在 20%的范围内调整，且失调误差需要在 5%的范围内调整，那么逐次逼近型 ADC 的输入范围将损失 25%，因为信号变化在这段范围内应保持不变。如果在模拟域中校正失调误差和增益，那么 ADC 可以保持其总输入范围不变。

在电容式 DAC 中，采样电容 $C_{sn/p}$ 与位电容 $C_{jn/p}$ 之和的比率决定了逐次逼近型 ADC 的增益，位电容 $C_{jn/p}$ 与地和参考电压之间的工作点切换连接。对于正满量程，x_{jn} 都等于 $1(x_{jn}=1,\ j\in\{1,\ \cdots,\ N\})$；对于负满量程，$x_{jn}$ 都等于 $0(x_{jn}=0,\ j\in\{1,\ \cdots,\ N\})$；同时，逐次逼近型 ADC 工作在单端模式，那么 x_{1p} 始终为 1，$x_{jp}=0(j\in\{2,\cdots,N\})$。计算时，假定正端的电容等于负端的电容（$C_{sn}=C_{sp}=C_s$ 和 $C_{jn}=C_{jp}=C_j$）。

输入电压的 PFS 为

$$V_{PFS} = V_{ref}\frac{\sum_{j=2}^{N} C_j}{C_s} \qquad (4.18a)$$

输入电压的 NFS 为

$$V_{NFS} = -V_{ref}\frac{C_1}{C_s} \qquad (4.18b)$$

输入电压的 FS 为

$$V_{PFS} - V_{NFS} = V_{ref}\frac{\sum_{j=1}^{N} C_j}{C_s} \qquad (4.18c)$$

从式（4.18c）中可以看出，输入电压上限值分别与参考电压、某位电容（C_j）和采样电容（C_s）的比值成正比。采样期间，通过在输入节点 V_{inp} 和 V_{inn} 连接更多或更少的电容可以调整逐次逼近型 ADC 的增益。也可以直接用位电容 C_{jn} 和 C_{jp} 对输入信号进行采样。负极上的采样电容与位电容之和的比例必须与正极上的采样电容与位电容之和的比例相同，即

$$\frac{C_{sn}}{\sum_{j=1}^{N} C_{jn}} = \frac{C_{sp}}{\sum_{j=1}^{N} C_{jp}} \qquad (4.19)$$

否则，电容式 DAC 正极阵列的增益将不同于负极阵列的增益。如果输入的共模电压变化，则会影响共模抑制比。

在式（4.18c）中，为了增加逐次逼近型 ADC 的输入电压范围，必须减小 C_s。在前面的例子中，电容式 DAC 上所有电容对输入信号进行采样，使这个输入电压范围为 $0 \sim V_{ref}$。如果仅使用 MSB 电容进行采样，则这个输入电压范围为 $0 \sim 2V_{ref}$。

式（4.18c）也可用于修调逐次逼近型 ADC 的增益。带有用于修调增益的扩展电容的电容式 DAC 电容阵列如图 4.17 所示。可见，附加电容可降低输入电压范围 1LSB 和 2LSB。因此，这些电容在采样期间要连接输入电压，而在整个转换期间要连接参考电压或地。

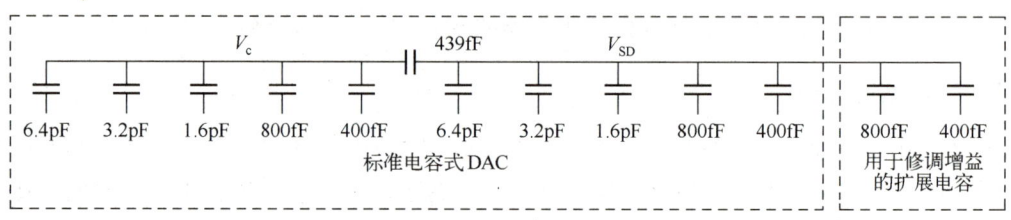

图 4.17　带有用于修调增益的扩展电容的电容式 DAC 电容阵列

注意： 如果附加电容被添加到串联电容阵列中，则要重新调整串联电容 C_{sd}。串联电容是被估算的，即

$$\frac{1}{C_{sd}} = \frac{1}{C_{MSB-4}} - \frac{1}{C_{LSB-array}} \Rightarrow C_{sd} = 413\text{fF} \tag{4.20}$$

式中，C_{MSB-4} 为 MSB 电容阵列中最小的电容（400fF）；$C_{LSB-array}$ 为 LSB 电容阵列的总电容。

在图 4.12 所示的电容阵列中，LSB 电容阵列的总电容加起来为 12.4pF。在修调增益时，如果 LSB 电容阵列扩展，那么式（4.20）不再有效。例如，LSB 电容阵列中最大的电容从与地连接切换到与参考电压连接，然后电容式 DAC 中的电荷将在其他 LSB 电容和串联电容之间分布。在图 4.17 所示的电容阵列中，电荷将被分配到电容上进行增益调整，这将分散信号并导致 LSB 电容阵列的增益误差。所有 LSB 电容将低于 C_{MSB-4}，这将产生 DNL 误差，但可以通过进一步增加串联电容来进行补偿。

因为串联节点的总电荷量不会改变，串联电压 V_{SD} 变化量可以通过总电荷量来计算。最初，V_{SD} 被放电（0V），MSB 和 LSB 电容阵列中的所有电容都连接到地。因此，初始电荷量 Q_1 为 0。LSB 电容阵列中最大的电容（现称为 C_{LSBh}）从与地连接切换到与参考电压连接，可得

$$Q_2 = C_{LSBh}(V_{SD} - V_{ref}) + C_{rest}V_{SD} = 0 \Leftrightarrow V_{SD} = V_{ref}\frac{C_{LSBh}}{C_{LSBh} + C_{rest}} \tag{4.21}$$

C_{rest} 包括其他 LSB 电容。C_{rest} 等于 C_{LSBh} 减去 LSB 电容 C_{LSB}，包括用于增益校准的电容 C_{gain}、寄生电容 C_{par}、串联电容和 MSB 电容阵列的串联电容 $C_{SD/MSB}$。如果电压 V_{SD} 加到串联电容 C_{SD} 上，则由此产生的充电电压等于将参考电压施加到 MSB 电容阵列 C_{MSBl}（这里是 C_{MSB-4}）中最小电容时产生电压的 1/2，因此有

$$\frac{1}{2}C_{MSBl}V_{ref} = C_{SD} \cdot V_{SD} = C_{SD}V_{ref} \cdot \frac{C_{LSBh}}{2C_{LSBh} - C_{LSB} + C_{par} + C_{gain} + C_{SD/MSB}} \tag{4.22}$$

如果 V_{SD} 被替代且当 $C_{MSB} \gg C_{SD}$ ， $C_{SD/MSB}$ 约为 C_{SD} ，则有

$$C_{SD} = \frac{C_{MSBl} 2C_{LSBh}}{2C_{LSBh} - C_{MSBl}} \left(1 + \frac{C_{par}}{2C_{LSBh}} + \frac{C_{gain}}{2C_{LSBh}} - \frac{C_{LSB}}{2C_{LSBh}} \right) \tag{4.23}$$

在图 4.17 中，不包括寄生电容（$C_{par}=0$），而增益电容为 1.2pF，LSB 电容为 0.4pF，C_{LSBh} 为 6.4pF，C_{MSBl} 为 0.4pF，因此可以计算串联电容为 439fF。

3. 修调失调误差

如果在输入电压 V_{sig} 上加上失调误差 V_{off}，则逐次逼近型 ADC 的输入电压则变为

$$V_{in} = V_{sig} + V_{off} \tag{4.24}$$

如果在电容式 DAC 的输出电压 V_{DAC} 加上相同的失调误差 V_{off}，那么电容式 DAC 输出电压则变为

$$V_{CDAC} = V_{DAC} + V_{off} \tag{4.25}$$

比较电容式 DAC 的输入电压和输出电压，有

$$V_{in} > V_{CDAC} \Rightarrow V_{sig} > V_{DAC} \tag{4.26}$$

式（4.25）显示了如何通过电容式 DAC 补偿失调误差。双极型 ADC 的失调误差 V_{off} 可以在 $j \in \{2, \cdots, N\}$，$x_{1n}=1$ 且 $x_{jn}=0$ 时进行测量。如果 $V_{inp} = V_{off} + V_{ref}$ 且 $V_{inn} = V_{ref}$，并且所有电容都是理想的，那么式（4.25）可表示为

$$V_{off} = \frac{V_{ref}}{C_s} \left(C_1 - \sum_{j=1}^{N} (x_{jp} C_j) \right) \tag{4.27}$$

式（4.27）中，假设 $C_{sp} = C_{sn} = C_s$ 且 $C_{jp} = C_{jn} = C_j$（$j \in \{1, \cdots, N\}$）。

对于逐次逼近型 ADC，如果采样后将 C_{1p} 连接到 V_{ref} 且所有其余电容 C_{jp} 接地，则产生的失调误差为 0。如果采样后 C_{1p} 保持接地，则产生一个正失调误差。其余电容 C_{jp} 可以连接到 V_{ref} 来调整失调误差。最后，如果采样后 C_{1p} 旁的电容 C_{jp} 连接到参考电压，则产生一个负失调误差。

带有用于修调失调误差的扩展电容的电容式 DAC 电容阵列如图 4.18 所示。可见，在缩放阵列中增加了两个电容。

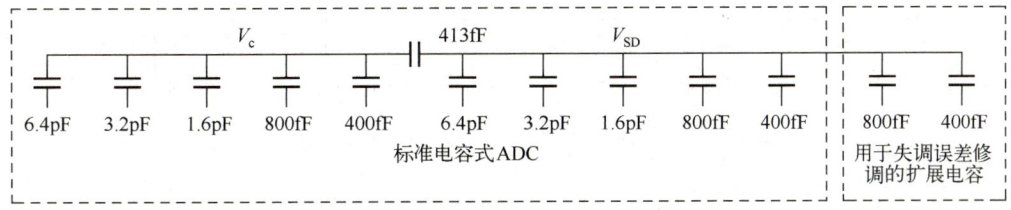

图 4.18 带有用于修调失调误差的扩展电容的电容式 DAC 电容阵列

如果全差分电容式 DAC 结构使用电容 C_{jp} 进行转换，可能要添加电容进行失调误差校准。

对于失调误差校准，将 400fF 电容切换连接到参考电压，与将 400fF LSB 电容切换连接到参考电压具有相同的效果。

在采样阶段，V_c 连接到共模电压，失调电容的第二电极连接到地。一旦 V_c 与共模电压断开，所选失调电容就切换连接到参考电压。在转换过程中，所选择的失调电容应保持连接参考电压，直到下一个采样阶段时失调电容接地。

图 4.18 所示的结构也可以实现负失调电压，与之前实现负失调电压的结构相比，唯一的不同之处在于电容在采样相位被预充电到参考电压，然后在转换相位时连接到地。如果用于失调误差修调的电容被添加到串联电容阵列内，那么与修调增益相同，串联电容也要被修调。增益和失调误差修调都可以在一个电容式 DAC 中实现。

4. 修调共模抑制比

逐次逼近型 ADC 内的 CMRR 可以随着电容式 DAC 输出电压 V_c 与外部共模输入电压 V_{in} 之比的变化而变化。当测量差分共模输入电压为 0（$V_{inp} = V_{inn} - V_{in}$）时，可以得到

$$\text{CMRR} = \frac{dV_c}{dV_{in}} = \frac{C_{sn}}{C_{sn} + \sum_{j=1}^{N} C_{jn}} - \frac{C_{sp}}{C_{sp} + \sum_{j=1}^{N} C_{jp}} = \frac{C_{sn}}{C_{totn}} - \frac{C_{sp}}{C_{totp}} \tag{4.28}$$

为得到理想的共模抑制比（$\text{CMRR} = 0$），采样电容对正端总电容的比例必须与对负端总电容的比例相同。因此，CMRR 可以通过修改电容式 DAC 中的采样电容 C_s 或通过去除电容式 DAC 中的从 V_c 到地之间的连接电容来进行修调。

5. 修调电容阵列

之前讨论的修调公式中的电容要与 LSB 电容中一部分相对应。如上所述，如果把这些电容放置在 LSB 电容阵列内，它的尺寸就会大幅度增加。将所有修调电容添加到 LSB 电容阵列将会产生很多寄生电容，这将扩大修调 DNL 的范围。

如图 4.19 所示，可以通过调整修调电容的尺寸很好地匹配其余电容，这就减少了修调的时间和生产成本。

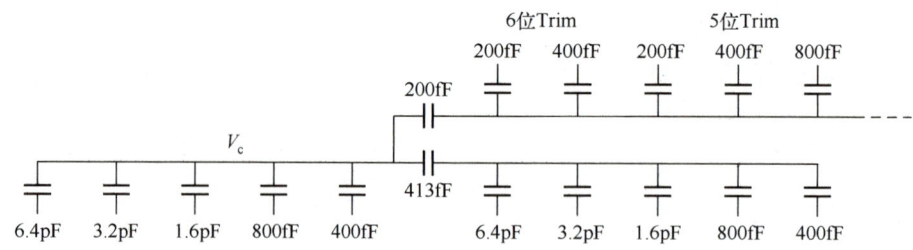

图 4.19   带有附加修调电容的电容式 DAC 电容阵列

4.2.3 电容式 DAC 版图的实现

伪差分电容式 DAC 电容阵列如图 4.20 所示，C_1 表示 MSB 电容，C_2 表示 MSB-1，以此类推。MSB 电容需要进行修调，如 C_T。在图 4.20 中，位电容大小用数字表示。在 MSB

电容阵列中最小的电容大小（C_6）为一个单位电容。为了使电容匹配更好，使用单位电容的倍数实现高位电容。例如，C_5 是用两个单位电容实现的，而不是用一个具有两倍于 C_6 的电容实现的。生产中的蚀刻过程会使不同晶圆组之间随确切的温度或酸碱度在参数上产生较大差异，而不同批次晶圆的边缘差异会导致电容的变化（称为边缘依赖效应）。因此，两个不同尺寸电容比两个具有相同尺寸电容的匹配度更差。

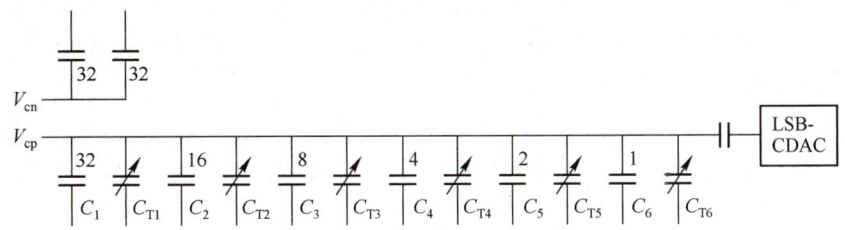

图 4.20　伪差分电容式 DAC 电容阵列

电容式 DAC 中的单位电容版图如图 4.21 所示。

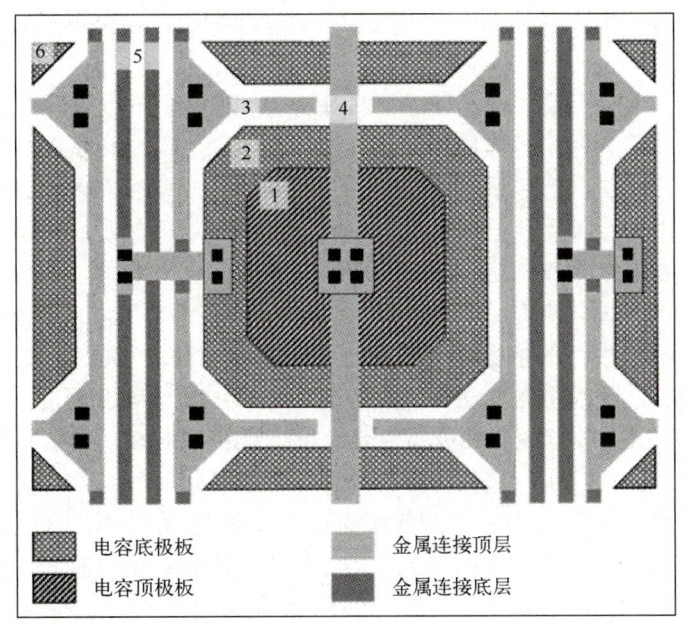

图 4.21　电容式 DAC 中的单位电容版图

（1）电容顶极板对电容匹配起主要作用。因为蚀刻过程中边角处的边缘依赖效应明显，所以电容顶极板的边角应设计为 45°。另外，边缘不同将产生大量的电容失配。电容周长与面积之比应该尽量小。因此，电容顶极板倒角应该小，同时应避免八角结构。

（2）电容底极板可能对衬底有显著的寄生电容（高达 10%），这将降低电容的建立速度。电容底极板的边角也应为 45°。电容底极板通常覆盖电容顶极板，使得由边缘引起的电容失配只取决于电容顶极板。由于电容底极板对衬底有较大的寄生电容，电容底极板不适合电容式 DAC 到比较器的高阻抗节点 V_{cp} 和 V_{cn} 的连接，因此高阻抗节点通常连接电容器顶极板。

（3）应该屏蔽连接比较器的电容高阻抗节点。因此，单位电容被接地金属环绕以和电容底极板接触点屏蔽。电容底极板通常切换连接正参考电压和负参考电压。电容顶极板和布线之间的任何寄生电容都会影响电容值，继而影响 DNL。注意，1LSB 电容通常小于 1fF。

（4）高阻抗节点应远离电容底极板，以使寄生电容更小。

（5）电容底极板的连线应使用与电容底极板同层或更低的金属层，这样就会减少电容底极板与电容顶极板的耦合现象。

（6）电容式 DAC 应被虚拟单位电容包围。刻蚀凹口的速度不同于刻蚀边缘金属的速度。因此，相比于电容式 DAC 电容阵列的中心位置电容，外围单位电容将匹配得更差，这也将影响各个位的单位电容分布。

（7）电容底极板到衬底可能存在显著的寄生电容。因此，在采样和转换过程中，衬底噪声可以耦合到电容式 DAC 中。在电容式 DAC 下面添加一个连接负参考电压的 N 阱来隔离电容底极板与衬底，这可能会减小寄生电容。

（8）布线和电容边缘的寄生电容将易受封装电介质的影响。为了避免封装过程中的 DNL 漂移，可以在电容顶部添加屏蔽线。然而，由于此屏蔽线将进一步引入寄生电容，从而影响电容式 DAC 整体建立时间，应该将其到边缘和布线之间的寄生电容减到最小。高阻抗节点的寄生电容对于比较器输入信号表现为电容分压器，从而降低了比较器输入信号的幅度和信噪比。

为了进一步改善电容匹配性，版图中 MSB 电容阵列的单位电容在布局上就显得很重要。正极 MSB 电容阵列的电容布局法如图 4.22 所示。其中，MSB 电容阵列中的单位电容被标记为 1。有 3 种方法（圆包围布局法、对角线布局法、混合布局法）可保持版图对称分布，这对梯度补偿来说至关重要。我们假设氧化物在晶圆中间较厚、边缘较薄，那么在 x 和 y 维度会存在氧化物厚度梯度。因此，MSB 电容阵列左上方的单位电容可能比右下方的单位电容厚。若单位电容采取点对称布局，那么线性梯度将不会影响总体电容匹配。

边缘的电容和阵列内部的电容受到蚀刻过程的影响不同。在图 4.22 中，相对于对角线布局法和混合布局法，圆包围布局法可能会有更差的 MSB 电容匹配度。注意：其他电容阵列（LSB 电容阵列和电容式 DAC 负极的电容）可能连接到 MSB 电容阵列。

因此，在对角线布局法中，竖直分布的 MSB 电容可能不在边缘上，顶部与底部单位电容的数量与电容尺寸成比例。为了蚀刻效果更好，应以图 4.22 中间所示的方式，将 MSB（1 位）的 4 个单位电容、2 个 2 位的单位电容、1 个 3 位的单位电容和 1 个 4 位的单位电容置于底部和顶部。由此可能匹配到 11 位，然而局部梯度并没有被消除。

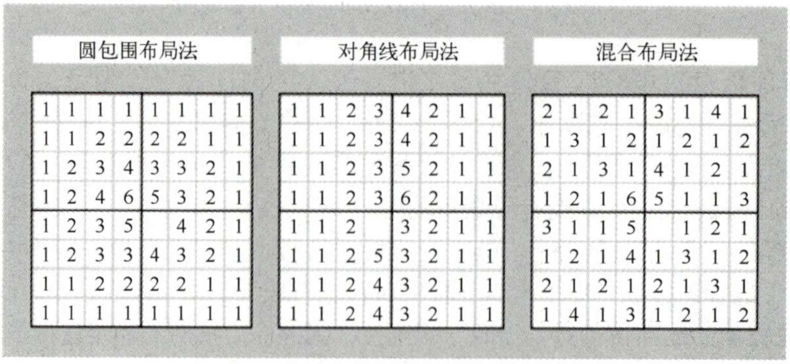

图 4.22　正极 MSB 电容阵列的电容布局法

因此，通过混合布局法可以实现最好的电容匹配性。其匹配度可以达到 12～13 位。然而，这种布局法的缺点是布线困难且版图面积大。

动态元素匹配也是一种可行的方法。这种方法在转换过程中会变换单位电容的分布。但其有一个缺点：电容失配将导致对应一个分布产生不同的转换结果，随之表现为转换噪声，信噪比会受到影响。如果将动态元素匹配与过采样相结合会特别有益。一个采样频率为 4 的过采样将包括所有分布，实际上这会改善信噪比。

连接电容式 DAC 与比较器的节点 V_{cp} 和 V_{cn}（高阻抗节点）对来自衬底的噪声或来自数字电路或其他开关切换所引起的失真特别敏感。因此，在版图中应进一步分离数字信号与模拟信号，特别是要将节点 V_{cp} 和 V_{cn} 与数字电路分离。

4.3　比较器

无论差分电容式 DAC 输出信号是正的还是负的，比较器都可以对其进行比较。比较器可将差分输入信号转换成数字信号，并对每个时钟周期的比较值进行锁存，还可达到预期的低噪声和低功率。

4.3.1　基本比较器的结构

比较器的结构主要由速度决定。即使在判定前一位时比较器过驱动很严重，它也应检测到 LSB 的一半或更少的差分输入电压。例如，当输入电压是 $V_{ref}/4 + LSB/2$ 时，根据 MSB 的判定，电容式 DAC 输出电压被设置为 $V_{ref}/2$。因此，比较器的差分输入电压是 $V_{ref}/4 - LSB/2$，比较器完全过驱动。在下一位判定中，电容式 DAC 输出电压被调整为 $V_{ref}/4$，因此比较器的差分输入电压仅为 LSB 的一半。这时则要求比较器的速度足够快，以便在半个时钟周期内可以锁存住其状态，同时也为参考电压的建立留有裕度。在采样和转换过程中，比较器的输入电压如图 4.23 所示。

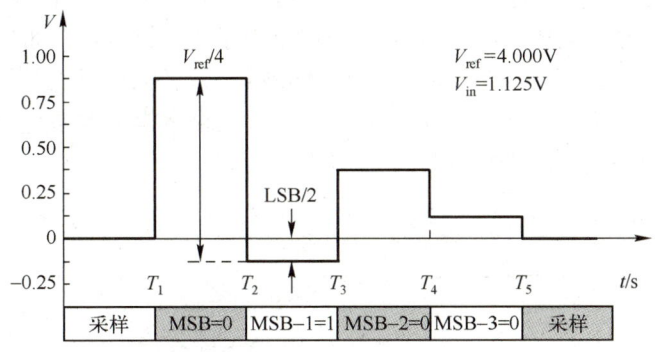

图 4.23　比较器的输入电压

如果把比较器的输入级电路看成一阶系统，那么比较器的输出电压将是指数级的。对于 N 位分辨率的 ADC，比较器必须在半个时钟周期内完成比较并建立输出电压，另半个时钟周期要进行数字切换和建立稳定参考电压，且在开关电容电路中常见这种输出电压。如果电容式 DAC 以 V_{ref} 的值进行翻转，那么在建立时间 T_s 后，建立误差 ε 必须小于 LSB 的一半，建立输出电压如图 4.24 所示。

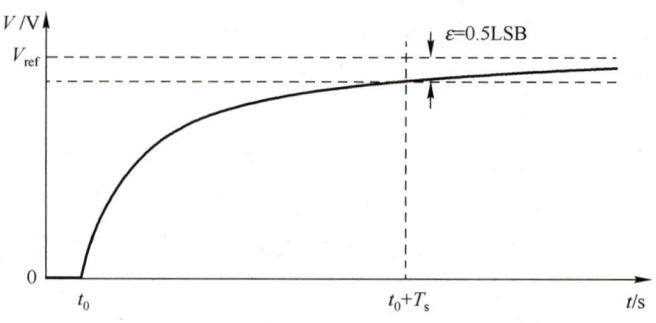

图 4.24   建立输出电压

假定 $t_0 = 0$ 时，误差电压 $\varepsilon(t)$ 为

$$\varepsilon(t) = V_{\text{ref}} - V(t) = V_{\text{ref}} - (V_{\text{ref}} - V_{\text{ref}} e^{-\frac{t}{\tau}}) = V_{\text{ref}} e^{-\frac{t}{\tau}} \tag{4.29}$$

其中，$\varepsilon(T_s) < V_{\text{ref}} / 2^{n+1}$。式（4.29）可以计算出指数函数的时间常数 τ。RC 低通滤波器的时间常数等于电阻 R 和电容 C 的乘积。

计算电阻和电容的重要公式为

$$\tau = RC < \frac{T_s}{\ln 2 \times (n+1)} \tag{4.30}$$

其中，时间常数 τ 也与有源电路传递函数 -3dB 频率相关，在这里等效于比较器的宽带，即

$$f_{-3\text{dB}} = \frac{1}{2\pi\tau} > \frac{\ln 2 \times (n+1)}{2\pi T} \tag{4.31}$$

开关切换过程和电容式 DAC 建立输出电压过程都需要一定的时间。比较器所需的最大有效建立输出电压时间应在半个时钟周期内。

16 位逐次逼近型 ADC 每 20 个时钟周期完全一次转换。其中，16 个时钟周期用于转换，4 个时钟周期用于对信号进行采样。因此，500kHz 转换器需要 10MHz 的时钟频率，这就意味着比较器建立输出电压时间为 50ns。在这个例子中，比较器的带宽可由式（4.31）估计为 37.5MHz。对于电源电压和共模输入电压的变化，以及所有的工艺角及温度，都要保持这个带宽。因此，在室温及典型的工艺参数下，必须显著提高此带宽。

比较器输入级电路的频率响应如图 4.25 所示。

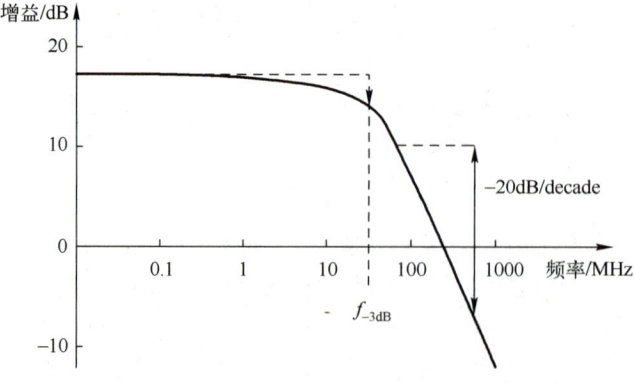

图 4.25   比较器输入级电路的频率响应

在栅长为 0.6μm 的标准 CMOS 工艺下，比较器中差分输入对电路如图 4.26 所示。它可以在一个合理的功耗下实现 37.5MHz 带宽。

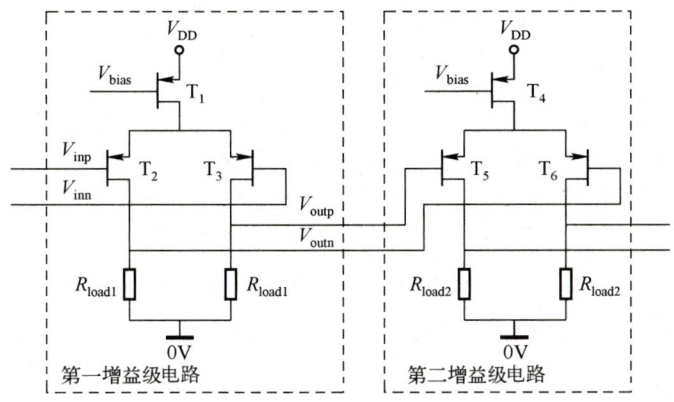

图 4.26 比较器中差分输入对电路

我们可以设计输入级（第一增益级）差分对管 T_2 和 T_3 的宽度和静态电流，来满足比较器的噪声需求。输入级差分对管通常工作在弱反型区。因此，比较器的热噪声与工艺无关，仅与偏置电流相关。由于此比较器宽带为 37.5MHz，我们可以忽略低频闪烁噪声（特别是它也被失调误差校准函数所抑制）。比较器第二增益级电路噪声是微不足道的，因为它被第一增益级电路的增益所削弱。

我们可以用负载电阻 R_{load1} 设置第一增益级电路的带宽。与晶体管作为负载相比，电阻作为负载可以在提供相同阻抗的情况下消耗更低的电压，这为差分输入电压 V_{inp} 和 V_{inn} 的共模工作点提供了更多电压裕度。

T_5 和 T_6 的栅极寄生电容对输出节点 V_{outp} 和 V_{outn} 有很大影响。比较器第二增益级电路的噪声是微不足道的，且第二增益级电路的带宽通常很小。

如果几个差分输入对电路级联，则必须考虑失调误差的问题。失调误差不仅反映在 ADC 的传递函数中，也会在连续增益级电路中引入非理想操作点，导致增益大幅下降。差分输入对电路的增益与其输入电压 V_{in} 的关系如图 4.27 所示。假设第一增益级电路的输入电压有一个约为 10mV 的失调误差，并且每级电路增益约为 20dB，则将在第三级比较器的输入端合理的工作点外引入 1V 的失调误差。

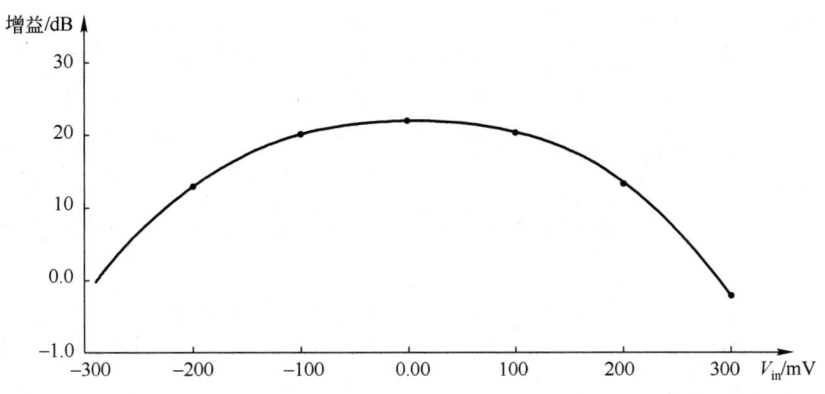

图 4.27 输入差分对电路的增益与其输入电压 V_{in} 的关系

因此，必须引入失调误差校准电路（自动校零级电路）。在通常情况下，采样相位时的增益级电路差分输入端被短路，则输出失调误差被存储在自动校零电容中。自动校零电容如图 4.28 所示。其中，第一增益级电路的自动校零电容为 C_{az1p} 和 C_{az1n}。

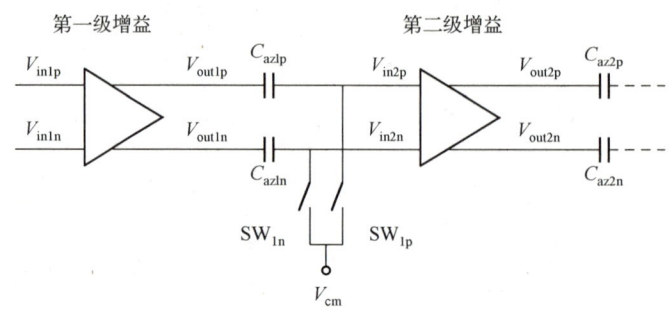

图 4.28　自动校零电容

自动校零电容被串联在信号通路中。自动校零电容的一端与特定增益级电路的输出端相连，并且在采样周期可以存储被此增益级电路放大的失调电压。自动校零电容的另一端连接下一个增益级电路的输入端和开关（SW_{1n} 和 SW_{1p}），从而将自动校零电容连接到共模电压 V_{cm}。在采样末期，开关打开，即可把失调电压存储在自动校零电容上。

自动校零电容与信号串联不会直接减少比较器的带宽，但连接地的寄生电容会对比较器的带宽造成影响。因此，应该尽量消除连接地的寄生电容。另外，下一个增益级电路输入端的寄生电容将会与自动校零电容形成电容分压器。从这个角度上看，自动校零电容应该选择大电容，通常为 1pF 左右。采样噪声是一个小问题，比较器的等效输入噪声为各级电路噪声除以前一个增益级电路的增益。

比较器的锁存器决定了比较器预放大级电路的增益。一个全差分锁存器可能只要 200～500mV 的输入电压。如果使用一个标准 CMOS 触发器，则可获得符合要求的数字信号电压。因此，比较器的预放大级电路要将 1/2 LSB 放大到适当的锁存器阈值电压。对于一个输入电压最大值为 5V 且比较器输出端使用标准触发器的 16 位转换器，必须将 3.8μV 放大到 3.8V，因此需要比较器预放大级电路的增益为 100000dB 或 100dB。

如果比较器所需要的带宽足够小，那么一个不同于差分输入对结构的放大器可以用于增益级电路，如开环运算跨导放大器（Operational Transconductance Amplifier，OTA），如图 4.29 所示。

OTA 可以提供足够的增益，从而使输入信号符合数字信号电压的要求，并且可通过标准触发器触发此信号。除此之外，OTA 可以将差分输入信号转换为单端输出信号。

可以把 OTA 改进为差分交叉耦合锁存器，如图 4.30 所示。首先，I_{latch} 很低，所以差分交叉耦合锁存器与 V_{DD} 和地断开连接。然后，差分输出电压 V_{outp} 和 V_{outn} 被充电至输入电压 V_{inp} 和 V_{inn}。最后，差分交叉耦合锁存器的输入端连接到比较器的最后一个差分输入对电路的输出端。

差分交叉耦合锁存器在 I_{latch} 上升沿时可以对模拟电压进行采样，其不与电容的输入端连接，但与交叉耦合结构的 V_{DD} 与地相连。NCH（NM1 或 NM2）的栅极电压越高，其漏极电压会越低。同样地，PCH 的栅极电压越低，其漏极电压会越高。因此，输出电压将很快被转换为 V_{GND} 和 V_{DD}，如图 4.31 所示的 50ns 和 150ns 处。

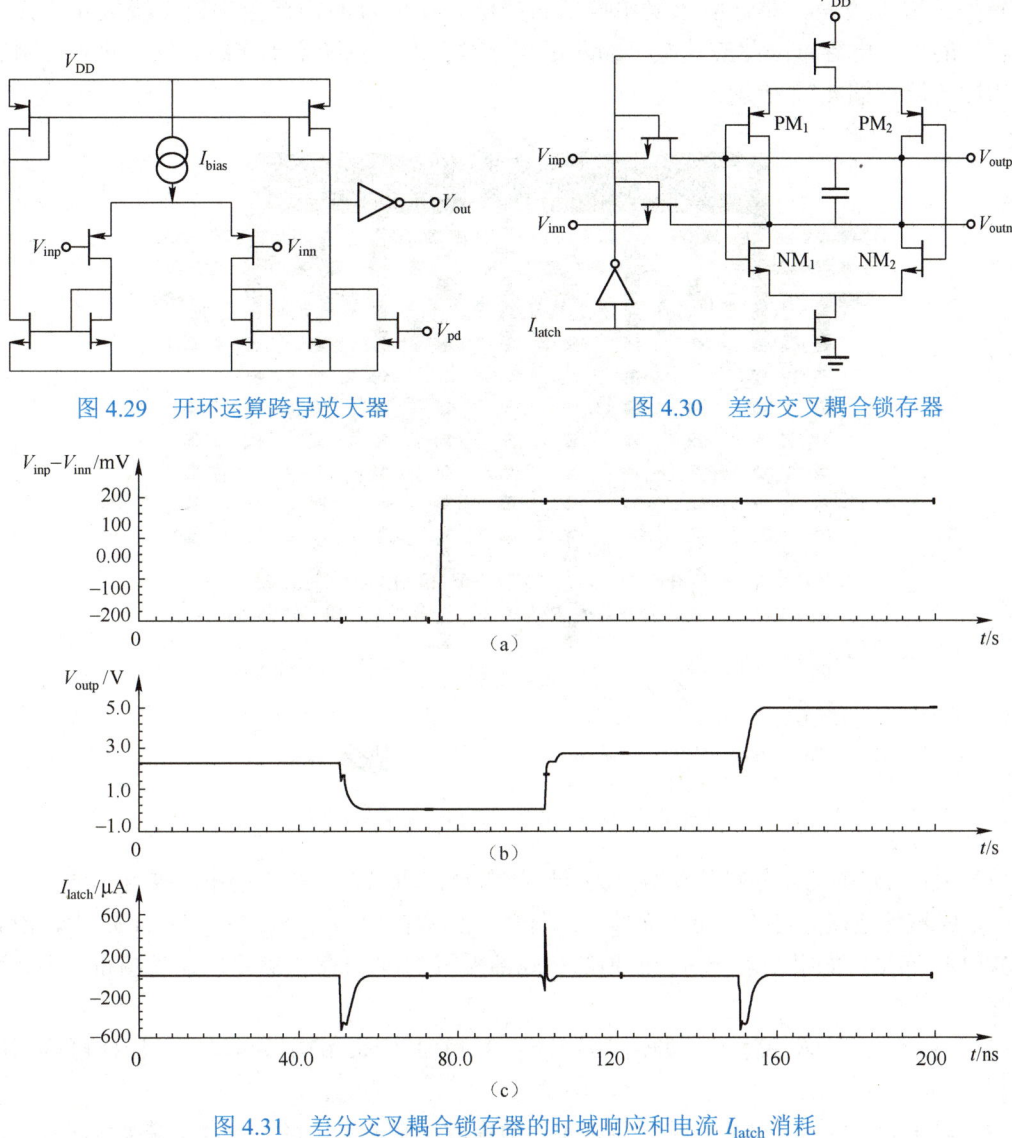

图 4.29　开环运算跨导放大器　　　图 4.30　差分交叉耦合锁存器

图 4.31　差分交叉耦合锁存器的时域响应和电流 I_{latch} 消耗

图 4.31（a）显示了差分交叉耦合锁存器的差分输入电压。最开始时，差分交叉耦合锁存器处于采样阶段，在 50ns 时被触发，在 100ns 开始采样，并在 150ns 再次被触发。在采样过程中，V_{outp} 和 V_{outn} 被充电到输入电压 V_{inp} 和 V_{inn}。当差分输入电压（$V_{in}=V_{inp}-V_{inn}$）是负值时，V_{outp} 将在 3ns 内被拉到 V_{GND}（见 50ns 处）；当差分输入电压为正值时，在 150ns 处，V_{outp} 再次在 3ns 内被拉到 V_{DD}。

OTA 和差分交叉耦合锁存器各有各的优势。差分交叉耦合锁存器在没有直流电流的情况下仍能工作，可节省功耗（见图 4.31 的第三条曲线）。OTA 增加了一个较低的转折频率并减少了比较器贡献的噪声。

4.3.2　版图的注意事项

为了减少增益损失和所需自动校零级电路数目，应该尽量避免比较器的失调误差。敏感模拟输入电压与数字输出信号应分离以避免失真。最后，应尽量避免比较器布线的寄生电容。

首先，输入级差分对管应该采用插指布局法。晶体管的连接会导致在源极和漏极之间产生较大的寄生电容，因此应该减少输入级差分对管上的孔和金属布线。输入级差分对管的改进版图布局如图 4.32 所示。

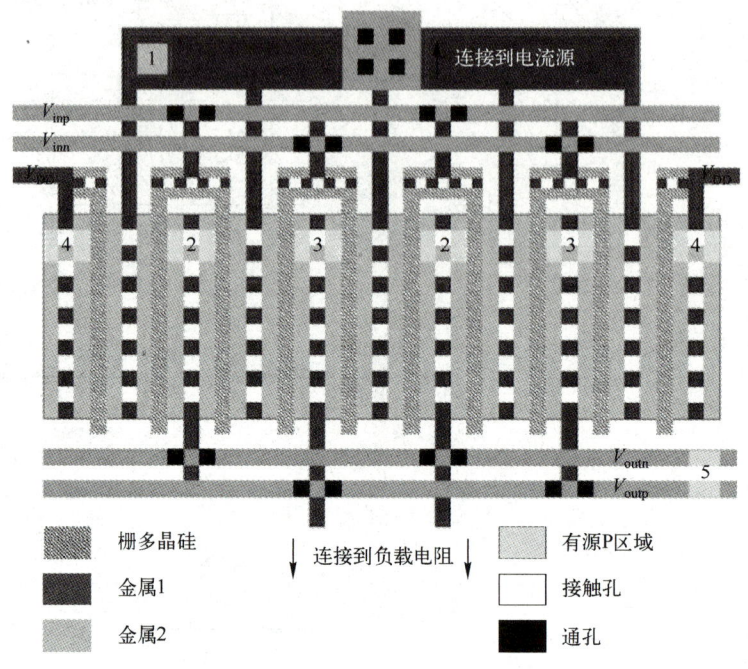

图 4.32   输入级差分对管的改进版图布局

（1）采用 PCH 的差分对共模节点为低阻抗节点，所以在布线中的电压梯度很低。在版图布局时，应该保证差分对共模节点布线的对称性（如放在中间）。注意：在图 4.32 中，没有画出 NWELL 连接。如果在差分对管的顶部和底部采用 N 阱连接，就可以在版图布局中达到最佳匹配。

（2）对于正向输入晶体管，如输入晶体管 2 和 3 应采用插指布局法，这样可达到最佳匹配。

（3）对于负向输入晶体管，应采用寄生参数提取法来最小化寄生电容；减少接触孔数量能对减少寄生电容有益；如果接触孔数量太少，由此产生的接触电阻会比较大。

（4）在版图中，差分对管的两侧增加了虚拟的晶体管，以避免刻蚀过程中出现晶体管边缘不匹配。

（5）应该采用最短的路径将输出端连接到比较器下一级电路。

改进后的以电阻为负载的输入级差分对管的版图布局如图 4.33 所示。此版图布局是基于以下几方面考虑的。

（1）接地应是可靠的，以避免布线的电压梯度。金属 1 应该对称地连接到上层金属，使电压对称均匀下降。连接 V_{SS} 的 NWELL 应放置在电阻下，以保护电阻不受衬底噪声的干扰。比较器第一级电路的 V_{SS} 应与下几级电路的 V_{SS} 分别连接不同的衬底，以避免通过寄生反馈回路产生回踢效应。后级比较器建立可能会造成 V_{SS} 的失真，此失真信号可能通过输入级差分对管的负载电阻反馈回输入端，这可能会增加比较器建立输出信号时间。

（2）正极负载电阻。一般来说，电阻的温度系数会很低，接触孔的数量要多于最少数量，以减小接触电阻的不匹配。为了更好地进行匹配，电阻应该向内部通孔延伸并超过内部通孔。扩展区域被用来增加一行接触孔。由于边缘存在刻蚀效应，电阻不应该采用最小宽度，这样可以减少电阻值的变化并增加电阻的匹配度。

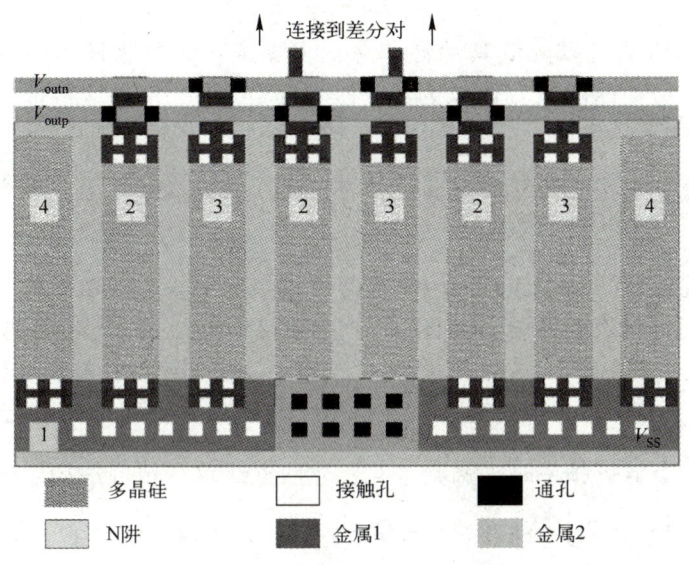

图 4.33 改进后的以电阻为负载的输入级差分对管的版图布局

（3）负极和正极负载电阻采用插指布局法，这样可以更好地进行匹配，且可以减少热效应。

（4）在负载电阻两侧增加了虚拟电阻，以减少刻蚀造成的不匹配。

4.3.3 噪声的注意事项

除了参考电压缓冲器、采样电路和量化器之外，比较器是逐次逼近型 ADC 的主要噪声源。因此，应该注意如何减小比较器的带宽且不损失建立输出信号的精度。

根据式（4.31），由于比较器的前面级电路的增益、后续级电路精度要求降低，从而带宽可以更低，即

$$f_{-3\mathrm{dB}} = \frac{\ln 2 \times (n+1)}{2\pi T} \tag{4.32}$$

比较器的第一增益级电路要检测输入一半的 LSB。即使比较器在之前的位判定中过驱动，且在下一位判定时输入不到一半的 LSB，比较器的输出信号也要快速建立。差分对管的增益大约是 20dB，因此第二增益级电路的最小输入信号是 5LSB，则其输出结果大约为 50LSB，第二增益级电路的输出结果是 50LSB 或只有 45LSB。前级电路增益可以放宽对图 4.24 中误差范围 ε 的要求。

在 16 位逐次逼近型 ADC 中，500kHzADC 的时钟频率为 10MHz，其第一增益级电路需要 37.5Hz 的带宽。如果第一增益级电路的增益是 20dB，那么有效位数为

$$n_1 = \frac{20\mathrm{dB}}{6\mathrm{dB}} \approx 3.3 \tag{4.33}$$

现在式（4.31）可以用于计算第二增益级电路所需的 $f_{-3\mathrm{dB},2}$ 带宽，即

$$f_{-3\mathrm{dB},2} = \frac{1}{2\pi\tau} = \frac{\ln 2 \times (n-n_1+1)}{2\pi T} = \frac{\ln 2 \times (16-3.3+1)}{2\pi \times 50} \approx 30.2(\mathrm{MHz}) \tag{4.34}$$

一般来说，如果比较器有 k 个增益级电路，那么第 j 增益级电路所需的 $j \in [2, k]$ 带宽为

$$f_{-3\text{dB}j} = \frac{\ln 2 \times \left(n + 1 - \sum_{i=1}^{j-1} n_i\right)}{2\pi T} \tag{4.35}$$

减小比较器的带宽可以降低其功耗和总输出噪声。如果比较器中有几个增益级电路级联，那么最后一级电路的带宽可以为第一级电路带宽的 1/4，这将把由比较器产生的噪声减少为原来的 1/2。

注意：模拟信号是在比较器输出端被锁存住的，因此有效的噪声带宽是由比较器中最低的带宽决定的。

下面将介绍比较器的噪声计算。闪烁噪声可以被自动校零级电路抑制，而热噪声在比较器转换期间是闪烁噪声的两倍。从图 4.23 中可以看到，在比较器转换过程中有两次转换，比较器的输入电压小于 1LSB，而其他位判定不会受到噪声影响，这种噪声仅影响增益级电路的最低转折频率，其频率比第一增益级电路的带宽要小得多。同时，只有当第二个转折频率远高于第一个转折频率时，系数 $\frac{\pi}{2} f_{-3\text{dB}}$ 才成立，这种情况适用于比较器增益级电路较少的情况。一个 12 位 ADC 有 4 个增益级电路，一个 16 位 ADC 有 6~8 个增益级电路。

比较器的输入噪声密度和相关参考电压如图 4.34 所示。图 4.34（b）显示了 16 位比较器的输入噪声密度 n_{comp}。可见，在低频率时噪声会增加（闪烁噪声或 $1/f$ 噪声）。噪声密度维持在常数 $(1.1\text{nV}/\sqrt{\text{Hz}})$，直到 100MHz（100MHz 是比较器第一增益级电路的带宽）。从这里开始，比较器的增益开始下降，同时其他增益级电路的噪声开始增加。

比较器噪声不仅在其转换过程中两次被采样，而且被存储在自动校零电容中。不同于其余增益级电路产生的噪声，第一增益级电路自动校零电容存储的采样噪声不能被削弱。这是因为噪声主要是在第一增益级产生的，并且被第一增益级电路所放大，且被第一增益级电路自动校零电容所存储。

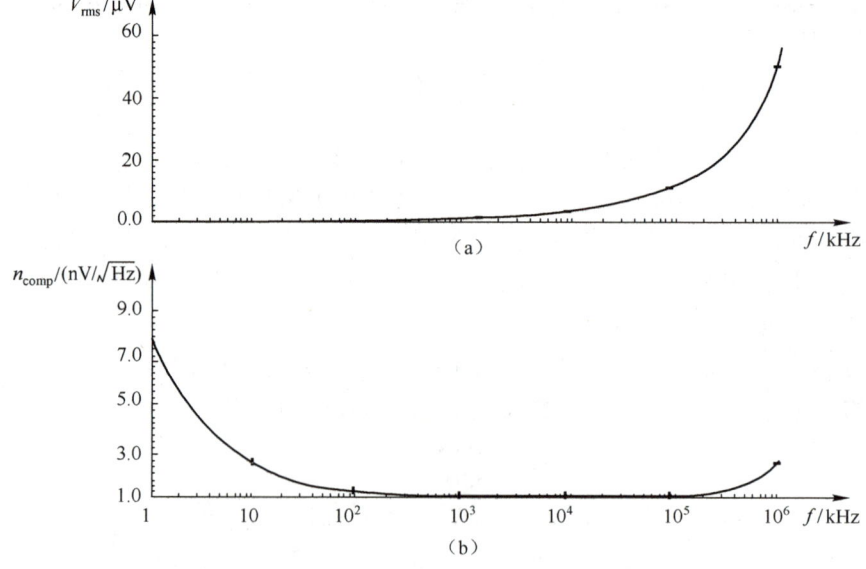

图 4.34 比较器的输入噪声密度和相关参考电压

在比较器中，因为带宽不受下一增益级电路的转折频率限制，所以消除自动校零噪声是非常必要的；在采样阶段，电容连接到共模电压 V_{cm} 或地，这样会使带宽减小；在转换阶段，自动校零级电路与后一增益级电路串联，只有寄生电容（大约 10%）可以减小前一增益级电路的带宽。

对于比较器，采样过程通常需要几个时钟周期，因此选择合适的自动校零电容可以减少带宽。当输入级（第一增益级）电路通过 SW_{1p} 和 SW_{1n} 连接至 V_{cm}。在图 4.28 中，类似 C_{az2p} 和 C_{az2n} 就不太重要。通过这种方式，之后的自动校零级（如第二增益级）电路的增益会被前一增益（如第一增益级）电路削弱，所以噪声也越来越微不足道。因此，比较器的总噪声电压可以被估计为

$$V_{rms,comp} \approx \sqrt{\pi \cdot n_{comp}^2 \cdot f_{last} + \frac{\pi}{2} \cdot n_{comp}^2 \cdot f_{AZ}} \tag{4.36}$$

式中，f_{last} 是最低转折频率的-3dB 频率；f_{AZ} 是在第一个自动校零级电路和比较器输入级电路之间最低转折频率的-3dB 频率。式（4.36）忽略了电容的 kT/C 噪声。

4.4　参考缓冲器

本节将集中讨论参考缓冲器对逐次逼近型 ADC 的影响。在逐次逼近型 ADC 中，两种典型的参考缓冲器如图 4.35 所示。如图 4.35（a）所示的内部参考缓冲器，其输入阻抗为高阻抗，且要在低噪声的情况下达到所要求的带宽，因此会消耗很大的功耗。如图 4.35（b）所示的带片外电容的参考缓冲器，需要一个很大的片外电容 C_{ref} 为片内电容充放电，并且可以在带宽和噪声方面放宽对放大器建立时间的要求。

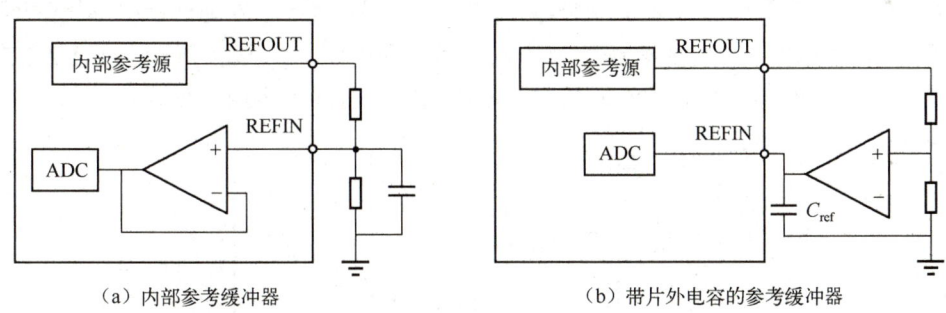

（a）内部参考缓冲器　　　　　　　　　　（b）带片外电容的参考缓冲器

图 4.35　两种典型的参考缓冲器

如果在某些应用中要使用电阻分压器来调整外部参考电压，那么阻抗就会变得太高，因此需要额外的外部放大器，并产生额外的花费。这点尤为重要，因为大多数放大器和参考缓冲器在驱动大电容时会变得不稳定。接下来将讨论参考电压的指标要求，并介绍一种新型产品采用的参考缓冲器方案。

4.4.1　内部参考缓冲器

一些逐次逼近型 ADC 内部提供一个内部放大器，即为内部参考缓冲器。带内部参考缓冲器的逐次逼近型 ADC 如图 4.36 所示。

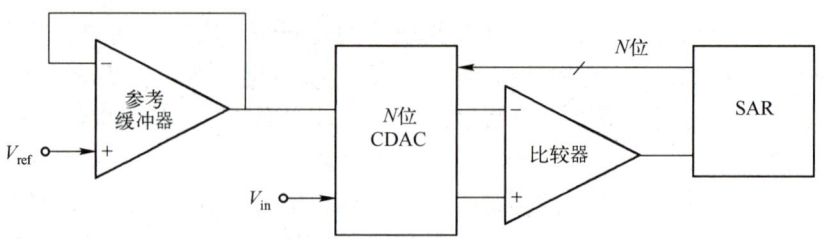

图 4.36　带内部参考缓冲器的逐次逼近型 ADC

N 位分辨率的电容式 DAC 电容阵列必须在半个时钟周期内从 0V 充电到参考电压。这意味着，电容式 DAC 电容阵列的误差必须小于一半的 LSB。

16 位逐次逼近型 ADC 使用了典型的 20 个时钟周期完成一次完全转换。其中，16 个时钟周期用来完成转换过程；4 个时钟周期用来完成信号采样过程。一个 500kHzADC 需要 10MHz 时钟频率，这留给参考电压的建立时间为 50ns。在这个例子中，放大器所需的带宽可以通过式（4.31）估计为 37.5MHz。

如果这个 ADC 有另外一个 5V 输入电压且其峰值噪声（6 次方根噪声值）小于 3LSB，那么其方均根噪声应该小于 0.5LSB 或 38μV。这样，放大器的噪声密度可以计算为

$$n_{\text{ref}} = \frac{38\mu V}{\sqrt{37.5\text{MHz}}} = 6.2 \frac{\text{nV}}{\sqrt{\text{Hz}}} \tag{4.37}$$

放大器的低噪声和宽带带来了高功耗。这种类型的放大器大约需要 8mA 电流。

4.4.2　带片外电容的参考缓冲器

如果一个大电容 C_{ref} 被放置在电容式 DAC 和参考缓冲器之间，那么就可以放宽对上述指标的要求。使用外部补偿电容 C_{ref} 的参考电路如图 4.37 所示。外部补偿电容选择的标准是在逐次逼近型 ADC 的一个完整转换周期中，参考输入电压 V_{refin} 要下降到小于 1/2 LSB 的电压。有了这样一个电容，参考的时间常数 τ 可以为转换时间范围内的任意值。

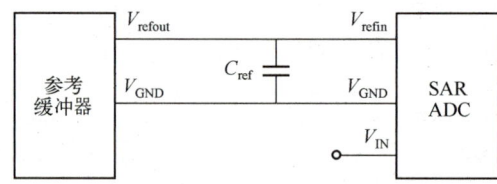

图 4.37　使用外部补偿电容 C_{ref} 的参考电路

在逐次逼近型 ADC 转换过程中，在地和参考电压之间切换连接的总电容 C_{tot} 取决于电容式 DAC 的最终结构，但是近似为采样电容的 3 倍（$C_{\text{tot}} \approx 3C_s$）。外部补偿电容 C_{ref} 为

$$C_{\text{ref}} = (2^{N+1} + 1)C_{\text{tot}} \approx 2^{N+1}C_{\text{tot}} \tag{4.38}$$

如果 C_{tot} 为 50pF，且逐次逼近型 ADC 的分辨率是 16 位，那么在参考路径的外部补偿电容 C_{ref} 为 6.5μF。这种尺寸的电容无法在芯片上实现，因此需要一个片外电容。

最理想的片外电容是陶瓷电容，并具有 0805 封装和 X5R 质量，电容值为 22μF。这个片外电容受温度变化的影响不到 10%。电压系数不会影响逐次逼近型 ADC 性能，因为参考

电压是直流电压。

首先，片外电容将作为逐次逼近型 ADC 的电容式 DAC 电压源。逐次逼近型 ADC 的参考输入电阻（包括 ESD 保护、布线和开关电阻）将和电容式 DAC 的电容一起形成一个低通滤波器，并导致信号传输延迟。

片外电容将被电容式 DAC 产生的峰值电流充电，但是它放电量将会少于 1/2 LSB。这些电荷要由参考缓冲器提供。参考缓冲器必须提供的最大电流 I_{max} 为

$$C_{tot} = \frac{\Delta Q}{\Delta V} = \frac{I_{max}}{f_{conv}V_{ref}} \Leftrightarrow I_{max} = C_{tot}f_{conv}V_{ref} \qquad (4.39)$$

如果转换率 f_{conv} 为 500kHz 且电容式 DAC 的总电容 C_{tot} 为 50pF，其电压从 0V 充电到 5V（参考电压），那么其平均电流为 125μA。这个电流通常由输入电压决定，所以为保证负载电流稳定，参考电压不能减少超过 1/2 LSB 的电压。换句话说，驱动电容的参考源负载 dV_{ref}/dI 为

$$\frac{dV_{ref}}{dI} < \frac{0.5LSB}{I_{max}} = 300\frac{\mu V}{mA} = 0.3\Omega \qquad (4.40)$$

另一个要考虑的问题是，大电容往往会破坏放大器或参考缓冲器的稳定性。除技术风险外，片外电路通常还在实际应用中容易增大损耗且占据空间。

在理想情况下，参考缓冲器将与逐次逼近型 ADC 一起集成在同一个芯片上。

4.4.3　改进的参考方案

理想的参考源所产生的参考电压在温度和电源电压变动时要保持稳定，同时在驱动大电容时也要保持稳定，并且有可调、低阻抗的特点。集成可调参考电路如图 4.38 所示，其结构可以很好地满足上述需求。

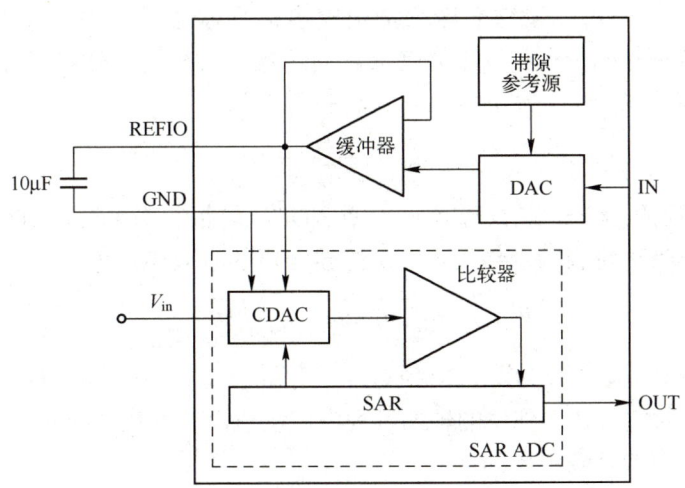

图 4.38　集成可调参考电路

带隙参考源用于产生参考电压，其在温度和电源电压变动时仍保持稳定。其内部的 DAC 可以调整参考电压。参考电压调整后将通过一个放大器进行缓冲。这个作为缓冲器的放大器可以被优化为低负载并能在大负载电容下保持稳定。此缓冲器需要低带宽、低功率和噪声，而唯一所需的外部组件是补偿电容。

在图 4.38 中，使用哪种类型的 DAC 也是要考虑的问题。通常在实际应用中，要校准 DAC 的增益和失调误差，而参考电压的绝对值对电路的影响非常微小。

在电阻串 DAC 中，一个电阻串将参考电压分为等差值的电压，然后由一个开关阵列选择需要的电压。这种结构默认情况下是单调的，并能提供良好的 DNL，因此无须进行修调。INL 可能会受到电阻的电压系数或版图的影响。一个芯片上电阻的温度系数通常匹配良好，这样就保证了该结构的温度稳定性。由于开关没有使用有源电路，电阻串也是与电源不相关的。

4.4.4　参考噪声

图 4.35 显示了两种不同的参考缓冲器结构。图 4.35（a）所示结构可直接与电容式 DAC 连接；图 4.35（b）所示结构带有片外电容，这样其带宽可以通过调节参考电压的幅度来减小。

在图 4.35（a）中，参考缓冲器的带宽类似于比较器的带宽，因此两者具有类似的噪声性能。16 位逐次逼近型 ADC 带宽所需的建立时间高于 12τ。如果建立时间为半个时钟周期，那么时间常数 $\tau_1 = \dfrac{1}{24 f_{\text{CLK}}}$。在图 4.35（b）中，片外电容充电的最大误差可能为 LSB/2～LSB/4，这需要一个时间常数 τ_2 来完成整个转换，对于通常为 20 个时钟周期的 16 位逐次逼近型 ADC，$\tau_2 = \dfrac{20}{f_{\text{CLK}}}$。

因此，带片外电容的参考缓冲器带宽减小为内部参考缓冲器带宽的 1/480，这将使带片外电容的参考缓冲器噪声减小为内部参考缓冲器噪声的 1/21.9。尤其在噪声的有效电压成倍增加时，这个噪声对比较器来说也是无关紧要的。对带片外电容的参考缓冲器来说，可以忽略电路的噪声。

晶体管含有多种噪声。除了漏源电阻的热噪声外，晶体管也存在闪烁噪声，又称 $1/f$ 噪声，其随着频率降低而增加。在宽带应用中，热噪声在多种噪声中通常占主导地位。

如果缓冲器有一个自动校零函数来抵消输出信号偏移量，那么输出信号将会非常准确。自动校零通常在每一个采样周期内完成。闪烁噪声仅在转换时间 T_{conv} 内存在。通过这种方法，自动校零就像一个高通滤波器，其转折频率为

$$f_{-3\text{dB}} = \frac{1}{2\pi T_{\text{conv}}} \tag{4.41}$$

对于 16 个转换周期、500kHz 逐次逼近型 ADC，转折频率大约是 100kHz，闪烁噪声将被充分地抑制，热噪声将成为主导噪声。缓冲器噪声的有效电压为

$$V_{\text{rms,buf}} = \sqrt{\int n_{\text{ref}}^2 \mathrm{d}f} = n_{\text{ref}} \sqrt{\Delta f} \tag{4.42}$$

式中，n_{ref} 为缓冲器输出噪声密度。当比较器的输入信号小于 1LSB 时，在一次转换过程中总是有两个关键的判定。在其他位的转换过程中，噪声没有变化。因此，噪声被采样两次，所以缓冲器等效噪声的有效电压为

$$V_{\text{rms,buf}} = \sqrt{2} n_{\text{ref}} \sqrt{\Delta f} \approx n_{\text{ref}} \sqrt{\pi f_{-3\text{dB}}} \tag{4.43}$$

式（4.43）采用类似于一阶系统的方式分析缓冲器，即缓冲器有效的带宽等于 $\dfrac{\pi}{2} f_{-3\text{dB}}$。

注意：如果电容式 DAC 开关处于相同的位置，那么参考噪声信号在其负极和正极是相同的。因此，该参考噪声被电容式 DAC 和比较器的共模抑制特性所抑制。对于单极型 ADC，这种情况通常发生在输入信号 NFS 处；对于双极型 ADC，这种情况通常发生在输入

信号幅度中间值。ADC 的总噪声在输入信号为零时比输入信号为最大幅度时小。当输入信号为最大幅度时，电容式 DAC 开关的位置达到最大差异。

4.5   噪声估值

逐次逼近型 ADC 中的噪声源主要为采样保持电容、参考电路及比较器。此外，在某些特定的输入电压下将会产生错误的输出结果，所以不良的 DNL 也会对信噪比产生影响。

为了保证逐次逼近型 ADC 的性能，要注意以下几点。

（1）保持比较器输入信号为最大幅度信号。

（2）采用较大的采样电容，使得噪声信号在采样信号中不占主导地位。

（3）尽量减小比较器的带宽。

（4）采用片外电容的参考结构。

对于一个 1MHz、带有 40pF 采样电容的 16 位差分逐次逼近型 ADC，其采样保持电容、比较器及量化器的噪声信号的典型值分别为

$$V_{\text{rms,samp}} = \sqrt{\frac{2kT}{C}} = 14.3\mu\text{V}$$

$$V_{\text{rms,comp}} = 1.1 \times \sqrt{2 \times 40 + \frac{\pi}{2} \times 24} \ \mu\text{V} \approx 11.9\mu\text{V}$$

$$V_{\text{Nqu}} = \sqrt{N_{\text{qu}}} = \frac{\text{LSB}}{\sqrt{12}}\mu\text{V} = 22.3\mu\text{V} \tag{4.44}$$

比较器有几个带宽相似的增益级电路，因此转换期间的有效带宽估计为 $f_{-3\text{dB}}$，总噪声信号为

$$V_{\text{rms,tot}} = \sqrt{V_{\text{rms,samp}}^2 + V_{\text{rms,comp}}^2 V_{\text{Nqu}}^2} = 29\mu\text{V} \tag{4.45}$$

4.5.1   新型过采样法

如果噪声信号呈白噪声分布，也就是说在频率上是均匀分布的，那么采样频率的加倍将会使噪声信号的幅度降低 $1/\sqrt{2}$，即 3dB。过采样将破坏逐次逼近型 ADC 在特定的时间内转换信号。为了不破坏逐次逼近型 ADC 在特定的时间内转换信号，逐次逼近型 ADC 必须仅采样一次，且把采样信号进行多次转换。

在这种情况下，采样噪声信号的 kT/C 值保持不变，但是由量化器、参考电路和比较器产生的转换噪声信号的幅度将会降低。由式（4.44）可得

$$V_{\text{rms,tot}} = \sqrt{V_{\text{rms,samp}}^2} \tag{4.46}$$

如果转换噪声信号在采样噪声信号中占主导地位，那么这种以 OSR 为系数的过采样是有意义的；如果采样噪声信号比转换噪声信号更高，那么过采样频率就会变得无效。因此，OSR 应该被定义为

$$\text{OSR} = \frac{\dfrac{\text{LSB}^2}{12} + V_{\text{rms,ref}}^2 + V_{\text{rms,comp}}^2}{V_{\text{rms,samp}}^2} \tag{4.47}$$

传统的 16 位逐次逼近型 ADC 的过采样时序图（OSR=4）如图 4.39 所示。如果这个逐

次逼近型 ADC 完整的转换过程如图 4.39 所示的那样需要一遍一遍重复，那么其过采样过程必将消耗大量的时间。

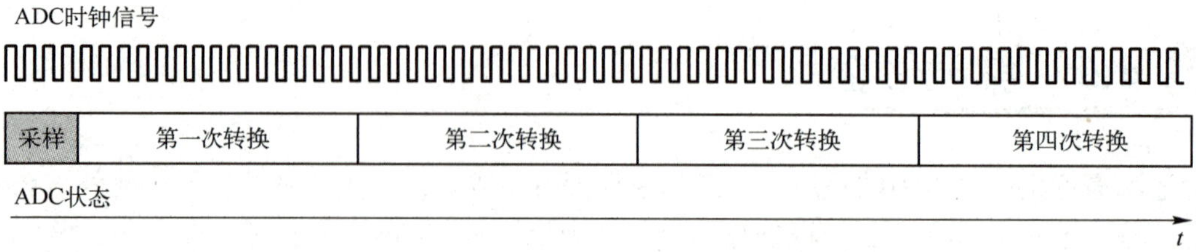

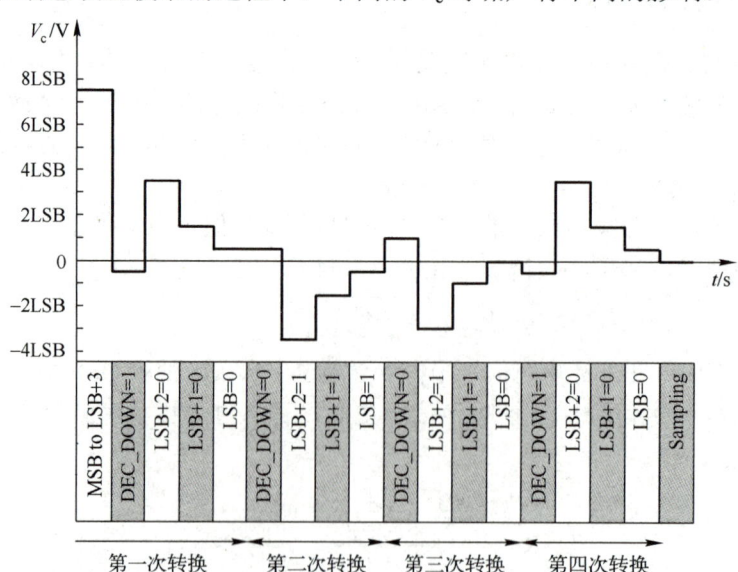

图 4.39　传统的 16 位逐次逼近型 ADC 的过采样时序图（OSR=4）

对于 16 位逐次逼近型 ADC，要求其电容式 DAC 可以增大或减小输出电压，以修正噪声信号。动态误差校准可以调整电容式 ADC 的输出数字码，且电容式 DAC 中前几位电容仍保持原来的连接电位。在过采样中，当前所判定的转换将从动态误差修正位开始至最后一位。

16 位带动态误差校准的逐次逼近型 ADC 过采样时序图（OSR=4）如图 4.40 所示。其中，采样过程需要 4 个时钟周期；第一次转换过程需要一个额外的时钟周期来进行误差校准，因此共需要 17 个时钟周期；接下来的每次转换过程需要 4 个时钟周期（1 个时钟周期被用于进行动态误差校准，其余 3 个时钟周期被用于进行剩下 3 位的判定）。

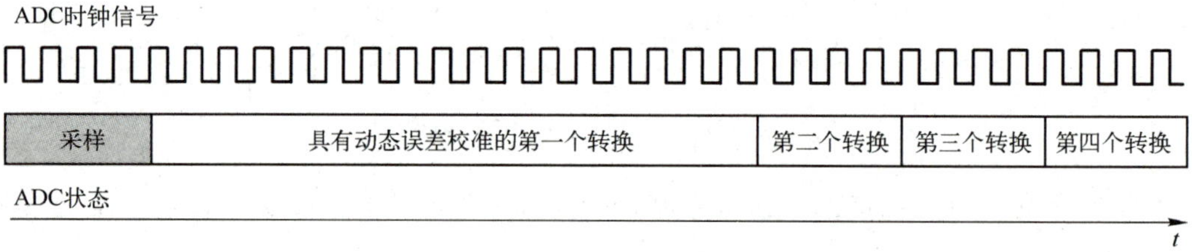

图 4.40　16 位带动态误差校准的逐次逼近型 ADC 过采样时序图（OSR=4）

在转换过程中，带有动态误差校准的逐次逼近型 ADC 比较器的输入电压（OSR=4）如图 4.41 所示。在动态误差校准的过程中，不同的 V_c 对噪声有不同的影响。

图 4.41　带有动态误差校准的逐次逼近型 ADC 比较器的输入电压（OSR=4）

在图 4.41 中，动态误差修正在（LSB+3）位进行，可以校准 8LSB。动态误差校准必须覆盖峰-峰值噪声信号和动态误差之和。这种过采样的方式不需要额外的模拟电路，只要为额外的状态和算法提供数字电路。若与没有过采样的动态误差校准的标准转换过程（需要 21 个时钟周期）相比，这个过采样的方法需要 12 个额外的时钟周期，而转化率仅下降了 57%。

4.5.2　电源所引起的噪声和失真

内部电源对逐次逼近型 ADC 的噪声和失真有较大的影响。这个问题是由寄生现象引起的。独立的 P 阱在地和电源之间产生了很大的电容，在片内可以达到 100pF。同样地，电源和地的连接和外部电源之间都有寄生电感。此电感是由键合线、封装引线、印制电路板上的导线和片外电容的寄生电感所引起的。此电感很容易积累到芯片每个引脚并达到 10nH。这种寄生的 LC 元器件构成了一个寄生振荡电路。

逐次逼近型 ADC 中的数字门电路产生了电流和电压的峰值，从而促进形成了振荡电路。如图 4.42 所示，通过示波器的 4 通道（Ch4）测量片内对地电压峰值为 600mV。在这个例子中，示波器有 100MHz 的模拟带宽限制。因此，实际这个电压峰值可能会更大。

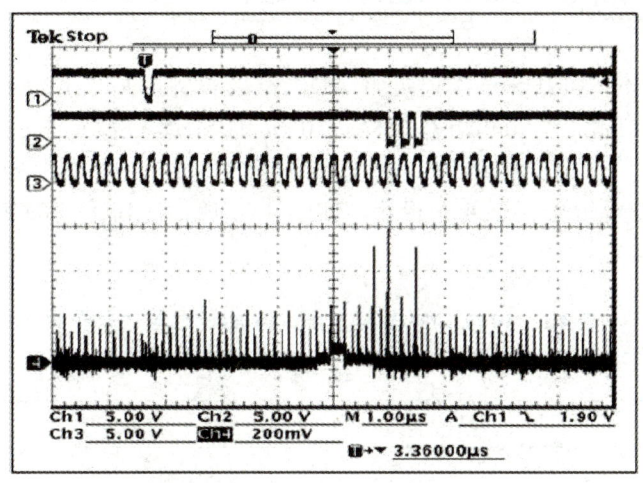

图 4.42　数字开关造成的片内对地电压峰值

我们可以测量到硅片内部电源的 100MHz 振荡频率。这个振荡频率通常需要 10ns 来衰减。因此，比较器将在振荡频率中间进行比较，由此会产生失调误差、失调偏移和正、负 1LSB 的 DNL。这是在逐次逼近型 ADC 的设计中一个相对较新的问题，其原因如下。

（1）过去的产品通常不使用带有隔离的 P 阱工艺。因此，近年来片内电源电容不断增加，这降低了片内电源的振荡频率，并减少了衰减时间。

（2）逐次逼近型 ADC 的转换率在不断提高。1990 年，典型的逐次逼近型 ADC 的采样频率为 100～200kHz。如今，1MHz 逐次逼近型 ADC 已经成为主流。

（3）逐次逼近型 ADC 的精度也提高了。在此之前，相对于激光修调后的封装偏移 ±1LSB 的 DNL 可以被忽略。

因此，设计师应该添加片内带有衰减振荡的去耦电路。这个电路通常由供电端和地之间串联电阻和电容组合而成。这个电路实际阻容值取决于片内振荡的电容和寄生电感数量。这个电路要根据设计并结合特定封装来进行调整。

需要注意的是，静电放电（ESD）的保护元器件在串联电路中有一定的电阻。例如，串联电路中的直流电流为 20mA，即使布线的电阻只增加了 0.2Ω，也会造成一个 4mV 的电压降。与此同时，如果接地端连接电容式 DAC 的负参考电压，那么静态电压的下降就会表现为增益误差。如图 4.42 所示，数字部分动态电流可以产生几百毫安的电流峰值，并产生几百毫伏的电压峰值；电源和地的片内线电阻迅速增加了几欧姆。因此，每个组件的供电端应该分别被单独地连接到焊盘上。高性能的 ADC 通常提供一个额外的无电流接地引脚，且该引脚常被用于连接负参考电压。

电源的失真也会通过寄生电容进入衬底，通常是晶体管的背栅。现代工艺通常提供掩埋 N 层以生成独立的 P 阱。这种独立的 P 阱可以削减耦合到衬底的数字噪声，也可以应用在敏感的模拟电路中，以保护晶体管免受衬底噪声的干扰。

4.6　10 位 10MHz 逐次逼近型 ADC 的设计与仿真

本节以一个 10 位 10MHz 逐次逼近型 ADC 作为实例，基于 Cadence IC 6.1.7 设计套件介绍其各模块及整体的设计和仿真过程。10 位 10MHz 逐次逼近型 ADC 采用 0.18μm CMOS 混合信号工艺，电源电压为 1.8V。它的整体结构主要包括时序控制电路、10 位 DAC、比较器和逐次逼近寄存器 4 个模块，如图 4.43 所示。10 位 10MHz 逐次逼近型 ADC 主要性能参数如表 4.1 所示。

表 4.1　10 位 10MHz 逐次逼近型 ADC 主要性能参数

参数	典型值	最小值	最大值	单位
供电电压	1.8	1.62	1.98	V
输入电压范围	1.8	0.3	1.8	V
输入共模电压	0.9	0.8	1	V
功耗	<5	—	—	mW
转换频率	1	0.1	1	MHz
信噪失真比	56.4	54.6	57.6	dB
有效位数	9.1	8.8	9.3	位（bit）

以下对 10 位 10MHz 逐次逼近型 ADC 每个模块功能进行分析，并逐一进行仿真验证。

4.6.1　时序控制电路仿真

时序控制电路的主要功能是产生 10 位 DAC、比较器和逐次逼近寄存器的控制信号。时序控制电路端口的功能如表 4.2 所示。

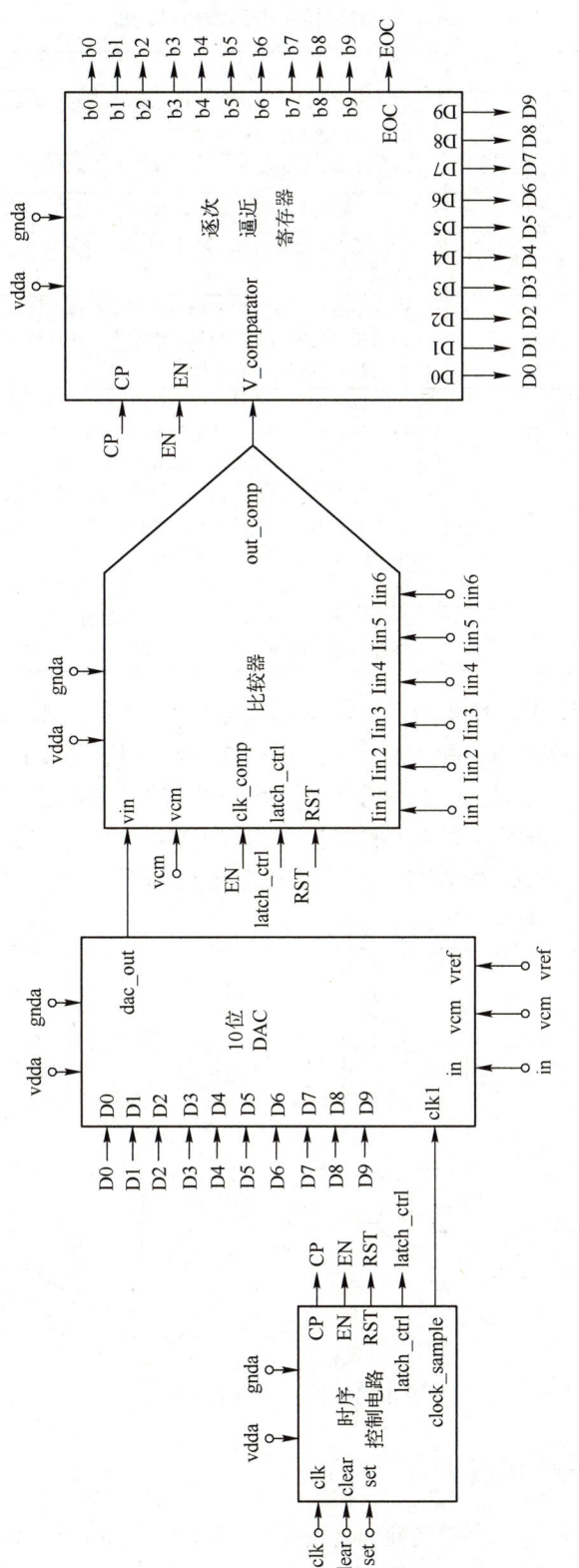

图 4.43 10 位 10MHz 逐次逼近型 ADC 电路

表 4.2　时序控制电路端口的功能

端口名称	端口类型	功能
clk	输入端口	时序控制电路的时钟信号输入端口，也是整体 ADC 的时钟信号输入端口，输入时钟频率为 10MHz
clear	输入端口	时序控制电路的复位端口，低电平有效
set	输入端口	时序控制电路的置位端口，低电平有效
clock_sample	输出端口	10 位 DAC 的采样信号输出端口，在输入时钟信号下降沿触发，持续 2 个时钟周期
EN	输出端口	比较器的复位使能信号输出端口，在每次比较器完成比较之后，将预放大器的输入端口与输出端口短接，消除上一次比较器比较之后的残余电荷。信号相位和周期与 clock_sample 相同
latch_ctrl	输出端口	比较器中锁存器的输入控制信号输出端口，且在低电平时接收预放大器输出信号，高电平时关断。在逐次逼近的 10 个时钟周期内，在逐次逼近寄存器工作之初，时钟上升沿到来时，latch_ctrl 持续输出一个周期窄脉冲
RST	输出端口	比较器中预放大器和锁存器的复位信号输出端口，且在高电平时复位，低电平时关断。在逐次逼近的 10 个时钟周期内，RST 信号为紧随 Latch_ctrl 信号的一个窄脉冲信号。该端口的作用是在各个预放大器和锁存器工作之前，将差分输出端口短接，消除上一个时钟周期比较器的残余电荷
CP	输出端口	该端口输出与输入时钟信号同频率的信号。该端口的作用是单独为逐次逼近寄存器提供时钟信号

时序控制电路框图如图 4.44 所示。其核心部分是由 13 位格雷码、与门、或门以及延迟单元组成的脉冲产生电路。Y2 和 Y3 分别为持续 2～3 个时钟周期的高电平信号。延迟单元由偶数个倒比管（晶体管的长度 L 大于宽度 W）组成的反相器链构建。在设计逐次逼近型 ADC 的过程中，需要根据时序要求严格控制延迟单元的延时。在 Cadence IC 6.1.7 软件中对时序控制电路进行瞬态仿真，即可评估其功能和性能。时序控制电路时序图如图 4.45 所示。

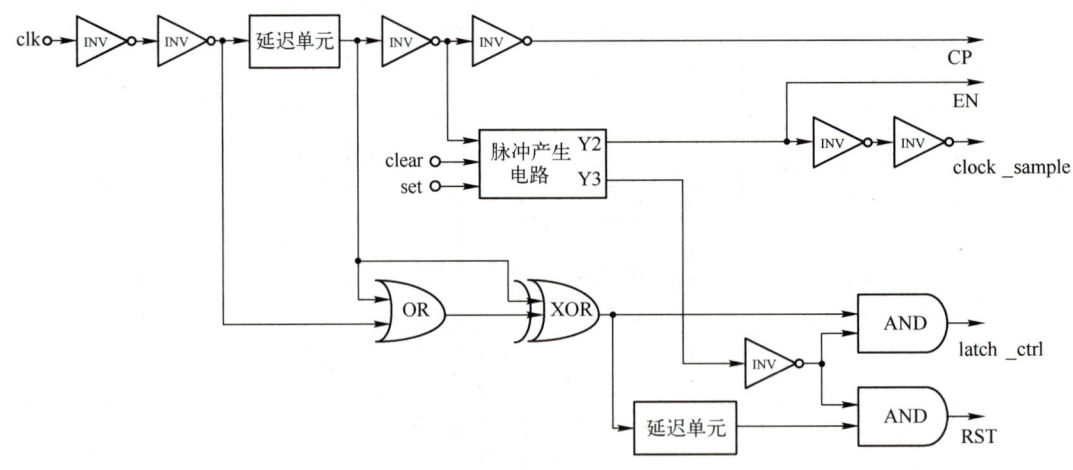

图 4.44　时序控制电路框图

4.6.2　10 位 DAC 仿真

10 位 DAC 采用分段电容电荷定标型结构。由于低位电容位数直接影响分段电容靠近低位电容一侧寄生电容的大小（低位电容位数越多，在版图上连线附加的寄生电容越大，容易造成 LSB 电压不均匀的状态），因此 10 位 DAC 选择"低 4 高 6"（4 位为低电平、6 位

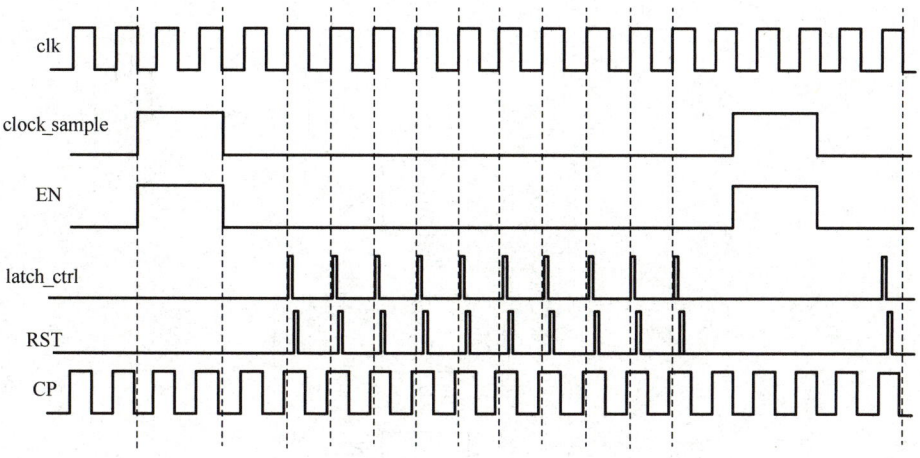

图 4.45　时钟控制电路时序图

为高电平）的电容分布。由于需要轨至轨的输入/输出信号范围，因此 10 位 DAC 放弃将高位电容作为采样电容的结构，而选择了单个采样电容的结构。该结构虽然满足轨至轨的输入/输出信号范围要求，但在电荷定标时将每个 LSB 电压降为原来的一半，提高了比较器对分辨率的要求。

10 位分段电容式 DAC 如图 4.46 所示。其中，分段电容 C_d 为单位电容（1C）；采样电容 C_s 为 64 个单位电容（64C）；总等效电容为 128 个单位电容。该分段电容式 DAC 由一个持续 2 个时钟周期的脉冲信号 clk1 进行采样。

在采样阶段，$C_0 \sim C_9$ 的开关接地等待控制信号 $D_0 \sim D_9$，开关 SW_{sample} 闭合，使采样电容 C_s 下极板与 V_{in} 相接，而 SW_{vcm} 闭合，使其上极板与共模电压 V_{cm} 相接，电荷存储在采样电容 C_s 上。脉冲信号 clk1 采样结束后，在保持阶段，开关 SW_{vcm} 断开，开关 SW_{sample} 接地，同时 $C_0 \sim C_9$ 的开关接地。此时，该分段电容式 DAC 输出电压为

$$V_x = \frac{Q_x}{C_t} = -\frac{1024}{2047}V_{in} + V_{cm} \tag{4.48}$$

在电荷再分配阶段，先将第 10 位（MSB）置 1，即通过开关 SW_8 将 C_9 的下极板连接到 V_{ref}，如果 $V_{in} > 1/2V_{ref}$，那么比较器输出 1，第 10 位保持 1 不变，否则第 10 位清 0，以此类推，直到确定第 1 位（LSB）为止。最终，该分段电容式 DAC 的输出电压为

$$V_x = \frac{1024}{2047}\left(-V_{in} + \sum_{i=1}^{10} \frac{b_i}{2^{11-i}}V_{ref}\right) + V_{cm} \tag{4.49}$$

式中，b_i 是该分段电容式 DAC 第 i 位的值，为 0 或 1。

对该分段电容式 DAC 进行功能和性能评估，主要采用瞬态仿真进行实现。瞬态仿真主要包括两种仿真方式：输入二进制码，观察该分段电容式 DAC 输出信号的功能和静态性能；利用理想 ADC 作为前级电路，并输入正弦信号，将正弦信号转换为二进制码输入该分段电容式 DAC，评估该分段电容式 DAC 的动态性能。

首先采用输入二进制码的方式进行仿真。根据二进制码编码规律，可将 $D_0 \sim D_9$ 设置为周期以 2 次方增长的方波信号，输入数字码从 1111111111 开始递减，如图 4.47 所示。

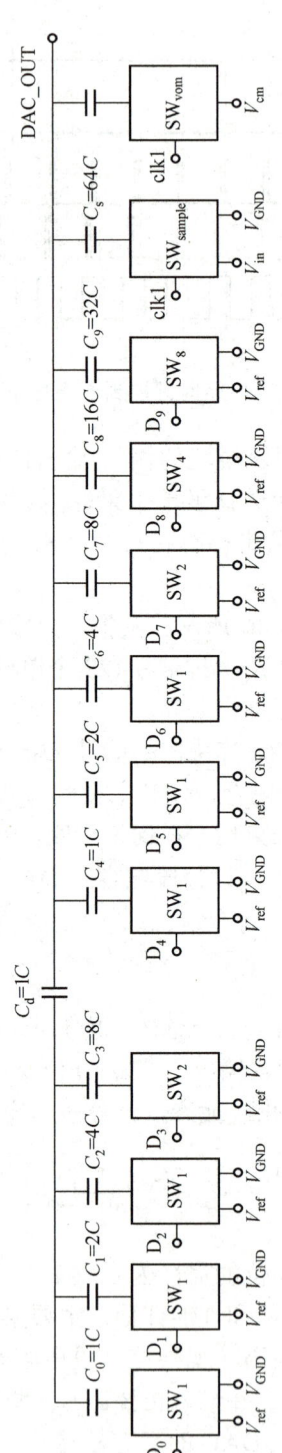

图 4.46　10 位分段电容式 DAC

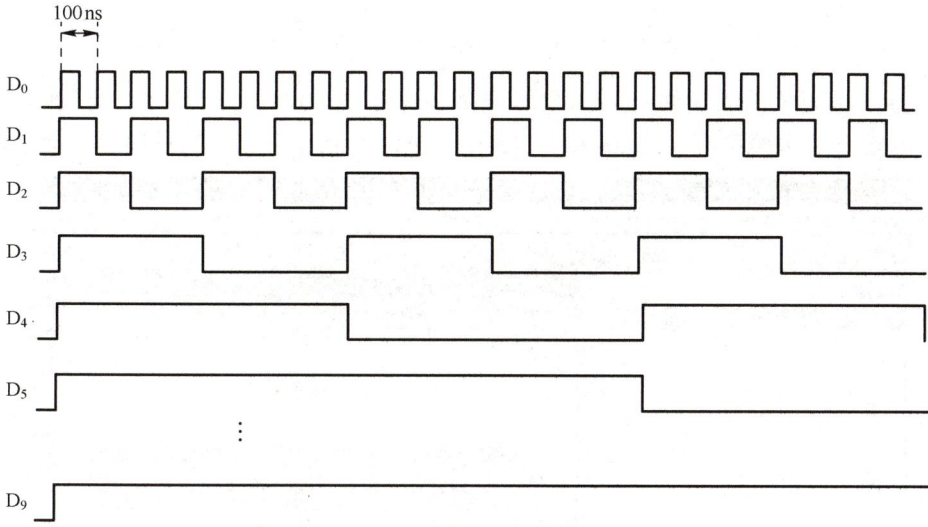

图 4.47 将 D0～D9 设置为周期以 2 次方增长的方波信号

D_0 的信号激励设置如图 4.48 所示。其中，低电平（Voltage1）为 0V（地电平）；高电平（Voltage2）为 1.8V（电源电压）；方波信号周期（Period）为 100ns，表示输入时钟频率为 10MHz；延迟时间（Delay time）为 2μs；上升（Rise time）/下降（Fall time）时间都为 0.1ns；高电平持续时间（Pulse width）为 50ns，即占空比为 1∶1。

设置采样信号 clk1 为持续 2 个时钟周期的脉冲信号，如图 4.49 所示。

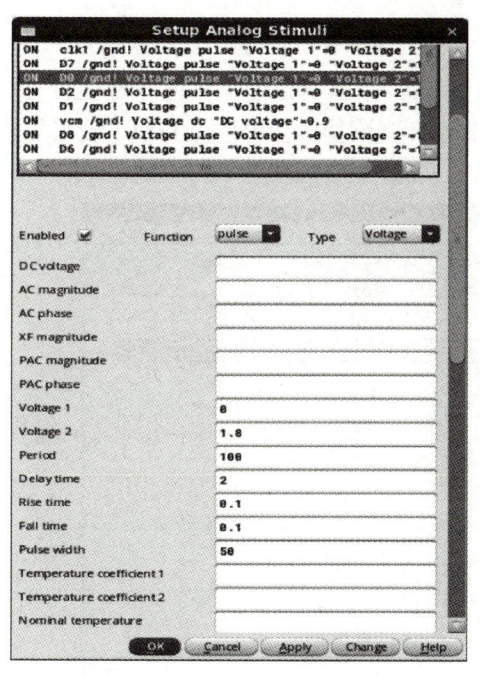

图 4.48 D0 的信号激励设置

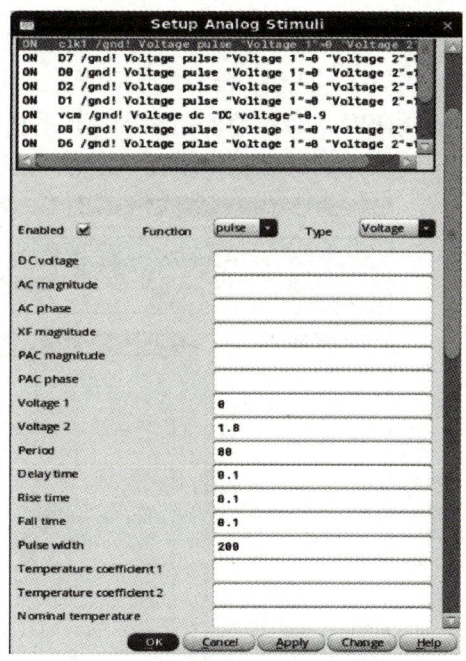

图 4.49 设置采样信号 clk1

继续设置 V_{ref} 为 1.8V，表示 DAC 的输入信号量化至 1.8V；输入信号 V_{in} 为 0.7V；输入共模电压为 0.9V；根据式（4.49），采样时刻初始电压为

$$V_{\text{intial}} = -\frac{1024V_{\text{in}}}{2047} + \frac{V_{\text{ref}}}{2} + V_{\text{cm}} \approx -0.35\text{V} + 0.9\text{V} + 0.9\text{V} = 1.45\text{V} \tag{4.50}$$

对该分段电容式 DAC 进行瞬态仿真设置，如图 4.50 所示。其中，仿真时间设置为 60μs，精度设置为中等精度（moderate），这样就可以看到一个完整的输出信号周期。

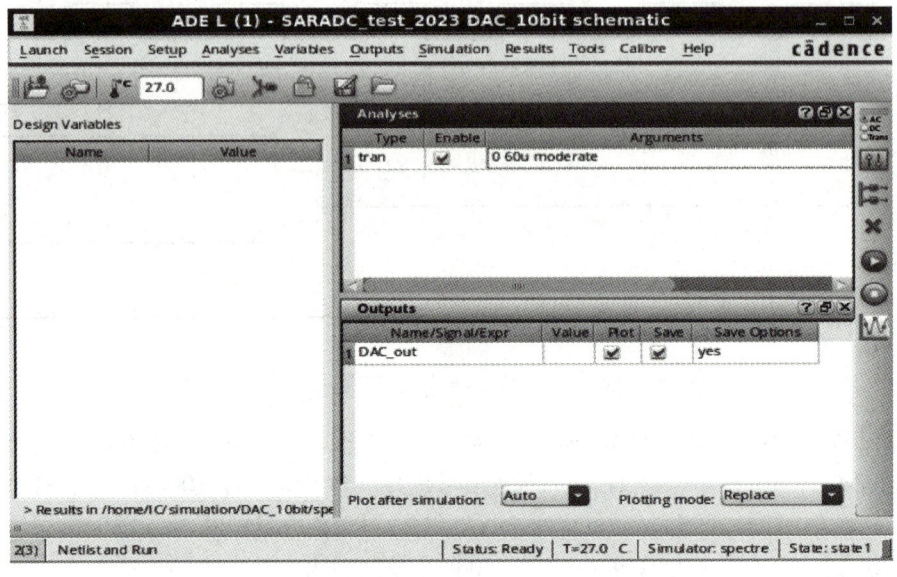

图 4.50　瞬态仿真设置

仿真完毕，该分段电容式 DAC 输出信号从 1.45V 开始量化至 0.55V（$1.45 - \frac{V_{\text{ref}}}{2} = 1.45\text{V} -$ 0.9V = 0.55V），如图 4.51 所示。观察该分段电容式 DAC 输出信号细部特征，可以看见在输入二进制码时，对应输出的是台阶状的模拟电压信号；观察该分段电容式 DAC 输出信号的标注，可以看到每个量化步长（LSB）约为 0.9mV，如图 4.52 所示。

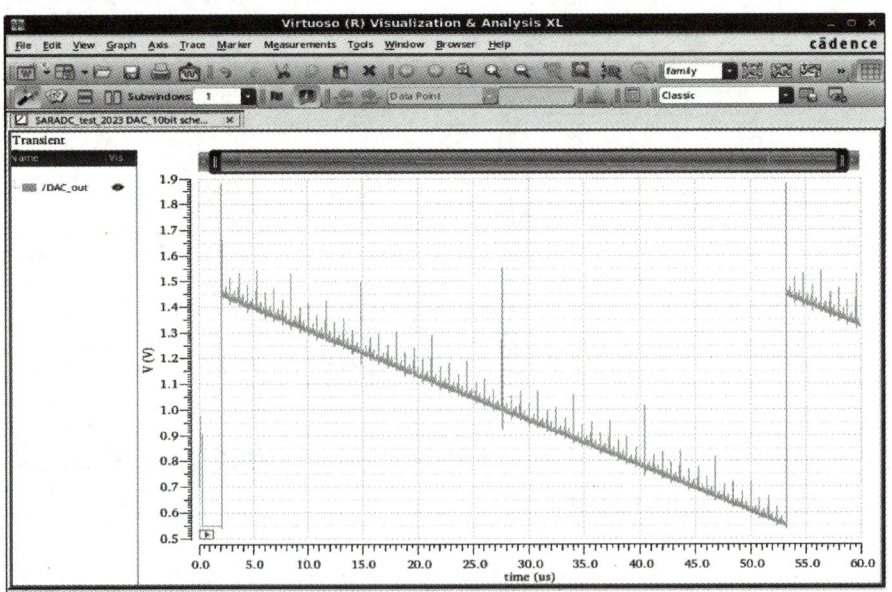

图 4.51　10 位分段电容式 DAC 输出信号

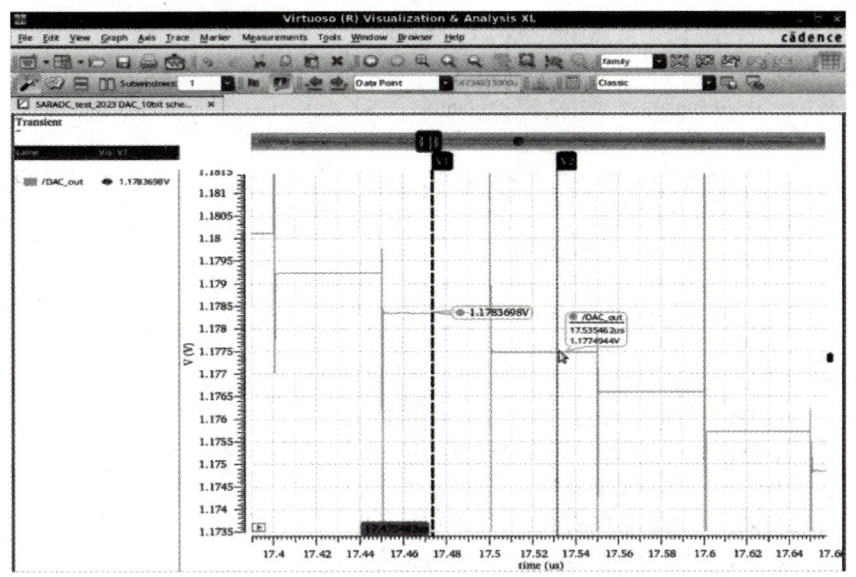

图 4.52　10 位分段电容式 DAC 输出信号细部特征

　　由于评估静态性能微分非线性和积分非线性需要较多采样点，因此可以对该分段电容式 DAC 进行多次仿真，将其输出信号导出为表格形式，根据定义进行评估。

　　对该分段电容式 DAC 进行动态性能评估，需要首先建立一个理想 ADC 的行为级模型，并作为该分段电容式 DAC 的前级电路。理想 10 位 ADCVerilog-A 代码如下所示。其中，主要参数的设置：高电平为 1.8V（vlogic_high = 1.8），低电平为 0V（vlogic_low = 0），高低电平阈值为 0.9V（vtrans_clk = 0.9），量化至 1.8V（vref = 1.8）。

```
`include "discipline.h"
`include "constants.h"
module adc_10bit_ideal(vd9, vd8, vd7, vd6, vd5, vd4, vd3, vd2, vd1, vd0, vin, vclk);
electrical vd9, vd8, vd7, vd6, vd5, vd4, vd3, vd2, vd1, vd0, vin, vclk;
parameter real trise = 0 from [0:inf);
parameter real tfall = 0 from [0:inf);
parameter real tdel = 0 from [0:inf);
parameter real vlogic_high = 1.8;
parameter real vlogic_low = 0;
parameter real vtrans_clk = 0.9;
parameter real vref = 1.8;
`define NUM_ADC_BITS   10
    real unconverted;
    real halfref;
    real vd[0:`NUM_ADC_BITS-1];
    integer i;
    analog begin
        @ ( initial_step ) begin
            halfref = vref / 2;
        end
        @ (cross(V(vclk) - vtrans_clk, 1)) begin
            unconverted = V(vin);
```

```
    for (i = (`NUM_ADC_BITS-1); i >= 0 ; i = i - 1) begin
        vd[i] = 0;
        if (unconverted > halfref) begin
            vd[i] = vlogic_high;
            unconverted = unconverted - halfref;
    end else begin
            vd[i] = vlogic_low;
    end
        unconverted = unconverted * 2;
    end
end
V(vd9) <+ transition( vd[9], tdel, trise, tfall );
V(vd8) <+ transition( vd[8], tdel, trise, tfall );
V(vd7) <+ transition( vd[7], tdel, trise, tfall );
V(vd6) <+ transition( vd[6], tdel, trise, tfall );
V(vd5) <+ transition( vd[5], tdel, trise, tfall );
V(vd4) <+ transition( vd[4], tdel, trise, tfall );
V(vd3) <+ transition( vd[3], tdel, trise, tfall );
V(vd2) <+ transition( vd[2], tdel, trise, tfall );
V(vd1) <+ transition( vd[1], tdel, trise, tfall );
V(vd0) <+ transition( vd[0], tdel, trise, tfall );
undef NUM_ADC_BITS
    end
endmodule
```

之后，建立该分段电容式 DAC 仿真测试电路图，如图 4.53 所示。

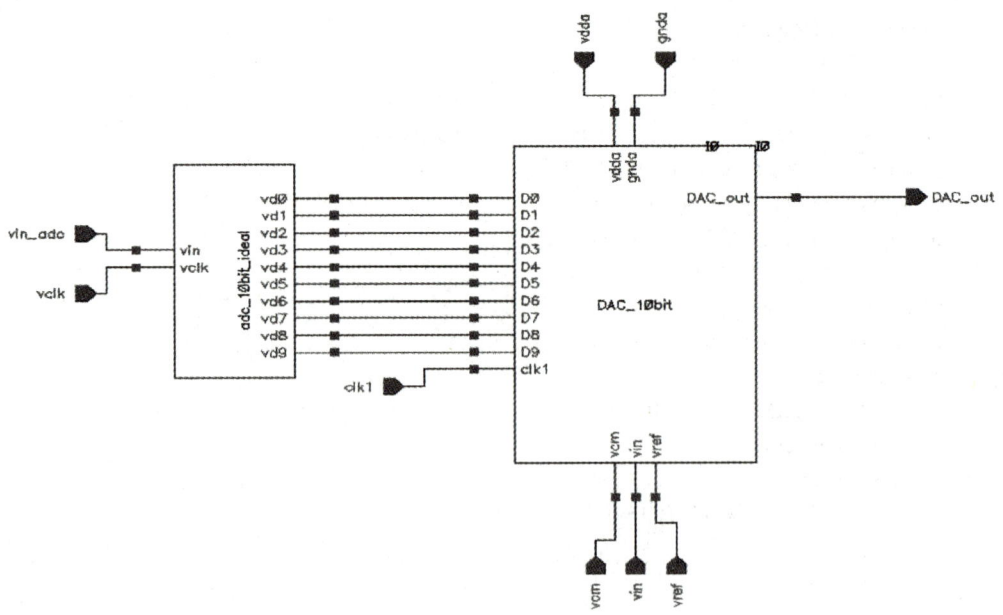

图 4.53　建立 10 位分段电容式 DAC 仿真测试电路图

设置理想 ADC 输入（vin_adc）的正弦信号峰值为 0.8V，频率为 100kHz 的正弦波，输入时钟频率（vclk）为 10MHz；分段电容式 DAC 采样信号（clk1）为持续 2 个时钟周期的脉冲信号，输入共模信号（vcm）、输入信号（vin）和参考电压信号（vref）分别为 0.9V、0.7V 和 1.8V。其中，输入信号（vin）表示该分段电容式 DAC 初始时刻的电压值。10 位分段电容式 DAC 瞬态仿真输出信号如图 4.54 所示。可见，该分段电容式 DAC 输出信号恢复出了 ADC 的正弦输入信号。因为采用单电荷采样的 DAC 结构，所以该分段电容式 DAC 输出信号幅度为正弦输入信号幅度的 1/2。

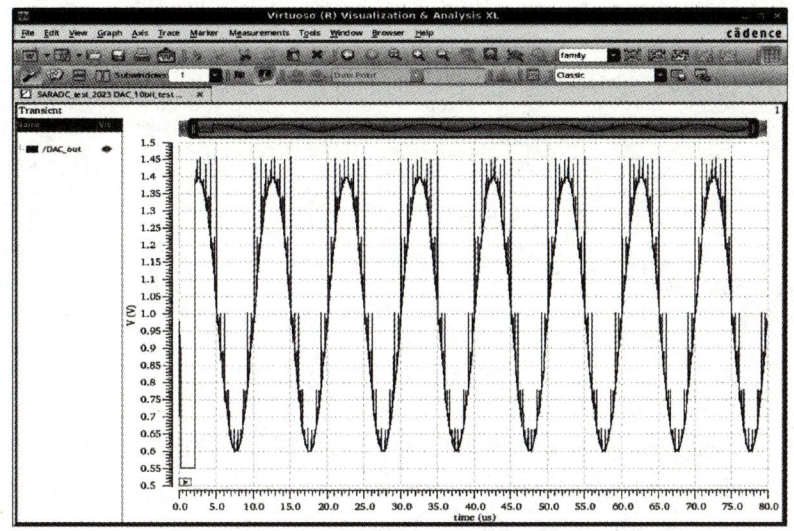

图 4.54　10 位分段电容式 DAC 瞬态仿真输出信号

4.6.3　比较器仿真

比较器采用输入失调误差存储和输出失调误差存储结合的三级预放大器与锁存器结构。其中，三级预放大器分别提供 5、10、10 倍电压增益，用以克服锁存器的直流失调电压影响。比较器总体结构框图及预放大器电路如图 4.55 所示。锁存器电路如图 4.56 所示。

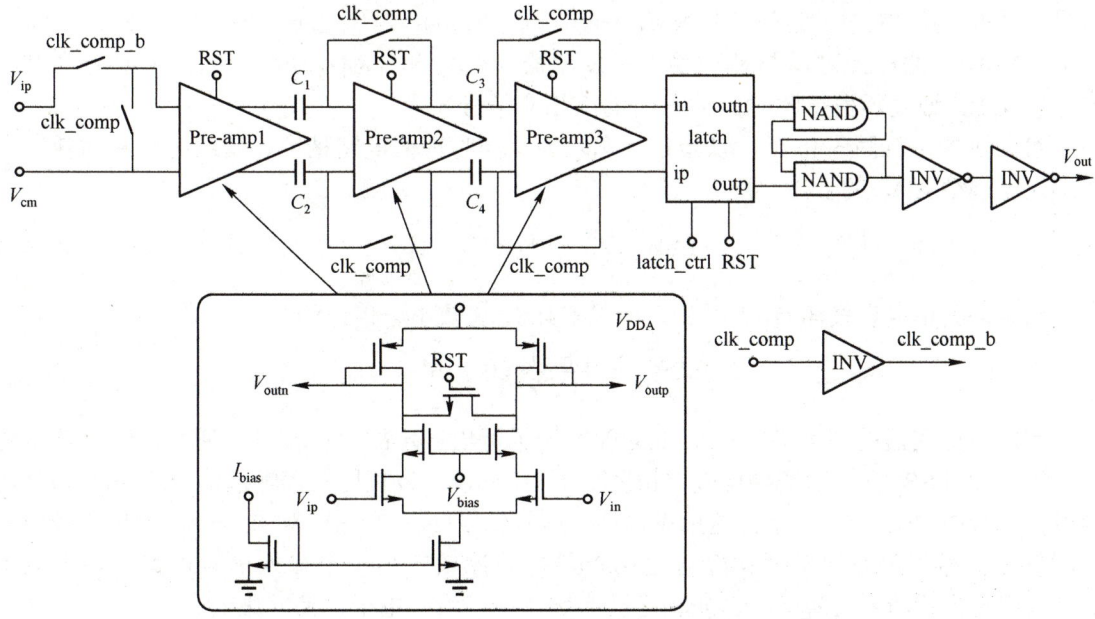

图 4.55　比较器总体结构框图及预放大器电路

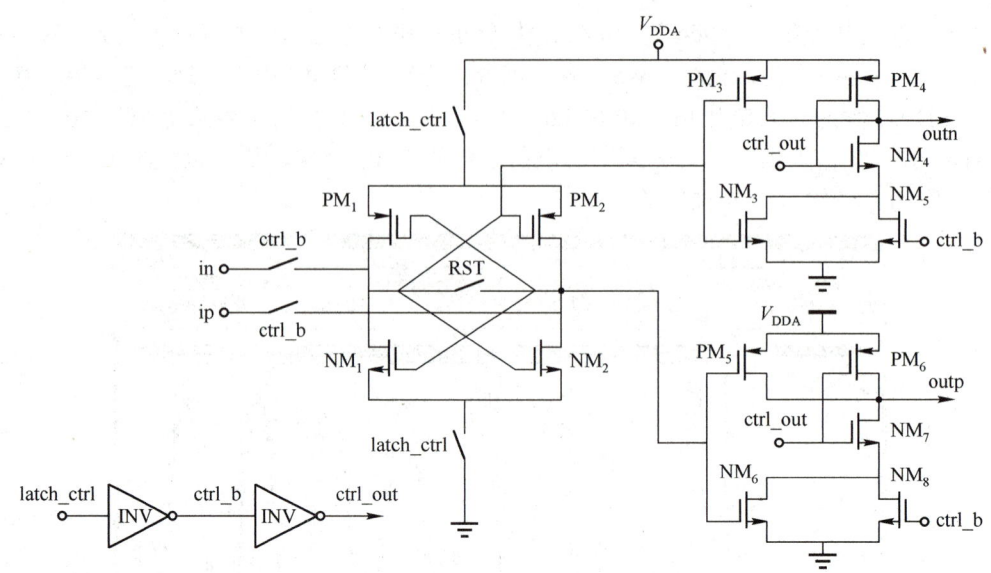

图 4.56　锁存器电路

在图 4.55 中，clk_comp 开关（产生启动信号）先在采样相将比较器的两个差分输入端连接，以及预放大器的输入端和输出端连接形成短路，从而消除上一个时钟周期中比较器的残余电荷，然后在再分配相时断开，进行比较器的比较操作。锁存信号（latch_ctrl）和复位信号（RST）为锁存电路的控制信号，为时钟信号下降沿前后的周期性脉冲信号。

锁存电路工作原理：当 ctrl_b 为高电平时，输入信号 in 和 ip 输入锁存电路中；latch_ctrl 为低电平，此时连接电源和地的开关都断开；ctrl_out 为低电平，使得反相器（PM$_4$ 和 NM$_4$，PM$_6$ 和 NM$_7$）将与非门输入端置为高电平，这时 RS 触发器呈保持状态，维持输出电平不变。当 latch_ctrl 为高电平时，连接锁存电路的电源和地的开关导通，锁存电路进入正反馈状态，输出信号 outn 和 outp 迅速拉至电源电压或地电平；这时，锁存信号 ctrl_b 为低电平，使 NM$_5$、NM$_8$ 关断，而 ctrl_out 为高电平，使 PM$_4$、PM$_6$ 关断，NM$_4$、NM$_7$ 导通；此时，与非门输入由反相器（PM$_3$ 和 NM$_3$，PM$_5$ 和 NM$_6$）的输出决定，因此 RS 触发器根据此时的输入而输出相应信号。

对比较器进行瞬态仿真，以验证瞬态功能，同时评估电路精度、延迟时间和功耗。由于逐次逼近型 ADC 的 LSB 为

$$\text{LSB} = \frac{1.8}{2^{10}} \approx 1.8(\text{mV}) \tag{4.51}$$

因为采用单电容采样 DAC 结构，所以实际 LSB 减小一倍，即

$$\text{LSB}_{\text{real}} = \frac{1.8}{2^{10}} \cdot \frac{1}{2} \approx 0.9(\text{mV})$$

因此，比较器的精度必须小于 0.9mV。为了留出一定的设计裕度，通常保证比较器精度小于 $1/(2 \cdot \text{LSB}_{\text{real}})$，即需要比较器精度小于 0.45mV。设置比较器输入信号（vin）为分段信号（pwl），如图 4.57 所示。这里设置输入信号变化仅有 0.5mV 和 0.3mV，如果比较器能正确输出信号，那么比较器精度可达 0.3mV。将比较器另一个输入信号设置为共模电压0.9V，同时设置清零信号（clear）和复位信号（set）为高电平，使其失效。

在 ADE L 工具栏选择 Outputs-Save all...选项，弹出 Save Options 对话框，如图 4.58 所示。在 Select power signals to output (pwr)选项中勾选 all 复选框，表示保存电路整体功耗仿真结果，最后单击 OK 按钮进行保存。同时选择 Outputs-To be plotted-Select on design 选项，选中两个输入信号（vin、vcm）和输出信号（out_comp），设置完成的 ADE L 界面如图 4.59 所示。

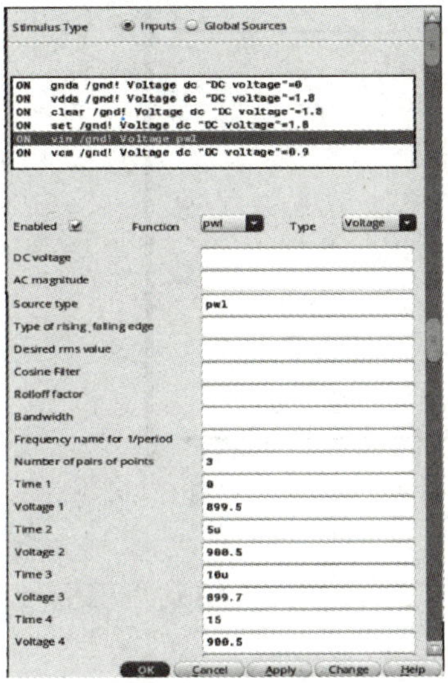

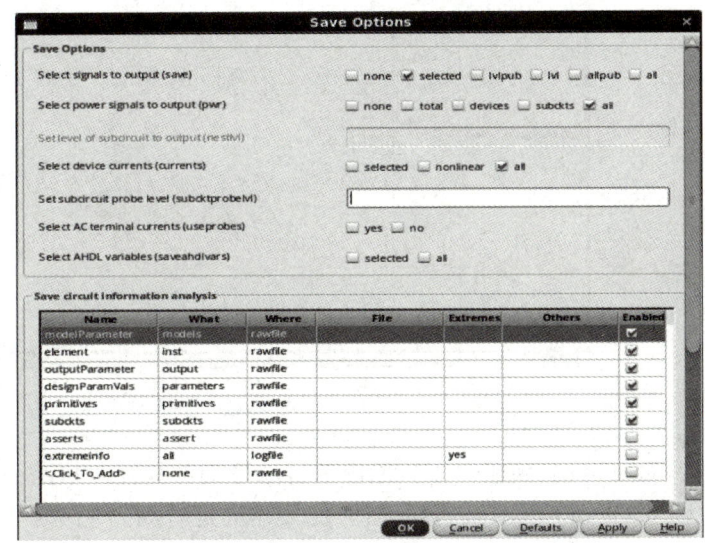

图 4.57　设置比较器输入信号
（vin）为分段信号（pwl）

图 4.58　保存功耗仿真结果

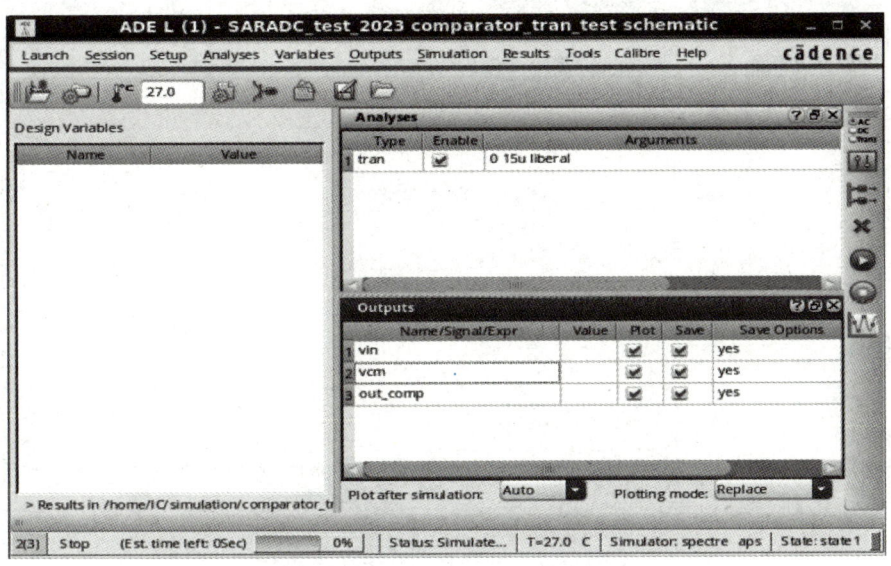

图 4.59　设置完成的 ADE L 界面

在 ADE L 工具栏选择 Simulation-Netlist and Run 选项执行仿真。比较器仿真结果如图 4.60 所示。可见，比较器在两段信号差值为 0.3mV 时仍能正确输出信号，表明其精度至少达到 0.3mV，满足预期的设计精度。

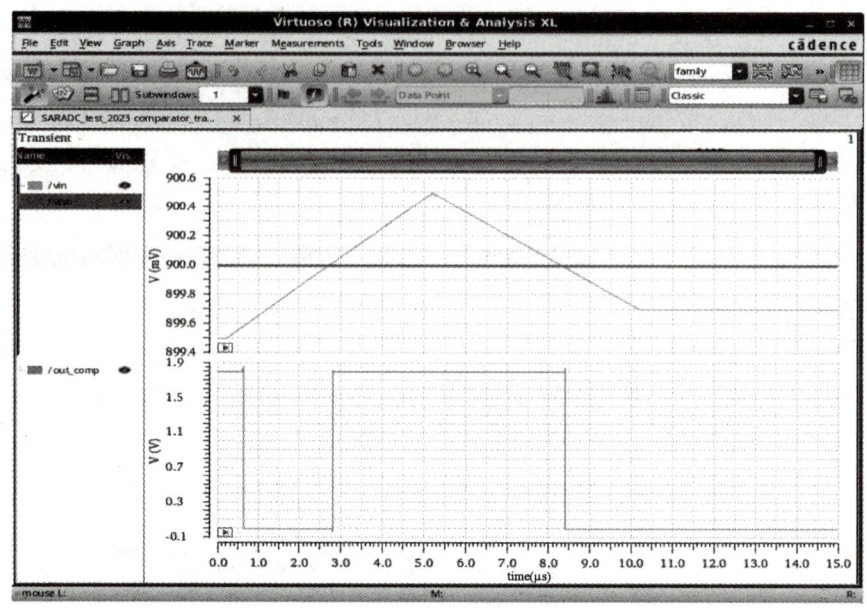

图 4.60   比较器仿真结果

如图 4.61 所示，观察输出信号波形细部特征，从两个输入信号产生差值到输出信号发生跳变的时间差为比较器延时，比较器的延时约为 115ns。

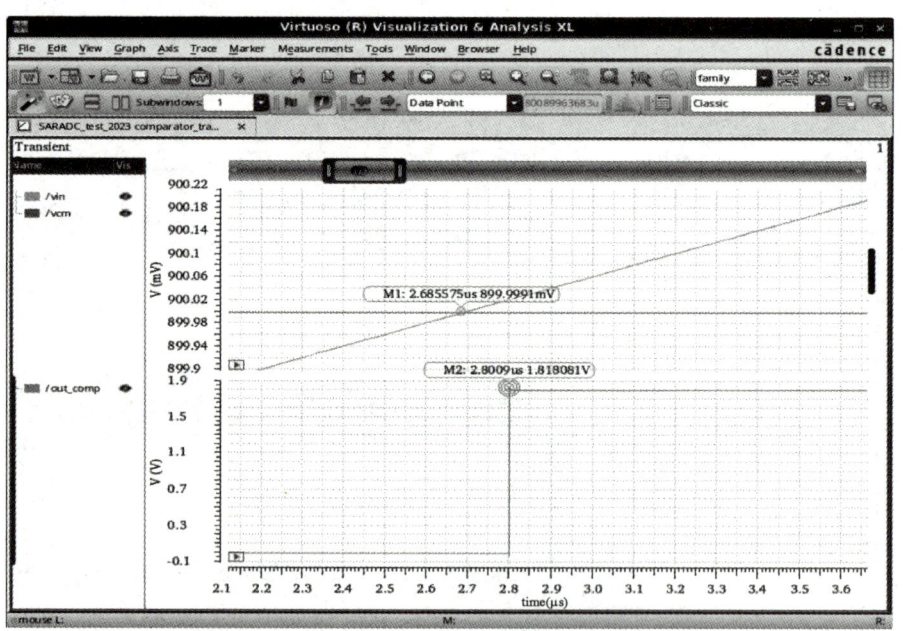

图 4.61   比较器延时仿真结果

在工具栏选择 Results-Direct Plot-Main form 选项，弹出 Direct Plot Form 对话框，在 Fuction 区中选中 Power 选项，如图 4.62 所示。之后，单击 Plot 按钮，显示功耗仿真结果，如图 4.63 所示。由于存在开关开断过程，因此会产生一些功耗尖峰。

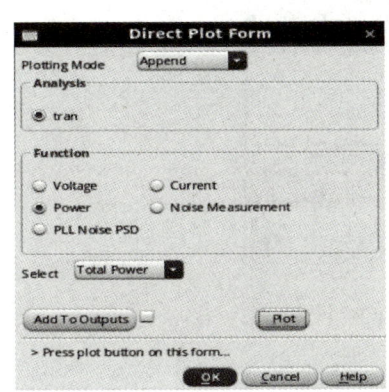

图 4.62　Direct Plot Form 对话框

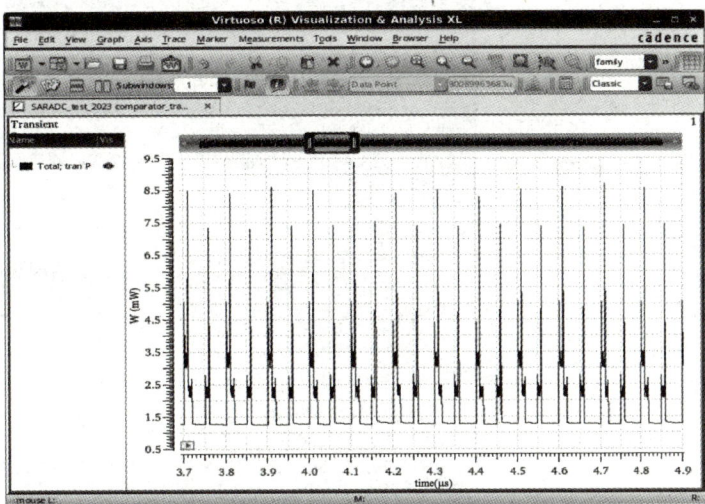

图 4.63　功耗仿真结果

　　首先单击功耗波形，之后在波形窗口工具栏中选择 Tools-Calculator 选项，弹出计算器对话框，如图 4.64 所示。在该对话框中，依次选择函数 average 和 plot，显示平均功耗仿真结果，如图 4.65 所示。此时，比较器平均功耗为 1.679mW。

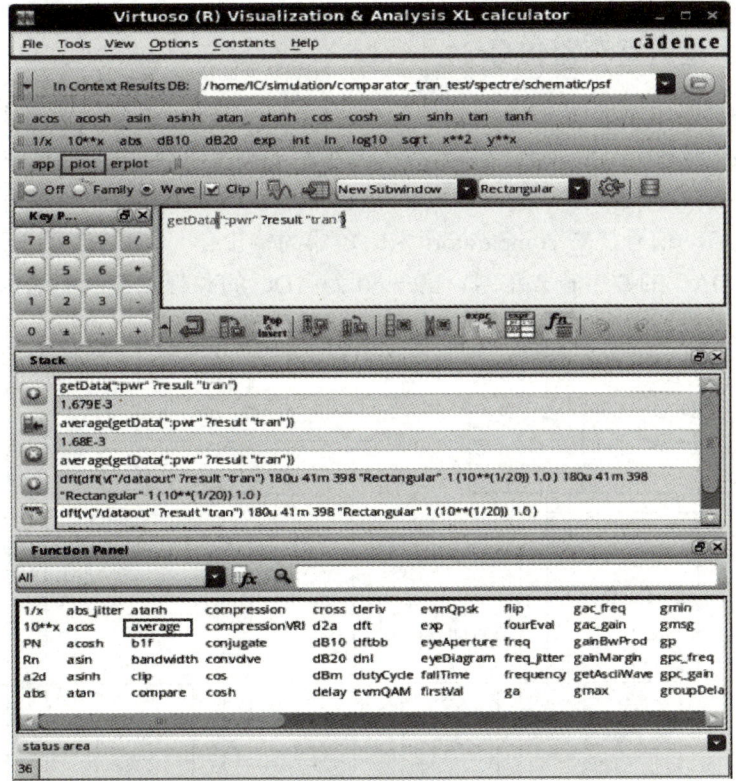

图 4.64　计算器对话框

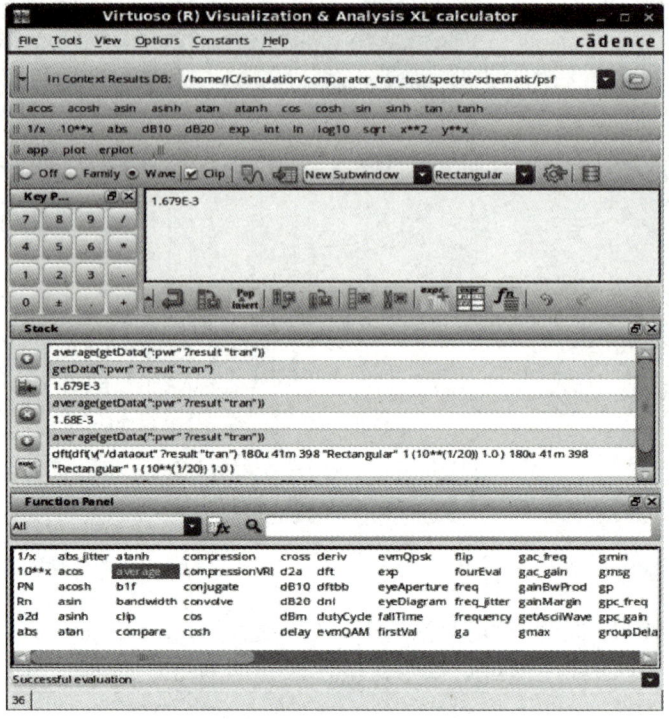

图 4.65　平均功耗仿真结果

4.6.4　逐次逼近寄存器仿真

逐次逼近寄存器电路如图 4.66 所示。其中，F0～F9 是由 JK 触发器组成的 10 位逐次逼近逻辑电路。该电路输出 D0～D9 控制信号至 10 位 DAC。控制电路包括 FS 组成的启动电路和由移位寄存器 FA～FL 组成的时序发生电路。T0～T9 是 10 位的三态输出门。CP 为时钟信号，EN 为启动信号，V_comparator 为比较器的输出信号，EOC 为单周期转换结束信号，D9～D0 为 DAC 的数字输入信号，b9～b0 为 ADC 的并行二进制码输出信号。

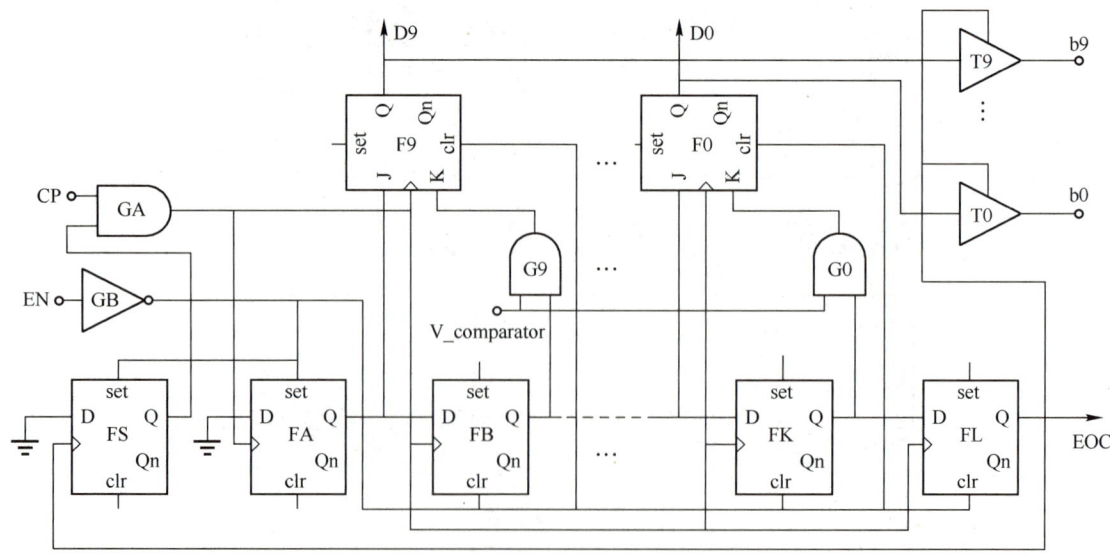

图 4.66　逐次逼近寄存器电路

逐次逼近寄存器时序图如图 4.67 所示。其中，EOC 为单周期转换结束信号。逐次逼近寄存器的工作原理：所有信号在时钟信号上升沿被触发，当 2 个时钟周期的采样结束后，D9 置 1；在第一个时钟信号上升沿到来时，根据比较器的输出信号进行判别，如果比较器的输出信号为 0，则 D9 保持 1 不变；如果比较器的输出信号为 1，则将 D9 清 0；同理，在第二个时钟信号上升沿到来时，D8 置 1，再根据比较器输出信号进行判决，以此类推，直到确定 D0 为止。在 EOC 产生上升沿时，D9～D0 即为 b9～b0 输出。对逐次逼近寄存器进行瞬态仿真，设置不同比较器输出信号，即可判定逐次逼近寄存器逻辑功能。

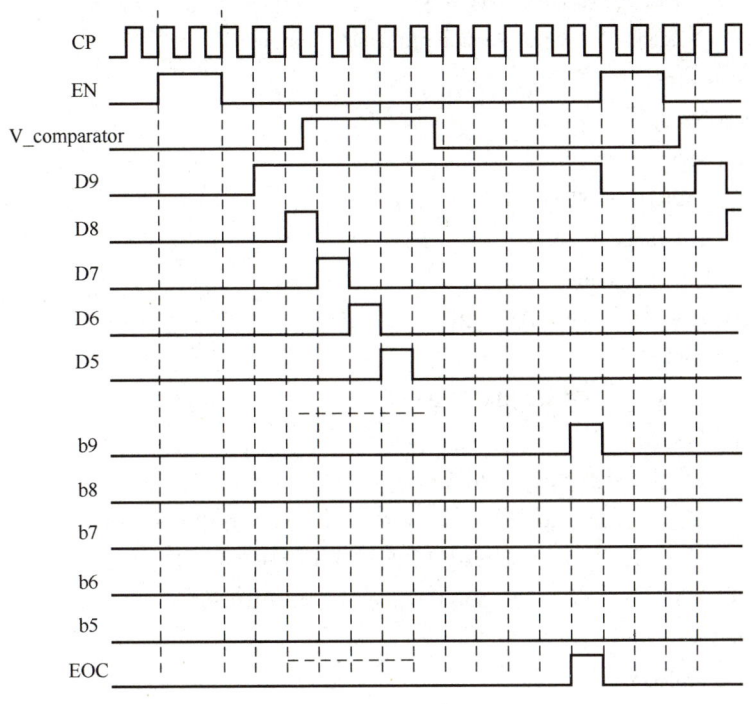

图 4.67　逐次逼近寄存器时序图

4.6.5　10 位 10MHz 逐次逼近型 ADC 整体仿真

对 10 位 10MHz 逐次逼近型 ADC 进行整体仿真，需要利用 Verilog-A 编写一个理想的 10 位 DAC，便于将输出的二进制码（数字信号）恢复成模拟信号，进行瞬态和频谱分析。理想 10 位 DAC Verilog-A 代码如下：

```
`include "discipline.h"
`include "constants.h"
module dac_10bit(vd9, vd8, vd7, vd6, vd5, vd4, vd3, vd2, vd1, vd0, vout);
electrical vd9, vd8, vd7, vd6, vd5, vd4, vd3, vd2, vd1, vd0, vout;
parameter real vref=1.8 from [0:inf);
parameter real mismatch_fact=0 from [0:inf);
parameter real trise=1n from (0:inf);
parameter real tfall=1n from (0:inf);
parameter real tdel=0    from [0:inf);
```

```verilog
parameter real vtrans=0.9;
`define NUM_DAC_BITS 10
`define MAXINT    2_147_483_647.0

`define FRAC_MM(I) (1.0 + mismatch_fact*(dist_range*abs($random(I)/`MAXINT) - \
                    half_dist_range))
    real dist_range, half_dist_range;
    real bit_var[0:`NUM_DAC_BITS-1];
    real out_scaled;     // scaled version of the DAC output
    real full_scaled;
    integer iseed;
    analog begin
        @ ( initial_step ) begin
            dist_range = 0.02;
            half_dist_range = 0.01;
        generate j ( 0, `NUM_DAC_BITS-1 ) begin
            iseed = j;
            bit_var[j] = `FRAC_MM(iseed);
        end
            full_scaled =    bit_var[9]/2 + bit_var[8]/4 + bit_var[7]/8
                    + bit_var[6]/16 + bit_var[5]/32 + bit_var[4]/64
                        + bit_var[3]/128 + bit_var[2]/256
                        + bit_var[1]/512 + bit_var[0]/1024;
        end
        out_scaled = 0;
        out_scaled = out_scaled + ((V(vd9) > vtrans) ? (bit_var[9]/2) : 0);
        out_scaled = out_scaled + ((V(vd8) > vtrans) ? (bit_var[8]/4) : 0);
        out_scaled = out_scaled + ((V(vd7) > vtrans) ? (bit_var[7]/8) : 0);
        out_scaled = out_scaled + ((V(vd6) > vtrans) ? (bit_var[6]/16) : 0);
        out_scaled = out_scaled + ((V(vd5) > vtrans) ? (bit_var[5]/32) : 0);
        out_scaled = out_scaled + ((V(vd4) > vtrans) ? (bit_var[4]/64) : 0);
        out_scaled = out_scaled + ((V(vd3) > vtrans) ? (bit_var[3]/128) : 0);
        out_scaled = out_scaled + ((V(vd2) > vtrans) ? (bit_var[2]/256) : 0);
        out_scaled = out_scaled + ((V(vd1) > vtrans) ? (bit_var[1]/512) : 0);
        out_scaled = out_scaled + ((V(vd0) > vtrans) ? (bit_var[0]/1024) : 0);
        V(vout) <+ transition(vref*out_scaled/full_scaled, tdel, trise,
                                tfall);
    end
endmodule
```

之后，将 Verilog-A 代码生成 Symbol。10 位 10MHz 逐次逼近型 ADC 与理想 10 位 DAC 连接如图 4.68 所示。

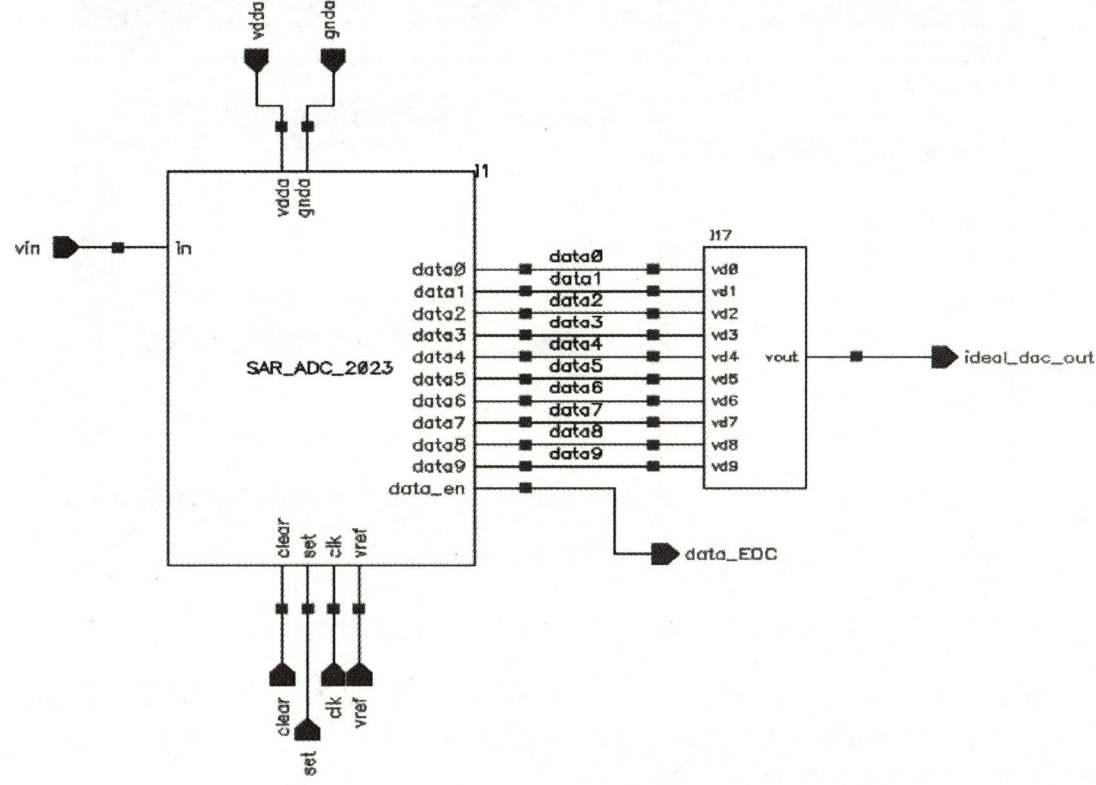

图 4.68　10 位 10MHz 逐次逼近型 ADC 与理想 10 位 DAC 连接

先将 10 位 10MHz 逐次逼近型 ADC 的输入信号设置为 1.567V 直流电压，如图 4.69 所示；再将其时钟频率设置为 10MHz，进行瞬态仿真，观测理想 10 位 DAC 输出信号，并保存功耗仿真结果。进行 10 位 10MHz 逐次逼近型 ADC 瞬态仿真的 ADEL 界面如图 4.70 所示。

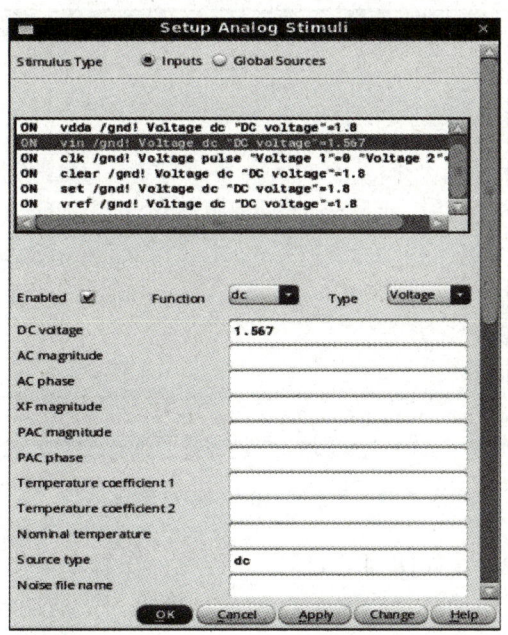

图 4.69　设置输入信号为直流电压 1.567V

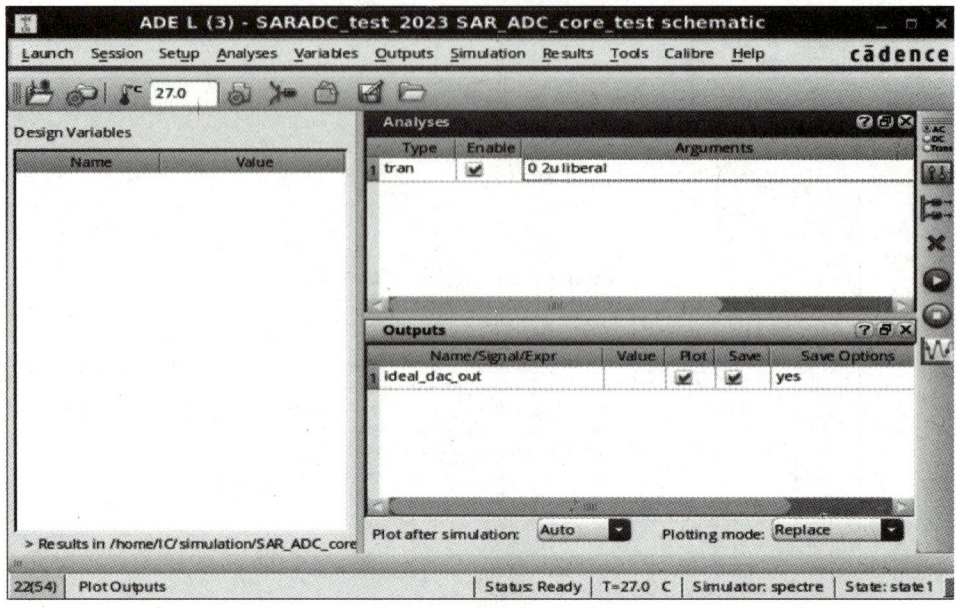

图 4.70　进行 10 位 10MHz 逐次逼近型 ADC 瞬态仿真的 ADE L 界面

10 位 10MHz 逐次逼近型 ADC 瞬态仿真结束后，观测理想的 10 位 DAC 输出信号，如图 4.71 所示。输出电压为 1.56422V，与输入电压 1.567V 大约存在 1.5LSB 电压的偏差。这种偏差可以认为是该 ADC 的固有失调误差。

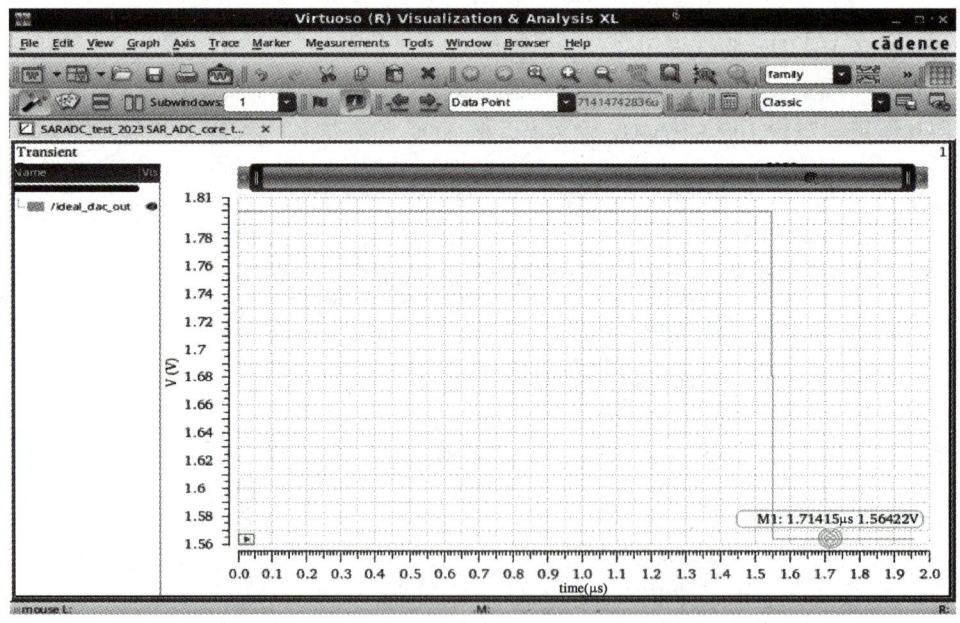

图 4.71　理想的 10 位 DAC 输出信号

打印功耗瞬态仿真结果，如图 4.72 所示。可见，在每个量化周期结束后都会出现功耗尖峰。利用计算器计算平均功耗，如图 4.73 所示。可见，平均功耗为 2.635mW。

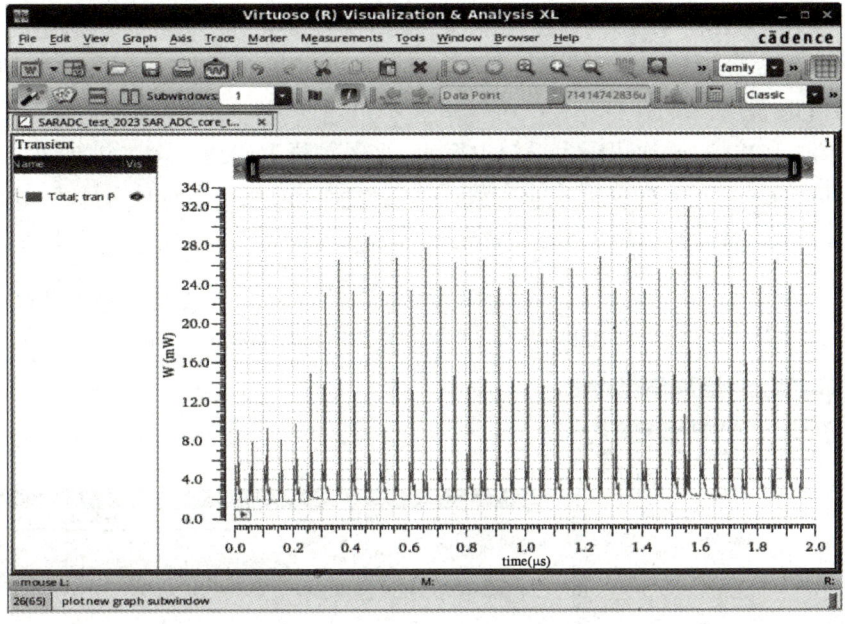

图 4.72　功耗瞬态仿真结果

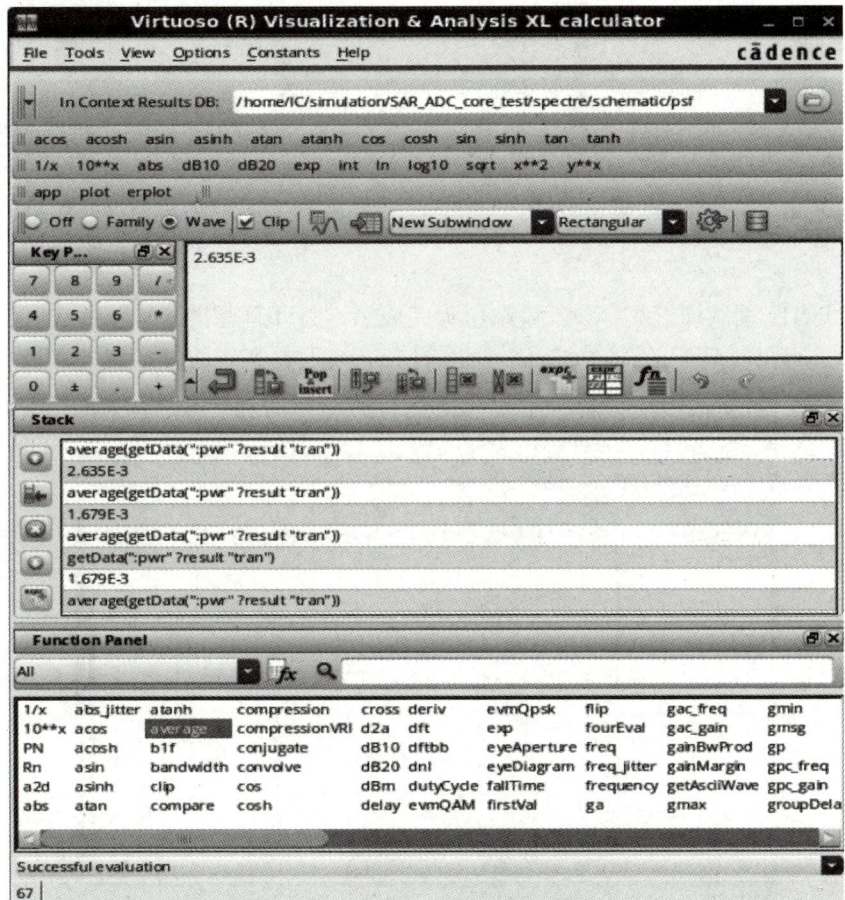

图 4.73　计算平均功耗

之后，对 10 位 10MHz 逐次逼近型 ADC 输出信号进行频谱分析，以确定其信噪比、信噪失真比、有效位数等动态性能。将输入信号修改为正弦信号（频率为 101kHz，幅度为 0.8V），如图 4.74 所示。

因为 10 位 10MHz 逐次逼近型 ADC 每 13 个时钟周期输出一个二进制码，且对于一个 ADC，至少要 1024 点 FFT 分析才能大致评估其性能。因此，当时钟频率为 10MHz（周期为 100ns）时，进行 1024 点 FFT 分析则需要：

$$100 \times 13 \times 1024 = 1.3312(\text{ms}) \tag{4.52}$$

完成 10 位 10MHz 逐次逼近型 ADC 瞬态仿真设置的 ADE L 界面如图 4.75 所示。

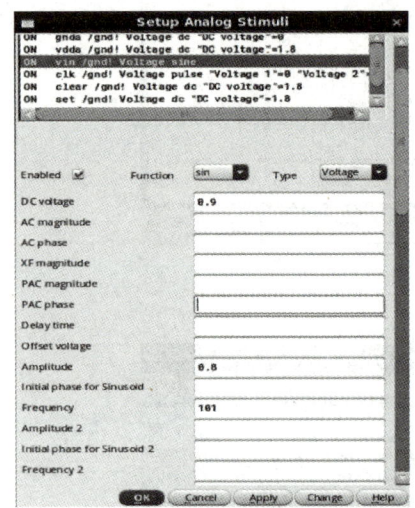

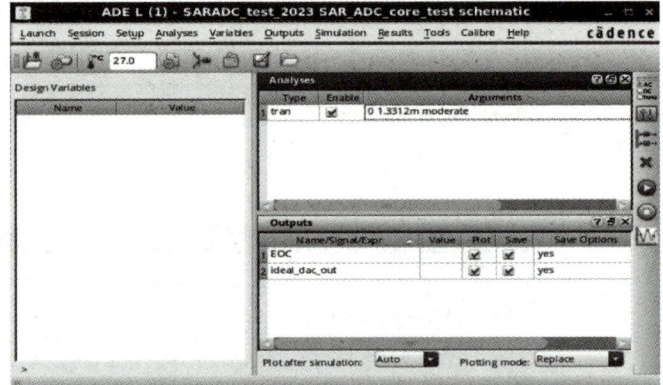

图 4.74   修改输入信号为正弦信号   图 4.75   完成 10 位 10MHz 逐次逼近型 ADC 瞬态
仿真设置的 ADE L 界面

10 位 10MHz 逐次逼近型 ADC 瞬态仿真完成后，打印理想的 10 位 DAC 输出信号，如图 4.76 所示。可见，理想的 10 位 DAC 输出的二进制码被恢复成阶梯状的正弦信号。

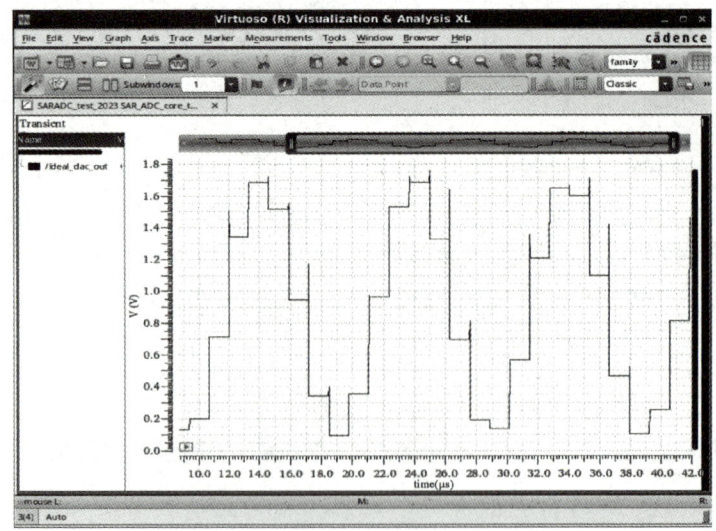

图 4.76   理想的 10 位 DAC 输出信号

单击波形窗口中的波形，然后在工具栏选择 Measurements-Spectrum 选项，在波形窗口右侧弹出频谱计算对话框。此时，输入时钟频率设置为 2MHz，输入信号频率设置为10kHz。在第一个输出标志位 EOC 上升沿时刻，选取电压稳定的时刻填入 Start/Stop Time 栏中，然后在之后填入需要采样 1024 点 FFT 的时间（8.216）。最后，在 Sample Count/Freq 下拉列表中选择 FFT 点数（1024），同时在 Window Type 下拉列表中选择汉宁窗（Hamming）选项，其他可保持默认设置，如图 4.77 所示。

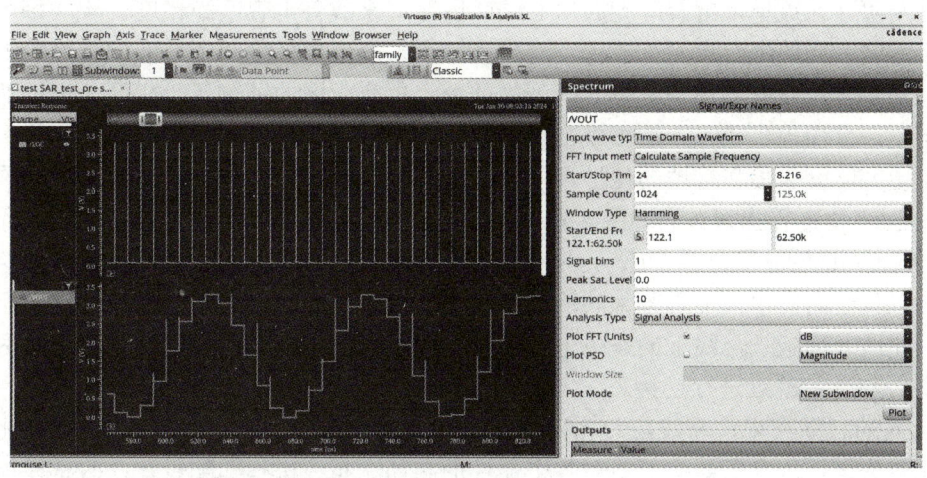

图 4.77　设置频谱计算窗口

单击频谱计算窗口中的 Plot 按钮，打印频谱图，如图 4.78 所示。在图 4.78 中，可以在 Outputs 区中读出有效位数（ENoB）、信纳比（SINAD）、信噪比（SNR）和无杂散动态范围（SFDR）的数值；可以在右下角看出输出信纳比（SINAD）为 61.240558（dB），信噪比（SNR）为 62.174393（dB）。

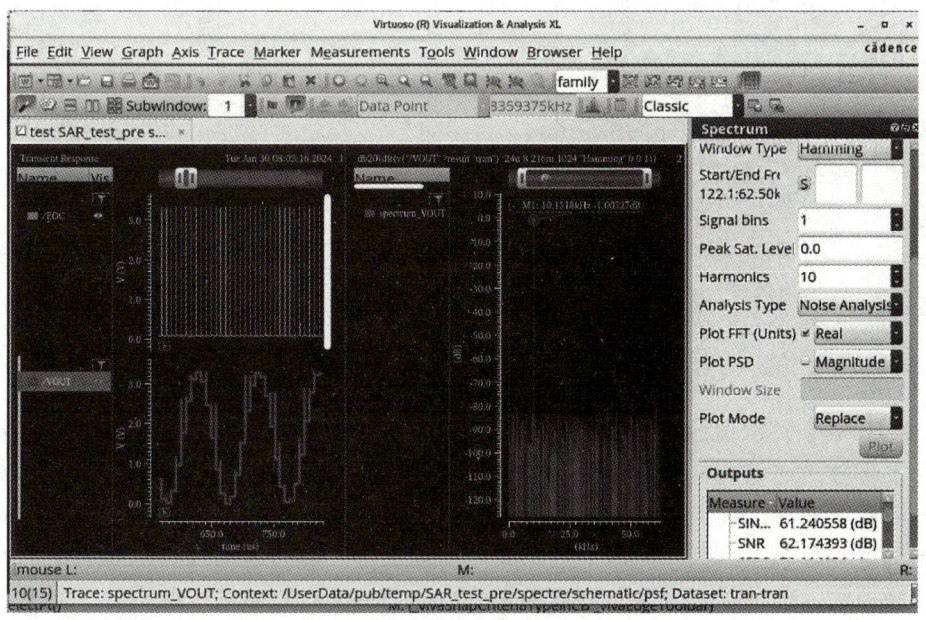

图 4.78　频谱仿真结果

4.6.6　10 位 10MHz 逐次逼近型 ADC 版图设计

在 10 位 10MHz 逐次逼近 ADC 中模拟部分主要包括 DAC 和比较器。它们的精度也是整体 10 位 10MHz 逐次逼近型 ADC 精度得以实现的关键因素。所以在版图设计时应该着重进行考虑。

DAC 对 10 位 10MHz 逐次逼近 ADC 性能的影响主要体现在电容匹配和抑制干扰两个方面。通常可以通过单位电容阵列共质心的版图布局来改善电容匹配精度。构成每个电容的单位电容围绕共同的中心点对称放置，这样就减小了氧化层梯度对电容匹配精度的影响。此外，增加冗余单位电容，使分段电容阵列中的每个电容周围的蚀刻环境相同，也增加了电容的匹配精度。分段电容 DAC 输出模拟信号较容易受数字信号、电源噪声等的干扰，版图设计时应将电容阵列包裹在接地的保护环内。开关阵列布置在电容阵列的下侧，各对称电容呈对称布线。10 位电容阵列布局如图 4.79 所示，H1～H6 为高位 C4～C9 电容，I1～I4 为低位 C0～C3 电容，0 为分段电容，Hc 为采样电容。在 Hc 电容的外侧还应该包括一圈接地的虚拟电容，以保证内部单位电容刻蚀的均一性。与各个开关的布线通常需要穿过这个巨大的电容阵列，布线长度较长，线上的寄生电容会一定程度影响转换精度，因此在布线时尽量缩短布线距离，与开关就近进行连接。

比较器的版图布局、布线应该考虑下列因素：为了减少增益损失，提高直流性能，应该尽量避免失调，因此需要尽可能对各个器件的布局、布线进行匹配设计；敏感模拟输入电压应与数字信号分离以避免失真；应尽量缩短布线距离，降低布线的寄生电容。

10 位 10MHz 逐次逼近型 ADC 的版图布局如图 4.80 所示。

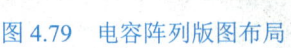

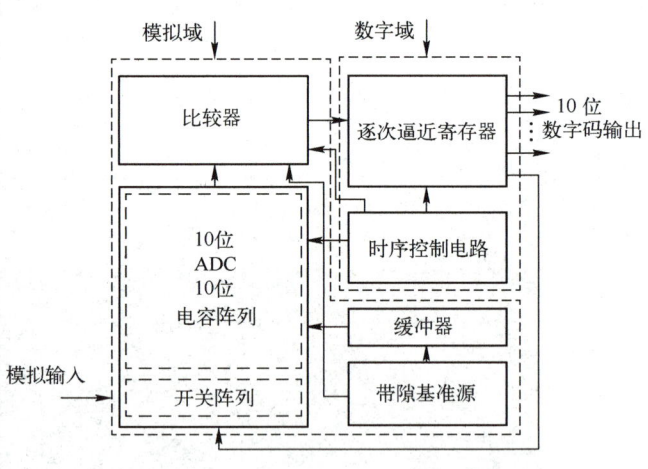

图 4.79　电容阵列版图布局　　　　图 4.80　10 位 10MHz 逐次逼近型 ADC 的版图布局

10 位 10MHz 逐次逼近型 ADC 的版图布局主要分为模拟域和数字域两部分，分别位于版图的左半部分（还包括右下侧部分）和右上侧。其中，模拟域包括 10 位 DAC、比较器、带隙基准源和缓冲器；数字域包括时序产生电路和逐次逼近寄存器。这样布局可以清晰地划分模拟电源域和数字电源域，在两个电源域之间分别用各自的电源线和地线包裹，减小之间的串扰。模拟输入信号从左侧输入，数字码从右上角输出。整体信号遵循自下而上，从左至右的原则。

10 位 DAC 中的 10 位电容阵列占据较大面积，采用共质心进行摆放，开关阵列位于电容阵列下侧，有利于纵向布线。10 位 DAC 输出信号向上进入比较器，再由比较器输出至逐次逼近寄存器。由于这个过程中传输的是模拟小信号，所以尽量缩短布线距离，用宽、短金属线进行连接。

带隙基准源和缓冲器主要是为 10 位 DAC 和比较器提供参考电压、偏置电流。由于偏置电流不会受到连线上电压降的影响，所以可以走较长的距离才进入到比较器中。缓冲器输出的参考电压则是作为逐次逼近 ADC 的量化电压使用，所以必须就近进行输入。

时序产生电路和逐次逼近寄存器输出的都是数字信号，只要将线上的电压降控制在合理范围内，满足高、低电平阈值的要求，即使走较长的布线也不会出现错误信号，因此在布线长度的要求上可以适当放松。主要是注意和模拟布线进行垂直布线，并使用不同的金属层，以减小数字大信号对模拟小信号的影响。

4.7　参考文献

[1] OHNHÄUSER F, ALLINGER M, HUEMER M. Trim Techniques for DC specifications for A/D converters based on successive approximation[J]. AEU-International Journal of Electronics and Communications, 2010,64(8):790–793.

[2] KNAPPE W. Fehlererkennung and Fehlerkorrektur bei Analog/Digital-Umsetzern[D]. PhD. Thesis, Technical University of Munich, 1992.

[3] TAN K S, KIRIAKI S, WIT M D, et al. Error correction techniques for high performance differential A/D converters[J]. IEEE journal of Solid-State Circuits, 1990,25(6): 1318–1327.

[4] OHNHAEUSER F, OLJACA M. Offset error compensation of input signals in analog-todigital converter[J]. US Patent 6433712, Texas Instruments, 2002.

[5] SEYMOUR R E. Method and circuit for gain and/or offset correction in a capacitor digitalto-analog converter[J]. US Patent 6922165, Texas Instruments, 2005.

[6] ATHERTO J H, SIMMONDS H T. An offset reduction technique for use with CMOS integrated comparators and amplifiers[J]. IEEE journal of Solid-State Circuits, 1992,25(8): 1168–1175.

[7] HUANG Y C, LIU B D. A 1 V CMOS analog comparator using auto-zero and complem-entary differential-input technique[C]. IEEE Asia-Parcific Conference on ASICs, 2002.

[8] OHNHAEUSER F, HUEMER M. Reference generation for A/D converters, in the proceedings of the International Symposium on Signals[J]. Systems and Electronics, 2007: 355–358.

[9] JANAKIRAMAN S, GODBOLE K M, NAGESH S. Increasing the SNR of successive approximation type ADCs without compromising throughput performance substantially[J]. US Patent 6894627, Texas Instruments, 2005.

[10] HURRELL C P, CARREAU G R. Analog-to-digital converter with signal-tonoise ratio enhancement[J]. US Patent 7218259, Analog Devices, 2007.

第 5 章　Sigma-Delta ADC

5.1　Sigma-Delta ADC 的工作原理

对于传统奈奎斯特采样频率 ADC，元器件的匹配程度决定了它所能达到的精度。随着集成电路尺寸逐渐减小，元器件匹配误差逐渐增大，MOS 的二阶效应越来越显著，高精度的奈奎斯特采样频率 ADC 的设计也越来越具有挑战性。在奈奎斯特采样频率 ADC 中，抗混叠滤波器过渡带很窄，使得抗混叠滤波器的电路变得很复杂。为了避免这些问题，可将过采样技术用于奈奎斯特采样频率 ADC 的设计中。首先，在过采样条件下，信号的采样频率会很高，这样对抗混叠滤波器过渡带的要求就会大为降低，一般一阶或二阶的模拟滤波器就可以满足奈奎斯特采样频率 ADC 设计要求。另外，在设计高精度的奈奎斯特采样频率 ADC 时，由于对元器件匹配精度要求很高，所以要使用复杂的激光修调技术；在采用过采样技术后，对元器件匹配精度要求就会大为降低。

在过去的几十年里，Sigma-Delta ADC 是模拟集成电路设计领域中最为重要的创新之一。Sigma-Delta 调制器采用的是通过负反馈改进粗糙量化器分辨率的技术。20 世纪 60 年代，F. de Jager 也提出了误差反馈编码器的一个变形元器件，即增量调制器（Δ 调制器）。增量调制器由正向传输路径中 1 位量化器和反馈回路中的 1 位 DAC 构成。之后，Inose 提出在增量调制器前端加入一个环路滤波器。如果将环路滤波器简化为积分器，Sigma-Delta 调制器正向传输路径中就包含一个积分器和一个 1 位量化器，反馈回路中包括一个 1 位 DAC。此时，Sigma-Delta 调制器中包含一个增量调制器和一个积分器。1977 年，Ritchie 对基本的 Sigma-Delta 调制器做出了首次重大改进。他提出在 Sigma-Delta 调制器正向传输路径中采用若干级联的积分器构造一个高阶环路滤波器，并将 DAC 的输出信号反馈到每一个积分器的输入端。1987 年，Lee 提出了稳定的高阶调制器的设计技术，即 Lee 准则。基于这种技术，四阶以上的高阶环路滤波器的 Sigma-Delta 调制器的开发相继获得成功。Hayashi 提出了采用级联方法开发稳定的高阶 Sigma-Delta 调制器，即级联噪声整形（Multi-stAge noise SHaping，MASH）调制器。MASH 调制器首先采用单级 Sigma-Delta 调制器处理输入信号，其产生的量化误差通过第二级 Sigma-Delta 调制器转换成数字信号。两级 Sigma-Delta 调制器输出的数字信号通过一个噪声逻辑电路将第一级 Sigma-Delta 调制器的量化误差抵消，并对第二级 Sigma-Delta 调制器的量化误差进行噪声整形。这种设计方法可以应用到高阶多级调制器设计中，如三阶（2-1 级联）、四阶（2-2 级联、2-1-1 级联等）MASH 调制器的设计。另外，采用多位内部量化器技术可以提升 Sigma-Delta 调制器的性能。这要求在 Sigma-Delta 调制器反馈回路中包含一个相应的多位 DAC。这种多位 DAC 的线性度限制了整个 Sigma-Delta 调制器的线性度。Carley 采用动态元器件匹配的方法减少多位 DAC 的非线性影响。

相对于奈奎斯特采样频率 ADC，过采样 Sigma-Delta ADC 采用过采样和噪声整形技术将热噪声平铺至整个采样频谱内，并将信号带宽内的量化噪声推到高频处，再采用数字降采样器滤除量化噪声，进而使其达到高精度。Sigma-Delta ADC 行为级模型如图 5.1 所示。

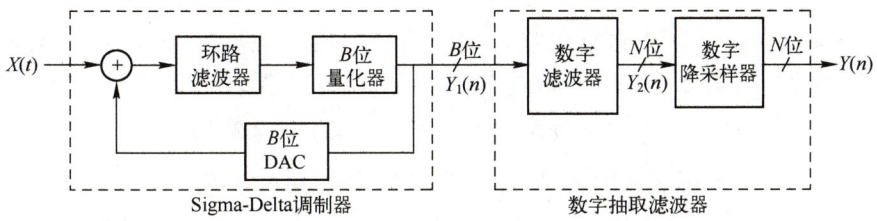

图 5.1　Sigma-Delta ADC 行为级模型

由图 5.1 可知，Sigma-Delta ADC 由 Sigma-Delta 调制器和数字抽取滤波器构成。其中，Sigma-Delta 调制器主要由环路滤波器、B 位量化器和相应的 B 位 DAC 构成；数字抽取滤波器由数字滤波器和数字降采样器构成。Sigma-Delta 调制器主要完成信号的过采样和量化噪声的整形；数字抽取滤波器将信号的高频量化噪声滤除并降采样至奈奎斯特频率，然后将其输出。

5.1.1　过采样 ADC

在奈奎斯特采样频率 ADC 中，为了防止其他信号混叠到信号带宽内，通常采样频率应大于信号带宽的两倍；如果采样频率远大于奈奎斯特频率，由于量化误差均匀分布在整个采样频率范围内，信号带宽内的噪声功率就会降低。如上所述，整个量化噪声功率在其信号带宽内可以表示为

$$\sigma_{N,q}^2 = \frac{1}{f_s}\int_{-f_s/2}^{f_s/2}\frac{V_{LSB}^2}{12}\mathrm{d}f = \frac{V_{LSB}^2}{12} \tag{5.1}$$

可采用提高信号带宽来使采样频率远大于奈奎斯特频率，即

$$\sigma_{O,q}^2 = \frac{1}{f_s}\int_{-f_b}^{f_b}\frac{V_{LSB}^2}{12}\mathrm{d}f = \frac{V_{LSB}^2}{12}\left(\frac{2f_b}{f_s}\right) \tag{5.2}$$

由式（5.2）可知，当采样频率 f_s 远大于奈奎斯特频率 $2f_b$ 时，信号带宽内的量化噪声功率就会按照 $f_s/2f_b$ 比例下降。其中，采样频率与奈奎斯特频率的比值定义为过采样比（OSR），如式（5.3）所示，进而式（5.2）可以表示为式（5.4）。采用过采样技术，信号带宽内量化噪声功率可以降低 OSR 倍。

$$OSR = f_s/2f_b \tag{5.3}$$

$$\sigma_{O,q}^2 = \frac{1}{f_s}\int_{-f_b}^{f_b}\frac{V_{LSB}^2}{12}\mathrm{d}f = \frac{V_{LSB}^2}{12}\left(\frac{2f_b}{f_s}\right) = \frac{V_{LSB}^2}{12OSR} = \frac{\sigma_{N,q}^2}{OSR} \tag{5.4}$$

过采样 ADC 量化噪声频率示意图如图 5.2 所示。

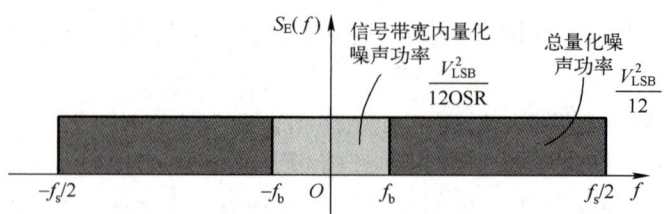

图 5.2　过采样 ADC 量化噪声频率示意图

由式（5.4）可知，只考虑量化噪声情况下，对比奈奎斯特采样频率 ADC，过采样 ADC 能达到的理想信噪比（SNR）如式（5.5）所示，其对数表达式如式（5.6）所示。

$$\mathrm{SNR} = P_\mathrm{s}/P_\mathrm{n} = (FS/2\sqrt{2})^2 / (V_\mathrm{LSB}^2/12) = 3 \times 2^{2N}/2 \qquad (5.5)$$

$$\mathrm{SNR}_\mathrm{dB} = 10\lg(P_\mathrm{s}/P_\mathrm{n}) = 6.02 + 1.76 + 10\lg \mathrm{OSR} \qquad (5.6)$$

由式（5.6）可知，由于采用了过采样技术，ADC 的有效位数可以显著提升；过采样比（OSR）每提升一倍，ADC 的理想信噪比大约提高 3dB，有效位数大约增加 0.5 位。

过采样技术还可以有效减小抗混叠滤波器的过渡带宽度。抗混叠滤波器的主要作用是滤除通过采样过程混叠到信号带宽内的镜像信号。由于过采样的采样频率远大于奈奎斯特频率，所以采样后的镜像信号距离带宽内信号很远，这样过采样 ADC 的抗混叠滤波器的过渡带就可以很宽，如图 5.3 所示。

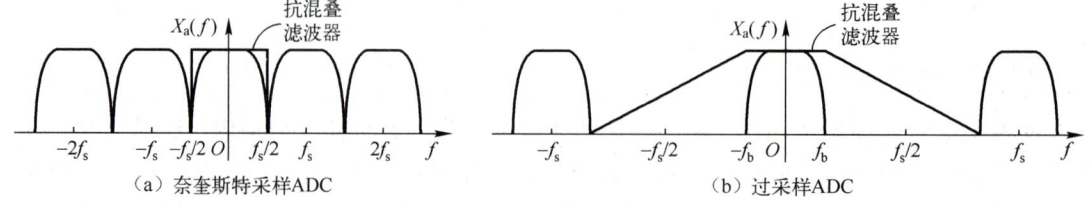

图 5.3　抗混叠滤波器的过渡带

通常要求抗混叠滤波器的过渡带 $f_\mathrm{tb,n}$ 为 $f_\mathrm{s}-2f_\mathrm{b}$。由于奈奎斯特采样频率 ADC 的奈奎斯特频率 $2f_\mathrm{b}$ 与采样频率 f_s 非常接近，所以造成抗混叠滤波器的过渡带非常陡峭。而过采样 ADC 的采样频率 f_s 远大于奈奎斯特频率，所以抗混叠滤波器的过渡带就可以很宽，从而比较容易达到对抗混叠滤波器过渡带的要求。

总之，过采样技术不仅可以有效地提高 ADC 的有效位数，还可以极大地降低对抗混叠滤波器过渡带的要求，从而降低抗混叠滤波器设计的复杂度。但是，在一定的采样频率下，增大过采样是以减小信号带宽为代价的，并且由于工艺和功耗等限制，其采样频率也不可能无限制地增大。在通常情况下，过采样技术结合噪声整形技术可以使 ADC 得到更低的信号带宽内噪声功率，达到更高的有效位数。

5.1.2　Sigma-Delta 调制器噪声整形

虽然过采样技术可以通过提高采样频率提高 ADC 的有效位数，但是过高的采样频率对数字信号的处理和存储造成了极大的浪费。所以，单纯地依靠提高采样频率的方法提高 ADC 的有效位数并不现实。因此，过采样技术一般配合噪声整形技术共同实现 ADC 有效位数的提升。过采样技术的基本思想是将频谱展宽，从而"稀释"信号带宽内的噪声。而噪声整形技术的基本思想是将信号带宽内的噪声推到信号带宽外的高频处。

噪声整形技术是一种调制技术，是将量化噪声以高通滤波的形式推向信号带宽以外。Sigma-Delta 调制器中的高通滤波器的阶数越高、过采样频率越大，信号带宽内的噪声功率就越小。为了说明 Sigma-Delta 调制器噪声整形的基本原理，首先给出了 Sigma-Delta 调制器行为级模型，如图 5.4 所示，其表达式为

$$Y(z) = \frac{A(z)}{1+A(z)B(z)}X(z) + \frac{1}{1+A(z)B(z)}E(z) = \mathrm{STF}(z)\cdot X(z) + \mathrm{NTF}(z)\cdot E(z) \tag{5.7}$$

式中，STF 为信号传递函数；NTF 为噪声传递函数；$X(z)$ 为输入信号；$E(z)$ 为量化噪声。在通常情况下，令 $B(z)=1$，将 $A(z)$ 转换成积分形式的传递函数，而转换后的 Sigma-Delta 调制器行为级模型如图 5.5 所示。

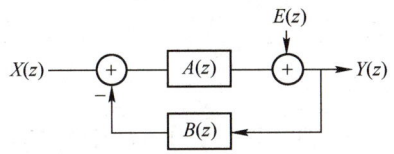

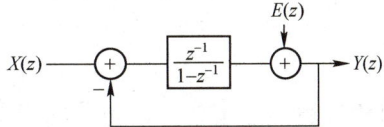

图 5.4　Sigma-Delta 调制器行为级模型　　　图 5.5　转换后的 Sigma-Delta 调制器行为级模型

图 5.5 中，$A(z) = \dfrac{z^{-1}}{1-z^{-1}}$ 为积分器，将其代入式（5.7）并整理得

$$Y(z) = z^{-1}\cdot X(z) + (1-z^{-1})\cdot E(z) = \mathrm{STF}(z)\cdot X(z) + \mathrm{NTF}(z)\cdot E(z) \tag{5.8}$$

式中，$\mathrm{STF}(z) = z^{-1}$，$\mathrm{NTF}(z) = 1-z^{-1}$。可以看出，对于一阶 Sigma-Delta 调制器的传递函数，输入信号 $X(z)$ 仅有一个时钟周期的延迟，而量化噪声 $E(z)$ 得到了 $\mathrm{NTF}(z) = 1-z^{-1}$ 的调制。

一阶 Sigma-Delta 调制器相邻两次采样的量化误差之差为

$$E_1(z) = E(z) - E(z)\cdot z^{-1} = E(z)(1-z^{-1}) \tag{5.9}$$

式中，$E(z)$ 为本次采样的量化误差；z^{-1} 为离散域单位延迟。二阶和三阶 Sigma-Delta 调制器的相邻两次的量化误差之差分别为

$$E_2(z) = E(z) - 2E(z)\cdot z^{-1} + E(z)\cdot z^{-2} = E(z)(1-z^{-1})^2 \tag{5.10}$$

$$E_3(z) = E(z) - 3E(z)\cdot z^{-1} + 3E(z)\cdot z^{-2} - E(z)\cdot z^{-3} = E(z)(1-z^{-1})^3 \tag{5.11}$$

同理，可以归纳得出 L 阶 Sigma-Delta 调制器相邻两次的量化误差之差为

$$E_L(z) = C_L^0 E(z) - C_L^1 E(z)\cdot z^{-1} + \cdots + (-1)^{(L-1)} C_L^{L-1} E(z)\cdot z^{-(L-1)} + (-1)^L C_L^L E(z)\cdot z^{-L}$$

$$= E(z)(1-z^{-1})^L \tag{5.12}$$

从连续域上分析 Sigma-Delta 调制器的 NTF，可得相邻两次采样的量化误差之差为

$$\mathrm{NTF}(\omega) = 1 - \mathrm{e}^{-\mathrm{j}\omega T} = 2\mathrm{j}\mathrm{e}^{-\mathrm{j}\omega T/2}\frac{\mathrm{e}^{\mathrm{j}\omega T/2} - \mathrm{e}^{-\mathrm{j}\omega T/2}}{2\mathrm{j}} = 2\mathrm{j}\mathrm{e}^{-\mathrm{j}\omega T/2}\sin(\omega T/2) \tag{5.13}$$

可以看出，被视为白噪声的量化噪声，其噪声能量被函数 $\sin^2(\omega T/2)$ 所整形，从而量化噪声被推到高频处，且在低频处呈现较为明显的衰减。一阶噪声整形效果如图 5.6 所示。

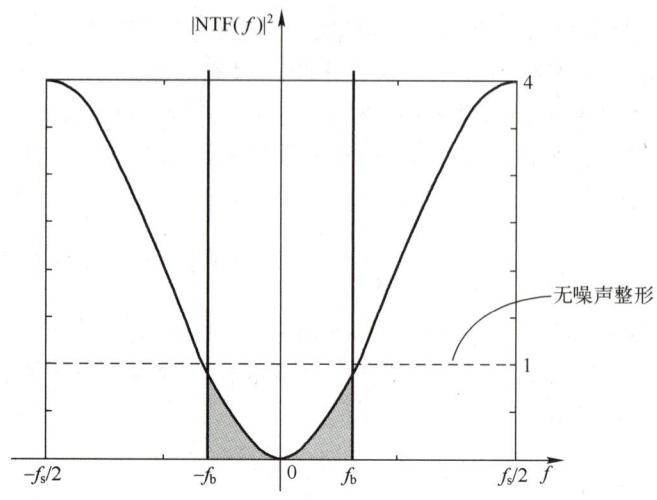

图 5.6　一阶噪声整形效果

对整形后信号带宽内的量化噪声能量进行分析，可得信号带宽内的总量化噪声功率为

$$V_n^2 = \varepsilon_Q^2 \int_0^{f_b} 4 \cdot \sin^2(\pi f T) \mathrm{d}f \approx \varepsilon_Q^2 \cdot \frac{4\pi^2}{3} f_b^3 T^2 \tag{5.14}$$

总量化噪声能量可以表示为

$$V_{n,Q}^2 = \varepsilon_Q^2 \cdot \frac{f_s}{2} \tag{5.15}$$

将式（5.15）代入式（5.14），可得信号带宽内的总量化噪声功率 V_n^2 为

$$V_n^2 = V_{n,Q}^2 \cdot \frac{\pi^2}{3}\left(\frac{f_b}{f_s/2}\right)^3 = V_{n,Q}^2 \cdot \frac{\pi^2}{3} \cdot \frac{1}{\mathrm{OSR}^3} \tag{5.16}$$

那么，对于 B 位量化器的一阶 Sigma-Delta 调制器，其理想信噪比满足：

$$\mathrm{SNR_{dB}} = 10\lg\frac{P_s}{P_n} = (6.02B + 1.76) - 5.17 + 9.03\lg\mathrm{OSR} \tag{5.17}$$

可见，对于一阶 Sigma-Delta 调制器来说，过采样比每增加 1 倍，其信噪比提升 9.03dB，有效位数约为 1.5 位。

对于 B 位量化器的 L 阶 Sigma-Delta 调制器，其 NTF 和连续域上的 NTF 分别为

$$\mathrm{NTF}(z) = (1 - z^{-1})^L \tag{5.18}$$

$$\left|\mathrm{NTF}(\omega)\right|^2 = \left|1 - \mathrm{e}^{-\mathrm{j}\omega T}\right|^{2L} = 2^{2L}\sin^{2L}(\omega T/2) \tag{5.19}$$

当 Sigma-Delta 调制器的过采样比很高时，可以认为 $\omega T \ll 1$，NTF 在信号带宽内的量化噪声功率为

$$P_n = \int_{-f_b}^{f_b} \frac{\Delta^2}{12 f_s}\left|\mathrm{NTF}(f)\right|^2 \mathrm{d}f \approx \frac{\Delta^2}{12} \cdot \frac{\pi^{2L}}{(2L+1)\mathrm{OSR}^{(2L+1)}} \tag{5.20}$$

由式（5.20）的信号带宽内的量化噪声功率和信号功率可得过采样比（OSR）、阶数（L）和量化器位数（B）。只考虑量化噪声，Sigma-Delta 调制器的理想信噪比及其对数形式分别为

$$SNR = \frac{P_s}{P_n} = 3 \times 2^{2B-1} \cdot \frac{2L+1}{\pi^{2L}}\mathrm{OSR}^{2L+1} \tag{5.21}$$

$$\mathrm{SNR_{dB}} = 10\lg\frac{P_s}{P_n} = 6.02B + 1.76 + 10\lg\left(\frac{2L+1}{\pi^{2L}}\mathrm{OSR}^{2L+1}\right) \tag{5.22}$$

由式（5.22）可知，L 阶噪声整形技术结合过采样技术，可使 Sigma-Delta 调制器的有效位数随着 OSR 每提高一倍而提高（$L+0.5$）位，相对于只采用过采样技术的 ADC 的有效位数（0.5 位）有很大的提升。

Sigma-Delta 调制器行为级模型的一般形式如图 5.7 所示。

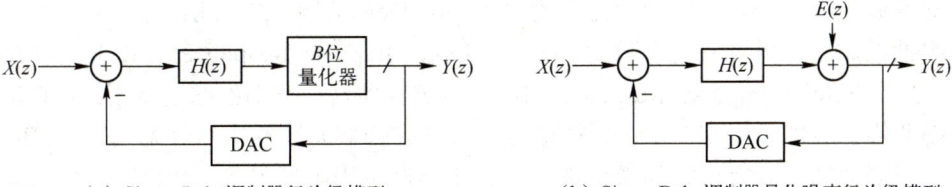

（a）Sigma-Delta调制器行为级模型　　　　　（b）Sigma-Delta调制器量化噪声行为级模型

图 5.7　Sigma-Delta 调制器行为级模型的一般形式

图 5.7 中，$X(z)$、$Y(z)$、$H(z)$和 $E(z)$分别表示输入信号、输出信号、环路滤波器传递函数和量化噪声。

图 5.7（b）中，负反馈形式的表达式为

$$\left[X(z) - Y(z) \right] \cdot H(z) + E(z) = Y(z) \tag{5.23}$$

$$Y(z) = \frac{H(z)}{1 + H(z)} X(z) + \frac{1}{1 + H(z)} E(z) \tag{5.24}$$

将式（5.24）与式（5.8）进行对比，可以得到 STF 和 NTF 的一般形式，分别为

$$\mathrm{STF}(z) = \frac{H(z)}{1 + H(z)} \tag{5.25}$$

$$\mathrm{NTF}(z) = \frac{1}{1 + H(z)} \tag{5.26}$$

如果环路滤波器传递函数 $H(z)$为低通函数，则在信号带宽内的低频段增益较大，而高频段增益很小，那么一阶 Sigma-Delta 调制器的 $H(f)$、STF(f)和 NTF(f)随频率变化的曲线如图 5.8 所示。从图 5.8 中可以看出，STF(f)在整个频带近似为恒定增益 1，即对输入信号无任何影响；NTF(f)在整个频带展现出高通特性，即对信号带宽内的噪声具有抑制作用，从而使信噪比有较大的提升。这种噪声抑制能力越强，信噪比的提升越明显。

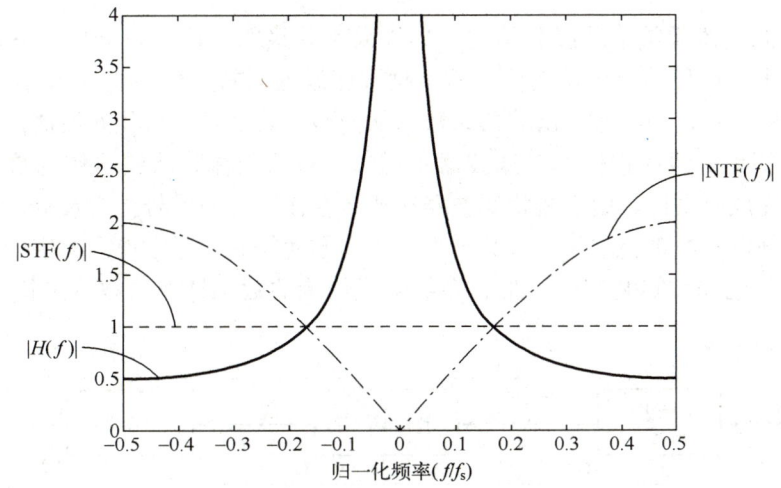

图 5.8　一阶 Sigma-Delta 调制器的 $H(f)$、STF(f)和 NTF(f)随频率变化的曲线

5.1.3　Sigma-Delta ADC 中的数字抽取滤波器

数字抽取滤波器是 Sigma-Delta ADC 重要的组成部分，它主要完成信号带宽外噪声的滤除，并降采样至奈奎斯特频率输出。Sigma-Delta 调制器决定了 Sigma-Delta ADC 的性能，而数字抽取滤波器在一定程度上决定了整个 Sigma-Delta ADC 的功耗。

数字抽取滤波器可以采用有限冲击响应（Finite Impulse Response，FIR）滤波器或者无限冲击响应（Infinite Impulse Response，IIR）滤波器实现。与 IIR 滤波器相比，FIR 滤波器可以获得严格的线性相位，保证过采样信号经过数字抽取滤波器后相位无失真。FIR 滤波器是全零点型滤波器，具有良好的量化性质，且不会产生极限环现象。IIR 滤波器只能获得逼近的线性相位。在数字音频范围内，通常要求数字抽取滤波器获得线性相位。

在进行滤波器设计时，要确定其设计指标。一般滤波器的设计指标是以幅频响应的允许误差来表示的。实际低通滤波器的幅频特性如图 5.9 所示。

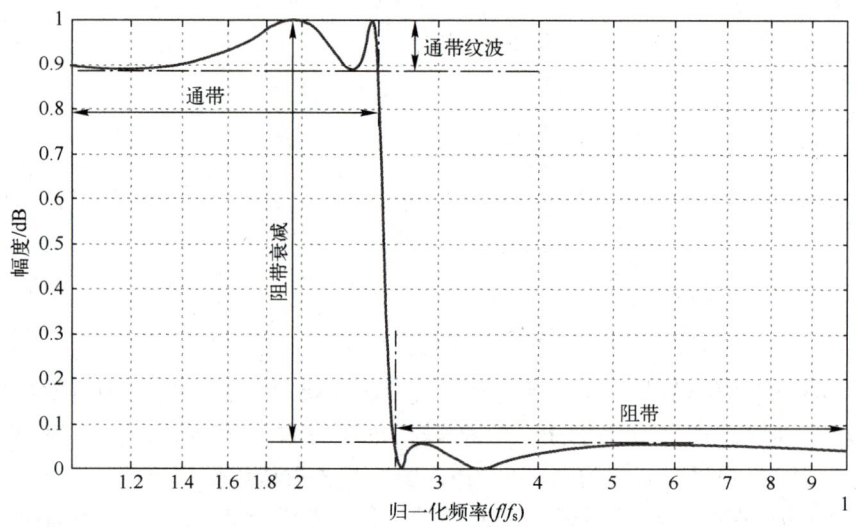

图 5.9　实际低通滤波器的幅频特性

数字抽取滤波器通常采用级联结构。如果采用单级的结构，将会使该滤波器的阶数过高，功耗非常大，在硬件上无法实现。数字抽取滤波器通常采用多级 FIR 滤波器的结构，以减小滤波器的阶数，同时减小滤波器系数，从而减小其功耗。梳状滤波器由于不需要乘法器，是一类最简单的线性相位 FIR 滤波器。通常一般采用梳状滤波器作为数字抽取滤波器的第一级，并完成降采样。由于梳状滤波器在通带存在一定的信号幅度衰减，需要补偿滤波器进行一定的补偿。半带滤波器（以其一半系数为零而得名）通常作为数字抽取滤波器的最后一级，用于得到非常陡峭的过渡带。多级级联结构的数字抽取滤波器结构框图如图 5.10 所示。

图 5.10　多级级联结构的数字抽取滤波器结构框图

5.1.4　Sigma-Delta 调制器参数与性能指标

由于 Sigma-Delta ADC 的性能主要由 Sigma-Delta 调制器来决定，所以下面主要介绍 Sigma-Delta 部分，而数字抽取滤波器部分不做具体描述。

Sigma-Delta 调制器的设计参数主要包括过采样比（OSR）、阶数（L）和量化器位数（B）。对于阶数较高的 Sigma-Delta 调制器，可以通过更为理想的传递函数对其量化噪声进行整形，以达到更高的转换精度。由式（5.19）可知，不同阶数 Sigma-Delta 调制器的 NTF 不同。当量化位数为 1 时，不同阶数 Sigma-Delta 调制器的 NTF 幅频特性如图 5.11 所示。

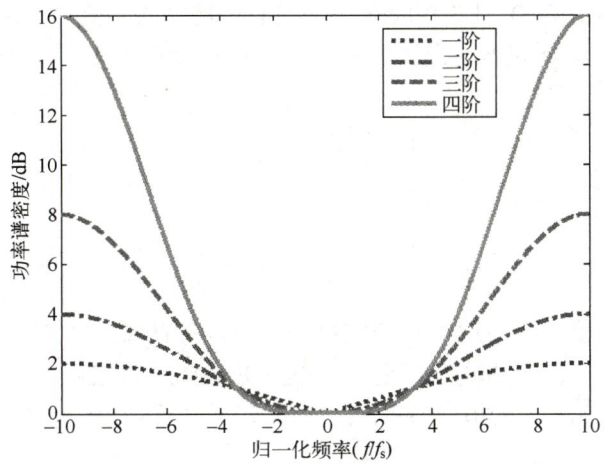

图 5.11　不同阶数 Sigma-Delta 调制器的 NTF 幅频特性

图 5.11 示出了一阶、二阶、三阶和四阶 Sigma-Delta 调制器的 NTF 幅频特性曲线。可见，与一阶 Sigma-Delta 调制器相比，更高阶的 Sigma-Delta 调制器的 NTF 将低频带内的量化噪声进一步压缩，而对高频带内的量化噪声进一步放大，即将量化噪声进一步推至更高频处，且 Sigma-Delta 调制器阶数越高，噪声抑制能力就越强，效果越明显。

Sigma-Delta 调制器同样可以从静态特性和动态特性两方面进行描述，主要性能指标如下。

1. 信噪比

Sigma-Delta 调制器的信噪比（Signal-to-Noise Ratio，SNR）是指输入正弦信号的功率与信号带宽内不相关的噪声功率的比值。由于 SNR 反映的是 Sigma-Delta 调制器的线性性能，因此计算时不包括信号带宽内的谐波分量部分。对于一个仅包括量化噪声的理想 Sigma-Delta 调制器，SNR 的对数表达式为

$$\left. \mathrm{SNR} \right|_{\mathrm{dB}} = 10 \lg \left(\frac{A^2}{2 P_{\mathrm{Q}}} \right) \tag{5.27}$$

式中，A 为输入正弦信号的幅度；P_{Q} 为量化噪声功率。

2. 信噪失真比

Sigma-Delta 调制器的信噪失真比（Signal-to-Noise Distortion Ratio，SNDR）是指输入

正弦信号功率与信号带宽内所有噪声、谐波功率的比值。SNDR 直接反映了 Sigma-Delta 调制器的动态性能。SNDR 的对数表达式为

$$\left.\text{SNDR}\right|_{\text{dB}} = 10\lg\left[\frac{A^2}{2(P_{\text{Q}} + P_{\text{h}})}\right] \tag{5.28}$$

式中，A 为输入正弦信号的幅度；P_{Q} 为量化噪声功率；P_{h} 为所有谐波功率之和。

3．动态范围

Sigma-Delta 调制器的动态范围（Dynamic Range，DR）是指能达到最大 SNDR 的输入正弦信号功率与 SNDR 为 0 时的相应输入正弦信号功率的比值，通常采用 dB 对数形式表示。理想的 Sigma-Delta 调制器的最大输入正弦信号幅度为 $V_{\text{FS}}/2$，那么 DR 为

$$\left.\text{DR}\right|_{\text{dB}} = 10\lg\left(\frac{(V_{\text{FS}}/2)^2}{2P_{\text{Q}}}\right) \tag{5.29}$$

式中，V_{FS} 为输入正弦信号摆幅。

4．有效位数

Sigma-Delta 调制器的有效位数（ENoB）表示的是由动态性能实际得到的位数，可与奈奎斯特采样频率 ADC 的设计指标进行直接对比。ENoB 可以采用 SNDR 来表示，也可以采用 DR 来表示，分别如式（5.30）和式（5.31）所示。ENoB 采用哪种形式表示根据系统的需要决定。

$$\left.\text{ENoB}\right|_{\text{SNDR}} = \frac{\left.\text{SNDR}\right|_{\text{dB}} - 1.76}{6.02} \tag{5.30}$$

$$\left.\text{ENoB}\right|_{\text{DR}} = \frac{\left.\text{DR}\right|_{\text{dB}} - 1.76}{6.02} \tag{5.31}$$

5．品质因数

Sigma-Delta 调制器的品质因数（Figure of Merit，FoM）衡量的是 Sigma-Delta 调制器综合性指标参数。它与 Sigma-Delta 调制器的功耗、有效位数和信号带宽等指标均相关，FoM 越小，表明 Sigma-Delta 调制器的性能越好。FoM 的表达式为

$$\text{FoM} = \frac{\text{Power}}{2^{\text{ENoB}+1}\text{BW}} \tag{5.32}$$

式中，Power 为 Sigma-Delta 调制器的实际功耗；ENoB 为 Sigma-Delta 调制器的有效位数；BW 为 Sigma-Delta 调制器的信号带宽。

5.2　Sigma-Delta 调制器的结构

前面已经分析了 Sigma-Delta 调制器的基本工作原理和性能指标，本节首先介绍一阶和二阶等低阶 Sigma-Delta 调制器的主要结构，并从时域和频域分析各种 Sigma-Delta 调制器的结构所能达到的性能指标及稳定性等设计因素，然后介绍单环高阶 Sigma-Delta 调制器、

级联噪声整形 Sigma-Delta 调制器等高阶 Sigma-Delta 调制器的结构，最后介绍多位量化 Sigma-Delta 调制器的结构。

5.2.1　低阶 Sigma-Delta 调制器的结构

1. 一阶 Sigma-Delta 调制器的结构

一阶 Sigma-Delta 调制器行为级模型如图 5.12 所示。其中，环路滤波器采用一阶积分器。

根据式（5.8）、式（5.25）和式（5.26）得出一阶 Sigma-Delta 调制器的信号传递函数（STF）和噪声传递函数（NTF）分别为

$$\text{STF}(z) = \frac{H(z)}{1+H(z)} = z^{-1} \tag{5.33}$$

$$\text{NTF}(z) = \frac{1}{1+H(z)} = 1 - z^{-1} \tag{5.34}$$

由式（5.33）和式（5.34）可知，信号只是经过了一个周期延时，而噪声经过一阶噪声整形。令 $z = \mathrm{e}^{\mathrm{j}2\pi f/f_s}$，得出 STF 和 NTF 的连续域表达式分别为

$$\text{NTF}(f) = \left| 1 - \mathrm{e}^{-\mathrm{j}2\pi f/f_s} \right| = 2\sin\left(\pi f/f_s\right) \tag{5.35}$$

$$\text{STF}(f) = \left| \mathrm{e}^{-\mathrm{j}2\pi f/f_s} \right| = 1 \tag{5.36}$$

一阶 Sigma-Delta 调制器的 NTF 幅频特性如图 5.13 所示。

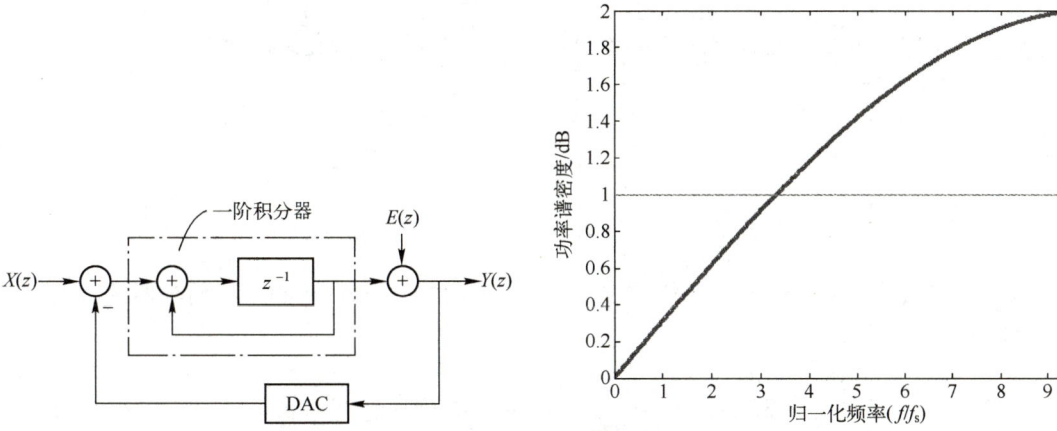

图 5.12　一阶 Sigma-Delta 调制器行为级模型　　　图 5.13　一阶 Sigma-Delta 调制器的 NTF 幅频特性

根据式（5.20），可以得出一阶 Sigma-Delta 调制器信号带宽内的量化噪声功率和理想信噪比分别为

$$P_n = \int_{-f_b}^{f_b} \frac{\Delta^2}{12} \times \frac{1}{f_s} \left| \text{NTF}(z) \right|^2 \mathrm{d}f = \int_{-f_b}^{f_b} \frac{\Delta^2}{12} \times \frac{1}{f_s} \left[2\sin\left(\pi f/f_s\right) \right]^2 \mathrm{d}f = \frac{\Delta^2 \pi^2}{36} \frac{1}{\text{OSR}^3} \tag{5.37}$$

$$\text{SNR}\big|_{\max} = 10\lg\frac{P_s}{P_n} = 10\lg\left(\frac{3}{2}2^{2N}\right) + 10\lg\left[\frac{3}{\pi^2}(\text{OSR})^3\right] = 6.02N + 1.75 - 5.17 + 30\lg(\text{OSR}) \tag{5.38}$$

由式（5.38）可知，对于一阶 Sigma-Delta 调制器，过采样比（OSR）每增加 1 倍，信

噪比（SNR）大约提高 9dB。相对于没有噪声整形的调制器，一阶 Sigma-Delta 调制器的信噪比得到了有效提高。

一阶 Sigma-Delta 调制器电路如图 5.14 所示。一阶 Sigma-Delta 调制器由采样电路、积分器、量化器和 1 位 DAC 构成。

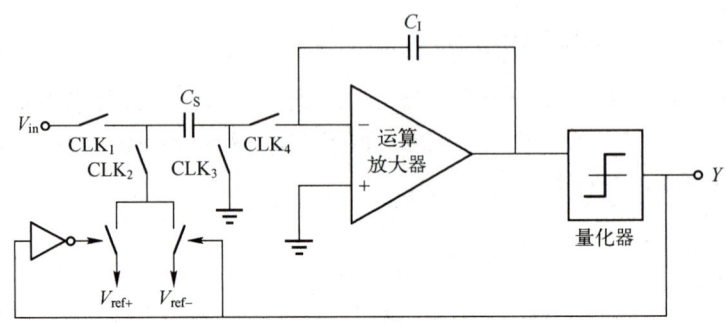

图 5.14   一阶 Sigma-Delta 调制器电路

2. 二阶 Sigma-Delta 调制器的结构

增加 Sigma-Delta 调制器的噪声传递函数的阶数可以更加有效地降低信号带宽内的量化噪声。二阶 Sigma-Delta 调制器行为级模型如图 5.15 所示。其中，环路滤波器采用二阶积分器。

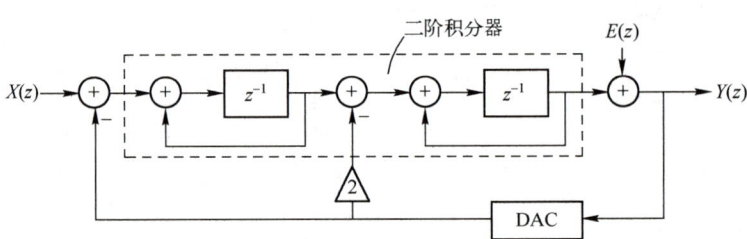

图 5.15   二阶 Sigma-Delta 调制器行为级模型

根据式（5.18）、式（5.25）和式（5.26）可以得出二阶 Sigma-Delta 调制器的 STF 和 NTF 分别为

$$\text{STF}(z) = \frac{H^2(z)}{1 + 2H(z) + H^2(z)} = z^{-2} \tag{5.39}$$

$$\text{NTF}(z) = \frac{1}{1 + 2H(z) + H^2(z)} = (1 - z^{-1})^2 \tag{5.40}$$

由式（5.39）和式（5.40）可知，信号只是经过了两个周期延时，而噪声经过了二阶噪声整形。令 $z = e^{j2\pi f/f_s}$，得出 STF 和 NTF 的连续域表达式分别为

$$\text{STF}(f) = |\, e^{-j2\pi f/f_s}\,|^2 = 1 \tag{5.41}$$

$$\text{NTF}(f) = |\,1 - e^{-j2\pi f/f_s}\,|^2 = [2\sin(\pi f/f_s)]^2 \tag{5.42}$$

二阶 Sigma-Delta 调制器 STF 和 NTF 幅频特性如图 5.16 所示。

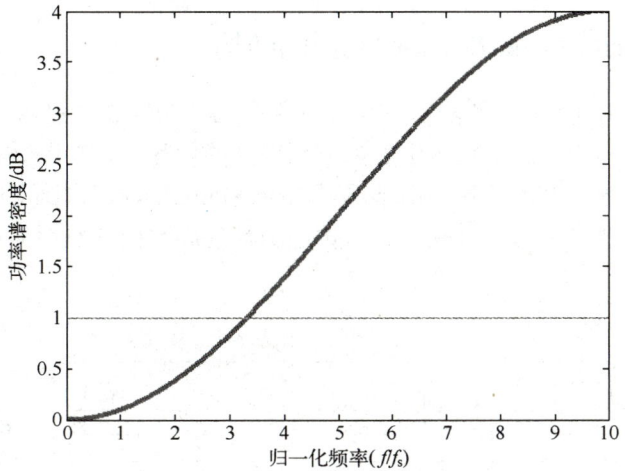

图 5.16　二阶 Sigma-Delta 调制器 STF 和 NTF 幅频特性

根据式（5.41）可以得出二阶 Sigma-Delta 调制器的理想信噪比（SNR）为

$$\text{SNR}\big|_{\max} = 10\lg\frac{P_\text{s}}{P_\text{n}} = 6.02N + 1.75 - 12.9 + 50\lg(\text{OSR}) \tag{5.43}$$

由式（5.43）可知，对于二阶 Sigma-Delta 调制器，过采样比（OSR）每增加 1 倍，信噪比（SNR）大约提高 15dB。相对于一阶 Sigma-Delta 调制器，二阶 Sigma-Delta 调制器的信噪比得到了有效提高。

二阶 Sigma-Delta 调制器电路如图 5.17 所示。二阶 Sigma-Delta 调制器由采样电路、两级积分器、量化器和 1 位 DAC 构成。

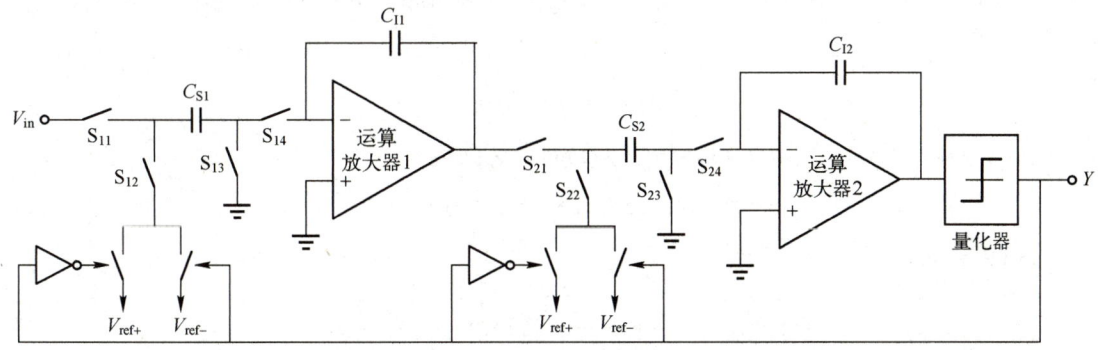

图 5.17　二阶 Sigma-Delta 调制器电路

当噪声传递函数的阶数进一步增加时，Sigma-Delta 调制器的信号带宽内的量化噪声功率可以降低，其性能可以进一步改进和提高。通常，高阶 Sigma-Delta 调制器的噪声传递函数 NTF 可以表示为

$$\text{NTF}(z) = (1 - z^{-1})^L \tag{5.44}$$

高阶调制器信号带宽内的量化噪声功率和理想信噪比如式（5.20）和式（5.22）所示。

高阶 Sigma-Delta 调制器按结构主要分为单环高阶 Sigma-Delta 调制器和级联高阶 Sigma-Delta 调制器。

5.2.2 单环高阶 Sigma-Delta 调制器的结构

单环高阶 Sigma-Delta 调制器的所有积分器都在同一个反馈回路内，如图 5.18 所示。单环高阶 Sigma-Delta 调制器的优点在于可以达到很高的信噪比，电路结构简单，对积分器和量化器等电路的非理想特性不敏感。由于单环高阶 Sigma-Delta 调制器的所有积分器在同一个反馈回路内，当阶数较高时，级联积分器传递函数的高频段增益明显增大，导致整个系统不稳定。

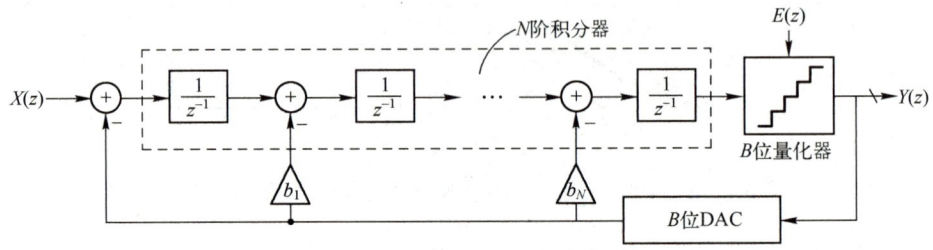

图 5.18　单环高阶 Sigma-Delta 调制器行为级模型

由前面章节描述可知，Sigma-Delta 调制器的传递函数可以分成两个函数来描述：信号传递函数（STF）和噪声传递函数（NTF）。通常，将 Sigma-Delta 调制器分成两个部分：环路滤波器（线性部分）和量化器（非线性部分），而单端输出信号可以表示为两个输入信号的线性组合。Sigma-Delta 调制器的通用行为级模型如图 5.19 所示。

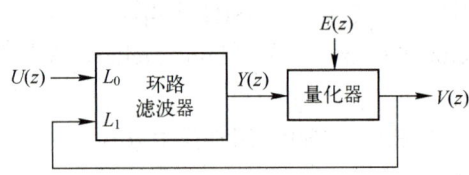

图 5.19　Sigma-Delta 调制器的通用行为级模型

$$Y(z) = L_0(z)U(z) + L_1(z)V(z) \tag{5.45}$$

$$V(z) = Y(z) + E(z) \tag{5.46}$$

由式（5.45）和式（5.46）可以得出 $V(z)$ 的表达式为

$$V(z) = \text{STF}(z)U(z) + \text{NTF}(z)E(z) \tag{5.47}$$

其中，STF 和 NTF 为

$$\text{NTF}(z) = \frac{1}{1 - L_1(z)} \qquad \text{STF}(z) = \frac{L_0(z)}{1 - L_1(z)} \tag{5.48}$$

针对不同 Sigma-Delta 调制器的结构，环路滤波器的 $L_0(z)$ 和 $L_1(z)$ 可以表示为不同参数的系统函数。随着 Sigma-Delta 调制器的阶数不断提高，$L_0(z)$ 和 $L_1(z)$ 的表达式也会变得越来越复杂。$L_1(z)$ 在信号带宽内有很高的增益，对调制器的量化噪声有足够的衰减。由于 NTF 决定了 Sigma-Delta 调制器的噪声抑制能力和系统稳定性，所以在一般情况下，对 Sigma-Delta 调制器的设计都从 NTF 的设计开始。

为了得到一个高阶稳定的 Sigma-Delta 调制器，需要选择合适的极点位置，使得 Sigma-Delta 调制器的 NTF 为

$$\text{NTF}(z) = \frac{(1 - z^{-1})^L}{D(z)} \tag{5.49}$$

以下介绍两种常用的高阶 Sigma-Delta 调制器的基本原理。

1. 级联谐振器前馈结构调制器

级联谐振器前馈（Cascade Resonator Feed Forward，CRFF）结构调制器中，每个积分器的输出信号经过加权求和后进入量化器的输入端，如图 5.20 所示。这种调制器只有前级积分器处理信号，或者当存在一个从输入端到量化器的直接通路时，所有积分器都不处理输入信号，只处理量化噪声，这样直接降低了积分器的输出信号摆幅。CRFF 结构调制器满足：

$$L_0(z) = -L_1(z) = \frac{a_1}{z-1} + \frac{a_2}{(z-1)^2} + \frac{a_3}{(z-1)^3} + \cdots + \frac{a_n}{(z-1)^n} \tag{5.50}$$

$$STF(z) = 1 - NTF(z) \tag{5.51}$$

在图 5.20 中，如果不包括 g_1 的负反馈回路，$L_1(z)$ 的极点被限制在直流点。由于 $L_1(z)$ 的极点为 NTF 的零点，NTF 的所有零点均在直流点。加入 g_1 的负反馈回路后，CRFF 结构调制器的传递函数形成谐振器，将极点沿单位圆移出直流点，并将 NTF 的零点从直流点移到信号带宽内，这样可以更好地抑制信号带宽内的量化噪声，从而得到更好的系统性能。

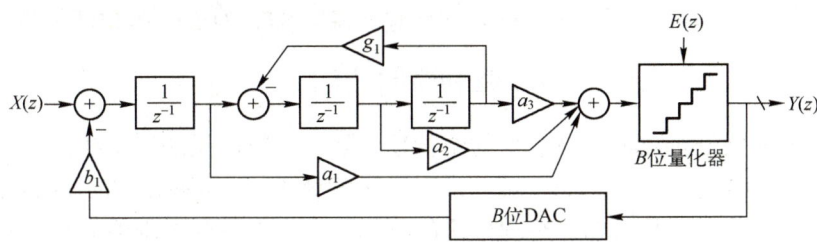

图 5.20　CRFF 结构调制器行为级模型

2. 级联谐振器反馈结构调制器

级联谐振器反馈（Cascade of Resonator Feed Back，CRFB）结构调制器中，每个积分器的输入信号都与输出端的负反馈信号进行差分运算，如图 5.21 所示。CRFB 结构调制器满足：

$$L_0(z) = \frac{b_1}{(z-1)^n} \tag{5.52}$$

$$-L_1(z) = \frac{a_1}{z-1} + \frac{a_2}{(z-1)^2} + \frac{a_3}{(z-1)^3} + \cdots + \frac{a_n}{(z-1)^n} \tag{5.53}$$

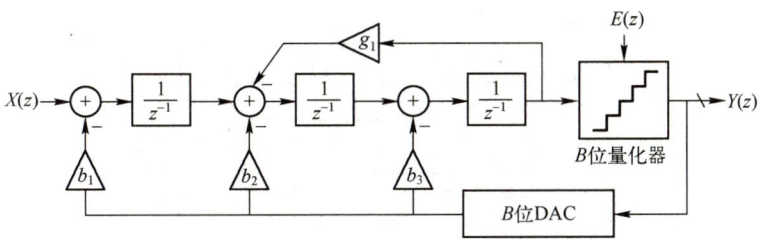

图 5.21　CRFB 结构调制器行为级模型

在图 5.21 中，如果不包括 g_1 的负反馈回路，NTF 的所有零点均在直流点。NTF 决定了

$L_1(z)$，同时也决定了 STF。假设 NTF 和 STF 分别为

$$\text{NTF}(z) = \frac{(z-1)^n}{D(z)} \tag{5.54}$$

$$\text{STF}(z) = \text{NTF}(z)L_0(z) = \frac{b_1}{D(z)} \tag{5.55}$$

加入 g_1 的负反馈回路后，CRFB 结构调制器的传递函数形成谐振器。该谐振器的传递函数为

$$R(z) = \frac{z}{z^2 - (2-g_1)z + 1} \tag{5.56}$$

该谐振器将极点沿单位圆移出直流点，并将 NTF 的零点从直流点移到信号带宽内，这样可以更好地抑制信号带宽内的量化噪声，得到更好的系统性能。

对于 CRFF 和 CRFB 结构调制器，如果选择合适的反馈系数和前馈系数，可以得到基本相等的 NTF。但是，这两种结构的 STF 却不相同。在 CRFF 结构调制器中，由于输入信号通过第一个积分器后直接前馈到输出端，所以 STF 为一阶函数滤波器特性；在 CRFB 结构调制器中，输入信号经过所有积分器才达到输出端，STF 为 L 阶函数滤波特性。

5.2.3　级联低阶 Sigma-Delta 调制器的结构

由于单环高阶 Sigma-Delta 调制器的结构较为复杂，所以无法采用线性系统进行分析，其系统稳定性也需要特别加以考虑，可以采用级联低阶 Sigma-Delta 调制器的方式，每级只包含一阶或者二阶等低阶积分器，将前一级的量化噪声作为后级调制器的输入信号，然后通过噪声抵消逻辑电路将所有前级的量化噪声抵消掉，最终只剩下输入信号和经过噪声整形的最后一级量化噪声，这种 Sigma-Delta 调制器称为级联噪声整形 MASH 调制器。2-1 级联 MASH 调制器行为级模型如图 5.22 所示。

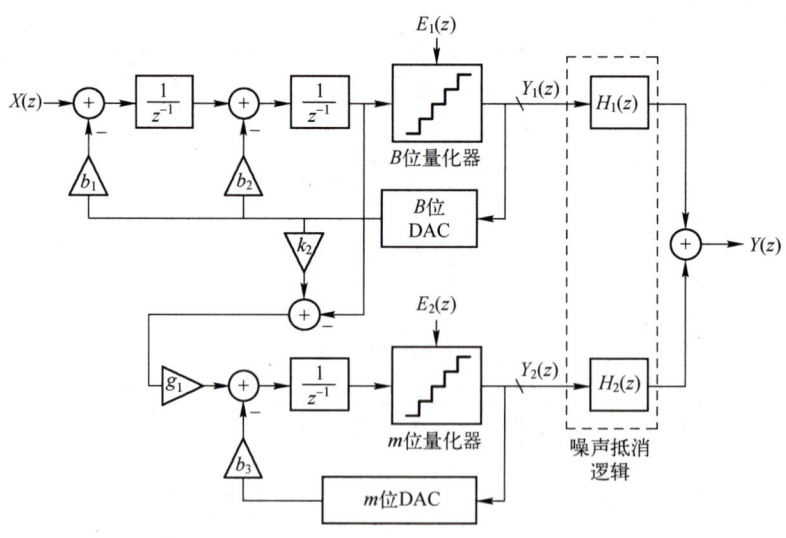

图 5.22　2-1 级联 MASH 调制器行为级模型

2-1 级联 MASH 调制器实际上可以达到三阶 Sigma-Delta 调制器噪声整形能力。第一、

第二级调制器的输出信号分别为

$$Y_1(z) = z^{-2}X(z) + (1-z^{-1})^2 E_{Q1}(z) \tag{5.57}$$

$$Y_2(z) = z^{-1}g_1 E_{Q1}(z) + (1-z^{-1})E_{Q2}(z) \tag{5.58}$$

式中，$X(z)$ 为输入信号；$E_{Q1}(z)$ 为第一级调制器的量化噪声；$E_{Q2}(z)$ 为第二级调制器的量化噪声。在图 5.22 中，k_2 为信号输出到下一级的权重系数，可以通过仿真得到一个比较优化的值；g_1 为第一级的量化噪声输出到下一级的缩放系数，也可以通过仿真得到较为优化的值。第一级和第二级调制器的输出信号 $Y_1(z)$ 和 $Y_2(z)$ 通过噪声抵消逻辑电路 $H_1(z)$ 和 $H_2(z)$，将第一级调制器的量化噪声抵消，使得最终输出信号只包含第二级调制器的量化噪声，并得到

$$Y(z) = Y_1(z)H_1(z) + Y_2(z)H_2(z) \tag{5.59}$$

其中，噪声抵消逻辑电路的传递函数分别为

$$H_1(z) = z^{-1} \tag{5.60}$$

$$H_2(z) = \frac{1}{g_1}(1-z^{-1})^2 \tag{5.61}$$

结合式（5.57）～式（5.61）可得 2-1 级联 MASH 调制器的输出信号为

$$Y(z) = z^{-3}X(z) + \frac{1}{g_1}(1-z^{-1})^3 E_{Q2}(z) \tag{5.62}$$

2-1 级联 MASH 调制器将第一级的量化噪声完全消除，并将第二级的量化噪声进行三阶噪声整形处理，并且每一级的调制器都为二阶以下的低阶结构，不用考虑调制器的稳定性问题。

由于式（5.57）～式（5.61）是在模拟域完成的运算，而式（5.62）是在数字域完成的运算。实现两个不同域的运算是完全不同的。其中，模拟域的运算在开关电容结构中是进行电容比值的运算，这取决于集成电路工艺的匹配精度，存在一定的误差；数字域的运算是进行移位和加法运算，无误差存在。因此，模拟域和数字域的运算存在一定的误差，这种误差导致的失配会使得前级的量化噪声不能被完全抵消，从而造成量化噪声泄漏到输出端，最终使得输出信号的质量下降。为了降低这种失配误差，通常这种级联结构调制器在 CMOS 工艺中采用电容匹配精度较高的开关电容结构。另外，在电路级可以通过增大电容面积和积分器的增益带宽来降低这种失配误差。

5.2.4 多位量化 Sigma-Delta 调制器的结构

Sigma-Delta 调制器的信噪比与过采样比（OSR）、调制器阶数（L）和量化器位数（B）有关。提高 Sigma-Delta 调制器的信噪比，必须提高 OSR 或者 L 或者 B。提高 OSR 意味着在信号带宽一定的条件下来提高采样频率；当信号带宽达到 MHz 数量级时，只提高采样频率，一方面会使电路功耗急剧地增加，另一方面由于工艺条件限制而无法实现。由于 Sigma-Delta 调制器是一个非线性的负反馈闭环系统，当它的阶数（L）大于 2 会造成系统不稳定，使量化器过载，进而使得它的性能急速下降。较为合适的方式是通过提高 B 来提高 Sigma-Delta 调制器的性能，而且提高 B 会使高阶 Sigma-Delta 调制器的稳定性增强，量化器的稳定输入范围增大；另外，采用多位量化器，使得 Sigma-Delta 调制器输出信号台阶增多，这会降低信号带宽内的

量化噪声和杂波强度。三阶 Sigma-Delta 调制器量化器位数和峰值信噪比的关系如图 5.23 所示。

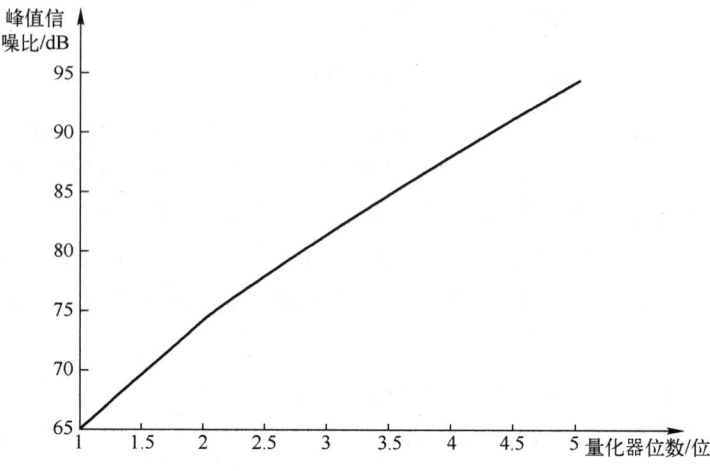

图 5.23　三阶 Sigma-Delta 调制器量化器位数和峰值信噪比的关系

然而，Sigma-Delta 调制器如果采用多位量化器，那么在反馈回路中就会用到多位 DAC，而多位 DAC 的精度对 Sigma-Delta 调制器的影响很大。以一阶调制器多位量化器为例，若 $X(z)$ 为输入信号，$E_Q(z)$ 为多位量化器的量化噪声，$E_D(z)$ 为反馈 DAC 的非线性误差引入的噪声，则其传递函数为

$$Y(z) = z^{-1}X(z) + (1 - z^{-1})E_Q(z) - z^{-1}E_D(z) \tag{5.63}$$

从式（5.63）中可以看出，由多位 DAC 产生的非线性误差并没有像量化噪声那样受到反馈回路的调制作用，因此整个 Sigma-Delta 调制器的精度受限于多位反馈 DAC 的精度。

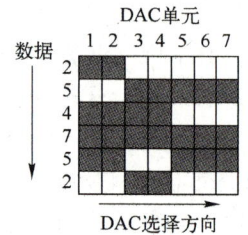

图 5.24　DAC 的选择顺序

为了解决多位 DAC 的非线性问题，人们提出了许多 DAC 的线性化技术和方法，其中比较实用的是数据加权平均（Data Weighted Averaging，DWA）算法。此算法是使每一个数据（Element）用到的次数基本相等，将各个数据的差值进行平均。其基本原理是使用一个单元指针来定位单元序列的，每一次转换后把单元指针定位到本次使用单元序列的结尾，并按照单元序列的摆放顺序继续定位。DAC 的定位顺序如图 5.24 所示。其中，横向数字代表 DAC 的编号（共 7 个）；纵向数字代表每次选择 DAC 的个数（共 6 次）；每行的黑色阴影区域则代表被定位的 DAC 编号。

5.3　Sigma-Delta 调制器非线性分析

由于 CMOS 工艺实现的晶体管存在各种二级效应和非理想因素，使得 Sigma-Delta 调制器与理想调制器的性能存在一定的差距。为了能够得到较好的性能，要对 Sigma-Delta 调制器的非理想特性进行定量计算，分析其对 Sigma-Delta 调制器的影响程度，并指导电路设计。Sigma-Delta 调制器的主要非理想特性包括积分器的电荷泄漏、电容失配、时钟采样误差，以及有限单位增益带宽、有限压摆率和有限输出信号摆幅等，下面逐一进行详细说明。

5.3.1 Sigma-Delta 调制器的积分器泄漏

Sigma-Delta 调制器主要由积分器构成。积分器泄漏主要与内部运算放大器的有限增益有关。如图 5.25 所示，开关电容积分器电路由采样电容（C_s）、采样开关、积分电容（C_I）和运算放大器构成。开关电容积分器由两相不交叠时钟信号 CLK_1 和 CLK_2 控制。开关电容积分器分相工作电路如图 5.26 所示。

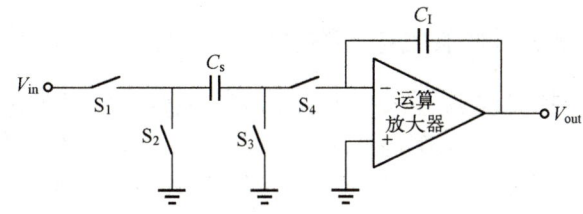

图 5.25 开关电容积分器电路

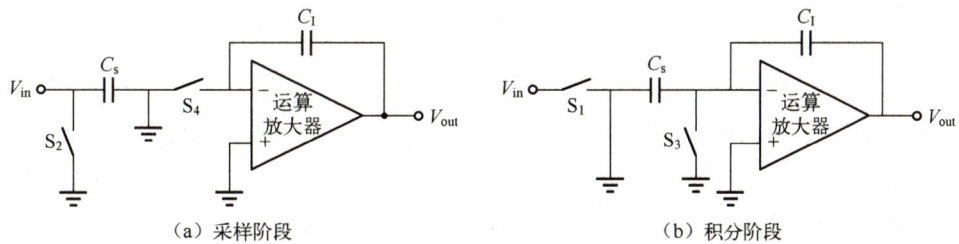

（a）采样阶段   （b）积分阶段

图 5.26 开关电容积分器分相工作电路

图 5.26（a）为开关电容积分器工作于采样阶段的电路，此时开关 S_1 和 S_3 闭合，开关 S_2 和 S_4 打开，将输入信号采样至采样电容上，而积分电容上保持前一个时钟周期的电荷。图 5.26（b）为开关电容积分器工作于积分阶段的电路，此时开关 S_1 和 S_3 打开，开关 S_2 和 S_4 闭合，将采样电容上的电荷转移至积分电容上。由此可得

$$Y(n) = Y(n-1) + X(n-1/2) \tag{5.64}$$

$$H(z) = \frac{Y(z)}{X(z)} = \frac{z^{-1}}{1-z^{-1}} \tag{5.65}$$

式（5.65）假设运算放大器的直流增益为无穷大，采样电容上的电荷完全转移至积分电容上。但是，这在实际电路中是不可能的，即实际运算放大器的直流增益为有限值，这就造成了积分器的采样电荷没有完全转移至积分电容上，从而造成积分器的电荷泄漏。在采样阶段，采样电容上的电荷量 Q_s 为

$$Q_s = C_s X(n-1/2) \tag{5.66}$$

如果运算放大器的直流增益为 A，在积分阶段，由于运算放大器直流增益有限，采样电容上的剩余电荷量 Q_r 和转移至积分电容上的电荷量 Q_t 分别为

$$Q_r = Y(n)C_s/A \tag{5.67}$$

$$Q_t = C_s[X(n-1/2) - Y(n)/A] \tag{5.68}$$

那么，开关电容积分器最终的输出信号为

$$Y(n) = \frac{Y(n-1) + X(n-1/2)\,C_s/C_I}{1 + C_s/(AC_I)} \tag{5.69}$$

式（5.69）与理想的式（5.64）相比，分母中多了 $C_s/(AC_I)$ 项，这是由于运算放大器的有限直流增益造成了积分器的电荷泄漏，使得采样电容 C_s 上的电荷没有完全转移至积分电容上。

5.3.2 Sigma-Delta 调制器的电容失配

如果 Sigma-Delta 调制器采用开关电容积分器来实现，则在开关电容积分器电路中，积分器的增益系数采用电容的比值来实现。对于 CMOS 工艺，虽然片上电容比值实现的精度远高于绝对值，但是电容比值的误差却无法完全消除，使得积分器的增益偏离理想值。这种误差使得实际积分器与理想积分器的传递函数有所不同，改变了 Sigma-Delta 调制器的 NTF，进而使得 Sigma-Delta 调制器信号带宽内噪声的增加。这种性能上的恶化与 Sigma-Delta 调制器的结构有很大的关系。

1. 单环 Sigma-Delta 调制器的电容失配

下面以二阶 1 位量化器的结构为例分析单环 Sigma-Delta 调制器的电容失配。用于电容失配分析的单环二阶 1 位量化器行为级模型如图 5.27 所示。假设各积分器系数为 $g_i^* = g_i(1 - \varepsilon_{g_i})$，得到二阶 Sigma-Delta 调制器的 STF 和 NTF 分别为

$$\text{STF}(z) \approx (1 - |\,\varepsilon_{g_2} - \varepsilon_{g_1}\,|)z^{-2} \simeq z^{-2} \tag{5.70}$$

$$\text{NTF}(z) \approx (1 + \varepsilon_g)(1 - z^{-1})^2, \quad \varepsilon_g = \varepsilon_{g_2} + \varepsilon_{g_1} \tag{5.71}$$

式中，g_i^* 为实际系数；g_i 为理想系数；ε_{g_i} 为系数误差。

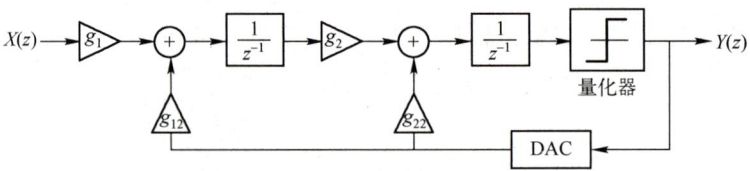

图 5.27　用于电容失配分析的单环二阶 1 位量化器行为级模型

由式（5.70）和式（5.71）可知，电容失配造成的误差对于 STF 可以忽略不计，对于 NTF 提供的二阶噪声整形，其增益有所改变。经过推导可以得出，电容失配情况下的信号带宽范围内的量化噪声功率为

$$P_Q = \frac{\Delta^2}{12}\left[\frac{(1 + \varepsilon_g)^2 \pi^4}{5\,\text{OSR}^5}\right] \tag{5.72}$$

一般，单环 L 阶 Sigma-Delta 调制器考虑电容失配的输出信号为

$$Y(z) = z^{-L}X(z) + (1 + \varepsilon_g)(1 - z^{-1})^L E(z) \tag{5.73}$$

在电容失配情况下，信号带宽范围内的量化噪声功率为

$$P_Q = \frac{\Delta^2}{12}\left[\frac{(1+\varepsilon_g)^2\pi^{2L}}{(2L+1)OSR^{2L+1}}\right] \qquad (5.74)$$

式中，$\varepsilon_g = \varepsilon_{g1} + \varepsilon_{g1} + \cdots + \varepsilon_{gL}$。由式（5.74）可知，电容失配对单环 Sigma-Delta 调制器信号带宽内量化噪声的影响很小。在标准 CMOS 工艺条件下，0.1%的电容匹配精度并不会造成单环 Sigma-Delta 调制器性能的明显恶化。

2. 级联 Sigma-Delta 调制器的电容失配

对于级联 Sigma-Delta 调制器而言，电容失配会明显地增加信号带宽内的量化噪声，恶化 Sigma-Delta 调制器的信噪比。MASH 调制器的噪声抵消逻辑电路要求模拟积分器增益与系数满足一定的关系才能将前级的量化噪声完全消除。如果开关电容积分器中电容失配导致了模拟积分器的系数发生了改变，那么前级量化噪声将不会被完全抵消，从而造成积分器的噪声泄漏。下面级联 Sigma-Delta 调制器电容失配的分析以 2-1 级联 MASH 调制器为例。用于电容失配分析的 2-1 级联 MASH 调制器行为级模型如图 5.28 所示。其中，忽略两级单环 Sigma-Delta 调制器的增益失配，只考虑两级之间的系数失配。

第一级二阶 Sigma-Delta 调制器和第二级一阶 Sigma-Delta 调制器的输出信号分别为

$$Y_1(z) = z^{-2}X(z) + (1-z^{-1})^2 E_{Q1}(z) \qquad (5.75)$$

$$Y_2(z) = z^{-1}X_2(z) + (1-z^{-1})E_{Q2}(z) \qquad (5.76)$$

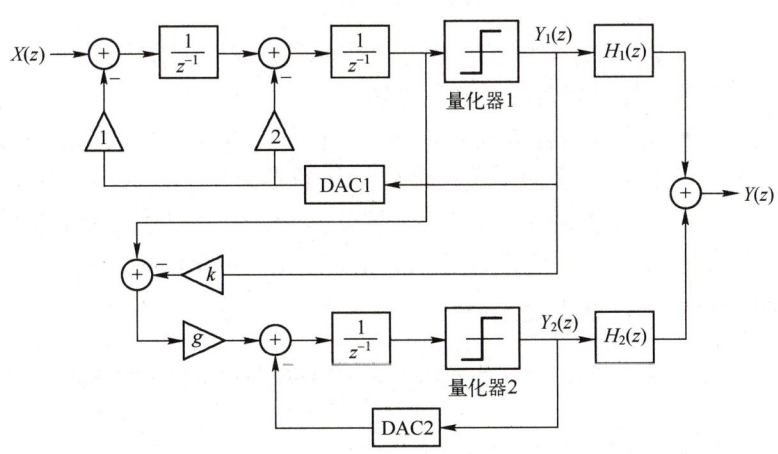

图 5.28   用于电容失配分析的 2-1 级联 MASH 调制器行为级模型

式中，$X_2(z) = k[(1-g)Y_1(z) - E_{Q1}(z)]$。

将式（5.76）代入式（5.75）中，得到 2-1 级联 MASH 调制器的输出信号为

$$Y(z) = [z^{-2}H_1(z) + z^{-3}H_2(z)g(1-k)]X(z) + (1-z^{-1})^2 H_2(z)E_{Q2}(z)$$

$$+[(1-z^{-1})^2(H_1(z) + z^{-1}H_1(z)(1-k)) - z^{-1}H_2(z)g]E_{Q1}(z) \qquad (5.77)$$

如果噪声抵消逻辑电路满足：

$$H_1(z) = z^{-1} - (1-k)(1-z^{-1})^2 z^{-1} \qquad (5.78)$$

$$H_2(z) = \frac{1}{g}(1-z^{-1})^2 \qquad (5.79)$$

第一级二阶 Sigma-Delta 调制器的量化噪声将会被完全消除，其输出信号为

$$Y(z) \approx z^{-3} X(z) + \frac{1}{g}(1-z^{-1})^3 E_{Q2}(z) \tag{5.80}$$

如果不存在系数失配，那么 2-1 级联 MASH 调制器的传递函数只包含信号的 3 个单位时间延迟和三阶整形的第二级量化噪声，第一级二阶 Sigma-Delta 调制器的量化噪声被完全消除。

在系数失配的情况下，假设模拟系数与数字系数产生的误差为 δ_g 和 δ_k，那么存在 $g_1 = g(1+\delta_g)$ 和 $k_1 = k(1+\delta_k)$，2-1 级联 MASH 调制器的传递函数为

$$Y(z) \approx z^{-3} X(z) + \delta_{g_1} z^{-1}(1-z^{-1})^2 E_{Q1}(z) + \frac{1}{g_1}(1-z^{-1})^3 E_{Q2}(z) \tag{5.81}$$

式（5.81）中，两级 Sigma-Delta 调制器之间的系数 g_1 的失配会造成第一级二阶 Sigma-Delta 调制器的量化误差泄漏到第二级一阶 Sigma-Delta 调制器的输出端，从而增大了量化噪声的功率，降低了该调制器的性能。由式（5.82）可得到信号带宽内的量化噪声总功率为

$$P_Q(E_Q) = \delta_{g_1}^2 \frac{\pi^4}{5M^5} E_{Q1}^2 + \frac{1}{g_1^2} \frac{\pi^6}{7M^7} E_{Q2}^2 \tag{5.82}$$

式中，E_{Q1}^2 和 E_{Q2}^2 分别为第一级和第二级量化器的量化噪声功率。相对于模拟和数字系数匹配，信号带宽内的量化噪声有所增加。

5.3.3   Sigma-Delta 调制器的时钟采样误差

Sigma-Delta 调制器的时钟采样误差是由时钟抖动造成的采样误差。时钟抖动是指相对于理想时钟信号的偏移。时钟抖动对采样信号影响较大，可归结为信号采样的不确定性和不均匀性，且在积分相表现为高阶建立误差。通常，积分相的误差可以忽略不计。

时钟抖动发生在采样相，通常表现为采样时间的不确定性，这种不确定性将增加信号带宽内的噪声功率。噪声功率增加的幅度将与输入信号幅度和时钟抖动的程度相关。

假设输入信号是幅度为 A、频率为 f_s 的正弦信号 $Y = A\sin(\omega t + \varphi)$，那么每个时钟周期的采样误差如图 5.29 所示，其表达式为

$$X(nT_s + \Delta t) - X(nT_s) = \left. \frac{\mathrm{d}}{\mathrm{d}x} X(t) \right|_{nT_s} \Delta t = 2\pi f_s A \cos(2\pi f_s \cdot nT_s) \Delta t \tag{5.83}$$

式中，Δt 为采样时间误差。

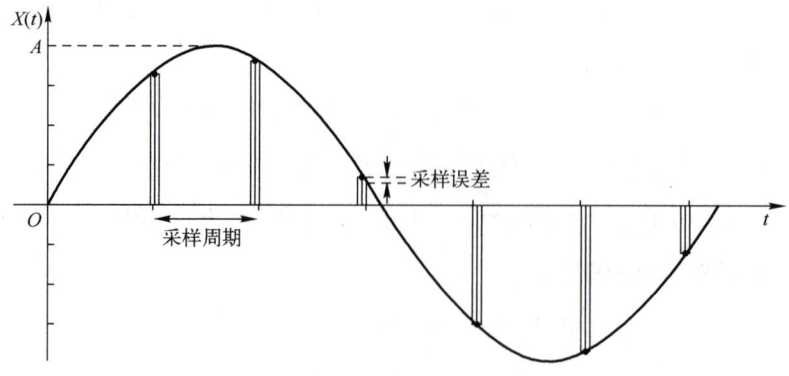

图 5.29   每个时钟周期的采样误差

假设采样时间误差与输入信号不相关，那么信号误差功率在整个采样带宽范围内为均匀分布，那么信号误差的功率密度和信号带宽范围内的噪声功率分别为

$$S_J = \frac{A^2}{2} \frac{(2\pi f \sigma_J)^2}{f_s} \tag{5.84}$$

$$P_J = \int_{-f_b}^{f_b} S_J df = \frac{A^2}{2} \frac{(2\pi f \sigma_J)^2}{OSR} \tag{5.85}$$

由式（5.85）可知，时钟抖动产生的误差噪声功率与过采样比（OSR）成反比，并与信号频率和幅度的平方成正比。由于信号幅度 $A \leqslant A_{ref}$，频率 $f_s \leqslant f_b$，那么在最差情况下，时钟抖动产生的误差噪声功率为

$$P_{J,wc} = \frac{A_{ref}^2}{2} \frac{(2\pi f \sigma_J)^2}{OSR} = \frac{A_{ref}^2}{2} \frac{(2\pi f_s \sigma_J)^2}{OSR^3} \tag{5.86}$$

假设 σ_J 不随时钟频率发生变化，那么时钟抖动产生的误差噪声功率与 OSR^3 成反比，所以 Sigma-Delta 调制器中随着过采样比的增加，时钟抖动产生的信号带宽内误差噪声功率随 OSR 增加将大幅降低。

5.3.4　与运算放大器有关的建立误差分析

与运算放大器有关的建立误差，除了有限直流增益外，还包括有限单位增益带宽、有限压摆率和有限输出信号摆幅等，这些建立误差都属于动态误差。

1. 有限单位增益带宽

运算放大器的有限单位增益带宽与组成积分器的反馈系数得出积分器的闭环带宽。闭环带宽将直接影响积分器的小信号稳定时间。我们假设运算放大器为一个简单的单极点系统，如果时间常数 $\tau = \frac{1}{2\pi GB}$，那么输出电压 v_o 与输入电压 v_i 随时间变化的关系为

$$v_o(t) = v_i \left(1 - e^{-\frac{t}{\tau}}\right) \tag{5.87}$$

如果运算放大器的有限单位增益带宽较小，造成其时间常数过大，那么运算放大器的输出信号没有完全建立。信号带宽内的建立误差将会增加，从而降低 Sigma-Delta 调制器的信噪比。在开关电容 Sigma-Delta 调制器中，可根据容忍误差容限 ε_o、时钟周期 T 和负载电容来计算所需的最小的单位增益带宽，并留出一定的设计裕度。

2. 有限压摆率

有限压摆率的分析要考虑建立时间。有限压摆率反映了运算放大器大信号建立能力，即运算放大器的输入信号加入之后，其输出信号接近稳态值的快慢程度。在积分器的积分相，时钟周期的一半为运算放大器输出的大信号压摆时间与小信号建立时间总和。首先运算放大器输出信号突然发生变化受压摆时间的限制，然后小信号建立受带宽的限制。一般情况下，运算放大器输出的大信号压摆时间不会大于整个建立时间的 1/3。运算放大器输出的大信号压摆率如图 5.30 所示。

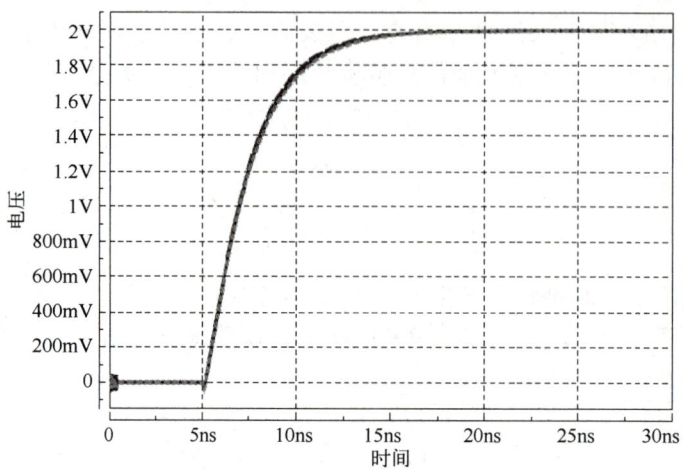

图 5.30   运算放大器输出的大信号压摆率

3. 有限输出信号摆幅

在实际的运算放大器电路中，输出信号摆幅总是小于电源电压的幅值。如果运算放大器的输出信号摆幅小于积分器输出信号所需的信号幅值，那么超出部分的直流增益会显著下降，最终导致谐波的产生。所以在 Sigma-Delta 调制器的设计里，通常要合理地设置积分系数和反馈系数，使运算放大器的输出信号工作在线性摆幅内。运算放大器的输出信号摆幅与直流增益的关系如图 5.31 所示。运算放大器的开环增益在输出信号摆幅为零时达到峰值，随着输出电压的逐渐增大，输出晶体管逐渐转向线性区，放大器的输出电阻逐渐减小，其直流增益也随之降低，当输出晶体管进入线性区，其直流增益迅速下降。

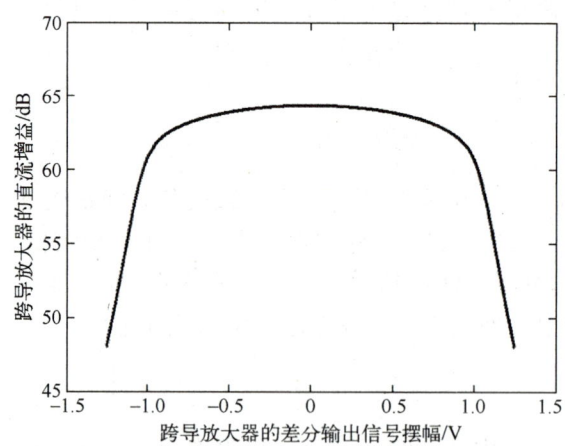

图 5.31   运算放大器的输出信号摆幅与直流增益的关系

5.4   参考文献

[1] AU S, LEUNG B H. A 1.95V, 0.34mW, 12b Sigma-Delta Modulator Stability by Local Feedback Loops[J]. IEEE Journal of Solid-State Circuits, 1997,32(3):321-328.

[2] NORSWORTHY S R, SCHREIER R, TEMES G C. Delta-Sigma Data Converters Theory, Design and Simulation[M]. New York: IEEE Press, 1997.

[3] CHANGE T, DUNG L, GUO J, YANG K. A 2.5V 14bit 180mW cascaded sigma delta ADC for ADSL+2 application[J]. IEEE Journal of Solid-State Circuits, 2007, 42(11):2357-2368.

[4] CANDY J C, TEMES G C. Oversampling Delta-Sigma Data Converters Theory, Design and Simulation[M]. New York: IEEE Press, 1992.

[5] DELRIO R, MEDEIRO F, PEREZ-VERDU B, et al. CMOS Cascade Sigma-Delta Modulators for Sensors and Telecom, Error Analysis and practical Design[M]. Netherlands: Springer,2006.

[6] BAIRD R T, FIEZ T S. Linearity enhacement of multibit A/D and D/A converters using data weighted averaging[J]. IEEE Transactions on Circuit Systems Ⅰ, 1995, 42(12):753-762.

[7] CHERRY J A, SNELGROVE W M. Excess loop delay in continuous delta sigma modulator[J]. IEEE Transactions on Circuit Systems Ⅱ, 1999, 46(4):376-389.

[8] CHERRY J A. Continuous Time Delta Sigma Modulator for High Speed A/D Conversion[M]. Boston: Kluwer Academic Publishers, 2000.

[9] MALCOVATI P, et al. Behavioral modeling of switched capacitor sigma delta modulators[J]. IEEE Transactions on Circuits Systems Ⅰ, 2003, 50(3):352-364.

[10] SHYN J B, TEMES G C, KMMMENACHER F. Random error effects in matched MOS capacitors and current sources[J]. IEEE Journal of Solid-State Circuits, 1984, 19(6):948-955.

[11] 范军，黑勇. 一种高性能多位量化 Sigma-Delta 调制器的设计[J]. 微电子学，2012(6)，42(3):306-310.

[12] SCHREIER R, TEMES C. Understanding Delta-Sigma Data Converters[M]. New York: John Wiley& Sons, 2005.

[13] BOSER B E, WOOLEY B A. Design of a CMOS second-order sigma-delta modulator[C]. IEEE International Solid-State Circuits Conference, 1988: 258-259,395.

[14] ARDALAN S H, PAULOS J J. Stability analysis of high-order sigma-delta modulators[C]. 1986 IEEE International Symposium on Circuits and Systems, 1986(2):715-719.

[15] GEERTS Y, STEYAERT M S J, SANSEN W. A high-performance multibit Delta Sigma CMOS ADC[J]. IEEE Journal of Solid-State Circuits, 2000, 35(12): 1829-1840.

[16] FUJIMORI I, LONGO L, HAIRAPETIAN A, et al. A 90-dB SNR 2.5-MHz output-rate ADC using cascaded multibit delta-sigma modulation at 8x oversampling ratio[J]. IEEE Journal of Solid-State Circuits, 2000, 35(12):1820-1828.

[17] RABII S, WOOLEY B A. A 1.8-V digital-audio sigma-delta modulator in 0.8-um CMOS[J]. IEEE Journal of Solid-State Circuits, 1997, 32(6):783-796.

[18] SUAREZ G, JIMENEZ M, FERNANDEZ F O. Behavioral modeling methods for switched-capacitor Sigma Delta modulators[J]. IEEE Transactions on Circuits and Systems I: Regular Papers, 2007, 54(6):1236-1244.

[19] ABOUSHADY H, DUMONTEIX Y, LOUERAT M. Efficient Poly-phase Decomposition of Comb Decimation Filters in Sigma Delta Analog to Digital Converters[C]. IEEE Transactions on Circuits and Systems Ⅱ, 2001,48 (10).

[20] BRANDT B P, WOOLEY B A. A Low-Power, Area-Efficient Digital Filter for Decimation and

Interpolation[J]. IEEE Journal of Solid-State Circuits, 1994,29(6):679-687.

[21] BRIGATI S, FRANCESCONI F, MALOBERTI E. Modeling sigma-delta modulator non-idealities in SIMULINK[C]. Proc.IEEE ISCAS, 1999(2).

[22] WILLY M, SANSEN C. Analog Design Essenrials[M]. Beijing: Publishing House of TsingHua university, 2008.

[23] ZARE-HOSEINI H, KALE I, SHOAEI O. Modeling of switched-capacitor delta-sigma Modulators in SIMULINK[J]. IEEE Transactions on Instrumentation and Measurement, 2005,54(4):1646-1654.

[24] CROCHIERE R E, RABINER L R. Interpolation and Decimation of Digital Signals-A Tutorial Review[J]. Processing of the IEEE. 1981, 69(3): 300331.

[25] RABII S, WOOLE B A. The Design of Low-Voltage Low-Power Sigma-Delta Modulators[M]. Kluwer Academic Publishers, 1999.

[26] BAIRD R, FIEZ T. Improved OE DAC linearity using data weighted averaging[C]. 1995 IEEE International Symposium on Circuits and Systems,1995(1): 13-16.

第 6 章 单环 Sigma-Delta 调制器

基于第 5 章关于 Sigma-Delta 调制器的理论描述，本章将讨论一种单环 Sigma-Delta 调制器的电路设计和实验结果。首先，根据 Sigma-Delta 调制器的指标选择行为级设计参数；其次，根据设计参数采用 MATLAB-Simulink 进行行为级仿真；然后，对 Sigma-Delta 调制器的电路模块进行设计仿真，完成单环 Sigma-Delta 调制器电路级的设计；最后，给出 Sigma-Delta 调制器的实验结果。本章的 Sigma-Delta 调制器电路采用 0.18μm CMOS 混合信号工艺实现，并采用 1.8V 电源电压。

6.1 单环 Sigma-Delta 调制器性能参数的选择

根据表 6.1 中单环 Sigma-Delta 调制器的性能参数，选择行为级设计参数。由第 5 章关于 Sigma-Delta 调制器的性能参数可知，其主要性能由过采样比（OSR）、阶数（L）和量化器位数（B）决定。

本章不考虑多位量化器结构的调制器，所以我们首先确定 Sigma-Delta 调制器的量化器位数为 1，即单环 Sigma-Delta 调制器。三阶、四阶 Sigma-Delta 调制器理想峰值信噪失真比（Peak Signal to Noise Distortion Ratio，PSNDR）与 OSR 之间的关系如图 6.1 所示。根据理想峰值信噪失真比与 OSR 之间的关系，留出一定的设计裕度，可以选择的参数如表 6.2 所示。

表 6.1 单环 Sigma-Delta 调制器的性能参数

序号	参　　数	参数值
1	信号带宽	50kHz
2	信噪失真比	80dB
3	无杂散动态范围	80dB
4	电流	2mA
5	动态范围	80dB

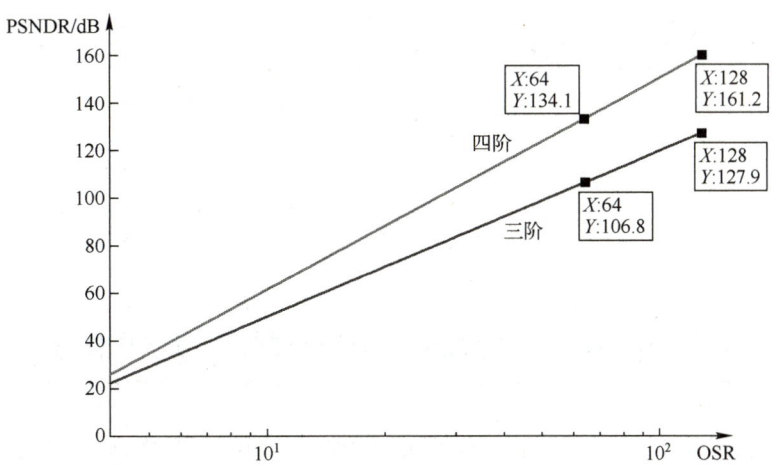

图 6.1 三阶、四阶 Sigma-Delta 调制器理想峰值信噪失真比（PSNDR）与 OSR 之间的关系

表 6.2   单环三阶、四阶 Sigma-Delta 调制器的性能参数

序号	OSR	L	B	理想信噪失真比（PSNDR）
1	64	3	1	106.8dB
2	64	4	1	134.1dB
3	128	3	1	127.9dB
4	128	4	1	161.2dB

如表 6.2 所示，对于 Sigma-Delta 调制器，OSR 分别为 64 和 128，对应 L 分别为 3 和 4，并可以达到只考虑量化噪声的理想信噪比。根据设计指标 SNDR=80dB，留出一定的设计裕度，可将参数设计为 OSR=64、L=4 或者 OSR=128、L=3。由于 Sigma-Delta 调制器阶数越高，稳定性越差，所以这里选择 L=3，并且对于 OSR 为 128 来说，采样频率 f_s 为 12.8MHz 是可以接受的，其功耗也是可接受的。确定后的单环三阶 Sigma-Delta 调制器的性能参数如表 6.3 所示。

表 6.3   单环三阶 Sigma-Delta 调制器的性能参数

序　号	参　　数	参　数　值	序　　号	参　　数	参　数　值
1	工艺尺寸	CMOS-0.18μm	5	过采样比	128
2	电源电压	1.8V	6	采样频率	12.8MHz
3	阶数	3	7	信号带宽	50kHz
4	量化器位数	1	8	输入信号幅度	0.5V

由第 5 章可知，单环 Sigma-Delta 调制器在结构上可分为 CRFB 结构和 CRFF 结构。虽然 CRFF 结构存在前馈通路，但是积分器不处理输入信号，只处理量化噪声，积分器的输出电压较小，所以该结构只在低电源电压下优势较大。另外，CRFF 结构需要在量化器的输入端加入加法器将各前馈通路加权求和，而加入的加法器电路会造成额外的功耗。因此在 CMOS 0.18μm 工艺下考虑到功耗，并要实现较大电压摆幅，这里选择 CRFB 结构实现单环 Sigma-Delta 调制器。单环三阶 CRFB 结构 Sigma-Delta 调制器行为级模型如图 6.2 所示。

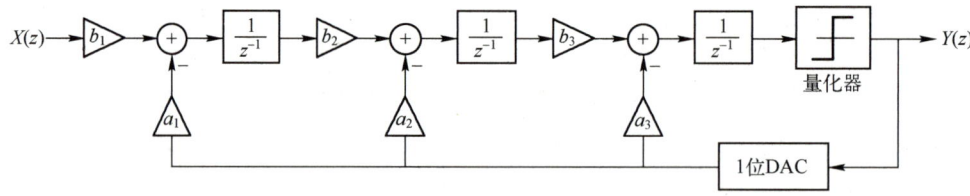

图 6.2   单环三阶 CRFB 结构 Sigma-Delta 调制器行为级模型

6.2   单环 Sigma-Delta 调制器的行为级仿真

前面我们已经确定了单环 Sigma-Delta 调制器的设计参数和电路结构。本节采用 MATLAB 工具对该调制器的性能进行分析和仿真。首先对单环 Sigma-Delta 调制器理想的传递函数进行分析，然后通过电路参数对单环 Sigma-Delta 调制器进行性能分析。

6.2.1 单环 Sigma-Delta 调制器传递函数的行为级仿真

采用如图 6.2 所示的单环三阶 CRFB 结构、过采样比为 128 的 Sigma-Delta 调制器的离散域噪声传递函数 NTF(z)和环路滤波器传递函数 $H(z)$分别为

$$\mathrm{NTF}(z) = \frac{(z-1)^3}{(z-0.6694)(z^2-1.531z+0.6639)} \tag{6.1}$$

$$H(z) = \frac{0.8(z^2-1.641z+0.695)}{(z-1)^3} \tag{6.2}$$

由于单环三阶 CRFB 结构 Sigma-Delta 调制器为一个有条件稳定系统，根据式（6.2），我们可以得出单环三阶 CRFB 结构 Sigma-Delta 调制器开环环路滤波器传递函数 $H(z)$稳定性分析图，如图 6.3 所示。

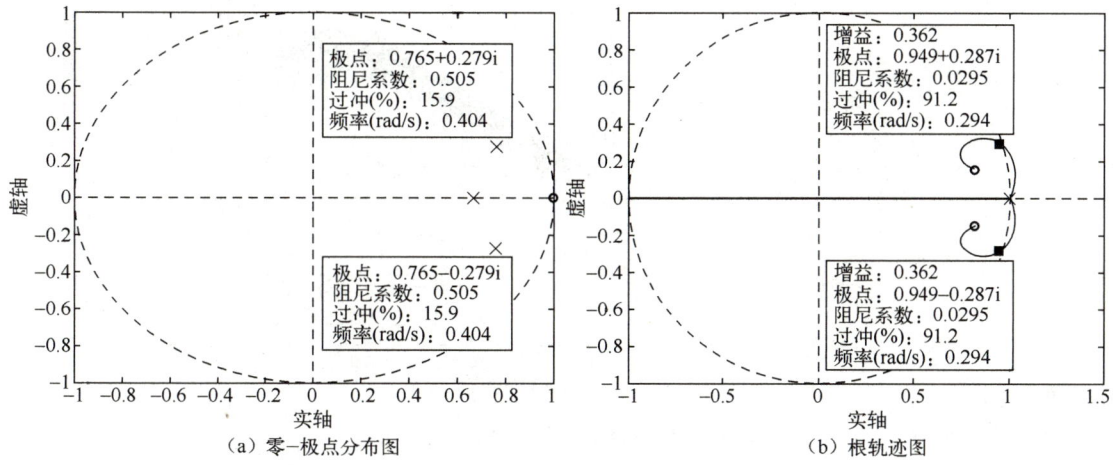

（a）零-极点分布图　　　　　　　（b）根轨迹图

图 6.3　单环三阶 CRFB 结构 Sigma-Delta 调制器开环环路滤波器传递函数 $H(z)$稳定性分析图

从图 6.3 中可以看出，当量化器的增益大于 0.362 时，$H(z)$曲线落在单位圆内，该调制器系统是稳定的。所以，量化器输入信号幅度不能太大，否则会造成量化器过载，从而使该调制器系统不稳定。

单环三阶 CRFB 结构 Sigma-Delta 调制器（OSR=128）的 STF 和 NTF 随频率变化特性如图 6.4 所示。可见，信号传递函数 STF 在频率较低（f/f_s<0.01）时，其增益恒定为 1，即信号经过该调制器不发生任何变化，而噪声传递函数 NTF 在整个频率上呈现高通特性，噪声被环路滤波器整形。根据 Lee 准则，高阶 1 位量化器的 Sigma-Delta 调制器的噪声传递函数最大增益应满足 $|\mathrm{NTF}(z)|_\infty \leqslant 1.5(3.52\mathrm{dB})$。图 6.4 所示的 NTF 满足 Lee 准则。

采用式（6.1）所示的噪声传递函数 NTF，仿真得到单环三阶 CRFB 结构 Sigma-Delta 调制器的噪声频谱密度（PSD）和信号频谱，如图 6.5 所示。可见，信号频谱和 PSD 在高频区高度一致；由于采用三阶噪声整形结构，带宽外的量化噪声呈现 60dB/dec 上升；正弦输入信号经过该调制器处理，可以达到 93.73dB 的信噪比。

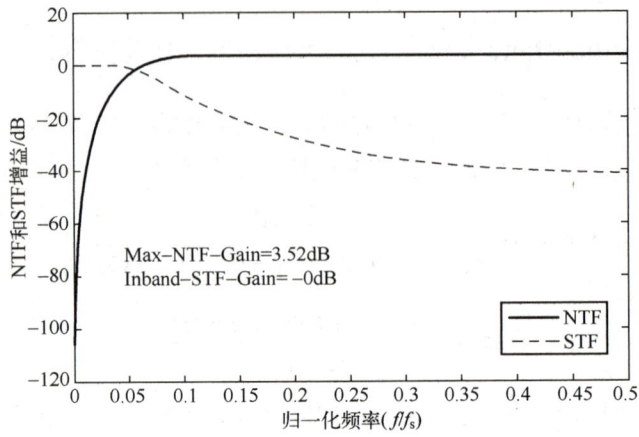

图 6.4　单环三阶 CRFB 结构 Sigma-Delta 调制器（OSR=128）的 STF 和 NTF 随频率变化特性

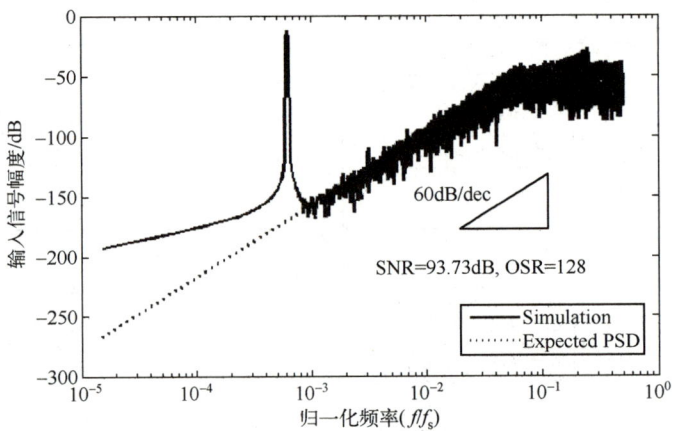

图 6.5　单环三阶 CRFB 结构 Sigma-Delta 调制器的噪声频谱密度（PSD）和信号频谱

　　采用式（6.1）所示的噪声传递函数 NTF，仿真得到单环三阶 CRFB 结构 Sigma-Delta 调制器的性能（SQNR）与输入信号幅度的关系，如图 6.6 所示。可见，在理想情况下，当输入信号幅度为-2dB，过采样比为 128 时，该调制器的峰值信噪比可以达到 110.4dB。

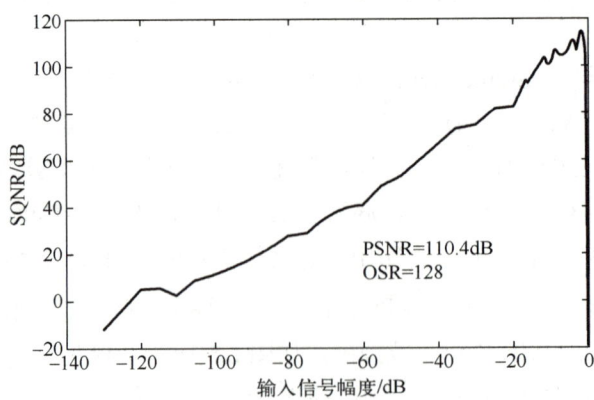

图 6.6　单环三阶 CRFB 结构 Sigma-Delta 调制器的性能（SQNR）与输入信号幅度的关系

6.2.2　单环 Sigma-Delta 调制器电路参数的行为级仿真

针对单环三阶 CRFB 结构 Sigma-Delta 调制器，采用 Simulink 搭建行为级模型，如图 6.7 所示。单环三阶 CRFB 结构 Sigma-Delta 调制器系数如表 6.4 所示。单环三阶 CRFB 结构 Sigma-Delta 调制器理想 MATLAB 模型含义如表 6.5 所示。此模型属于理想模型，所以仿真出的性能与图 6.6 所示的仿真结果较为接近。其中，图 6.7 所示模型的组成模块来自 SD 工具包。

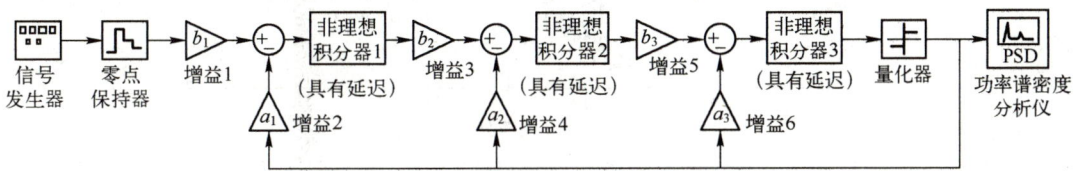

图 6.7　单环三阶 CRFB 结构 Sigma-Delta 调制器行为级模型

表 6.4　单环三阶 CRFB 结构 Sigma-Delta 调制器系数

系　数	a_1	a_2	a_3	b_1	b_2	b_3
系数类型	反馈系数			积分系数		
系　数　值	1/10	1/7	1/6	1/10	2/7	1/3

表 6.5　单环三阶 CRFB 结构 Sigma-Delta 调制器理想 MATLAB 模型含义

序号	符　　号	名　　称	参　数　值
1	Signal Generator	信号发生器	Amplitude=0.5，Frequency=7.22×10^3
2	Zero-Order Hold	零阶保持	Sample Time=1/（12.8×10^6）（采样时间）
3	IDEAL Integrator(with Delay)	第一级 积分器	Saturation=0.7（积分器输出信号摆幅） Sample Time=1/（12.8×10^6）
4	IDEAL Integrator(with Delay)1	第二级 积分器	Saturation=0.7 Sample Time=1/（12.8×10^6）
5	IDEAL Integrator(with Delay)2	第三级 积分器	Saturation=0.7 Sample Time=1/（12.8×10^6）
6	Quantizer	量化器	Sample Time=1/（12.8×10^6）
7	Power Spectrum Density	功率谱密度分析仪	Scope Number=1，Sampling Frequency=12.8×10^6 Low Band Bound=1，Upper Band Bound=50×10^3 Signal Frequency=7.22×10^3 Number of FFT Points=65536 Number of Transient Points=100

采用图 6.7 所示的 MATLAB-Simulink 行为级模型和表 6.4 所示的积分系数和反馈系数，仿真得到的单环三阶 CRFB 结构 Sigma-Delta 调制器的性能如图 6.8 所示。

由图 6.8 可知，单环三阶 CRFB 结构 Sigma-Delta 调制器采用理想的模型进行仿真，在输入信号幅度为 0.5V，频率为 7.22kHz 时，可以达到 102.3dB 的信噪失真比和 16.7 位的有效位数。如图 6.8 所示，该理想模型只包含量化噪声，高频端呈现 60dB/dec 的增加。

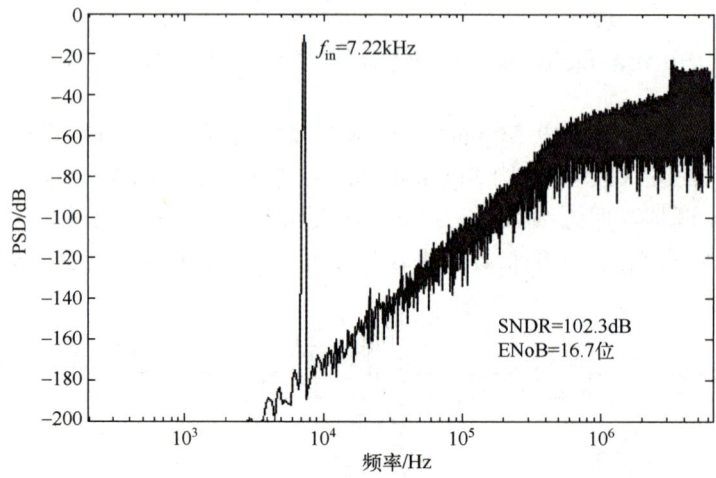

图 6.8　单环三阶 CRFB 结构 Sigma-Delta 调制器的性能

采用单环三阶 CRFB 结构 Sigma-Delta 调制器的理想模型，仿真得到的 3 个积分器输出电压如图 6.9 所示。可见，3 个积分器输出电压均小于 0.5V。

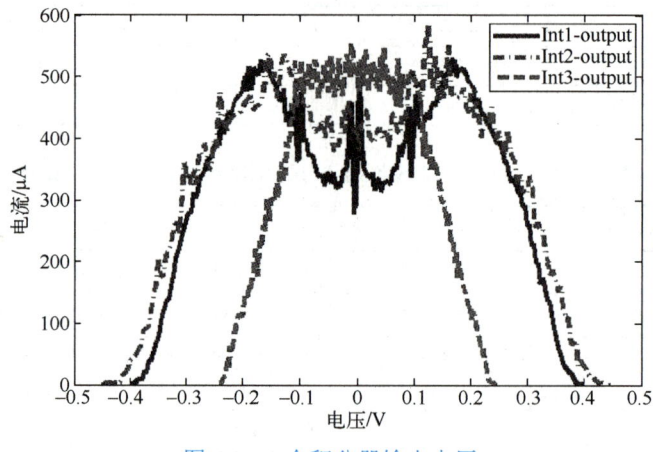

图 6.9　3 个积分器输出电压

 # 6.3　单环 **Sigma-Delta** 调制器的开关电容电路实现

6.3.1　开关电容电路

单环三阶 CRFB 结构 Sigma-Delta 调制器的开关电容电路如图 6.10 所示。为了抑制共模噪声及电源线、地线上的噪声，开关电容电路采用全差分结构实现。

在图 6.10 中，全差分结构的开关电容电路采用三级积分器级联的方式实现。其中，第三级积分器后面连接量化器，根据量化器的输出结果来决定反馈至各级积分器的 DAC 符号。该调制器工作在 CLK_{1d} 和 CLK_{2d} 两相不交叠时钟信号下。其中，CLK_1 和 CLK_2 分别为 CLK_{1d} 和 CLK_{2d} 的提前关断时钟信号。通过提前关断时钟信号将减少底极板采样的电荷注入。单环三阶 CRFB 结构 Sigma-Delta 调制器的时钟信号如图 6.11 所示。

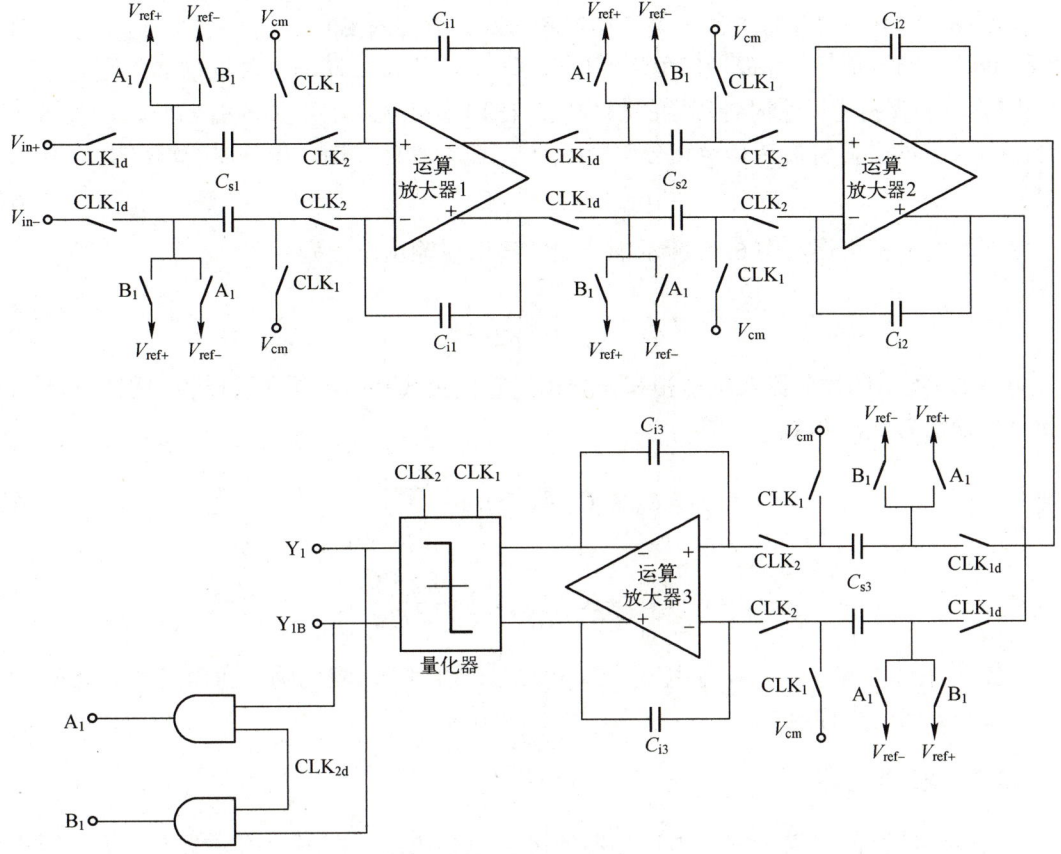

图 6.10 单环三阶 CRFB 结构 Sigma-Delta 调制器的开关电容电路

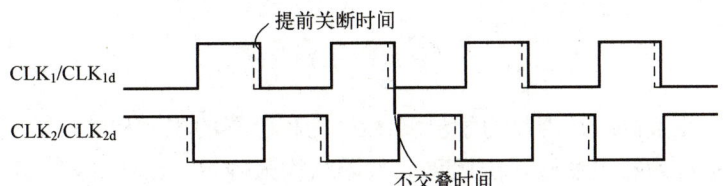

图 6.11 单环三阶 CRFB 结构 Sigma-Delta 调制器的时钟波形

开关电容积分器电路如图 6.12 所示。

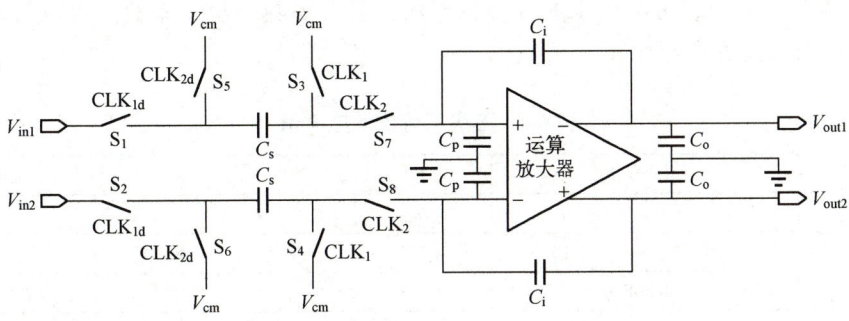

图 6.12 开关电容积分器电路

在图 6.12 中，积分器工作于采样相和积分相。在采样相时，开关 $S_1 \sim S_4$ 闭合，开关 $S_5 \sim S_8$ 断开，输入信号 V_{in} 被采样至采样电容 C_s 上，C_s 上存储的电荷量 Q_s 为 $C_s V_{in}$。此时，积分电容 C_i 将保持上一个时钟周期的积分值。在积分相时，开关 $S_1 \sim S_4$ 断开，开关 $S_5 \sim S_8$ 闭合，C_s 存储的电荷将被转移至积分电容 C_i 上。在本时钟周期，积分器的输出电压为

$$V_{out} = V_{in} \cdot C_s / C_i \tag{6.3}$$

由上面的分析可得，图 6.12 所示积分器的离散域输出电压为

$$V_{out} = \frac{C_s}{C_i} \cdot \frac{z^{-1}}{1 - z^{-1}} \cdot V_{in} \tag{6.4}$$

图 6.12 所示的积分器在采样相和积分相的等效负载不同，而在采样相和积分相的等效负载电容分别为 $C_{eq,s}$ 和 $C_{eq,i}$，即

$$C_{eq,s} = C_p + (C_o + C_{s,n})\left(1 + \frac{C_p}{C_i}\right) \tag{6.5}$$

$$C_{eq,i} = C_s + C_p + (C_o + C_s)\left(1 + \frac{C_p + C_s}{C_i}\right) \tag{6.6}$$

式中，C_s 为采样电容；C_i 为积分电容；C_p 和 C_o 分别为积分器的输入和输出寄生电容；$C_{s,n}$ 为下一级积分器的采样电容。

6.3.2　采样电容

开关电容电路的热噪声主要由积分器的采样电容决定。在三级积分器中，第一级积分器的采样电容决定了 Sigma-Delta 调制器的底极板噪声，也就是 kT/C 噪声。第一级积分器的采样等效热噪声为

$$v_{n,in}^2 = \frac{4}{3} \frac{kT}{C_1} \gamma (1 + n_t) + \frac{kT}{C_s} \tag{6.7}$$

式中，k 为玻尔兹曼常数；T 为热力学温度；C_1 为积分器的积分相的等效负载电容；γ 为积分器的反馈系数；n_t 为噪声系数，由运算放大器结构来确定；C_s 为采样电容。

由于单环 Sigma-Delta 调制器的积分器都在一个环路内，各级积分器产生的热噪声都会被环路滤波器整形，且按照信号流的走向，越靠后的积分器会产生阶数越高的热噪声。所以，后续积分器的采样电容可以按比例适当缩小。由等效输入热噪声指标可以得出各级积分器的采样电容值。采用表 6.4 所示的各级积分器的积分系数和反馈系数，可以得出各级积分器的电容值，如表 6.6 所示。

表 6.6　各级积分器的电容值

各级积分器	积分器 1		积分器 2		积分器 3	
系数	b_1	a_1	b_2	a_2	b_3	a_3
系数值	1/10	1/10	2/7	1/7	1/3	1/6
采样电容值	0.8pF		0.4pF		0.2pF	
积分电容值	8pF		1.4pF		0.6pF	
反馈电容值	8pF		0.2pF		0.1pF	

6.3.3 积分器

由于开关电容电路中各级积分器都在同一个环路内，其环路内元器件的非线性和非理想特性可以被环路滤波器整形，其整形特性与噪声整形的原理基本相同。开关电容电路由三级积分器级联构成。其中，第一级积分器处于信号处理的最前端，所以对其要求在三级积分器中也是最高的；环路滤波器对第一级积分器产生的非理想特性只有一阶噪声特性，而环路滤波器对第二级、第三级积分器产生的非理想特性分别有二阶和三阶噪声整形能力。结合过采样技术，第一级、第二级和第三级积分器的非理想特性降低了 OSR^{-3}、OSR^{-5} 和 OSR^{-7}。所以在电路设计指标上，对第一级积分器的要求最高，而对后级积分器的要求逐渐降低。由于积分器的核心为运算放大器，所以这里给出了各级积分器中运算放大器的性能指标，如表 6.7 所示。

表 6.7 各级积分器中运算放大器的性能指标

序 号	参 数	第一级积分器	第二级积分器	第三级积分器
1	直流增益	65dB	50dB	40dB
2	单位增益带宽	50MHz	30MHz	20MHz
3	压摆率	60V/μs	40V/μs	30V/μs
4	等效输入噪声	$20nV/\sqrt{Hz}$	$50nV/\sqrt{Hz}$	$100nV/\sqrt{Hz}$

6.4 单环 Sigma-Delta 调制器的电路设计及仿真结果分析

单环三阶 Sigma-Delta 调制器主要由积分器、量化器和反馈网络构成。另外，该调制器系统需要由时钟电路提供采样相和积分相的不交叠时钟信号。本节主要介绍组成单环三阶 Sigma-Delta 调制器各主要模块的电路设计及仿真结果。

6.4.1 积分器的设计与仿真

单环三阶 Sigma-Delta 调制器的积分器采用如图 6.12 所示的结构。在开关电容积分器中，运算放大器是其最核心的模块。运算放大器可分为单级放大器和多级放大器。单级放大器还可分为电流镜负载型、套筒共源共栅型、折叠共源共栅型和增益自举型。为了提高稳定性，多级放大器通常选择两级放大器电路。其中，第一级放大器结构为单级放大器电路；第二级放大器电路可分为共源级（Class-A）电路和推挽输出（Class-AB）电路。运算放大器的电路如图 6.13 所示。

图 6.13（a）～（c）为单级放大器电路；图 6.13（d）～（e）为两级放大器电路。单级放大器的优点是近似单极点系统，不用考虑稳定性问题，带宽较大，并且功耗较低；其缺点是输出信号摆幅较小。两级放大器的优点是直流增益较大，输出信号摆幅较大；其缺点是系统极点较多，需要频率补偿。根据 Sigma-Delta 调制器对运算放大器的要求，不需要太高的直流增益，1.8V 电源电压对输出信号摆幅的要求也不高，所以选择单级折叠共源共栅型放大器电路。积分器中使用的运算放大器电路如图 6.14 所示。

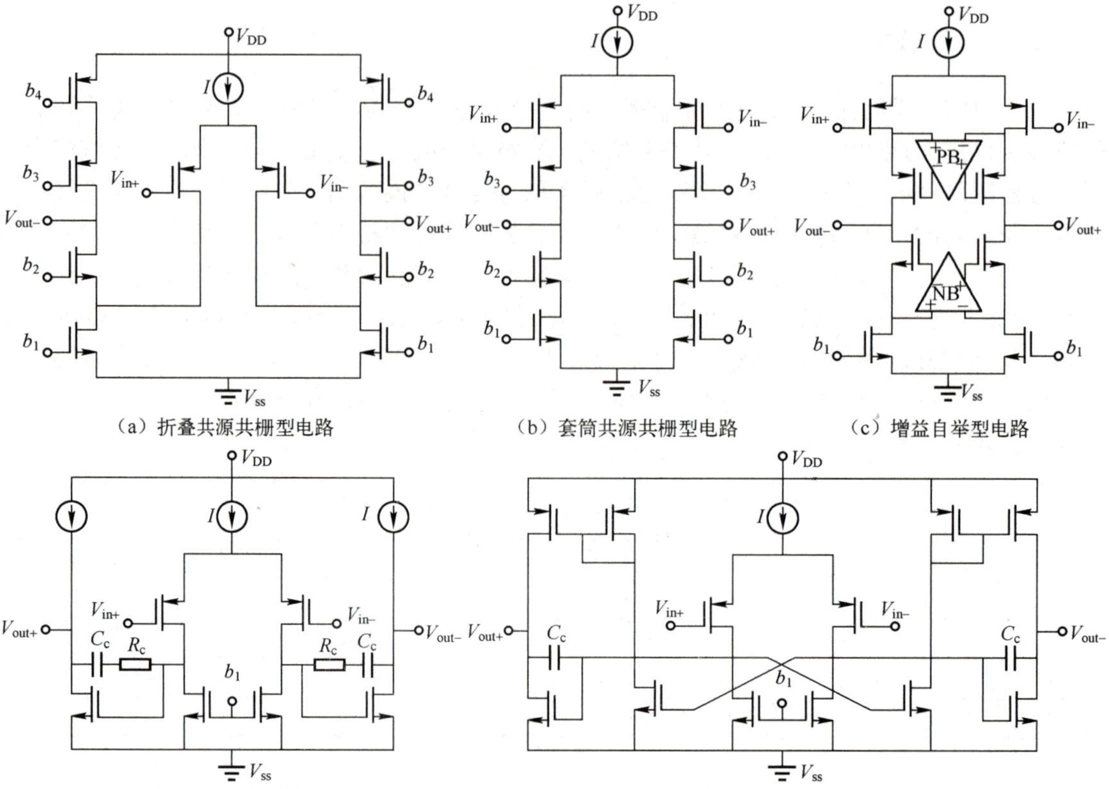

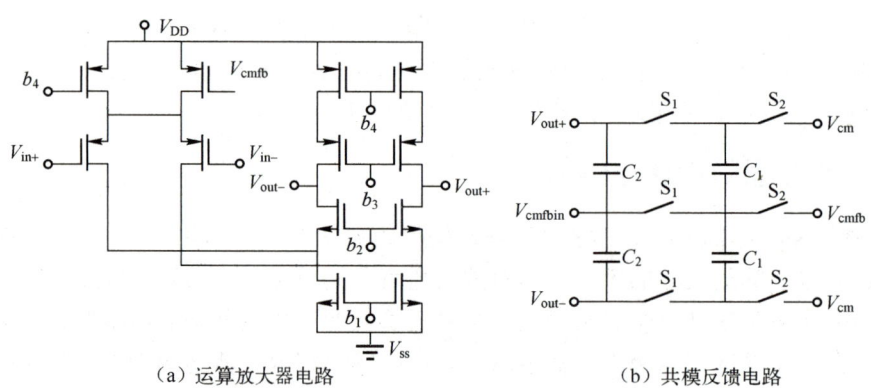

（a）折叠共源共栅型电路   （b）套筒共源共栅型电路   （c）增益自举型电路

（d）Class-A 电路   （e）Class-AB 电路

图 6.13   运算放大器电路

（a）运算放大器电路   （b）共模反馈电路

图 6.14   积分器中使用的运算放大器电路

在图 6.14（a）中，运算放大器电路选择折叠共源共栅型电路，折叠共源共栅型电路有较好的输出信号摆幅、直流增益、单位增益带宽、噪声系数和功耗等指标性能。选择 PMOS 晶体管作为输入差分对管可有效降低 $1/f$ 等低频噪声。在图 6.14（b）中，由于全差分运算放大器无法确定输出电压值，所以需要共模反馈电路稳定输出电压。共模反馈电路不消耗静态电流，并且无须考虑稳定性问题，所以使用在 Sigma-Delta 调制器的开关电容电路中最为合适。

在第一级积分器中，运算放大器 1 的幅频和相频仿真结果如图 6.15 所示。其中，上半部分为运算放大器的幅频特性；下半部分为运算放大器的相频特性。由图 6.15 可知，运算

放大器 1 的直流增益为 65.22dB，带载情况下单位增益带宽为 91.41MHz，相位裕度为 87.07°。

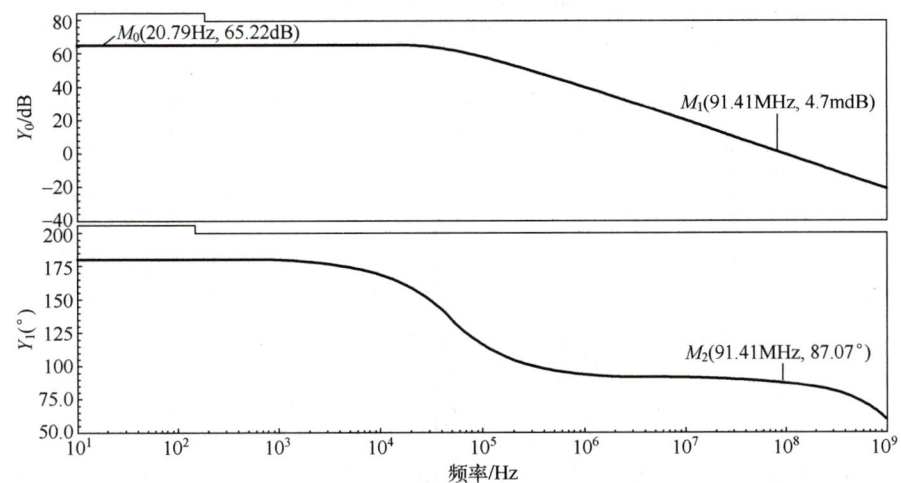

图 6.15 第一级积分器中运算放大器 1 的幅频和相频仿真结果

运算放大器 1 的压摆率仿真结果如图 6.16 所示。其中，上半部分为运算放大器闭环差分输入阶跃信号；下半部分为运算放大器的阶跃响应输出信号。从运算放大器 1 输出信号来看，运算放大器 1 的压摆率为

$$SR_1 = \left| [-769.7 - (-70.22)] \times e^{-3} \right| \Big/ [(1.01-1.002) \times e^{-6}] = 87.4 \,(\mathrm{V/\mu s})$$

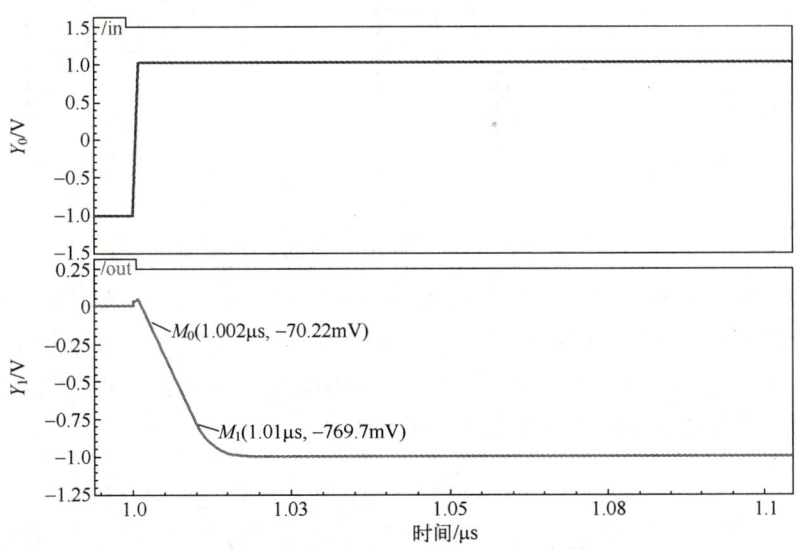

图 6.16 运算放大器 1 的压摆率仿真结果

运算放大器 1 的输出信号幅度与直流增益的关系如图 6.17 所示。其中，横坐标为运算放大器的输出差分信号幅度；纵坐标为运算放大器的直流增益。假定运算放大器的有效输出信号摆幅定义为运算放大器直流增益下降 3dB 时的输出信号幅度，那么图 6.17 显示的运算放大器有效输出信号摆幅在电源电压为 1.8V 的情况下为 ±0.9V。

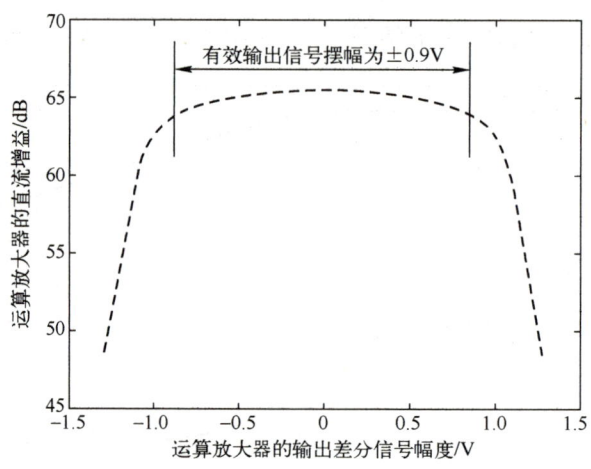

图 6.17   运算放大器 1 的输出信号幅度与直流增益的关系

第一级积分器输出信号的仿真结果如图 6.18 所示。积分器在时钟驱动下进行工作。积分器每个工作周期分为采样相和积分相。其中，采样相保持上一个时钟周期积分值；积分相将积分器当前周期采样值累加至输出信号中。从图 6.18 中可以看出，积分器无论在采样相还是在积分相，其信号建立得都非常好。

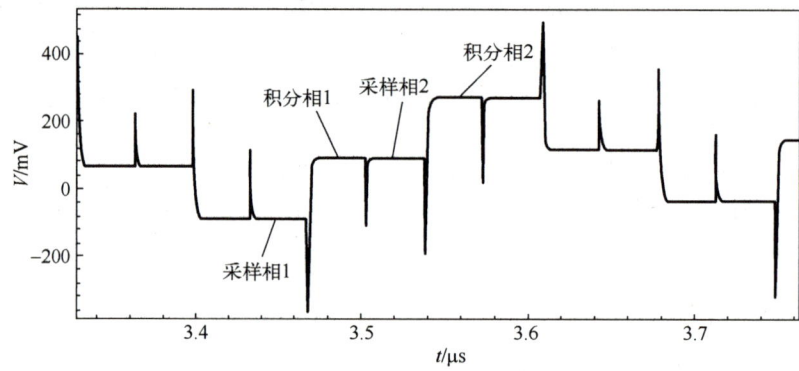

图 6.18   第一级积分器输出信号的仿真结果

以上完成了第一级积分器中的运算放大器的设计和仿真过程。第二级和第三级积分器中的运算放大器的设计和仿真过程与第一级的完全相同，只是由于后级积分器会受到更高阶的噪声整形，所以对其性能要求会有所降低，如采样电容、晶体管尺寸和偏置电流等方面可以适当地减少。运算放大器的仿真结果如表 6.8 所示。

表 6.8   运算放大器的仿真结果

放大器	运算放大器 1	运算放大器 2	运算放大器 3
直流增益	65dB	69dB	70dB
单位增益带宽	91MHz	55MHz	30MHz
相位裕度	87°	87°	87°
压摆率	87.4V/μs	50V/μs	35V/μs
输出信号摆幅	±0.9V	±0.9V	±0.9V
功耗	1mW	0.3mW	0.2mW

6.4.2　量化器的设计与仿真

在 Sigma-Delta 调制器的末端，需要量化器将积分器的输出信号转换成精度较低的数字码。在单环三阶 Sigma-Delta 调制器中，量化器的非理想特性经过了三阶噪声整形的抑制，从而降低了对量化器的性能要求，所以可以采用无静态功耗的 1 位动态比较器结构实现量化器。1 位量化器电路如图 6.19 所示。

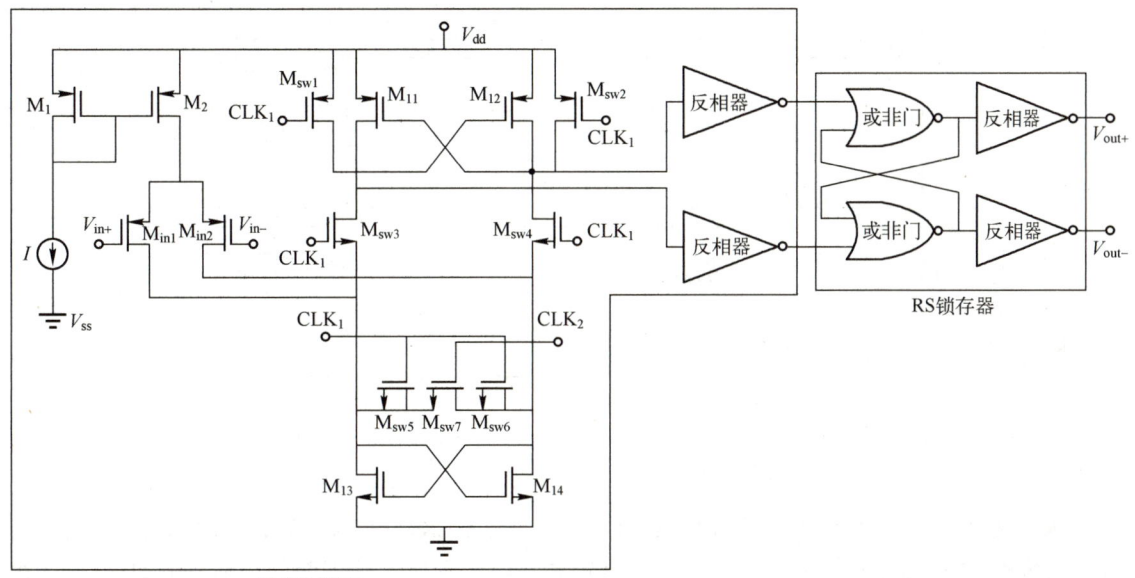

图 6.19　1 位量化器电路

如图 6.19 所示，1 位量化器电路由动态比较器和 RS 锁存器构成。其中，动态比较器在两相不交叠时钟信号的驱动下，比较输入差分信号（$V_{in+}-V_{in-}$）的大小；RS 锁存器将动态比较器的比较结果进行锁存，使得比较结果在一个时钟周期内保持不变。

动态比较器由 PMOS 差分对管（M_{in1} 和 M_{in2}）、电流镜（M_1/M_2）、受时钟信号控制的开关（$M_{sw1}\sim M_{sw7}$）、两对正反馈电路（M_{11}/M_{12} 和 M_{13}/M_{14}）及两组反相器构成。在采样相，时钟信号 CLK_1 为低电平、CLK_2 为高电平，M_{sw7} 导通使得动态比较器下半部分正反馈电路短路，而 M_{sw1} 和 M_{sw2} 导通使得动态比较器上半部分正反馈电路短路，两组反相器输出信号同时为低电平；在比较相，时钟信号 CLK_1 为高电平、CLK_2 为低电平，开关 M_{sw3} 和 M_{sw4} 导通，使得动态比较信号经过输入差分对管产生相应电流后，由上、下正反馈电路进行放大后输出，并完成比较功能。需要说明的是，M_{sw5} 和 M_{sw6} 作为辅助管，可以适当减小 M_{sw7} 在导通和关断转换时引入的电荷注入影响。

RS 锁存器由或非门和反相器构成。当动态比较器工作在采样相时，差分输出信号都为低电平，这时 RS 锁存器保持上一周期输出数据不变；当动态比较器工作在比较相时，差分输出信号为正确的比较结果，这时 RS 锁存器将输出正确的比较结果。

量化器的输出信号仿真结果如图 6.20 所示。其中，量化器的差分输入信号 in（V_{in}）为斜坡信号（$-0.7\sim0.7$V）；量化器的差分输出信号为 out_1 和 out_2（V_{out1} 和 V_{out2}）。从图 6.20

中可以看出，在输入差分斜坡信号为负值时（$V_{in+}<V_{in-}$），输出信号 out_1 为低电平，输出信号 out_2 为高电平；在输出差分斜坡信号为正值时（$V_{in+}>V_{in-}$），输出信号 out_1 为高电平，输出信号 out_2 为低电平。量化器的输出信号完全正确。

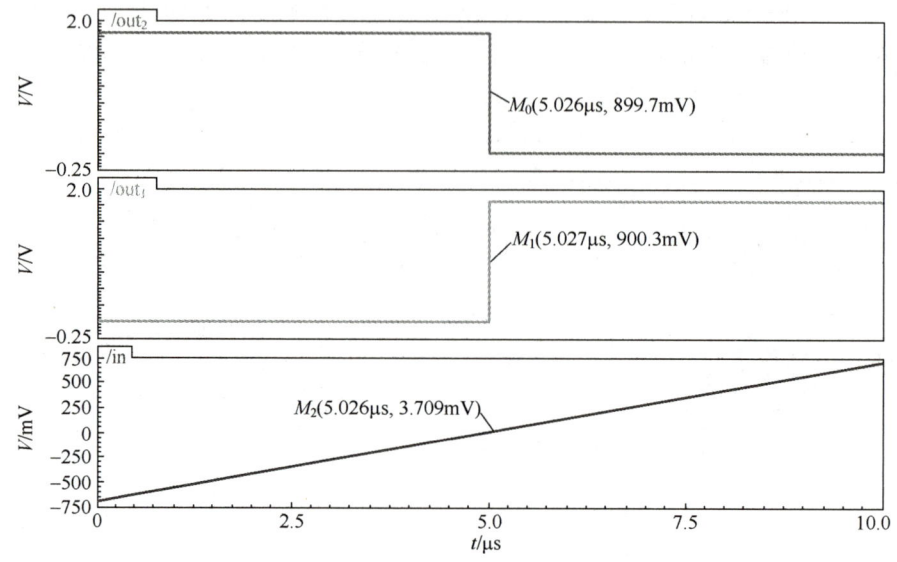

图 6.20　量化器的输出信号仿真结果

量化器的延迟时间仿真结果如图 6.21 所示。当 CLK_1 为上升沿时，量化器输出比较结果，即量化器的延迟时间从 CLK_1 的上升沿到输出信号变化的延迟时间。从图 6.21 中可以看出，量化器的延迟时间 $t_d=(150.6-150.1)ns=0.5ns$。

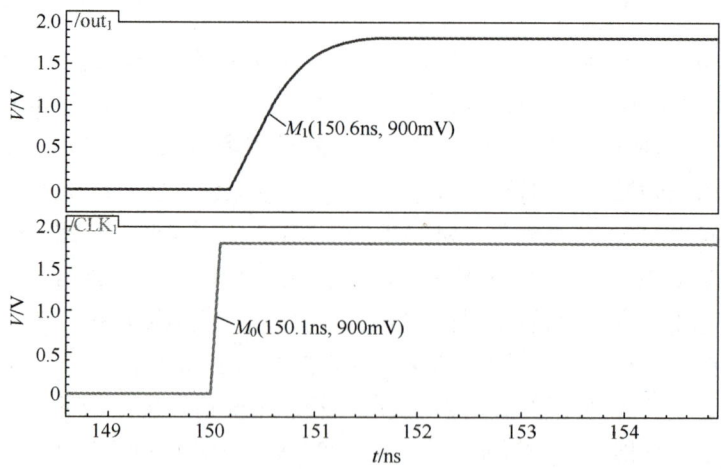

图 6.21　量化器的延迟时间仿真结果

量化器的失调电压仿真结果如图 6.22 所示。量化器的失调电压主要由动态比较器的差分对管的失调电压决定。采用 PMOS 晶体管、增加输入晶体管的面积、应用适当的版图设计方法将有助于降低动态比较器的失调电压。图 6.22 为量化器 1000 次的蒙特卡洛分析结果。从图 6.22 中可以看出，动态比较器的失调电压可以控制在 ±6mV 范围之内。

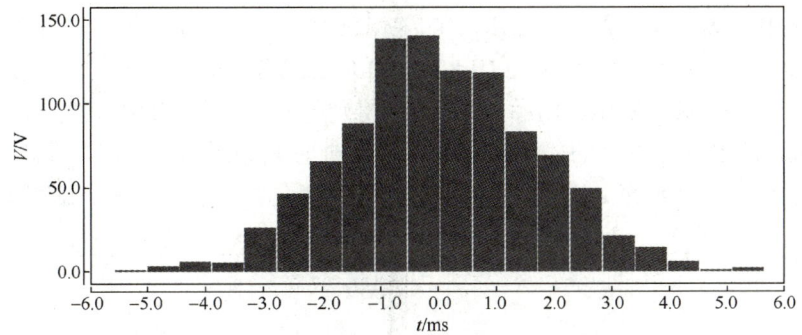

图 6.22　量化器的失调电压仿真结果

6.4.3　分相时钟电路的设计与仿真

在开关电容 Sigma-Delta 调制器中，积分器使两相不交叠时钟信号分别工作在采样相和积分相，量化器也分别工作在采样相和比较相，而分相时钟电路如图 6.23 所示。

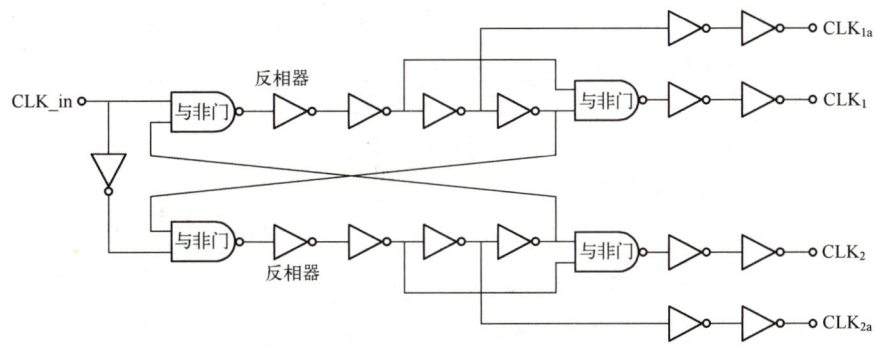

图 6.23　分相时钟电路

图 6.23 所示的分相时钟电路由外部时钟 CLK_in 驱动，并产生两相不交叠时钟信号 CLK_1 和 CLK_2，其中 CLK_{1a} 和 CLK_{2a} 分别为 CLK_1 和 CLK_2 的提前关断时钟信号。为了降低积分器电荷输入对采样精度的影响，必须加入提前关断时钟信号。分相时钟电路的仿真结果如图 6.24 所示。

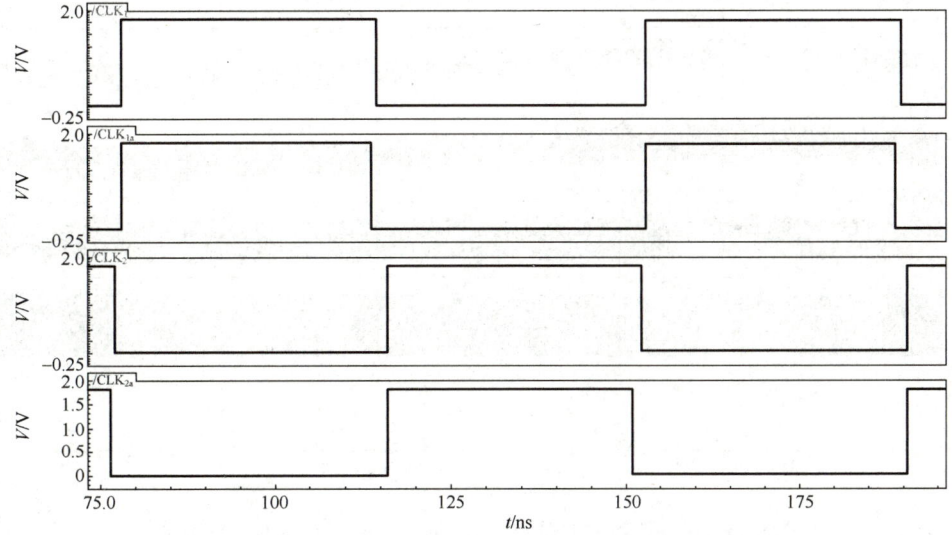

图 6.24　分相时钟电路的仿真结果

在图 6.24 中，从上至下依次为 CLK$_1$、CLK$_{1a}$、CLK$_2$ 和 CLK$_{2a}$。其中，CLK$_1$ 和 CLK$_2$ 为不交叠时钟信号；CLK$_{1a}$ 和 CLK$_{2a}$ 分别为 CLK$_1$ 和 CLK$_2$ 的提前关断时钟信号。分相时钟电路局部放大的仿真结果如图 6.25 所示。由图 6.25 可以得到分相时钟电路的不交叠时间和提前关断时间。由于分相时钟电路是对称的，所以只计算不交叠时间和提前关断时间中的一个即可。其中，不交叠时间 T_{no}=（190.5-189.6）ns=0.9ns；提前关断时间 T_{ad}=（189.6-188.7）ns= 0.9ns。

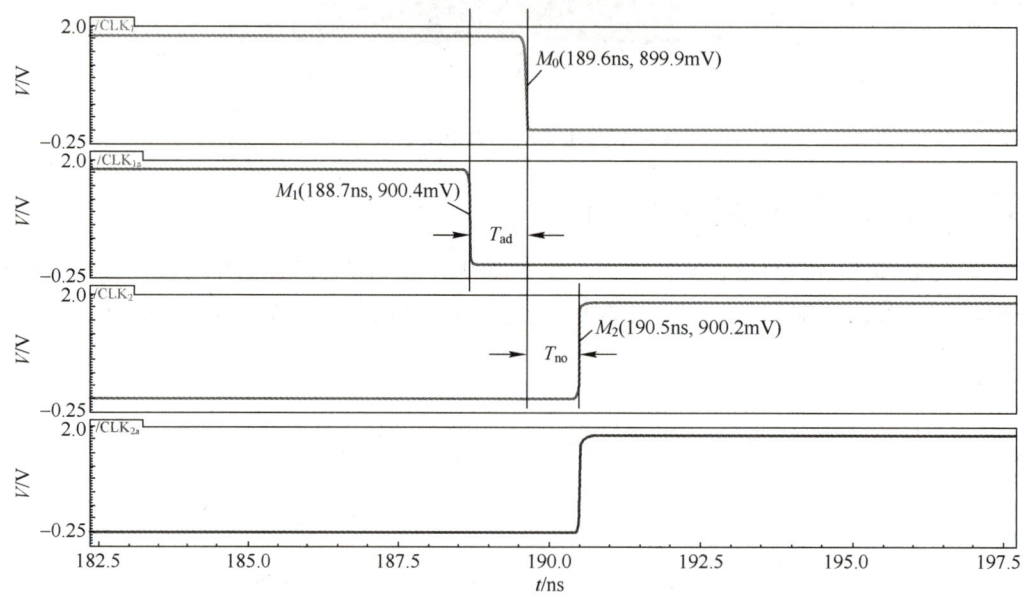

图 6.25　分相时钟电路局部放大的仿真结果

6.4.4　单环 Sigma-Delta 调制器的仿真

下面对单环三阶 CRFB 结构 Sigma-Delta 调制器进行功能仿真。在输入端加入频率为 7.22kHz、幅度为 0.5V 的正弦信号，时钟信号端加入频率为 12.8MHz 的方波信号，瞬态仿真时间大约为输入信号一个周期时间（140μs），即可得到如图 6.26 所示的仿真结果。

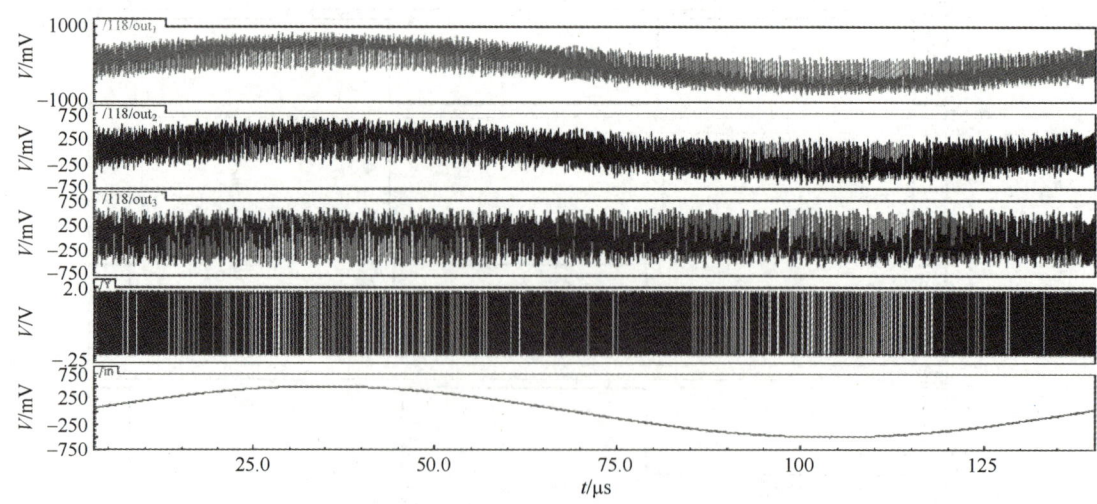

图 6.26　单环三阶 CRFB 结构 Sigma-Delta 调制器的仿真结果

在图 6.26 中，从上至下依次为第一级积分器差分输出信号 out_1、第二级积分器差分输出信号 out_2、第三级积分器差分输出信号 out_3、调制器数字输出信号 Y 和正弦输入信号 in。从图 6.26 中可以看出，三级积分器的输出信号都在范围之内，没有发生积分器饱和现象；调制器输出信号近似符合脉冲宽度调制（PWM）波形。当调制器输入信号幅度较大时，调制器输出信号的高电平出现的次数明显高于低电平；而当调制器输入信号幅度较小时（负值），调制器输出信号的低电平出现的次数明显高于高电平；当调制器输入信号幅度接近零时，调制器输出信号的高、低电平出现的次数基本相等。单环三阶 CRFB 结构 Sigma-Delta 调制器的局部放大仿真结果如图 6.27 所示。

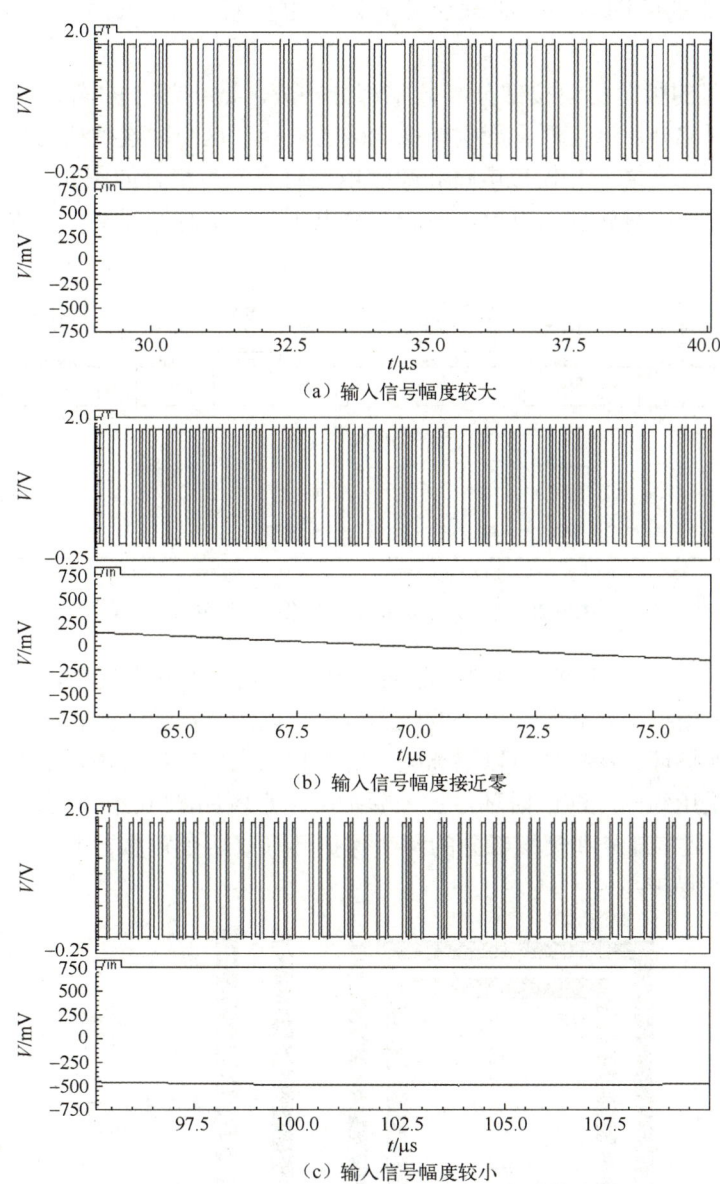

（a）输入信号幅度较大

（b）输入信号幅度接近零

（c）输入信号幅度较小

图 6.27　单环三阶 CRFB 结构 Sigma-Delta 调制器的局部放大仿真结果

 6.5　单环 Sigma-Delta 调制器的版图设计与实验结果

单环三阶 CRFB 结构 Sigma-Delta 调制器是采用 0.18μm CMOS 混合信号工艺设计制成

的，电源电压为 1.8V。本节主要讨论单环 Sigma-Delta 调制器的版图布局与设计事项，并对实验结果进行讨论。

6.5.1　单环 Sigma-Delta 调制器的版图设计

模拟集成电路的版图设计是芯片设计过程中非常关键的一步，直接影响着整个芯片能否完成预期功能和设计指标。即使在电路设计上没有问题，如果版图设计没有按照一定的规则进行，则由寄生效应、匹配造成的非理想因素也可能导致芯片设计失败。所以对于模拟集成电路的版图布局，必须保证元器件的匹配，并降低寄生电容和电阻对电路的影响。

数模混合电路的版图由模拟部分和数字部分构成。数字部分的高频大信号噪声通过 P 型衬底耦合到模拟部分，这会严重影响模拟电路的性能。这个因素被认为是对高精度设计最为重要的性能制约因素之一。模拟电路和数字电路衬底噪声耦合如图 6.28 所示。这些电路在工作时，周期性地向衬底注入电流，造成衬底电压在每个时钟周期都产生波动，从而影响模拟电路的性能。

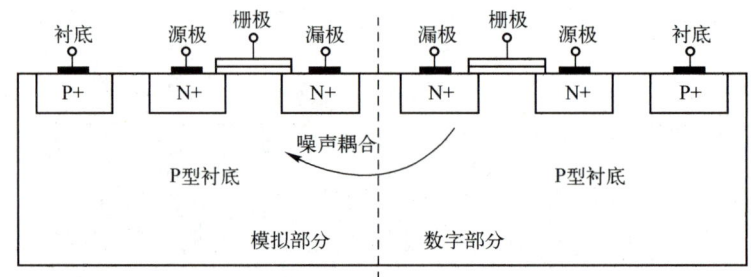

图 6.28　模拟电路和数字电路衬底噪声耦合

如图 6.28 所示，数字电路和模拟电路通过 P 型衬底产生噪声耦合，而避免这种噪声干扰的解决方案是将模拟电路和数字电路的版图分开一段距离摆放，并在模拟电路或数字电路的版图周围加上保护环。保护环可以隔离噪声的串扰，也可以将噪声通过低阻通路吸收掉，所以保护环最好采用纵向较深的阱环。加入保护环示意图如图 6.29 所示。保护环由衬底环和 N 阱环构成。数字部分和模拟部分的两个保护环形成两个背靠背的二极管，从而能够隔离数字部分产生的噪声。

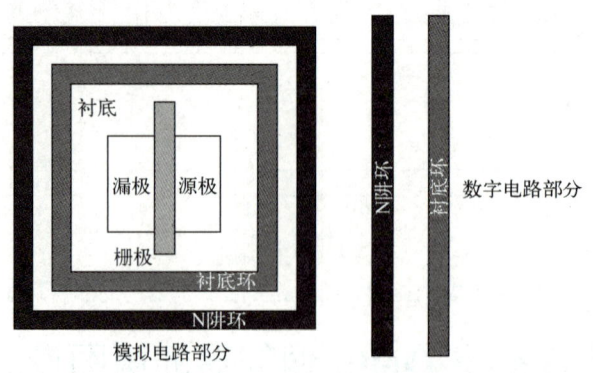

图 6.29　加入保护环示意图

另外，在电源线和地线之间加入较大的电容来降低电源电压的波动。此电容越大越好并且不需要具体的值，一般采用单位电容较大的 MOS 电容来实现。MOS 电容由 MOS 晶体管的栅极与源极、漏极和衬底之间构成的平板电容构成。当选择 MOS 晶体管作为 MOS 电容时，应尽量选择较大的 MOS 晶体管。

模拟集成电路的精度很多都是由元器件的相对匹配程度决定的，而不是由元器件的绝对值决定的。例如，运算放大器输入管的匹配程度决定了其失调电压，奈奎斯特采样率 ADC 中电容的匹配程度决定了其能达到的精度，电流镜的晶体管匹配程度决定了镜像电流的精度等。CMOS 工艺在匹配程度上相对于双极工艺有较大的优势，但在集成电路制造过程中不可避免地会产生诸如几何尺寸的变形和不均匀、注入杂质浓度的梯度分布等，从而造成元器件失配、参数绝对值的变化等。所以在进行电路的版图设计时，要特别注意对称性与匹配程度，其主要原则如下。

（1）匹配元器件在版图上尽量靠近，并采用共质心画法。

（2）需要镜像的元器件尽量采取复制操作。

（3）在匹配元器件周边加上形状上相同、功能上无用的元器件，降低工艺偏差。

匹配电容的基本画法如图 6.30 所示，通常匹配电容需要共质心画法，并且要在周围加入无用的元器件。在图 6.30 中，Dy（Dummy）为无用的电容元器件。

单环三阶 CRFB 结构 Sigma-Delta 调制器的版图布局如图 6.31 所示。在图 6.31 中，按照信号流向，从下至上依次为三级积分器和量化器；虚线为信号流向；分相时钟电路为大信号数字电路，应排在一侧，并离模拟电路有一定的距离；带隙基准源为模拟电路提供精确的电压和偏置电流，所以应离强干扰源的数字电路远一些，被放置在积分器的左侧，并且在其上方的空地加入 MOS 电容阵列来降低电源线和地线的耦合噪声；最后将数字电路放在一角，并远离积分器等模拟电路。

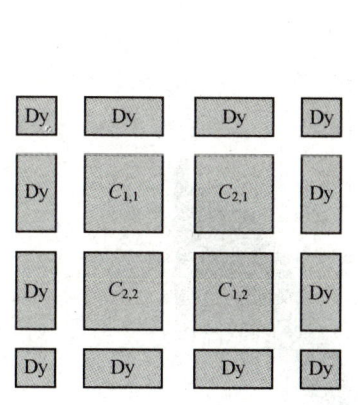

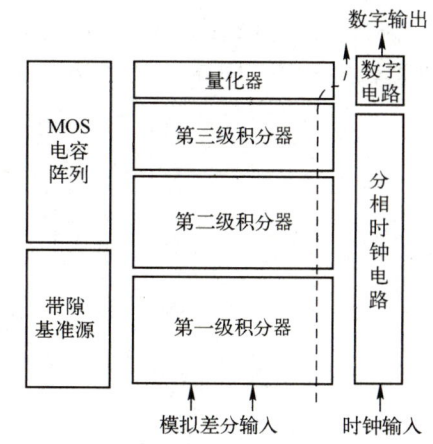

图 6.30　匹配电容的基本画法　　图 6.31　单环三阶 CRFB 结构 Sigma-Delta 调制器的版图布局

单环三阶 CRFB 结构 Sigma-Delta 调制器的版图如图 6.32 所示。它是按照图 6.31 进行布局的，其内部电路严格按照版图的匹配、降低噪声等原则进行设计，并通过工艺厂商给定的设计规则检查（DRC）、电路和版图一致性检查（LVS），提取版图寄生参数再进行后仿真（后仿真结果要满足设计指标的要求）。

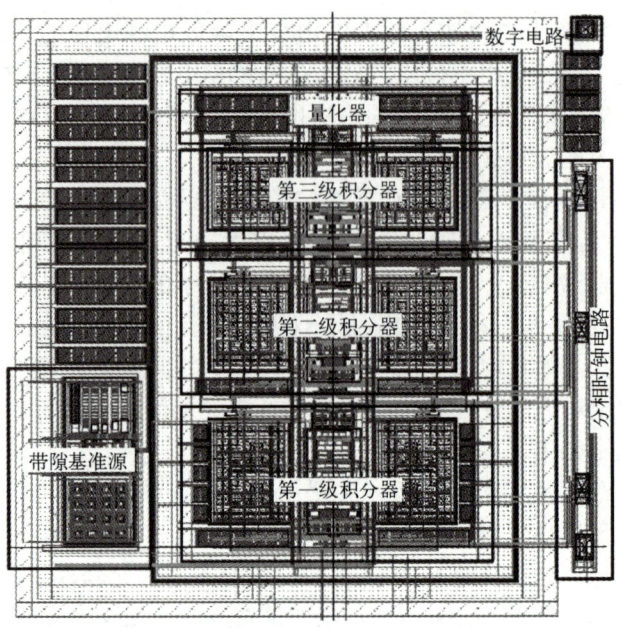

图 6.32　单环三阶 CRFB 结构 Sigma-Delta 调制器的版图

6.5.2　单环 Sigma-Delta 调制器的实验结果

在单环三阶 CRFB 结构 Sigma-Delta 调制器的输入端通过信号发生器加入差分输入信号，经过一阶抗混叠 RC 滤波器后进入芯片内，时钟信号为 0～1.8V 的方波信号，数字输出信号采用逻辑分析仪进行收集，并采用 MATLAB 软件程序进行计算，从而得出实验结果。单环三阶 Sigma-Delta 调制器的差分输入信号的幅度为−6dB，频率为 5kHz，时钟频率为 1.28MHz。单环三阶 CRFB 结构 Sigma-Delta 调制器输出频谱如图 6.33 所示。单环 Sigma-Delta 调制器输出 SNR/SNDR 与输入幅度的关系如图 6.34 所示。

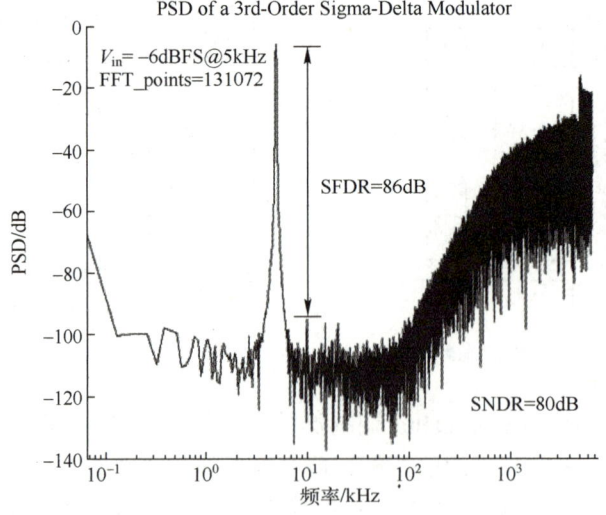

图 6.33　单环三阶 CRFB 结构 Sigma-Delta 调制器输出频谱

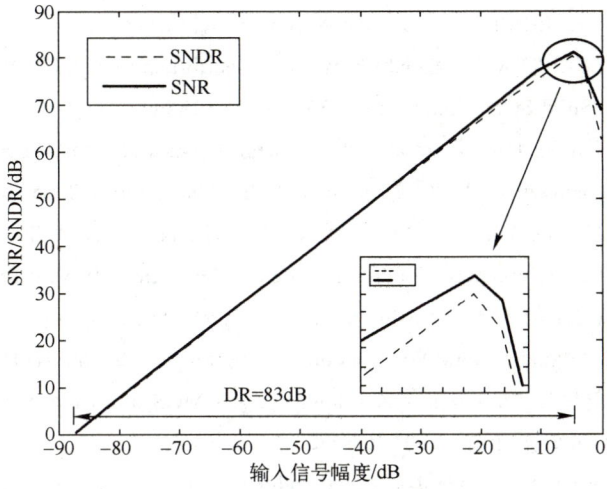

图 6.34　单环 Sigma-Delta 调制器输出 SNR/SNDR 与输入信号幅度的关系

本章主要描述了基于 CMOS 0.18μm 混合信号工艺的单环 Sigma-Delta 调制器的设计过程，主要从单环 Sigma-Delta 调制器指标制定、行为级仿真、电路模块设计和版图设计等方面进行详细的描述。实验结果表明，单环 Sigma-Delta 调制器的信噪失真比 SNDR 可以达到 80dB，动态范围 DR 为 83dB，无杂散动态范围 SFDR 为 86dB，电路消耗电流为 1.5mA，基本达到了预期设计指标的要求。

6.6　参考文献

[1] BULT K, GEELEN G. A FAST SETTLING CMOS OP AMP FOR SC CIRCUITS WITH 90-dB DC GAIN[J]. IEEE Journal of Solid-State Circuits, 1990, 25(6):1379-1384.

[2] HASTINGS A. 模拟电路版图的艺术[M]. 王志功，译. 北京：清华大学出版社，2007.

[3] Chae Y, Han G. Low voltage low power inverter-Based switched-capacitor delta-sigma modulator[J]. IEEE Journal of Solid-State Circuits, 2009,44(2): 458-472.

[4] FIORENZA J, SEPKE T, HOLLOWAY P, et al. Comparator-based switched-capacitor circuits for scaled CMOS technologies[J]. IEEE Journal of Solid-State Circuits, 2006,41(12): 2658-2668.

[5] LEE K, MENG Q, SUGIMOTO T, et al. A 0.8 U, 2.6 mW, 88 dB dual-channel audio delta-sigma D/A converter with headphone driver[J]. IEEE Journal of Solid-State Circuits, 2009, 44(3): 916-927.

[6] YANG Y, CHOLCHAWALA A, Alexander M. A 114-dB 68-mW chopper-stabilized stereo multibit audio ADC in 5.62 mm^2[J]. IEEE Journal of Solid-State Circuits, 2003, 38(12): 2061-2068.

[7] FUJIMORI I, NOGI A, SUGIMOTO T. A multibit delta-sigma audio DAC with 120-dB dynamic range[J]. IEEE Journal of Solid-State Circuits, 2000,35(8): 1066-1073.

[8] NORSWORTHY S R, POST I G, FETTERMAN H S. A 14-bit 80kHz sigma-delta A/Dconverter: modeling, design and performance evaluation[J]. IEEE Journal of Solid State Circuit, 1989, 24(2):256-266.

[9] RAZAVI B. 模拟 CMOS 集成电路设计[M]. 北京：清华大学出版社，2005.

[10] SCHREIER R. An Empirical Study of High-Order Single-Bit Delta-Sigma Modulators[J]. IEEE Transactions on Circuits Systems Ⅰ , 1993:461-466.

[11] HOLBERG D R, ALLEN P E. CMOS 模拟集成电路设计[M]. 2 版. 北京：电子工业出版社，2002.

[12] GEERTS Y, STEYAERT M S J, SANSEN W. A high-performance multibit Delta Sigma CMOS ADC[J]. IEEE Journal of Solid-State Circuits, 2000, 35(12):1829-1840.

[13] NAM K Y, LEE S M, D K Su, et al. A low-voltage low-power sigma-delta modulator for broadband analog-to-digital conversion[J]. IEEE Journal of Solid-State Circuits, 2005,40(9): 1855-1864.

[14] AHN G, CHANG D, BROWN M. A 0.6V 82dB Delta Sigma audio ADC using switched-RC integrators[J]. IEEE International Solid-State Circuits Conference,2005(1): 166-591.

[15] YAO L, STEYAERT M S J, SANSEN W. A 1V 140μW 88dB audio sigma-delta modulator in 90-nm CMOS[J]. IEEE Journal of Solid-State Circuits, Nov. 2004,39(11) :1809-1818.

[16] FAYED A A, ISMAIL M. A high-speed, low-voltage CMOS offset comparator [J]. Analog Integrated Circuits and Signal Proc. 2003, 36(3):267-272.

[17] RABII S, WOOLEY B. A. A 1.8-V digital-audio Sigma-Delta modulator in 0.8um CMOS[J]. IEEE Journal of Solid-State Circuits, 1997, 32: 783-796.

[18] YAO L, STEYAERT M, SANSEN W. A 1-V 1-MS/s, 88-dB Sigma-Delta Modulator in 0.13μm Digital CMOS Technology[J]. Symposium on VLSI Circuits Digest of Technical Papers, 2005:180-183.

[19] 范军，蒋见花，李海龙. 一种适用于信号检测的低失真低功耗 Sigma-Delta A/D 转换器[J]. 微电子学，2011，41(4):488-492,497.

[20] CHANG T H, LAN R D. Fourth-order cascaded ΣΔ modulator using tri-level quantization and bandpass noise shaping for broadband telecommunication applications [J]. IEEE Transactions on Circuits Systems Ⅰ: Regular Papers, 2008, 55(6): 1722-1732.

[21] DELRIO R, MEDEIRO F, PEREZ-VERDU B, et al. CMOS Cascade Sigma-Delta Modulators for Sensors and Telecom, Error Analysis and practical Design[M]. Netherlands: Springer,2006.

第 7 章　多位量化 Sigma-Delta 调制器

多位量化 Sigma-Delta 调制器是 Sigma-Delta 调制器中极为重要的一类。它可以在较低过采样比的条件下实现较大的信噪比。与单环和级联 Sigma-Delta 调制器相比，多位量化 Sigma-Delta 调制器在实现同等信噪比时具有更少的积分器，因而功耗较低，更适用于低功耗系统。

7.1　多位量化 Sigma-Delta 调制器的结构

在 1 位量化 Sigma-Delta 调制器中，在一定的过采样比下可以通过增加阶数来增大调制器动态范围。然而，通过增加阶数来增大调制器动态范围的方法在实际应用中会受到调制器的结构限制。对于单环高阶 Sigma-Delta 调制器，阶数的增加会引发稳定性问题；对于 MASH Sigma-Delta 调制器，输出信号的噪声失配会造成调制器动态范围的显著减小。因此，选择多位量化器 Sigma-Delta 调制器来增大调制器动态范围就成为另一种合适的设计选择。多位量化 Sigma-Delta 调制器的主要优点如下。

（1）多位量化 Sigma-Delta 调制器使得量化步长减小，因此比 1 位量化 Sigma-Delta 调制器频带内的误差噪声功率大为下降。由理论分析可知，量化位数每增加 1 位，频带内的误差噪声功率降低 6dB，这意味着调制器动态范围增大 6dB。

（2）多位量化 Sigma-Delta 调制器比 1 位量化 Sigma-Delta 调制器具有更好的线性度，使由非线性效应引起的空闲噪声被大幅减弱。

（3）对于多位量化 Sigma-Delta 调制器，实际中的加性白噪声模型逼近比 1 位量化 Sigma-Delta 调制器更加准确。

（4）在同样的环路滤波器中，多位量化 Sigma-Delta 调制器比 1 位量化 Sigma-Delta 调制器具有更好的稳定性。

因此，多位量化 Sigma-Delta 调制器可以使信噪比更逼近理论值。在一定的动态范围指标下，多位量化 Sigma-Delta 调制器可以采用更低的过采样比和更低的阶数，这意味着在多位 Sigma-Delta 调制器中，可以采用更低的时钟频率和更少积分器数量来达到设计目标，有效降低多位 Sigma-Delta 调制器整体调制器的功耗。在低功耗设计中，多位量化 Sigma-Delta 调制器是一种更优的设计结构。

多位量化 Sigma-Delta 调制器也有一些显著的缺点，主要表现在以下几方面。

（1）多位量化 Sigma-Delta 调制器需要多个比较器作为量化器使用，使得模拟电路的规模更大，设计也更复杂。

（2）多位量化 Sigma-Delta 调制器要引入多位 DAC 进行模拟反馈信号的重构。多位 DAC 之间的元器件失配会造成 DAC 的非线性误差，这些非线性误差没有经过环路滤波器的噪声整形就被直接注入反馈回路中，并进入多位量化 Sigma-Delta 调制器的输入端。因此，多位量化 Sigma-Delta 调制器整体的线性度受限于多位 DAC 的线性度；如果不对多位 DAC 的非线性进行校正，那么调制器动态范围将受到极大的影响。

典型的包含 B 位 ADC 和 B 位 DAC 的多位量化 Sigma-Delta 调制器的结构如图 7.1 所示。该调制器是一个全并行结构，B 的取值通常小于或等于 5，主要包含两条通路：在一条通路中，B 位 ADC 包括一组并行的 2^B-1 个比较器，将环路滤波器的输出信号转换为温度计码，最终通过编码器转换为二进制数输出；在另一条通路中，B 位 DAC 利用 2^B-1 个单位元器件（这些元器件可以是电容、电阻或电流源）以 2^B 个（编号为 $0 \sim 2^B-1$）等级重构模拟反馈信号。

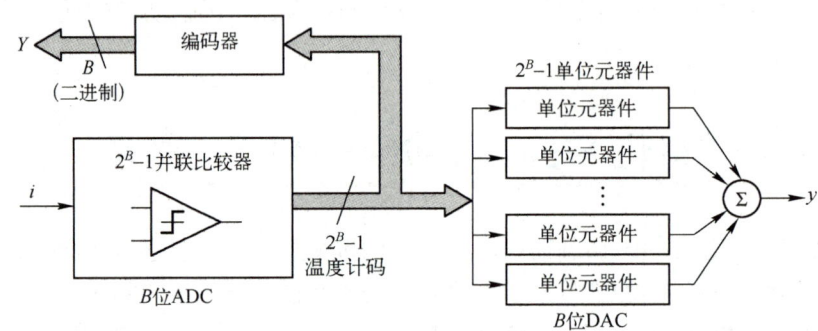

图 7.1　典型的包含 B 位 ADC 和 B 位 DAC 的多位量化 Sigma-Delta 调制器的结构

这意味着当选择第 i 个单位元器件进行反馈时，多位量化 Sigma-Delta 调制器就输出第 i 个等级的反馈信号。DAC 的非线性主要来源于单位元器件之间的失配，使得多位量化 Sigma-Delta 调制器输出信号偏离理想值。假设每个单位元器件的实际输出信号遵循高斯分布，那么 DAC 输出信号的最大相对误差为

$$\sigma\left(\frac{\Delta y}{y}\right) \approx \frac{1}{2\sqrt{2^B}}\sigma\left(\frac{\Delta U_e}{U_e}\right) \tag{7.1}$$

式中，$\sigma(\Delta U_e / U_e)$ 是单位元器件之间的相对误差。

由于该调制器采用全并行结构，整体 DAC 的精度要高于每个单位元器件的精度。对于一个具有 16 位精度的 4 位量化 Sigma-Delta 调制器，DAC 中单位元器件的精度要达到 0.01%以上（13 位左右），而在目前标准 CMOS 工艺中，单位元器件的精度大致为 0.1%（10 位）。对于多位量化 Sigma-Delta 调制器为了降低多位 DAC 的非线性影响，提高单位元器件精度，相继出现元器件修调（Element Trimming）、数字校正（Digital Correction）和动态元器件匹配（Dynamic Element Matching，DEM）等校正方法。

1. 元器件修调

提高多位 DAC 精度的一个直接办法就是通过元器件修调来提高单位元器件之间的匹配程度。对于不同的元器件，元器件修调的方法也各不相同。例如，电阻可以通过激光进行修调；在 PROM 中对电容的修调是通过打开或关断与单位电容并联的电容来实现的。这些修调必须在工厂中完成，导致元器件生产工艺和测试步骤的增加，同时也增加了元器件的生产成本。另外，元器件修调的补偿措施不会随温度和元器件老化而相应进行变化。虽然元器件修调可以在元器件的工作过程中周期性地进行，但被测量的硬件必须加入元器件之后才能进

行元器件修调。许多元器件在工作过程中的修调是不允许的，这时就只能运用后台校正技术，这大大增加了元器件设计的复杂度。因此，元器件修调在实际的多位 DAC 校正中很少应用。

2. 数字校正

数字校正是另一种多位 DAC 线性度校正的有效方法。该方法的核心思想是将 DAC 误差转换到数字域，并通过查表来校正这些误差。数字校正的基本原理如图 7.2 所示。数字校正主要依靠负反馈动作来实现。对于 B 位输入信号，数字校正模块提供了 N 位的输出码，其中 $N \gg B$。这些输出码表示多位量化 Sigma-Delta 调制器输出信号目标精度的相应水平。采用 RAM 获得高精度多位 DAC 输出信号的数字校正框图如图 7.3 所示。其基本原理是：一个 B 位数字计数器不间断地产生 DAC 所有可能的 2^B 个输入码；每个模拟输出码都被转化成 N 位字长的数字序列；数字滤波器或者计数器找出作为位流均值的等效 DAC 输出码，并输出到 B 位 DAC 中。这些等效 DAC 输出码已经提前存储在由 B 位计数器定义的 RAM 地址中，且一个完整的校正周期需要 2^{N+B} 个时钟周期。数字校正模块由于要使用 RAM，并结合一定的数字算法进行工作，在一定程度上增加了多位量化 Sigma-Delta 调制器的规模和复杂度，限制了数字校正模块的使用。

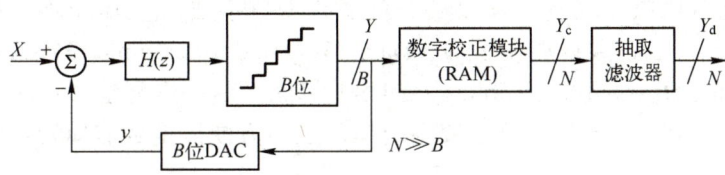

图 7.2　数字校正的基本原理

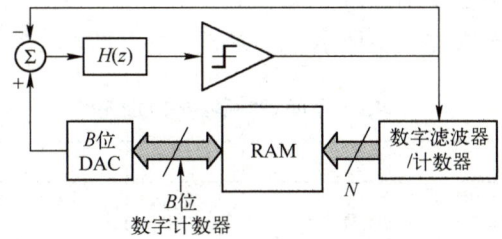

图 7.3　采用 RAM 获得高精度多位 DAC 输出信号的数字校正框图

3. 动态元器件匹配

从图 7.1 可以看出，当同一个输入码被激活时，不同的单位元器件产生相应的 DAC 输出信号，因此，温度计码和 DAC 输出信号的误差存在直接联系。动态元器件匹配的基本原理就是打破这种直接联系，使得在转换过程中不同的单位元器件产生同一个 DAC 输出信号。这样，固定的误差就被转化为时变的误差。为了达到这个目的，在多位 DAC 之前要加入一个单位元器件选择模块，在每个时钟周期内控制相应单位元器件被选择。动态元器件匹配的基本原理如图 7.4 所示。根据一定的选择算法，动态元器件匹配模块可以使 DAC 输出信号平均误差在一定时间后转化为 0。所以，一部分低频的 DAC 输出信号误差功率将被搬移到高频带，并通过采样滤波器被滤除。

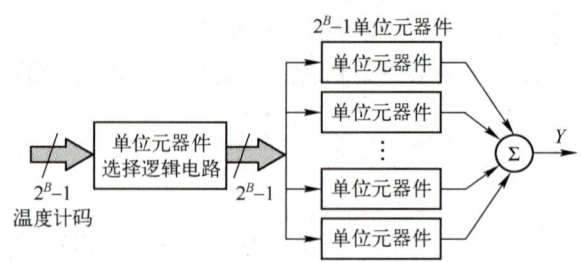

图 7.4 动态元器件匹配的基本原理

目前，动态元器件匹配算法主要分为以下 4 类。

（1）随机算法：是指采用伪随机配置结构选择单位元器件的算法，如采用与 FFT 类似的蝶形算法。由 DAC 引入的谐波失真被转化为白噪声，而频带外的白噪声将被降采样滤波器滤除。但残留在频带内的噪声功率会提高噪声。

（2）旋转算法：是指周期性选择单位元器件的算法。旋转算法可以将谐波失真搬移到频带外，如典型的旋转算法——时钟平均。旋转算法虽然不会增加频带内噪声，但采样后折叠回频带内的信号会产生频带内噪声。

（3）失配整形算法：是指一种选择单位元器件的特定算法。通过该算法，最终降低由于失配引起的频带内噪声功率。典型的失配整形算法有独立电压平均（Individual Level Averaging，ILA）算法、数据加权平均（Data Weighted Averaging，DWA）算法和数据定向不规则性（Data Directed Scrambling，DDS）算法。这些失配整形算法都只能完成一阶或二阶噪声整形。由于失配整形算法较为简单，应用方便，是目前最为常用的动态元器件匹配算法。

（4）相量量化算法：主要应用在数字调制器中。该算法是通过误差反馈拓扑结构实现对误差噪声功率的高阶整形的。

不同调制器结构的比较如表 7.1 所示。

表 7.1 不同调制器结构的比较

调制器结构	优　点	缺　点
单环低阶 1 位量化调制器结构	（1）无条件稳定 （2）简单的环路滤波器设计 （3）简单的电路设计	（1）较低的信噪比（除非采用较大的过采样比） （2）易于受到空闲噪声的影响
单环高阶 1 位量化调制器结构	（1）在中等过采样比下可获得高的信噪比 （2）不会受到空闲噪声的影响 （3）简单的电路设计	（1）复杂的环路滤波器设计 （2）稳定性与信号幅度有关 （3）最大信号受限，以保证稳定性
多级噪声整形调制器结构	（1）在中等过采样比下可获得高的信噪比 （2）较好的稳定性 （3）允许较大的输入信号范围	（1）模拟积分器和数字微分器之间需要较好的匹配 （2）失配会导致谐波和噪声泄漏到频带中 （3）数字滤波器必须设计为允许多位输入
多位量化调制器结构	（1）在较低过采样比下可获得高的信噪比 （2）相比于单环高阶调制器结构，具有更好的稳定性 （3）消除了空闲噪声的影响	（1）要设计校正算法以消除多位 DAC 的非线性 （2）更加复杂的电路设计

7.2　Sigma-Delta 调制器行为级建模与仿真

在设计多位量化 Sigma-Delta 调制器之前，首先设定其设计指标，如表 7.2 所示；然后对其进行行为级建模，对各电路模块的性能参数进行划分。

表 7.2　Sigma-Delta 调制器的设计指标

项　目	设计指标
工艺	SMIC 0.13μm
结构	二阶 3 位量化
电源电压	1V
信号带宽	8kHz
分辨率	16 位
峰值无杂散动态范围	大于 70dB

Sigma-Delta 调制器是一个复杂的混合信号电路，其功能和性能仿真需要在时域和频域内同时进行。例如，若在设计多位量化 Sigma-Delta 调制器初期直接采用晶体管级电路确定电路结构和性能指标，则仿真迭代的验证时间较长，不利于提高设计效率。行为级仿真是一种在设计初期快速验证电路功能和性能的有效方式，它可以使设计者快速分析各电路模块对 Sigma-Delta 调制器性能的影响和约束，进而确定电路模块的设计指标，满足 Sigma-Delta 调制器的设计要求。目前，进行 Sigma-Delta 调制器行为级建模的工具主要有 VHDL-AMS/Verilog-A、C/C++编程语言和 MATLAB 中的 Simulink。其中，VHDL-AMS/Verilog-A 及 C/C++编程语言在描述各类非理想因素和误差方面时需要复杂的算法才能达到较高的精度，而且当对不同的系统结构进行描述和性能比较时，要对代码进行相应改动，移植性较差。MATLAB 中的 Simulink 具有非常强大的数值计算和行为仿真能力。通过 Simulink 中的模块和内嵌函数，可以非常方便地对 Sigma-Delta 调制器的非理想因素和误差进行模拟；对于不同的系统结构，可以只对不同系统结构间的主要差异模块进行改动，其余模块仍可继续使用。因此，Simulink 是 Sigma-Delta 调制器行为级建模与仿真较为理想的工具。

采用 Simulink 进行 Sigma-Delta 调制器行为级建模与仿真主要分为以下两个步骤。

（1）根据 Sigma-Delta 调制器拓扑结构，选择合适的电路参数搭建理想模型，测试 Sigma-Delta 调制器的信噪比等性能。如果其性能不满足设计指标，就要重新调整电路参数，主要是积分器增益系数和反馈系数，直到满足设计要求。

（2）根据 Sigma-Delta 调制器的误差来源，加入热噪声、积分器、时钟抖动等非理想因素进行仿真，确定 Sigma-Delta 调制器可容忍的误差范围，在满足设计指标的情况下，确定 Sigma-Delta 调制器的采样电容大小、开关尺寸、运算放大器的增益、压摆率等。Sigma-Delta 调制器行为级建模与仿真流程如图 7.5 所示。

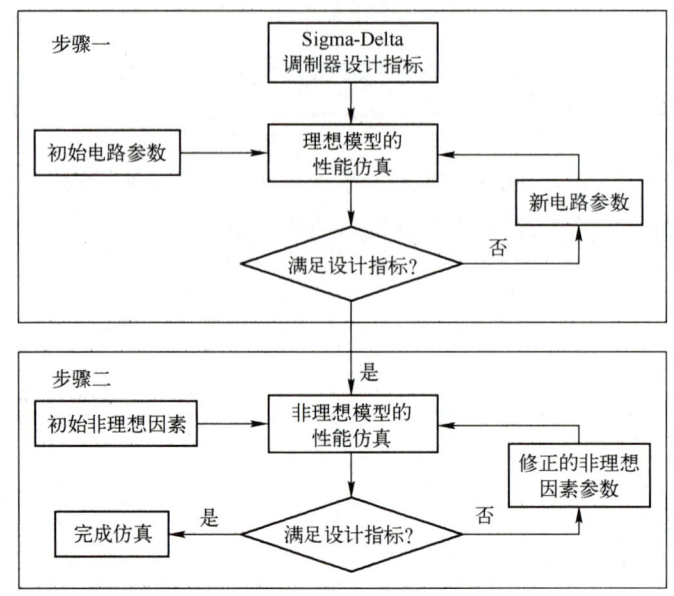

图 7.5　Sigma-Delta 调制器行为级建模与仿真流程

7.2.1　理想 Sigma-Delta 调制器行为级建模与仿真

Simulink 的 SD 工具包包含了丰富的 Sigma-Delta 调制器子模块，主要包括信号源、积分器、量化器、DAC 及延迟单元等，可以很方便地进行 Sigma-Delta 调制器结构建立和电路参数修改。根据理论计算结果，Sigma-Delta 调制器选择过采样比为 128 的二阶 3 位量化结构。通过电路参数优化后建立的二阶 3 位理想 Sigma-Delta 调制器行为级模型如图 7.6 所示。

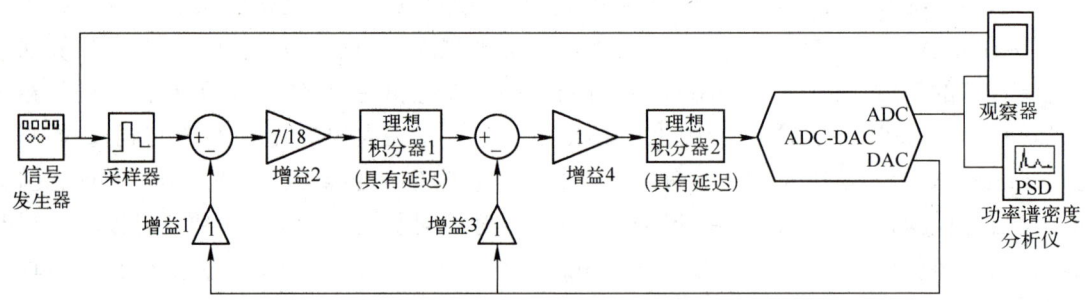

图 7.6　二阶 3 位理想 Sigma-Delta 调制器行为级模型

在图 7.6 中，两个积分器增益分别设置为 7/18 和 1。由于该调制器采用 3 位量化结构，两个反馈系数实际上会在 1/18,2/18,3/18,…,7/18 和 1/7,2/7,3/7,…,1 之间变化，这里设置两个反馈系数都为 1，即在噪声整形最恶劣的情况下进行仿真。该调制器量化器设置为 3 位的量化分辨率，无电容失配信息。同时，在 1V 电源下，设置该调制器输入信号频率为 8kHz，输入信号幅度为 0.5V，采样频率为 2.048MHz，动态性能测试采用 8192 点 FFT。二阶 3 位理想 Sigma-Delta 调制器的输入和输出信号如图 7.7 所示。

从图 7.7 可以看出，正弦输入信号经过二阶 3 位理想 Sigma-Delta 调制器的采样、积分和量化，成为 3 位表示的脉冲密度调制波形，很好地完成了二阶 3 位理想 Sigma-Delta 调制器功能。二阶 3 位理想 Sigma-Delta 调制器 8192 点 FFT 频谱分析结果如图 7.8 所示。

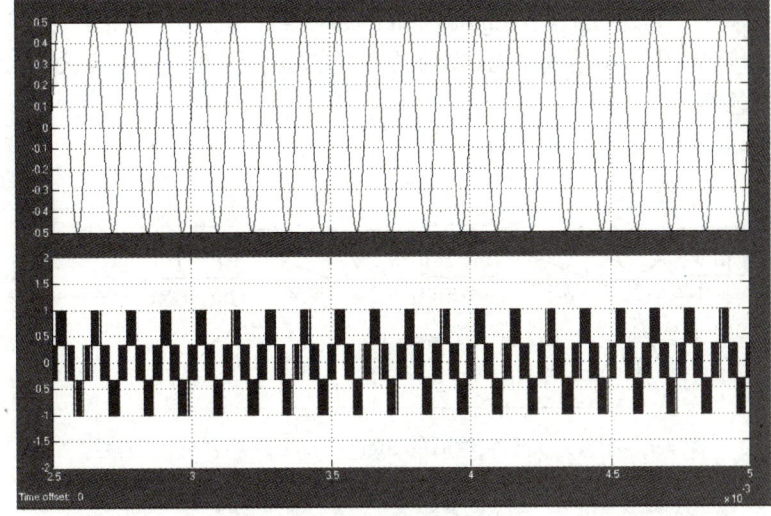

图 7.7   二阶 3 位理想 Sigma-Delta 调制器的输入和输出信号

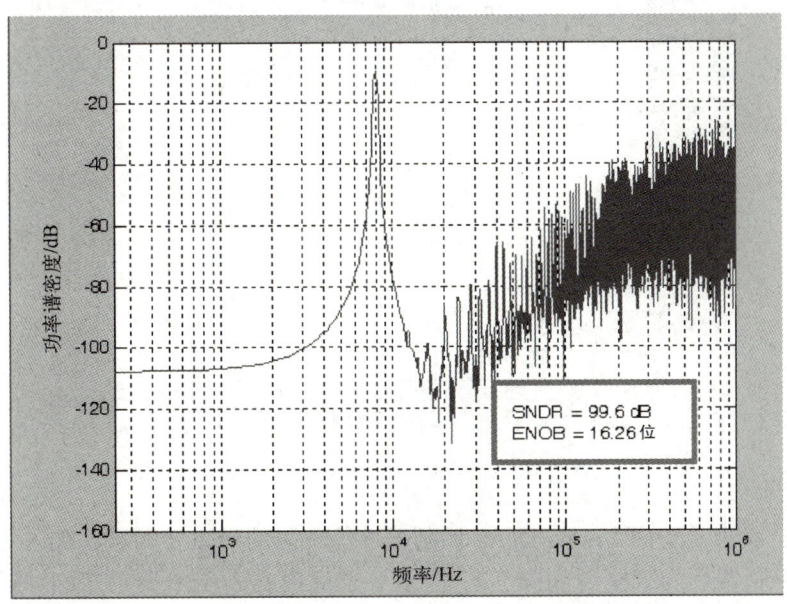

图 7.8   二阶 3 位理想 Sigma-Delta 调制器 8192 点 FFT 频谱分析结果

从图 7.8 可以看出，二阶 3 位理想 Sigma-Delta 调制器的信号失真比为 99.6dB，有效位数为 16.26 位，满足了预定的设计指标。

7.2.2   非理想 Sigma-Delta 调制器行为级建模与仿真

Sigma-Delta 调制器中主要的非理想因素包括开关非线性、开关 kT/C 噪声、时钟抖动、积分器中的运算放大器热噪声，以及运算放大器有限增益、有限压摆率和有限单位增益带宽等。对于 3 位量化 Sigma-Delta 调制器，在 DAC 中会存在电容失配产生的非线性效应。这些都应在非理想 Sigma-Delta 调制器行为级建模与仿真中加以涵盖。为了设置非理想因素，部分因素要参考 0.13μm CMOS 混合信号工艺中的参数值进行设置。其中，运算放大器白噪声由随机数产生，仅和采样频率相关；3 位 DAC 的失配参数与反馈电容、量化位数有关。以下分别对各个非理想因素进行具体分析。造成开关非线性的主要因素是 CMOS 开关引入的有限电阻。加入开关非线性后的 Sigma-Delta 调制器行为级模型如图 7.9 所示。开关非线性对 SNDR 的影响如图 7.10 所示。只要保持开关的宽长比大于 4，开关非线性中的有限电阻的影响就可以忽略。

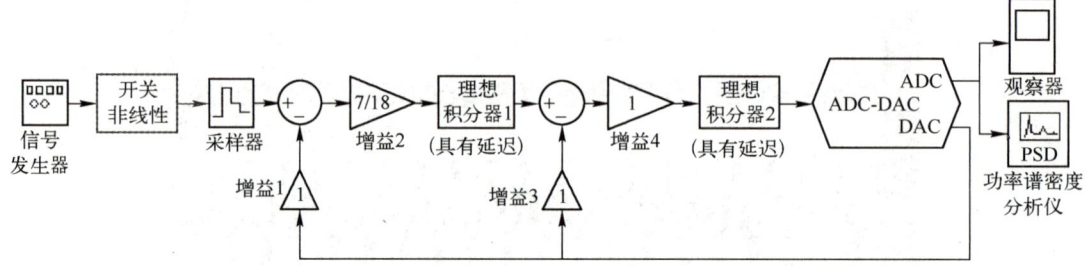

图 7.9　加入开关非线性后的 Sigma-Delta 调制器行为级模型

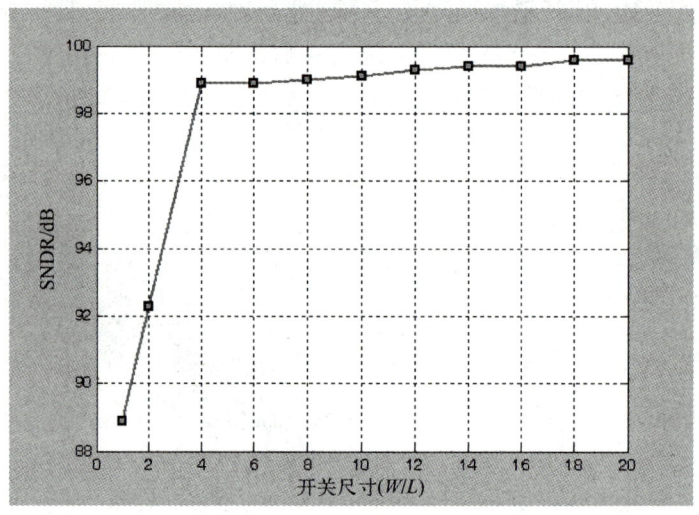

图 7.10　开关非线性对 SNDR 的影响

开关 kT/C 噪声是造成 Sigma-Delta 调制器性能下降的最主要因素。加入 kT/C 噪声后的 Sigma-Delta 调制器行为级模型如图 7.11 所示。采样电容为 1pF 时的 FFT 频谱分析结果如图 7.12 所示。从图 7.12 可以看出，SNDR 下降至 89.9dB。即使采样电容增加 4 倍，噪声功率只会下降约 6dB。采样电容的增加不但会增加 Sigma-Delta 调制器芯片面积，更重要的是为了驱动大的电容，必须增加积分器中运算放大器的设计指标，从而引起功耗的大幅度上升，因此在 Sigma-Delta 调制器精度和功耗之间要进行折中设计。

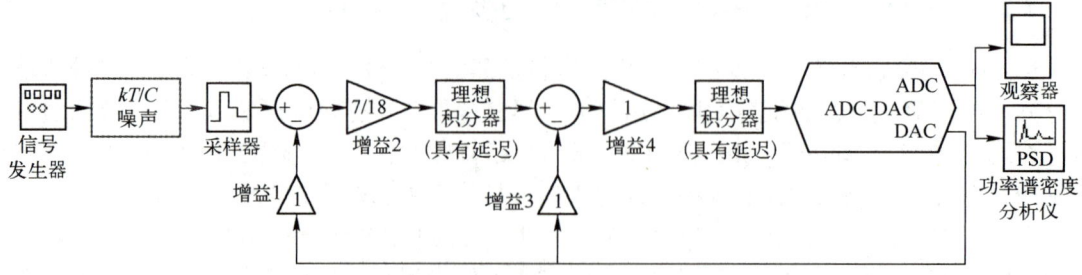

图 7.11　加入 kT/C 噪声后的 Sigma-Delta 调制器行为级模型

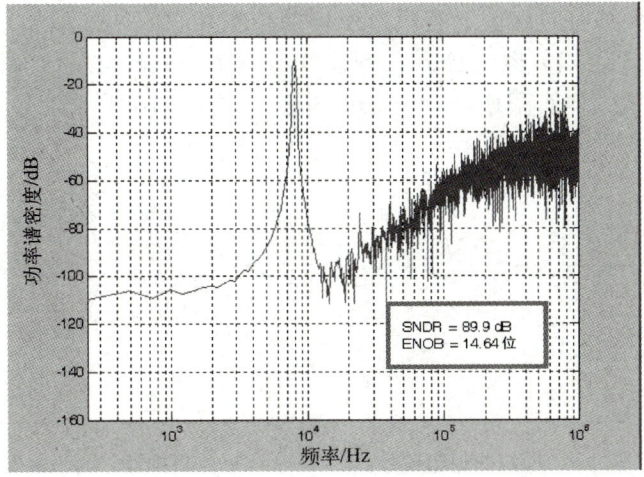

图 7.12　采样电容为 1pF 时的 FFT 频谱分析结果

加入时钟抖动后的 Sigma-Delta 调制器行为级模型如图 7.13 所示。时钟抖动对 SNDR 的影响如图 7.14 所示。从图 7.13 可以看出，时钟抖动对 SNDR 的影响有限，如高达 100ps 的抖动也只能使得 SNDR 下降约 7dB。

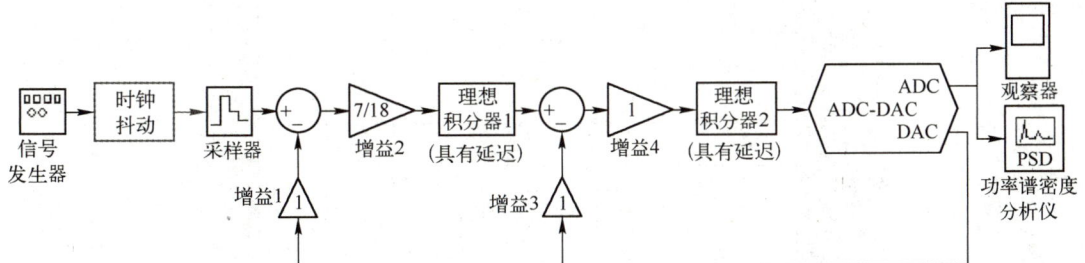

图 7.13　加入时钟抖动后的 Sigma-Delta 调制器行为级模型

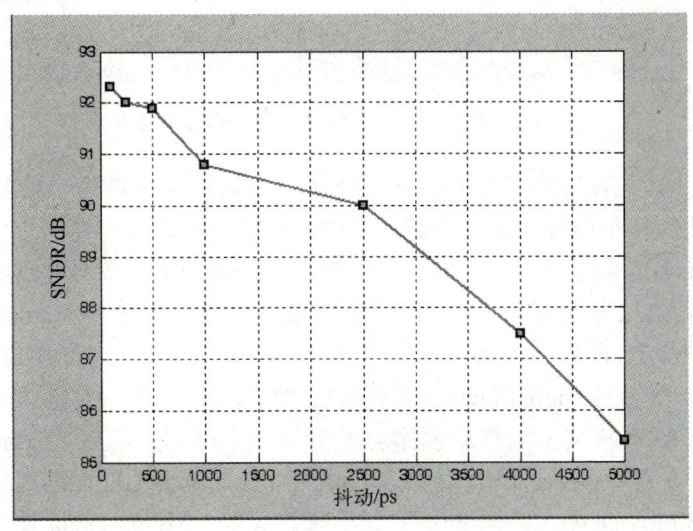

图 7.14　时钟抖动对 SNDR 的影响

分别将运算放大器有限增益、有限单位增益带宽和有限压摆率加入理想积分器中，使理想积分器变为非理想积分器。加入非理想积分器的 Sigma-Delta 调制器行为级模型如图 7.15 所示。运算放大器有限增益对 SNDR 的影响如图 7.16 所示。

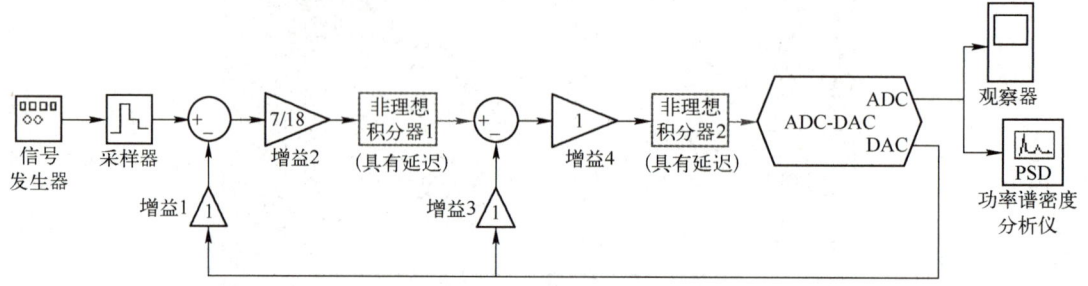

图 7.15   加入非理想积分器的 Sigma-Delta 调制器行为级模型

从图 7.16 可以看出，当增益大于 60dB 之后，Sigma-Delta 调制器的总体 SNDR 性能就可以得到保证，并且趋于稳定。

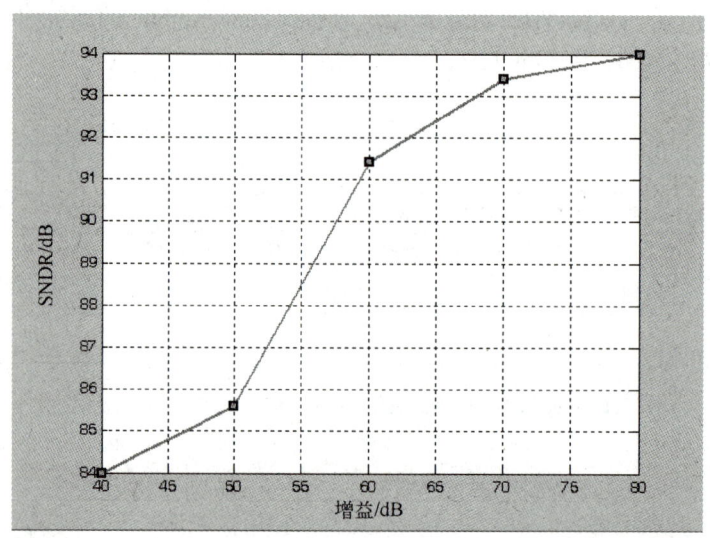

图 7.16   运算放大器有限增益对 SNDR 的影响

运算放大器的单位增益带宽决定了可处理信号的频带及频带内小信号的建立情况。积分器中采样操作要等待小信号完全建立后才有效。因此，运算放大器的单位增益带宽要有足够的裕度才能保证小信号的建立。如果因运算放大器带宽使得小信号建立不起来，就会导致 Sigma-Delta 调制器的信噪比下降。运算放大器有限单位增益带宽对 Sigma-Delta 调制器信噪失真比的影响如图 7.17 所示。如果运算放大器单位增益带宽大于 10MHz，信噪失真比就能保持稳定。10MHz 是保证 Sigma-Delta 调制器性能所需要的最小运算放大器单位增益带宽。

运算放大器压摆率决定了运算放大器对大信号建立的相应速度。在运算放大器带宽一定的情况下，如果压摆率受限，大信号的建立时间过长，就会相应压缩运算放大器小信号的建立时间，导致 Sigma-Delta 调制器的信噪比下降。因此，Sigma-Delta 调制器对运算放大器的压摆率有严格的要求。由于压摆率与单位增益带宽相关，我们首先通过对带宽的仿真确定运算放大器单位增益带宽为 10MHz，并在此条件下对运算放大器压摆率进行仿真。运算放大器压摆率对 SNDR 的影响如图 7.18 所示，当运算放大器压摆率大于 5V/μs 时，Sigma-Delta 调制器的性能就可以得到保证。

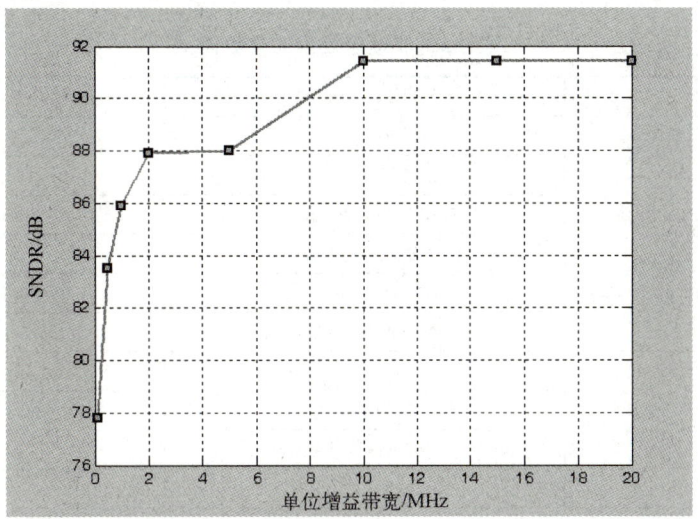

图 7.17　运算放大器有限单位增益带宽对 Sigma-Delta 调制器信噪失真比的影响

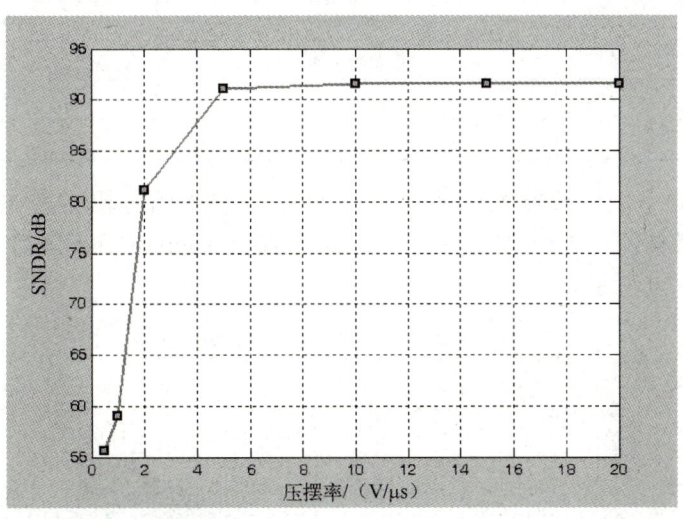

图 7.18　运算放大器压摆率对 SNDR 的影响

结合之前的仿真结果，最终建立完整的二阶 3 位非理想 Sigma-Delta 调制器行为级模型如图 7.19 所示。这时，再加入电容失配系数模拟 DAC 的非线性影响。该系数与单位面积电容值和总电容面积有关。

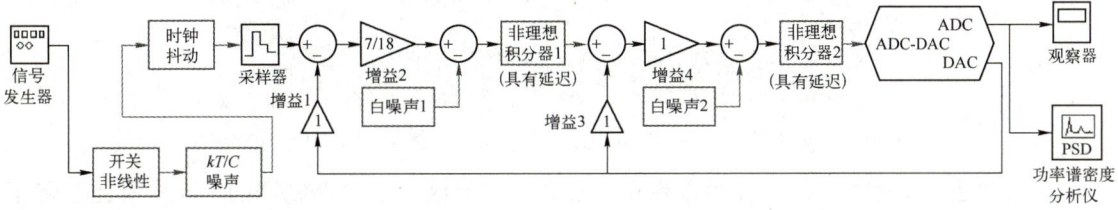

图 7.19　二阶 3 位非理想 Sigma-Delta 调制器行为级模型

　　非理想因素的参数值如表 7.3 所示。对开关和运算放大器的参数设置，都留出了一定的设计裕度，以保证在晶体管级电路设计时，能够满足设计指标。

表 7.3　非理想因素的参数值

非理想因素	参　　数	参　数　值
开关非线性	采样电容	1×10^{-12}F
	晶体管尺寸(W/L)	20
	NMOS 增益系数(uC_{ox})	298
	PMOS 增益系数(uC_{ox})	103
	NMOS 阈值电压	0.31V
	PMOS 阈值电压	-0.28V
kT/C 噪声	采样电容	1pF
	热力学温度	300K
	玻尔兹曼常数	1.38×10^{-23}
抖动	时钟抖动	100ps
非理想积分器	有限增益	0.999（表示增益 60dB）
	幅度饱和值	1V
	压摆率	5×10^6V/s
	增益带宽积	10×10^6Hz
DAC 失配	整体电容	1×10^{-12}F
	匹配参数	5×10^{-9}

　　若在 1V 电源下，设置输入信号频率为 8kHz，输入信号幅度为 0.5V，采样频率为 2.048MHz，动态性能测试采用 8192 点 FFT，则非理想 Sigma-Delta 调制器 8192 点 FFT 频谱分析结果如图 7.20 所示。

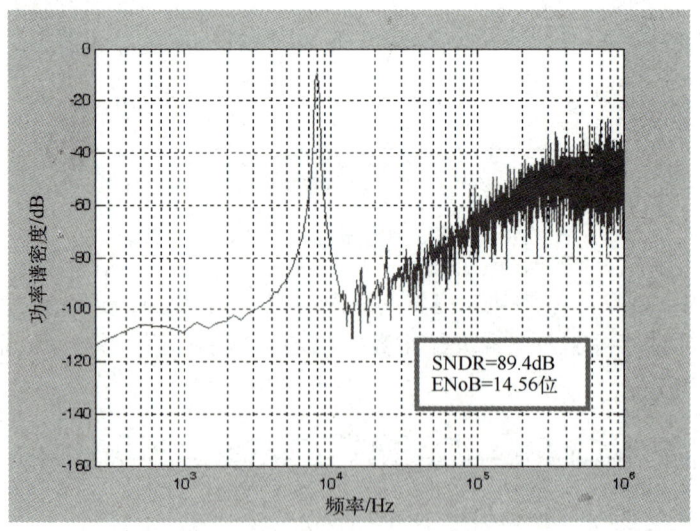

图 7.20　二阶 3 位非理想 Sigma-Delta 调制器 8192 点 FFT 频谱分析结果

　　从图 7.20 与图 7.8 的对比可以看出，加入非理想因素后该调制器的信噪失真比下降了 10.2dB，有效位数也下降至 14.56 位，但仍可以满足 70dB 信噪失真比的设计指标。

7.3 Sigma-Delta 调制器电路

下面以二阶 3 位量化 Sigma-Delta 调制器为例介绍 Sigma-Delta 调制器电路。

二阶 3 位量化 Sigma-Delta 调制器采用全差分的积分电容与 DAC 反馈电容共享的结构，有效减小了该调制器芯片面积，其电路如图 7.21 所示。二阶 3 位量化 Sigma-Delta 调制器主要包括两个积分器、3 位量化器、编码器、数据加权平均（Data Weighted Average，DWA）模块、两个 3 位 DAC 及时钟电路。参照行为级模型仿真结果，第一级积分器的 14 个采样电容 $C_{sp1} \sim C_{sp7}$ 和 $C_{sn1} \sim C_{sn7}$ 都选择 164fF 的单位电容，因此第一级调制器单边总采样电容为 1148fF；依照 7/18 的积分器增益，积分电容为 2952fF（164fF×18）；第二级积分器的 kT/C 噪声影响可以忽略，可以适当减小采样电容，所以第二级积分器的 14 个采样电容 $C_{kp1} \sim C_{kp7}$ 和 $C_{kn1} \sim C_{kn7}$ 都选择 118fF 的单位电容，因此在积分器增益为 1 时，单边积分电容为 826fF；DAC 反馈电压信号采用差分参考电压为 V_{ref+} 和 V_{ref-}，当该调制器输出高电平时，反馈电压信号选择 V_{ref+}，而当该调制器输出低电平时，反馈电压选择 V_{ref-}。为了满足该调制器输入信号摆幅设计要求，这里的 V_{ref+} 和 V_{ref-} 直接设计为电源电压和地电平，即 $V_{ref+}=1V$，$V_{ref-}=0V$。连接 V_{ref+} 和 V_{ref-} 的开关都采用 CMOS 开关。这些开关由 DWA 模块输出的数字码 $A_1 \sim A_7$ 和 $B_1 \sim B_7$ 进行控制，实现反馈电压的可靠导通。编码器的作用在于将 3 位量化器输出的 7 位温度计码转换为 3 位二进制数输出。共模电压 V_{cm} 为 0.5V，实现输入和输出电压的最大摆幅。

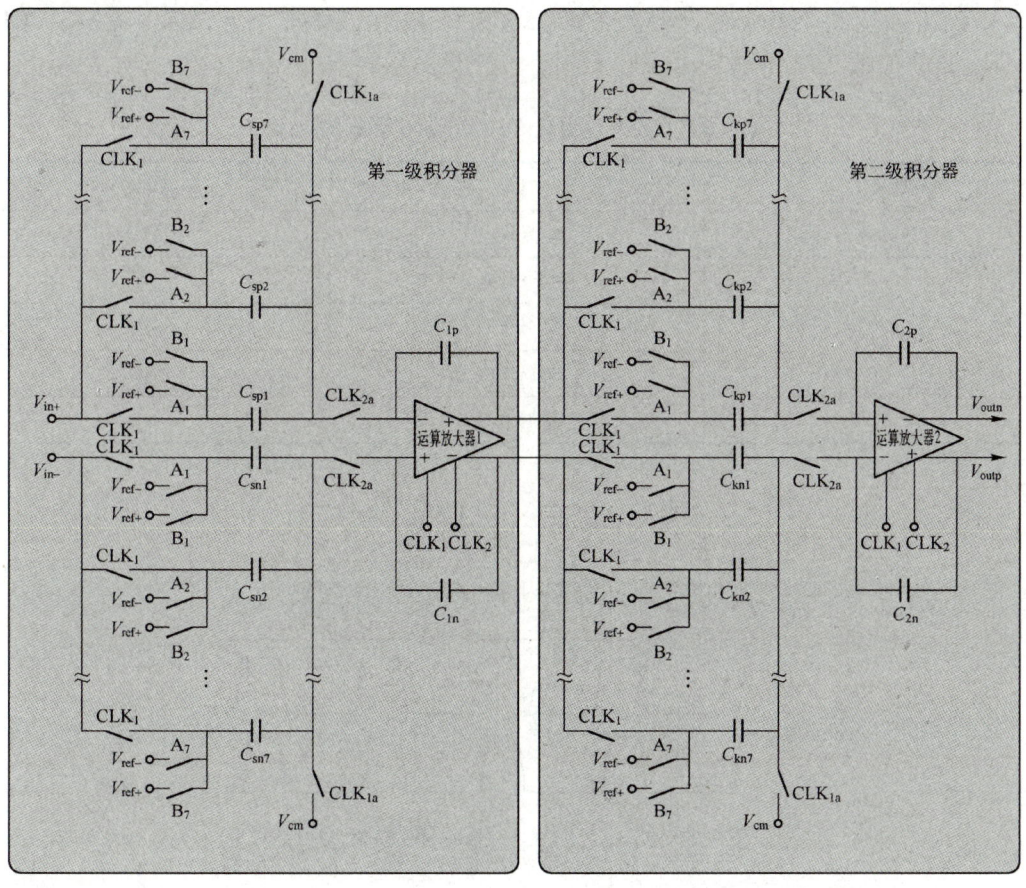

图 7.21 二阶 3 位量化 Sigma-Delta 调制器电路

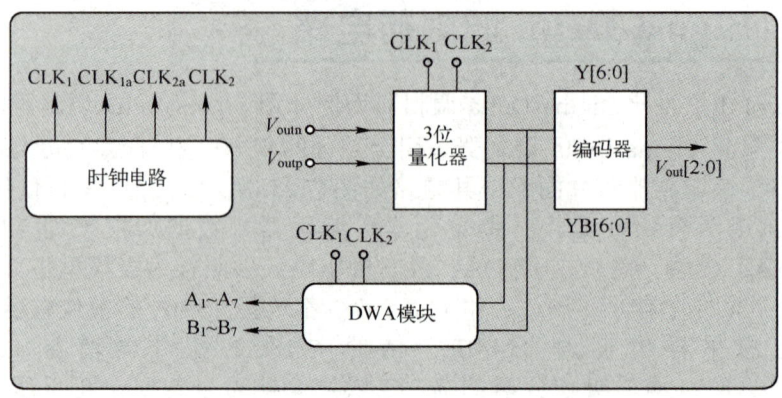

图 7.21　二阶 3 位量化 Sigma-Delta 调制器电路（续）

二阶 3 位量化 Sigma-Delta 调制器时序如表 7.4 所示。二阶 3 位量化 Sigma-Delta 调制器的工作状态由两相非交叠时钟信号 CLK_1 和 CLK_2 进行控制。积分器的输入信号在 CLK_1 为高电平时进行采样，在 CLK_2 为高电平时与 DAC 相应的反馈电压信号一同进行积分操作。量化器在 CLK_2 为高电平即将结束时被激活，这主要是为了避免量化器在积分器开始采样时受到瞬态响应的干扰。CLK_{1a} 和 CLK_{2a} 分别是 CLK_1 和 CLK_2 的提前关断时钟信号。采用 CLK_{1a} 和 CLK_{2a} 的目的主要是降低与输入信号有关的电荷注入。此外，时钟电路还产生 CLK_1 和 CLK_2 的反相时钟信号，用于控制 CMOS 开关的反相端信号。CLK_1、CLK_2、CLK_{1a} 和 CLK_{2a} 时序如图 7.22 所示。

表 7.4　二阶 3 位量化 Sigma-Delta 调制器时序

电路模块	CLK_1	CLK_2
积分器	采样	积分
量化器	存储参考电压	NC
	信号再生	采样
	刷新输出	NC
DAC	刷新输出	NC

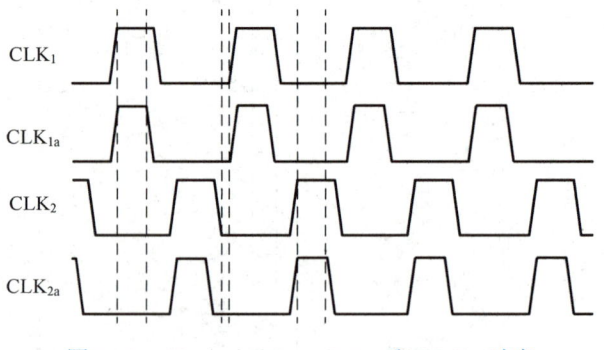

图 7.22　CLK_1、CLK_2、CLK_{1a} 和 CLK_{2a} 时序

 ## 7.4 电路模块的设计

7.3 节介绍了 Sigma-Delta 调制器电路，其中各个电路模块的设计决定了 Sigma-Delta 调制器整体的性能和功耗，因此必须全面考虑和精心设计其电路模块。本节将具体介绍 Sigma-Delta 调制器各个电路模块的设计，着重介绍低功耗运算放大器、量化器和 DWA 模块的设计。

7.4.1 低功耗运算放大器的设计

从前面非理想 Sigma-Delta 调制器行为级仿真结果可以发现，运算放大器的增益、单位增益带宽和压摆率对 Sigma-Delta 调制器的性能起着至关重要的作用。同时，由于 Sigma-Delta 调制器的功耗主要是运算放大器的功耗，因此在低功耗设计中，运算放大器的功耗优化设计最为重要。运算放大器电路如图 7.23 所示。它包括偏置电路、运算放大器主电路和开关电容共模反馈电路 3 部分。

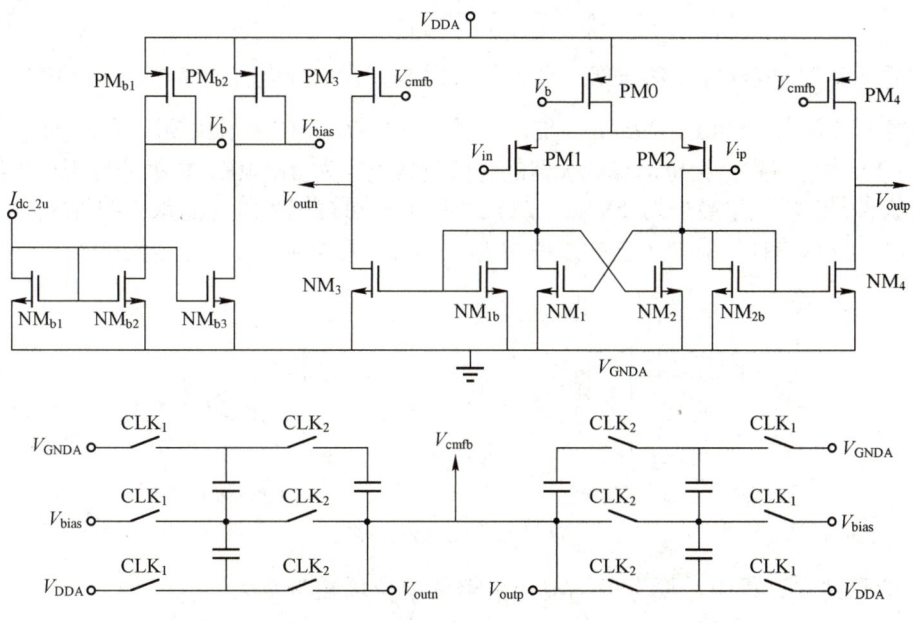

图 7.23 积分器中的运算放大器电路

偏置电路的输入信号为带隙基准源输出的 2μA 电流。为了节约功耗，NM_{b1} 和 NM_{b2}、NM_{b3} 的宽长比为 2:1。因此，NM_{b2}、NM_{b3} 支路中仅消耗 1μA 电流，分别为运算放大器主电路和共模反馈电路提供偏置电压 V_b 和 V_{bias}。

运算放大器主电路采用交叉耦合两级运算放大器电路结构。该结构的优势在于可以获得较大输出信号摆幅，并具有较好的噪声性能。第一级运算放大器电路增加了交叉耦合电路结构，这样既增大了第一级运算放大器增益，也稳定了第一级运算放大器共模输出电压。其中，采用 PMOS 作为输入差分对，有利于获得较好的 $1/f$ 噪声性能，并在 1V 电源下保证了较低的共模输入电压水平。第二级运算放大器是一个简单的共源极放大器电路结构，其中电流源晶体管 PM_3 和 PM_4 的栅极由开关电容共模反馈电路的输出电压进行偏置，将第二级运算放大器的共模输出电平稳定在 0.5V 上。由于第一级运算放大器采用交叉耦合、二极管连接 NMOS 晶体管作为负载的电路结构，存在固有的共模反馈机制，因此要对第二级运算放大器进行共模反馈控制。

开关电容共模反馈电路由两相非交叠时钟信号 CLK_1 和 CLK_2 控制，几乎不消耗任何静态功耗。为了保证积分器输出信号摆幅较大，共模反馈电路中的开关都采用 CMOS 互补开关。

如图 7.24（a）所示，C_{S1}、C_{I1}、C_{p1}、C_{L1} 分别为采样电容、积分电容、输入寄生电容和负载电容。在第一个积分器中，运算放大器要在 1/2 个时钟周期内建立所需的精度。积分器的大信号和小信号建立特性分别由运算放大器的压摆率和单位增益带宽决定。对于积分器增益较小的情况，必须充分考虑运算放大器的有限压摆率，而压摆率又由第一级运算放大器的尾电流 I_{PM0} 决定，即

$$SR = \frac{2I_{PM0}}{C_{Leff}} \tag{7.2}$$

式中，C_{Leff} 为运算放大器的有效负载电容。在图 7.24（a）中，有

$$C_{Leff} = C_{L1} + (1-F)C_{I1} \tag{7.3}$$

负载电容 C_{L1} 包括运算放大器输出电容及积分电容的底板寄生电容，反馈因子 F 为

$$F = \frac{C_{I1}}{C_{L1} + C_{S1} + C_{p1}} \tag{7.4}$$

忽略输入寄生电容 C_{p1}，第一级积分器的采样电容、积分电容和负载电容（第二级积分器的采样电容）分别为 1148fF、2953fF、828fF，代入式（7.4）中可得反馈因子 F 为 0.72。将 F 代入式（7.3）中可得积分相位运算放大器的有效负载电容为 1654fF。根据非理想行为级仿真结果，运算放大器的压摆率最小为 5V/μs。从式（7.2）中可得尾电流 I_{PM0} 最小约为 4μA。为了留出设计裕度，这里设计运算放大器的压摆率为 10V/μs，尾电流 I_{PM0} 设计为 10μA。

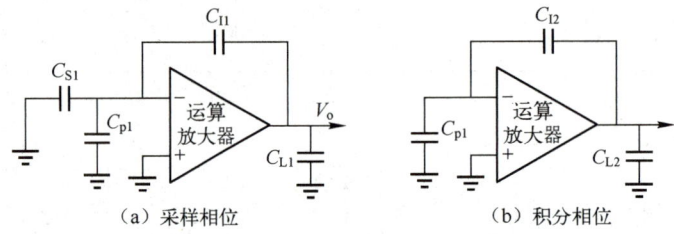

图 7.24   积分器相位

在小信号建立过程中，要考虑运算放大器的单位增益带宽为

$$GBW = \frac{2g_{m,PM1}}{C_{Leff}} \tag{7.5}$$

在 10MHz 单位增益带宽条件下，计算输入差分对的跨导，可得 $g_{m,PM1} > 16μA/V$。

运算放大器引入的噪声通常包含热噪声和闪烁噪声两个部分。热噪声由导体内电子的随机运动引起，与绝对温度成正比，其幅值具有高斯分布特性。闪烁噪声与氧化层与硅交界面上的晶格缺陷有关。闪烁噪声的能量谱密度与频率近似成反比，与元器件偏置条件无关，而且不同 MOS 的幅值分布不同，也可能不是高斯分布。由于热噪声和闪烁噪声是独立变量，MOS 的等效参考噪声输入电压能量谱密度可以表示为

$$\frac{\overline{v_{in}^2}}{\Delta f} = 4kT\gamma \frac{1}{g_m} + \frac{K_f}{WLC_{ox}f} \tag{7.6}$$

式中，k 为玻尔兹曼常数；T 为热力学温度，是一个与偏置和工艺相关的因子；g_m 为晶体管跨导，为工艺相关常数。对于音频段设计而言，主要考虑的是闪烁噪声（$1/f$ 噪声）的影响，从

式（7.6）可以看出，1/f 噪声与栅面积成反比。因此，可以通过增加晶体管尺寸来减小 1/f 噪声。但是，增加晶体管尺寸会增大运算放大器的输入电容，降低运算放大器建立特性，因此必须折中设计。此外，相对于 NMOS，P 沟道晶体管的主要载流子空穴被捕获的概率较小，相同条件下 PMOS 的 1/f 噪声小于 NMOS，所以输入级采用 PMOS 输入差分对。

完成电路尺寸设计后，首先对运算放大器的压摆率进行仿真。在运算放大器的输入端加入 0～1V 阶跃电压，其仿真结果如图 7.25 所示。可见，在 10μs 内，运算放大器的输出电压大约上升至 900mV，因此可得运算放大器的压摆率约为 15V/μs，满足预期的设计要求。

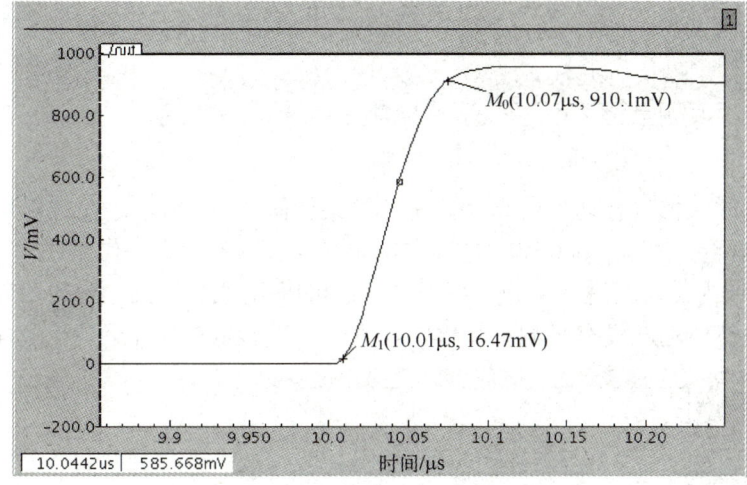

图 7.25　运算放大器的压摆率仿真结果

根据有效负载的推算结果，在运算放大器差分输出端加入 2pF 的负载电容，对运算放大器进行频率特性仿真，其仿真结果如图 7.26 所示。其中，直流增益为 58.79dB，相位裕度为 56°，单位增益带宽为 11MHz，都符合预期的设计要求。

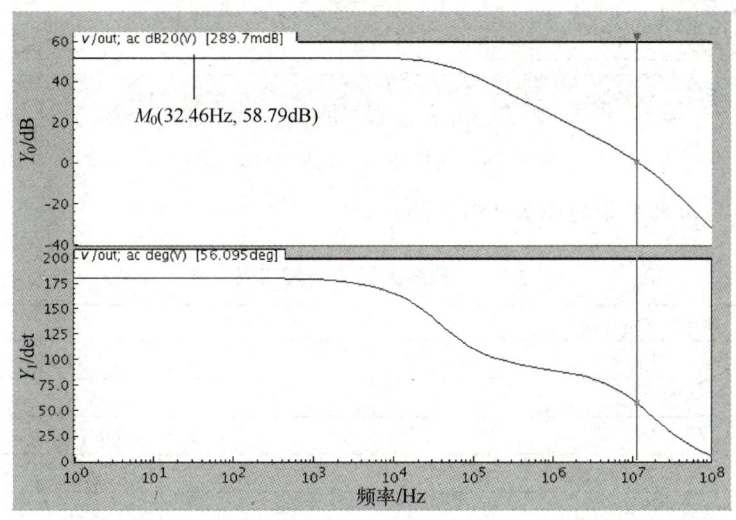

图 7.26　运算放大器频率特性仿真结果

对运算放大器进行噪声特性仿真，其仿真结果如图 7.27 所示。其中，在 8kHz 时的等效输入噪声功率谱密度为 808nV/$\sqrt{\text{Hz}}$。对有效信号 8kHz 内的噪声功率谱密度进行积分、平均，可得到等效输入噪声方均根值为 1.89μV，噪声性能良好。

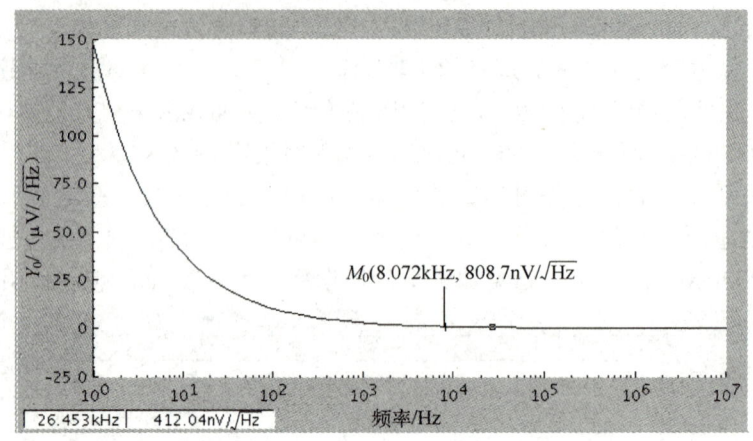

图 7.27　运算放大器噪声特性仿真结果

最后对运算放大器进行功耗仿真，其仿真结果如图 7.28 所示。在共模反馈开关开断瞬间，运算放大器会产生近 600μW 的瞬态尖峰功耗，但正常工作时的静态功耗维持在 32.25μW。对时域内的功耗进行积分，再平均，也可以得到约为 32μW 的功耗。由此可见，瞬态尖峰功耗对整体功耗没有影响；整体功耗处于一个较低的水平。

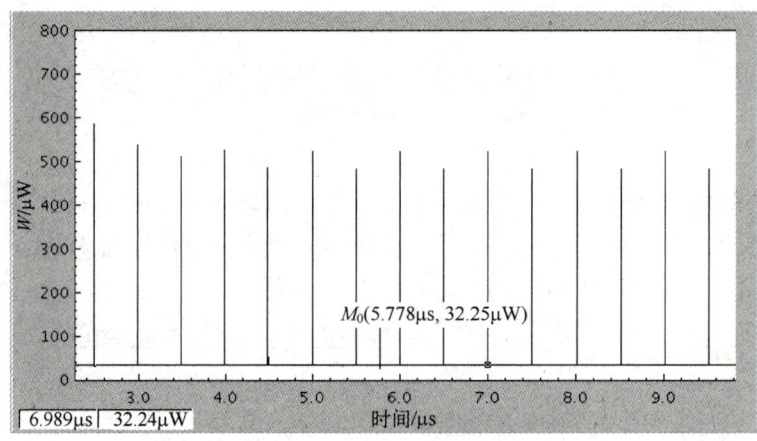

图 7.28　运算放大器功耗仿真结果

运算放大器的仿真结果总结如表 7.5 所示。

表 7.5　运算放大器的仿真结果总结

运算放大器参数	仿真结果
增益	58.79dB
相位裕度	56°
单位增益带宽	11MHz
压摆率	15V/μs
等效输入噪声均方根	1.89μV
功耗	32μW

7.4.2　量化器的设计

在 Sigma-Delta 调制器中，量化器处于调制器最末端。量化器的非线性受到环路积分器增益抑制，量化器的失调特性指标较为宽松且不会影响 Sigma-Delta 调制器性能。

在高精度多位量化 Sigma-Delta 调制器结构中，我们要在设计中尽可能减小量化器失调、亚稳态等非理想因素。3 位量化器的结构如图 7.29 所示。3 位量化器由电阻串 DAC、7 组 1 位比较器组成。3 位量化器采用全差分 Flash 结构，将差分输入信号 ip 和 in（第二级积分器的输出）与参考电压 $V_{ref1} \sim V_{ref7}$ 进行比较，输出互补温度计码 Y[6:0] 和 YB[6:0]。其中，参考电压 $V_{ref1} \sim V_{ref7}$ 由一个电阻串 DAC 产生。

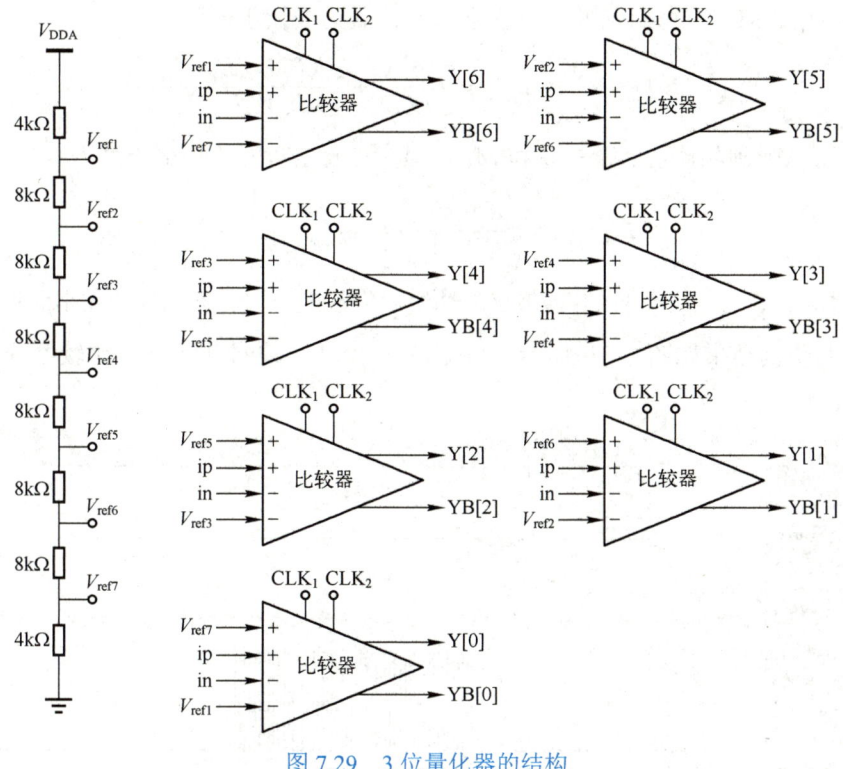

图 7.29　3 位量化器的结构

量化器中的比较器电路如图 7.30 所示。它采用高速再生结构，具有较低的失调电压和迟滞效应，并且可以获得较低输入电容和功耗。

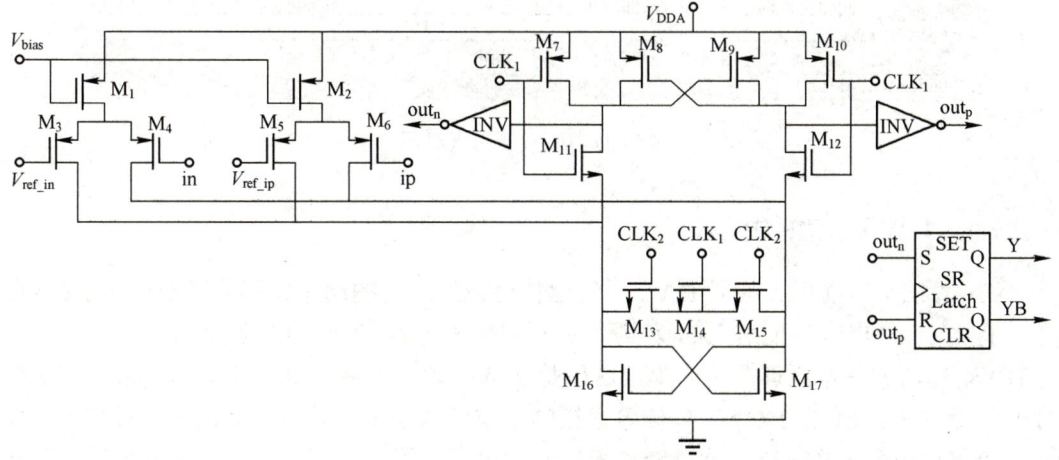

图 7.30　量化器中的比较器电路

在图 7.30 中，比较器由两对 PMOS 差分对（M_3/M_4、M_5/M_6）、CMOS 锁存器（$M_7 \sim M_{12}$、M_{16}/M_{17}）和 SR 锁存器构成；M_{13} 和 M_{15} 作为复位开关；M_{14} 作为辅助晶体管，用于降低 M_{14} 开关转换时电荷注入的影响。当时钟信号为 CLK_2 时，对顶端和底端的再生环路进行复位，PMOS 差分对 M_3/M_4、M_5/M_6 输入电流，并通过开关 M_{13} 和 M_{15} 的导通电阻产生不平衡电压。这个不平衡电压决定了时钟信号为 CLK_1 时的比较器输出结果。由于不平衡电压首先由底端的再生环路产生，所以如果在第一次再生过程中的增益足够大，那么 PMOS 再生晶体管和 M_{11}、M_{12} 的失配就可以被忽略。比较器的失调电压为

$$V_{\text{offset}}^2 = 2gV_{M_3}^2 + \frac{g_{M_{16}}^2}{g_{M_3}^2}V_{\text{latch}}^2 = 2\frac{A_{vt,p}^2}{W_3 L_3} + 2\frac{KP_n}{KP_p}\frac{W_{16}L_3}{W_3 L_{15}}\frac{A_{vt,n}^2}{W_{16}L_{16}} \tag{7.7}$$

因此，可以得到晶体管 $M_3 \sim M_6$ 和 M_{16}、M_{17} 的最佳匹配的特征长度为

$$L_{M_{16},M_{17}} = \sqrt{\frac{KP_n}{KP_p}}\frac{A_{Vt,n}}{A_{Vt,p}}L_{M_3,M_4,M_5,M_6} \tag{7.8}$$

通过选择 L_{M_3,M_4,M_5,M_6}，可以获得较好的速度、低输入电容、低功耗和最小面积。对比较器进行仿真，其仿真结果如图 7.31 所示。可见，在 2MHz 时钟频率下，比较器分辨精度小于 0.1mV。

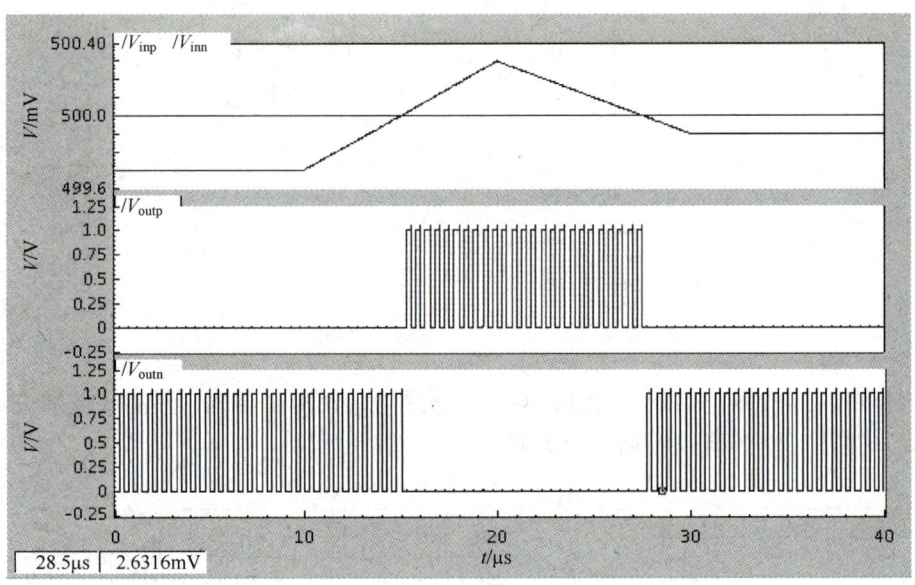

图 7.31　比较器仿真结果

7.4.3　DWA 模块的设计

DWA 算法是目前用于降低 DAC 非线性特性最为广泛的动态元器件匹配算法。DWA 算法主要将由 DAC 电容失配引入的噪声和失真转换为一阶高通噪声误差。

DWA 算法的基本原理非常简单，这也是 DWA 算法得到广泛应用的一个最显著优势。在 DWA 算法中，所有的 DAC 单位电容按顺序被依次采用，并且指针记录下每次未被使用的第一个单位电容来作为下一次选择电容的开始电容。用于 3 位 DAC 的 DWA 算法工作原理如图 7.32 所示。其中，灰色方块表示每个时钟周期中被选中的单位电容。

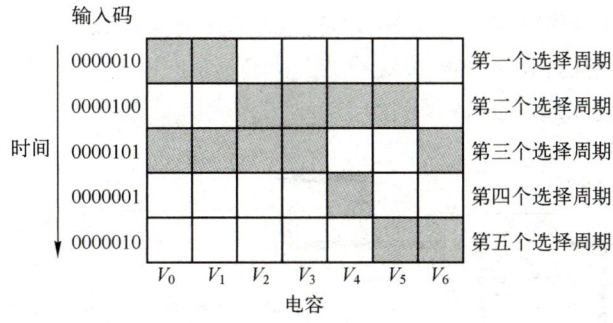

图 7.32　用于 3 位 DAC 的 DWA 算法工作原理

　　DWA 算法的一个缺陷是会在频带内引入谐波失真，并且这个谐波失真与信号幅度、频率相关。在信号幅度较小时，会在一定程度上降低 Sigma-Delta 调制器的信噪比。例如，在 16 位 Sigma-Delta 调制器中，通过蒙特卡洛仿真，可以得出在不同的输入信号幅度下，频带内最大的信号谐波都低于开关的 kT/C 噪声。因此，这些谐波在 Sigma-Delta 调制器的输出频谱中不可见，这也意味着这些频带内谐波不会降低 Sigma-Delta 调制器的信噪比。但在 Sigma-Delta 调制器精度更高的应用场合，如 20 位以上精度的 Sigma-Delta 调制器中，这些谐波可能会造成较大的影响，这时就要采用其他更为合适的算法进行设计。

　　实现 DWA 算法的电路（简称 DWA 模块）对于 Sigma-Delta 调制器可以达到工作频率是至关重要的，因为 DWA 模块会在 Sigma-Delta 调制器的反馈回路中引入额外的延迟时间。DWA 算法与积分器、量化器配合的工作时序如表 7.6 所示。在 CLK_1 时钟相位时，积分器将信号采样至采样电容中，并在 CLK_2 时钟相位时进行积分操作。同时，将反馈电容连接到参考电压 V_{ref+} 和 V_{ref-} 上，反馈信号也进行积分操作；量化器采样最后一级的积分器输出信号，在下一个 CLK_1 时钟相位内产生温度计码，并依据 DWA 算法指针选择下一次使用的 DAC 单位电容。在下一个 CLK_2 时钟相位内，DWA 算法指针被更新，而且反馈信号有效。所以，只有半个时钟周期用于量化器产生温度计码。由此可知，最小化 DWA 模块的延迟时间在设计中显得十分重要。

表 7.6　DWA 算法与积分器、量化器配合的工作时序

电路模块	CLK_1	CLK_2
积分器	采样	积分
量化器	再生	采样
DWA	轮转	更新指针

　　实现最优化延迟时间的 DWA 模块如图 7.33 所示。它主要由编码器、全加器、循环对数移位器、寄存器和时序调整驱动电路组成。

　　DWA 模块采用的全加器和对数移位器的移位操作结构与基础数据选择结构的移位操作结构相比，减少了晶体管数量和路径上的延迟时间，在降低功耗的同时，也提高了 DWA 模块的工作频率。对于 Sigma-Delta 调制器输出的 3 位数据，一路经过编码器输出 Data_out[2:0]，并作为 Sigma-Delta 调制器的数字输出信号；另一路进入全加器与前一时钟周期的 Sigma-Delta 调制器输出信号相加，输出指针信号 $S_1 \sim S_3$，并在本时钟周期 CLK_2 相位时被存储至指针寄存器中，同时对循环对数移位器的输入信号进行移位控制。移动相应位数时序调整驱动电路提高移

位信号的驱动能力，并按照一定相位输出 DAC 的选择开关信号 Out_to_DAC[6:0]，完成对 3 位 DAC 的控制操作。经过仿真，DWA 模块的最大传输延迟时间为 5ns，可以工作在 200MHz 的最大时钟频率下，满足 Sigma-Delta 调制器 2MHz 工作频率的要求。

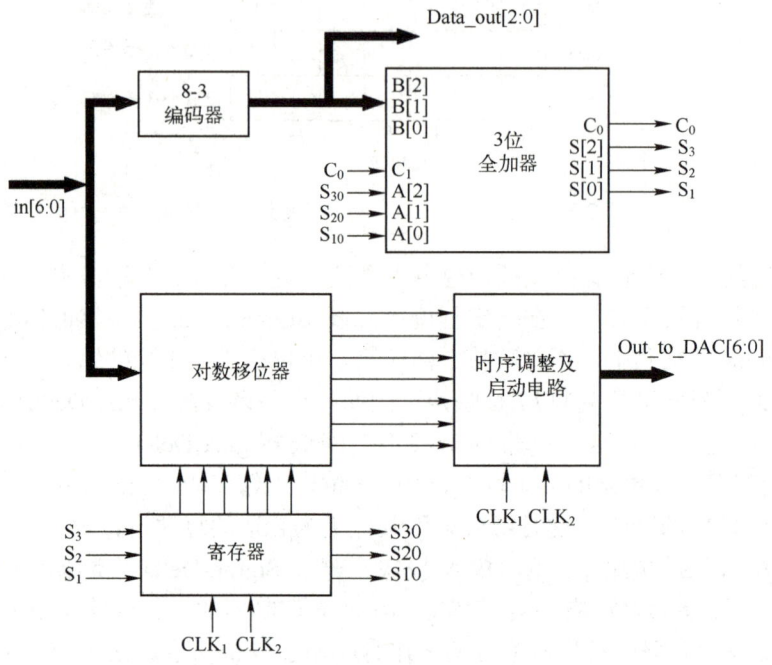

图 7.33 实现最优化延迟时间的 DWA 模块

7.5 芯片设计与测试结果

16 位/8kHz 二阶 3 位量化 Sigma-Delta 调制器芯片采用 0.18μm CMOS 混合信号工艺设计完成，其版图如图 7.34 所示。可见，信号自下向上传输，两个积分器层叠放置，量化器位于最上侧；DWA 模块和时钟电路位于右侧，远离主信号通路；带隙基准源在左侧，为积分器提供偏置电流和参考电压。

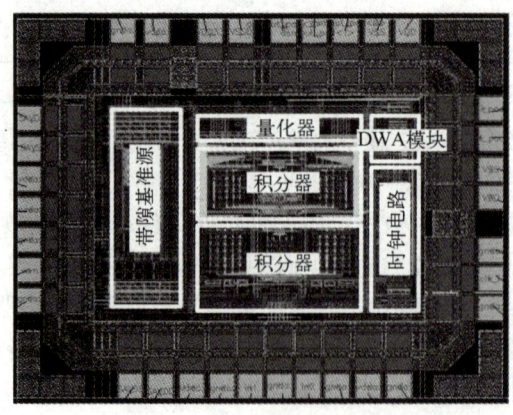

图 7.34 二阶 3 位量化 Sigma-Delta 调制器的版图

　　针对二阶 3 位量化 Sigma-Delta 调制器芯片，输入 2kHz 的峰值为 400mV 的正弦信号进行测试，其输出频谱如图 7.35 所示。可见，由于输出二次谐波的影响，整体输出无杂散动态范围约为 70dB。

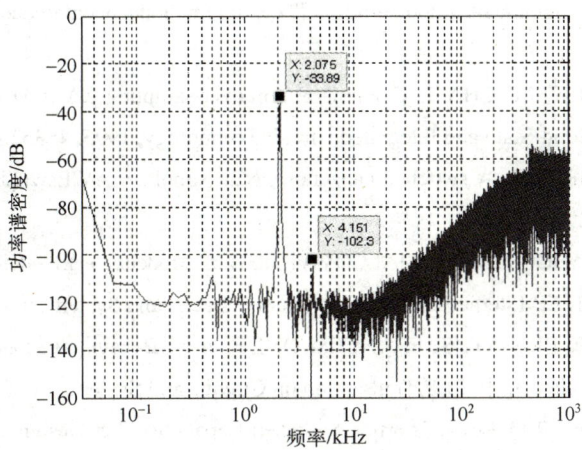

图 7.35　二阶 3 位量化 Sigma-Delta 调制器输出频谱

7.6　参考文献

[1] BAIRD R T, FIEZ T S. Linearity Enhancement of Multibit Sigma-Delta AD and DA Converters Using Data Weighted Averaging[J]. IEEE Transactions on Circuits and Systems, 1995, 42(12):753-762.

[2] NORSWORTHY S R, SCHREIER R. Delta-Sigma Data Converter: Theory, Design, and Simulation[M]. New York:The institute of Electrical and Engineers Inc, 1996 .

[3] LARSON L E, CATALTEPE T, TEMES G C. Multi-bit oversampled Sigma-Delta A/D converter with digital error correction[J]. Electronics Letters, 1988, 24:1051:1052.

[4] CATALTEPE T, KRAMER A R, LARSON L E, et al. Digitally corrected multi-bit Sigma-Delta data converter[J]. IEEE International Symposium on Circuit and Systems, 1989:647-650.

[5] WALDEN R H, CATALTEPE T, TEMES G C. Architetures for higher-order multi-bit Sigma-Delta modulators[J]. Proceeding of the IEEE International Symposium on Circuits and Systems, 1990, 5:895-898.

[6] SARHANG-NEJAD M, TEMES G C. A High-Resolution Sigma-Delta ADC with Digital Correction and Relaxed Amplifiers Requirements[J]. IEEE Journal of Solid-State Circuit, 1993, 28(4):648-660.

[7] GEERTS Y, STEYAERT M, SANSEN W. Design of Multi-Bit Delta-Sigma A/D Converters[M]. Kluwer Academic Publishers, 2002.

[8] KLAASEN K B. Digitally controlled absolute voltage division[J]. IEEE transactions on Instrumentation and Measurement, 1975, 24(3):106-112.

[9] LEUNG B, SUTARJA S. Multi Sigma-Delta A/D Converter Incorporating a Novel Class of Dynamic Element Matching Techniques[J]. IEEE Transactions on Circuits and Systems, 1992, 39:35-51.

[10] ADAMS R W, KWAN T W. Data-directed scrambler for multi-bit noise-shaping D/A converters[J]. U.S.Patent 5,404,142,1995.

[11] SCHREIER R, ZHANG B. Noise-shaped multibit D/A converter employing unit elements[J]. Electronics Letters, 1995,31:1712:1713.

[12] MONNERIE G, LÉVI H. Behavioral modeling of noise in discrete time systems with VHDL-AMS application to a sigma-delta modulator[J]. IEEE International Conference on Industrial Technology, 2004: 237-242.

[13] HONG Z, CAO X, MUCHA J. C-simulator for over-sampling $\Sigma\Delta$ A-D converters[C]. International Conference on Solid-State and Integrated Circuit Technology, 1995, 4: 352 -354.

[14] TRIHY R, ROHRER R, A switched capacitor circuit simulator:AWEswit[J]. IEEE Journal Solid-State Circuits, 1994, 29: 217-225.

[15] BRIGATI S, FRANCESCONI F, MALCOVATI P, et al. Modeling sigma-delta modulator nonidealities in SIMULINK[J]. IEEE International Symposium on Circuits and Systems Ⅱ, 1999:384-387.

[16] MALCOVATI P, BRIGATI S, FRANCESCONI F, et al. Behavioral modeling of switched capacitor sigma-delta modulators[J]. IEEE Transaction on Circuits and Systems Ⅰ, 2003, 50(3): 352–364.

[17] LEE K L, MEYER R G. Low-Distortion Switched-Capacitor Filter Design Techniques. IEEE Journal of Solid-State Circuits, 1985, 20: 1103-1113.

[18] MALEOVATI P, MALOBERTI F, TERZANI M. An high-swing, 1.8V, Push-Pull opamp for sigma-delta modulator. IEEE International Conference on Electronics, Circuits and Systems, 1998, 1:33-36.

[19] RAMIREZ-ANGULO J, LOPEZ-MARTIN A J, CARVAJAL R G, et al. Simple class-AB voltage follower with slew rate and bandwidth enhancement and no extra static power or supply requirements. Electronics Letters, 2006,42(14):784-785.

[20] GEERTS Y, STEYAERT M. Flash A/D specifications of multibit A/D converters[J]. in IEE ADDA, Glasgow, U.K, 1999: 50–53.

[21] LEWIS S H, GRAY P R. A Pipelined 5-Msample/s 9-bit Analog-to-Digital Converter[J]. IEEE Journal of Solid-State Circuits, 1987, 22(6):954-961.

[22] BRANDT B P, WOOLEY B A. The 50-MHz Multi Sigma-Delta Modulator for 12-b 2-MHz A/D Converter[J]. IEEE Journal of Solid-State Circuits, 1991, 26:1746-1756.

[23] BAIRD R T, FIEZ T S. Linearity enhancement of multibit A/D and D/A converters using data weighted averaging, IEEE Transactions on Circuits and Systems Ⅱ, 1995, 42: 753-762.

[24] NYS O, HENDERSON R. An analysis of dynamic element matching techniques in Sigma-Delta modulation[J]. IEEE International Symposiums on Circuits and Systems 1996: 231-234.

[25] GONG X M, GAALAAS E, ALEXANDER M, et al. A 120-dB multibit SC audio DAC with second-order noise shaping[J]. ISSCC, 2000: 344-345.

第8章 低功耗 Sigma-Delta 调制器

自 1958 年集成电路诞生以来，电子工业已经取得了日新月异的进步。在过去的 60 年间，芯片上晶体管的数目呈几何级数增长。随着晶体管尺寸不断逼近摩尔定律的极限，单体芯片所占据的面积和成本不断降低。以往，工程师们更多地关注于提升芯片的工作频率和功能，而不太关注芯片功耗。

如今，工程师们已经能够将各种复杂的功能集成到一块硅衬底上，其中可能包含了数字、模拟及射频的芯片模块，产生了所谓的系统级芯片（System-on-Chip，SoC）概念。而 SoC 目前已经成为便携式设备、穿戴式电子设备、手机、无线终端及无线传感网的核心部分。高密度的晶体管集成必然会带来动态功耗、泄漏功耗的急剧增加，给芯片的稳定性带来巨大的挑战。同时，这些设备大都通过电池进行供电。为了延长电池对这些设备的供电时间，降低芯片功耗也就自然成为设计的重中之重。

本章将主要介绍低功耗 Sigma-Delta 调制器的设计。首先介绍低电源电压 Sigma-Delta 调制器的几种设计方法和思路，然后讨论一种亚阈值反相器型 Sigma-Delta 调制器的设计实例，从而将理论和实践相结合。

8.1 低功耗 Sigma-Delta 调制器的设计

在设计低功耗 Sigma-Delta 调制器时，设计者首先想到的是降低电源电压。在电流不变的情况下，电源电压的下降直接降低了 Sigma-Delta 调制器功耗。实际上，低电源电压并不一定意味着 Sigma-Delta 调制器低功耗。为了在低电源电压设计环境中保证 Sigma-Delta 调制器具有同样甚至更优的信噪比，设计者往往要加入附加的电路模块，从而产生更多的功耗。

在 1V 甚至更低电源电压的情况下，Sigma-Delta 调制器仍必须维持与 1.8V、3.3V 电源电压时相同的动态范围，这就对低功耗 Sigma-Delta 调制器设计提出了严峻的挑战。本节主要从电路设计的角度讨论哪些技术可以应对这种挑战，以实现 Sigma-Delta 调制器的低功耗。

8.1.1 前馈结构 Sigma-Delta 调制器的设计

在讨论 Sigma-Delta 调制器的结构之前，我们首先明确一个概念，即所有的 Sigma-Delta 调制器的结构都可以用噪声传递函数（NTF）和信号传递函数（STF）来表示。NTF 决定了量化噪声降低的程度及 Sigma-Delta 调制器所能达到的最大信噪比。对于一个给定的 Sigma-Delta 调制器结构，STF 通常与 NTF 密切相关，而不能被单独定义。从电路设计的角度来看，由积分器构成的环路滤波器可以最终决定噪声传递函数。因此，一个 Sigma-Delta 调制器可以由图 8.1 中的结构来描述。

从图 8.1 可以得到 Sigma-Delta 调制器的 NTF 和 STF 分别为

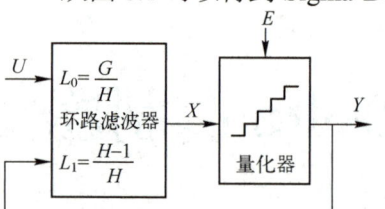

$$\text{NTF}(z) = \frac{1}{1 + L_1(z)} \qquad (8.1)$$

$$\text{STF}(z) = \frac{L_0(z)}{1 + L_1(z)} \qquad (8.2)$$

图 8.1　Sigma-Delta 调制器的结构

式中，环路滤波器 $L_0(z)$ 和 $L_1(z)$ 可以以环路参数的形式进行表示。其中，$L_1(z)$ 在信号带宽内具有较高的增益，同时又对量化噪声有衰减作用。从式（8.1）和式（8.2）可以看出，$L_1(z)$ 的极点是 NTF 的零点，而且 NTF 和 STF 具有同样的极点。因此，当 NTF 和 STF 采用高 Q 值环路滤波器（极点接近单位圆）时，容易造成 Sigma-Delta 调制器的不稳定。

目前，Sigma-Delta 调制器主要分为前馈结构和反馈结构两大类。在前馈结构和反馈结构中，根据应用需求的不同，会相应地加入局部反馈支路和前馈支路，用于调整 Sigma-Delta 调制器的 NTF 和 STF，以达到更优的信号处理结果。反馈结构 Sigma-Delta 调制器行为级模型如图 8.2 所示。

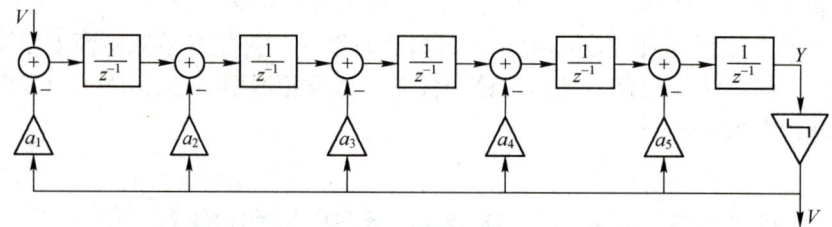

图 8.2　反馈结构 Sigma-Delta 调制器行为级模型

在图 8.2 中，Sigma-Delta 调制器的环路滤波器 $L_0(z)$ 和 $L_1(z)$ 分别为

$$L_0(z) = \frac{b_1}{(z-1)^n} \qquad (8.3)$$

$$L_1(z) = -\left[\frac{a_1}{(z-1)^n} + \frac{a_2}{(z-1)^{n-1}} + \frac{a_3}{(z-1)^{n-2}} + \cdots \right] \qquad (8.4)$$

将式（8.3）和式（8.4）分别代入式（8.1）和式（8.2），可以分别得到反馈结构 Sigma-Delta 调制器的 NTF 和 STF。其中，NTF 的零点都位于直流点处。通过计算不难看出，如果将 NTF 设计为巴特沃兹高通滤波器，那么 STF 则是具有巴特沃兹极点的低通滤波器。这种反馈结构 Sigma-Delta 调制器的显著缺点是积分器的输出信号包含明显的输入信号和量化噪声。每个积分器在直流点有无限增益，所以进入每个积分器的两路信号的和必须为零，以避免任何直流信号进入积分器。一路信号是量化器反馈信号乘以反馈系数，另一路信号是前一级积分器的输出信号。前一级积分器的输出信号必然包括直流分量，所以每个积分器可能会有直流输入信号。每个积分器的输出信号包含滤波后的量化噪声和一个等于输入信号的低频信号。当 Sigma-Delta 调制器由开关电容电路实现时，Sigma-Delta 调制器输出信号摆幅由电容比值来调整，因此需要大的积分反馈电容，才能保持输出信号在允许的范围内，所以反馈结构 Sigma-Delta 调制器通常要消耗较大的功耗来完成信号处理。

前馈结构 Sigma-Delta 调制器行为级模型如图 8.3 所示。

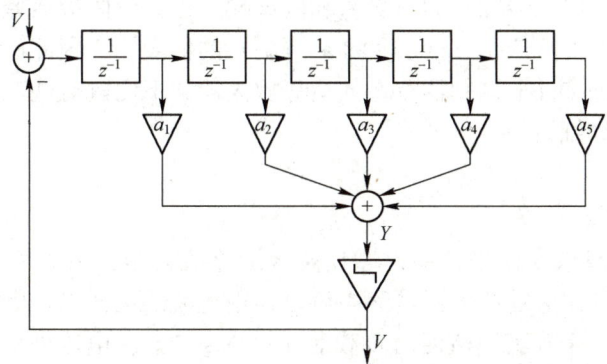

图 8.3　前馈结构 Sigma-Delta 调制器行为级模型

前馈结构 Sigma-Delta 调制器的环路滤波器 $L_0(z)$ 和 $L_1(z)$ 可以表示为

$$L_0(z) = -L_1(z) = \frac{a_1}{z-1} + \frac{a_2}{(z-1)^2} + \frac{a_3}{(z-1)^2} \cdots \tag{8.5}$$

从式（8.5）可以看出，$L_1(z)$ 的极点被限制在直流点（$z=1$）上。由于 $L_1(z)$ 的极点同时也是 NTF 的零点，因此 NTF 的零点也位于直流点上。在实际设计中，常将 NTF 设计为巴特沃兹高通滤波器结构。相比于反馈结构，前馈结构 Sigma-Delta 调制器的优点是在信号通路中只处理前一级的量化噪声，将每一级的输入信号通过前馈支路输入量化器进行处理，从而可以有效地增大输入信号摆幅，而不产生过载和失真现象，最终获得比反馈结构 Sigma-Delta 调制器更大的动态范围。

Sigma-Delta 调制器的输出信号摆幅在低电源电压时要远小于在高电源电压时。因此在低电源电压下，微小的失真都会严重降低 Sigma-Delta 调制器的动态范围；同时，前馈结构 Sigma-Delta 调制器在信号通路中只要处理微小的量化噪声信号，且对其运算放大器的设计指标要求也比反馈结构 Sigma-Delta 调制器的运算放大器更为宽松。因此在低单位增益带宽和低开环增益的运算放大器指标下，前馈结构 Sigma-Delta 调制器易于获得更低的功耗。所以，在低功耗 Sigma-Delta 调制器设计中，具有低失真和低功耗性能的前馈结构 Sigma-Delta 调制器是一种更为优良的选择。

8.1.2　低功耗运算放大器

在低功耗 Sigma-Delta 调制器设计中，低功耗运算放大器是电路设计的核心部分。这是因为积分器的设计实际上就是运算放大器的设计；运算放大器的功耗决定了积分器的总功耗，同时也是 Sigma-Delta 调制器功耗中最为重要的来源。在低功耗运算放大器设计中，开环增益、压摆率、单位增益带宽和功耗是设计者最为关注的 4 个性能指标。其中，开环增益和压摆率分别决定了积分器建立小信号和大信号时的精度；单位增益带宽则限制了 Sigma-Delta 调制器的信号最高采样频率（或者时钟频率）。

Sigma-Delta 调制器属于一个闭环系统，其运算放大器必须连接为闭环反馈形式。因此，Sigma-Delta 调制器的运算放大器只能采用折叠运算放大器或两级运算放大器。相比于两级运算放大器，折叠运算放大器的增益较低且输出信号摆幅受限，这限制了 Sigma-Delta

调制器所能达到的最大动态范围。此外，由于低功耗 Sigma-Delta 调制器通常应用在低噪声的场合中，而折叠运算放大器固有的热噪声和闪烁噪声也大于两级运算放大器固有的热噪声和闪烁噪声，一定程度上降低了 Sigma-Delta 调制器的信噪比。因此，低功耗两级运算放大器通常是低功耗 Sigma-Delta 调制器首选的运算放大器。下面就对低功耗两级运算放大器中的一些电路技术进行详细讨论。

1. 电流缺乏技术

在低电源电压运算放大器设计中，即使两级运算放大器也很难达到较高的增益。为了提高运算放大器增益，在运算放大器电路中可以采用电流缺乏技术。电流缺乏技术的原理如图 8.4 所示。可见，一个直流电流源对负载晶体管 M_2 的直流电流进行分流，从而增大晶体管的交流阻抗，最终提高运算放大器增益。运算放大器增益提高的程度取决于分流的比例因子 k。实际上，k 表示输入晶体管 M_1 被直流电流源分流的比例。在弱反型区，晶体管 M_2 的信号电阻为 $1/g_{M2}$，增大了 $1-k$ 倍，运算放大器增益 A 也增大了同样的倍数。

注意：不能过分增大信号电阻 $1/g_{M2}$ 的值，如图 8.5 所示。

运算放大器次极点 P_{nd} 和运算放大器单位增益带宽 GBW 为

$$P_{nd} = \frac{g_{M2}}{2\pi C_c} = \frac{2(1-k)I_1}{2\pi C_c (V_{GS} - V_T)_2} \tag{8.6}$$

$$GBW = \frac{B g_{M1}}{2\pi C_L} = \frac{2BI_1}{2\pi C_L (V_{GS} - V_T)_1} \tag{8.7}$$

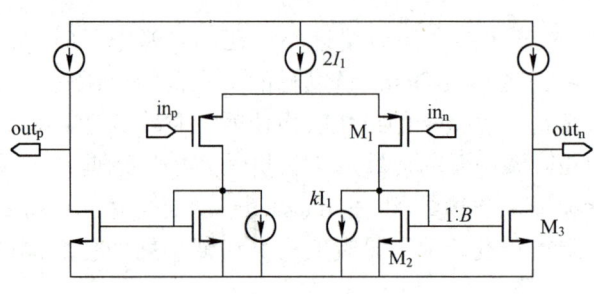

图 8.4　电流缺乏技术的原理

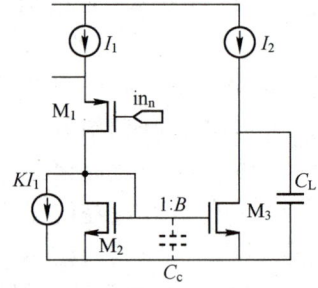

图 8.5　运算放大器的稳定性原则

为了保证足够的相位裕度，次极点 P_{nd} 必须大于 3 倍的单位增益带宽，即

$$P_{nd} > 3GBW \Rightarrow k < 1 - 3B\frac{C_c}{C_L} \tag{8.8}$$

式中，B 为第二级电流源与第一级电流源的电流比。

采用电流缺乏技术的完整运算放大器电路如图 8.6 所示，采用 Class-AB 结构是为了达到轨至轨的输出信号摆幅要求。从图 8.6 可以看出，运算放大器的第一级电路采用了电流分流技术，其中分流电流源与固定电流源的电流占第一级电路电流的比例分别为 0.8 和 0.2，这样就有效地提高了第一级电路乃至整体运算放大器的增益。图 8.6 中的 CMFB 为运算放大器的共模反馈输入节点，而开关电容共模反馈通过这个节点稳定输出共模电压。

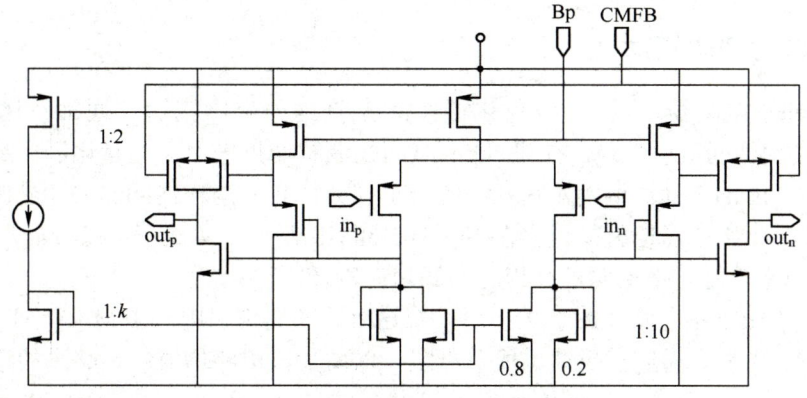

图 8.6 采用电流缺乏技术的完整运算放大器电路

2. Class-AB 输出级运算放大器技术

在两级运算放大器中，采用 Class-AB 输出级电路的目的主要是在降低第二级运算放大器静态电流的同时，得到轨至轨的输出信号摆幅，从而获得低功耗和更大的输出信号动态范围。简单的 Class-AB 输出级运算放大器电路如图 8.7 所示。

在图 8.7 中，作为源跟随器的 M_2 和 M_3、M_4 一起构成低电压电流源。由于 M_2 和 M_3 组成反馈回路，保证了 M_2 的电流恒定为 I_{B_1}，因此 M_2 的栅源电压也为一个恒量，并且输入电压 V_{in_2} 被无衰减地传输到 M_2 的源极。此时，M_1 的栅源电压 V_{GS_1} 为 $V_{in_1} - V_{in_2}$，且该电压通过 M_1 转换为电流信号。在这个运算放大器中，只有 M_1 将差分输入电压转换为电流。电流信号流入 M_3，通过 M_4 镜像输出，也可以通过 M_1 的漏极输出，从而完成 AB 类的输出。注意：若该运算放大器在低电源电压情况下，要合理配置其输入晶体管的栅源电压和漏源电压。

完整的 Class-AB 输出级运算放大器电路如图 8.8 所示。可见，M_{1b} 和 M_{1c} 将输入电压转换为电流；流过 M_{1b} 的电流不仅通过 M_{2a} 和 M_{3a}，而且通过 M_{5b} 和 M_{6b} 反馈到输出端，从而获得了一个差分的输出电流。

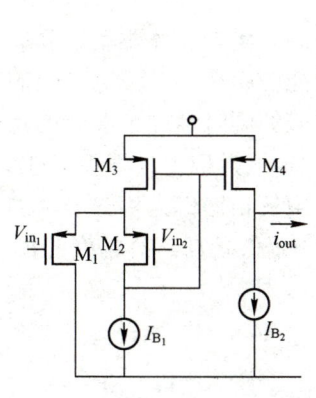

图 8.7 简单的 Class-AB 输出级
运算放大器电路

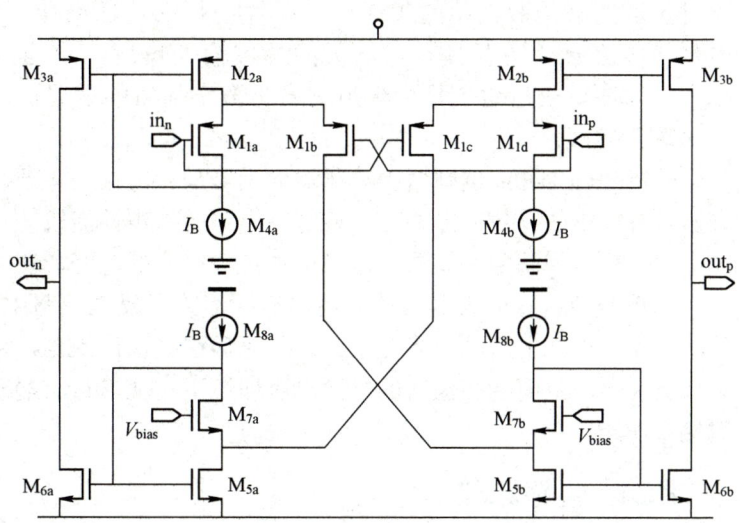

图 8.8 完整的 Class-AB 输出级运算放大器电路

8.1.3   低功耗比较器

Sigma-Delta 调制器中的 1 位量化器实际上就是一个比较器。通常，比较器出现在 Sigma-Delta 调制器的最后一级。如果 Sigma-Delta 调制器只采用 1 位量化器，那么单个比较器的功耗仅占 Sigma-Delta 调制器功耗中的一小部分。在低功耗 Sigma-Delta 调制器中，往往会采用多位量化结构，也就是说会在 Sigma-Delta 调制器中集成多个比较器，因此 Sigma-Delta 调制器的比较器电路也要进行相应的低功耗设计。

低电源电压比较器电路如图 8.9 所示。在这个比较器电路中，由 M_{1a} 和 M_{1b} 构成差分输入结构；由 M_{2a} 和 M_{2b} 通过正反馈构成负电阻，以增大该电路增益；足够高的增益又可以起到再生作用，在该电路的一端产生高电平，而在另一端产生低电平。在这样的比较器电路中，通常会在 M_{1a} 和 M_{1b} 的漏极加入一个开关；在加入输入电压之前，该开关是闭合导通的；一旦该开关截止，根据输入信号的不同极性，再生作用就会在输出端产生高电平和低电平；在电源比较低的情况下，该开关功能主要由 M_{3a} 和 M_{3b} 来实现；当 M_{3a} 和 M_{3b} 这两个晶体管截止时，该电路进入再生状态。

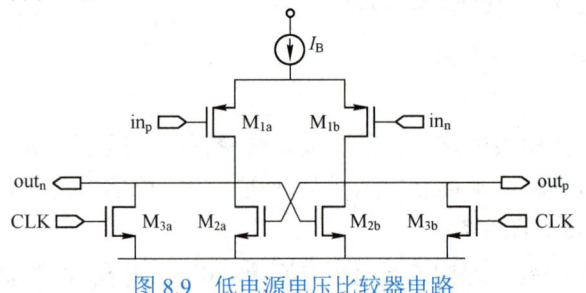

图 8.9   低电源电压比较器电路

8.2   亚阈值反相器型 Sigma-Delta 调制器设计

随着集成电路及医疗检测技术的不断进步，各类疾病患者越来越多地使用穿戴式医疗设备对自身的健康和病情状况进行实时监控。通常，这类穿戴式医疗设备都使用微型电池供电，且其体积和空间严重限制了微型电池容量。为了延长这类穿戴式医疗设备工作时长，就必须对其中的集成电路芯片进行低功耗设计。为了提取微弱的生物电信号，该集成电路芯片还要具有足够低的等效输入噪声，才能在模/数转换时获得较高的信噪比。作为该集成电路芯片中模拟信号与数字信号的桥梁，ADC 设计面临着低功耗、高精度的设计挑战。

在 Sigma-Delta 调制器中，运算放大器是其电路的主要功耗来源。例如，体驱动运算放大器具有较小的等效输出跨导，使得该电路的噪声性能较差，且只能应用在信号带宽有限的设计中；数字辅助型运算放大器中增加了数字校准电路，在降低噪声的同时增加了多余的功耗；比较器型运算放大器虽然采用电流源消除了反馈回路中的不稳定点，但比较器型 OTA 无法工作在较低电源电压情况下。为了克服这些设计困难，可以采用反相器作为积分器中的运算放大器，从而能在极低的电源电压环境下实现 Sigma-Delta 调制器低功耗、高精度的模/数转换功能。

8.2.1   电路原理

传统积分器电路如图 8.10 所示。

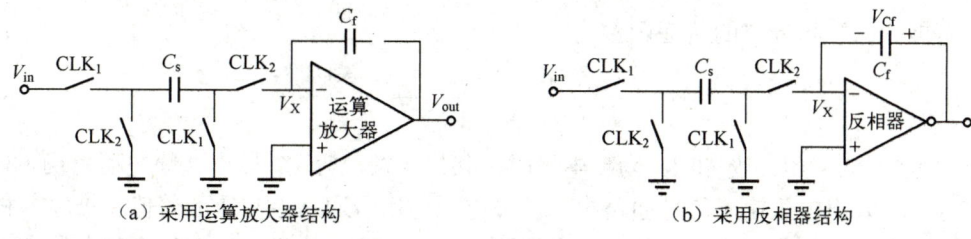

图 8.10　传统积分器电路

在图 8.10（a）中，积分器由两相非交叠时钟信号（采样时钟信号 CLK$_1$ 和积分时钟信号 CLK$_2$）控制；当 CLK$_1$ 为高电平时，输入信号被采样到采样电容 C_s 中；当 CLK$_2$ 为高电平时，存储在 C_s 中的电荷转移到反馈电容 C_f 中，完成积分操作。此时，OTA 的负向输入端节点 X 虚短到正向输入端而成为一个虚地点。与 OTA 结构积分器不同，反相器结构积分器由于只有一个输入端，而无法形成虚地点。因此，X 节点电压 V_X 接近于反相器的输入失调电压 V_{off}，即

$$V_X = \frac{A}{1+A}V_{off} - \frac{V_{Cf}}{1+A} \approx V_{off} \qquad (8.9)$$

式中，A 为反相器的直流增益；V_{Cf} 为反馈电容上的电压。

所以对于反相器结构的积分器，当 CLK$_2$ 为高电平时，转移至反馈电容 C_f 中的电荷为 $C_f(V_{in}-V_{off})$。由于反相器的输入失调电压与晶体管尺寸、阈值电压、电源电压及工艺变量有关，所以反相器结构的积分器应增加失调消除机制，才能完成精确的积分操作。

自调零反相器积分器电路如图 8.11 所示。

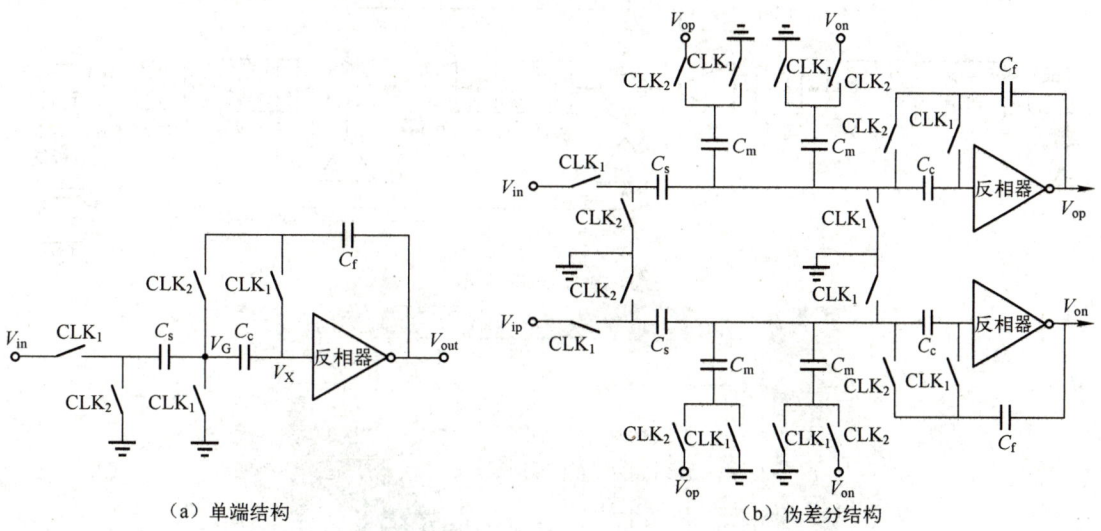

（a）单端结构　　　　　　　　　　　　　（b）伪差分结构

图 8.11　自调零反相器积分器电路

在图 8.11（a）中，当 CLK$_1$ 为高电平时，该反相器形成一个单位增益反馈电路，输入失调电压 V_{off} 被采样到电容 C_c 中，同时输入信号采样至采样电容 C_s 中；当 CLK$_2$ 为高电平时，由反馈电容 C_f 形成负反馈通路，X 节点电压 V_X 为输入失调电压 V_{off}。此时，节点 G 可以作为一个虚地点，而采样电容 C_s 中的电荷则完全转移至反馈电容 C_f 中。于是，可以得到此时积分器的输入电压 V_{in} 和输出电压 V_{out} 关系为

$$C_s V_{in}(n+1/2) + C_f V_{out}(n) = C_f V_{out}(n+1) \qquad (8.10)$$

从而推导出该积分器的传递函数为

$$\frac{V_{\text{out}}(z)}{V_{\text{in}}(z)} = \frac{C_s}{C_f} \cdot \frac{z^{-1/2}}{1-z^{-1}} \tag{8.11}$$

在图 8.11（b）中，当 CLK_2 为高电平时，共模反馈电容 C_m 输出共模电压；当 CLK_1 为高电平时，将共模电压输入信号通路中；共模电压与信号通路上电压的差值将被输入积分器中，形成一个共模反馈回路，其增益由电容比 C_m/C_f 决定。由于 C_m 在每个积分周期内只驱动少量电荷来维持共模输出电压，所以 C_m 较小，不会增加积分器的负载电容。

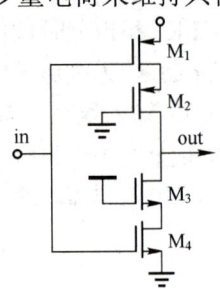

在积分器中，放大器的直流增益决定了电荷转移的精度，而放大器的单位增益带宽则决定了工作速度。生物电信号的带宽通常在赫兹级，对放大器的带宽约束较小。为了增大放大器的直流增益，这里选择共源共栅反相器。共源共栅反相器电路如图 8.12 所示。

在低电源电压的情况下，将晶体管偏置在亚阈值区，可以获得最大的直流增益。由于共源共栅反相器在电源到地的通路上层叠了 4 个晶体管，使得等效放大器的输出信号摆幅受到限制，也在一定程度上缩小了等效放大器的输出信号动态范围。

图 8.12　共源共栅反相器电路

8.2.2　电路设计

反相器型 14 位/500Hz 二阶 Sigma-Delta 调制器的模型与仿真如图 8.13 所示。

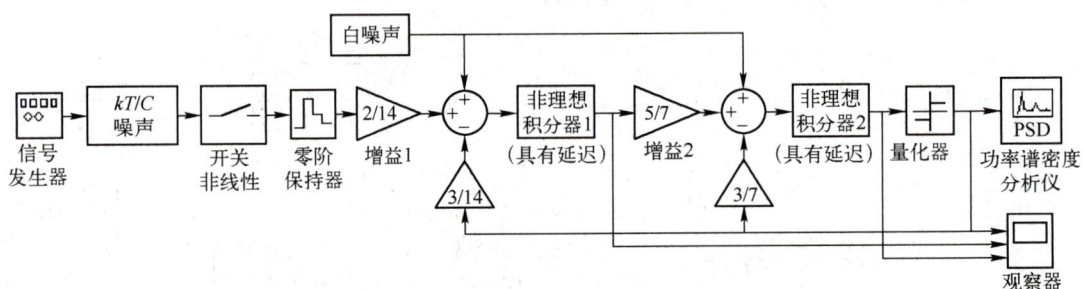

（a）理想Simulink模型

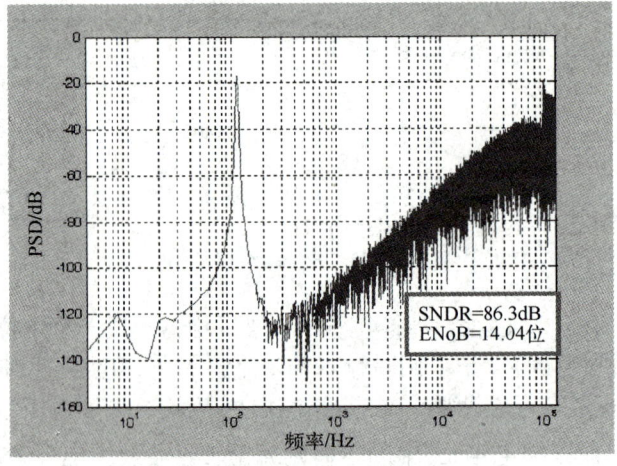

（b）Matlab频谱仿真结果

图 8.13　反相器型 14 位/500Hz 二阶 Sigma-Delta 调制器的模型与仿真

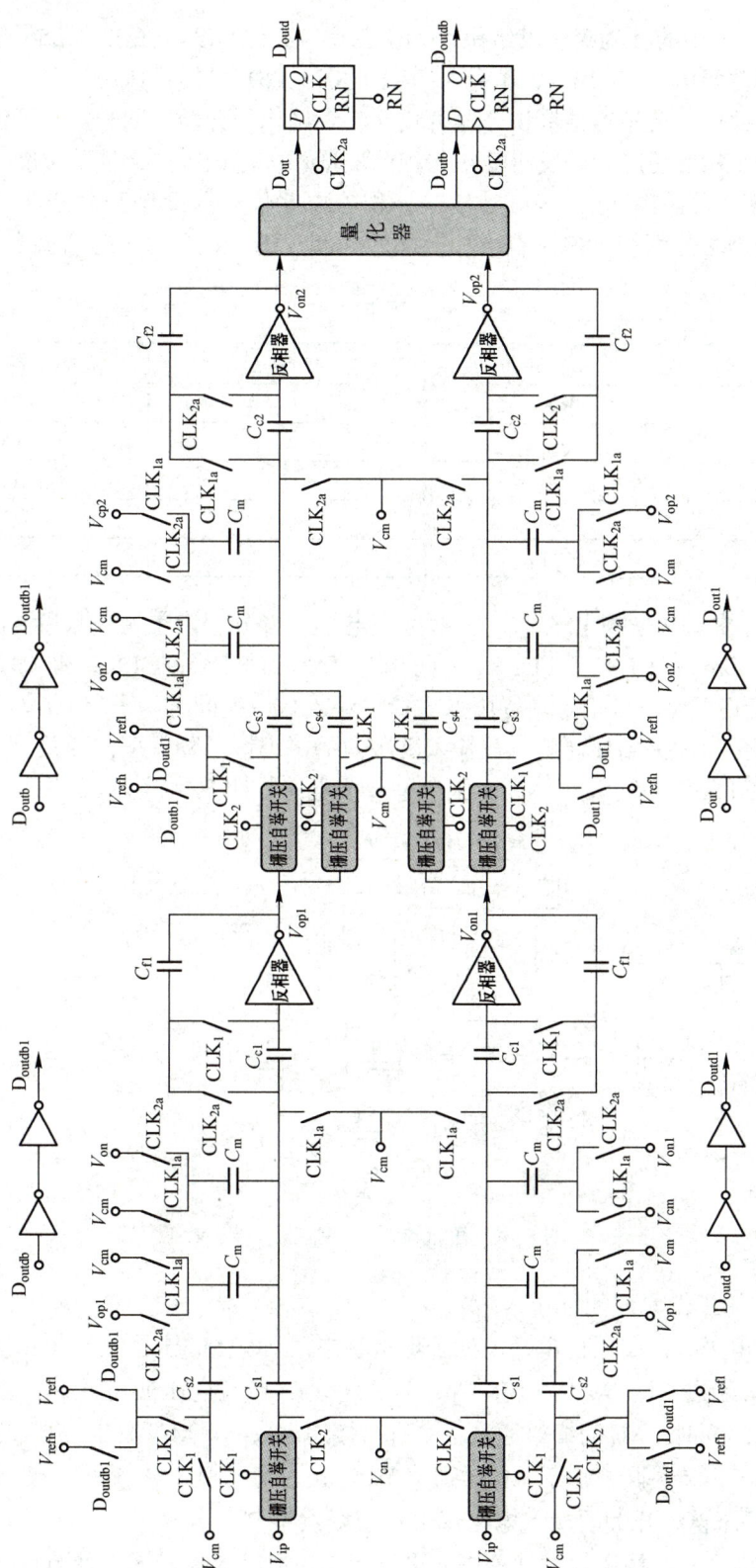

（c）电路

图8.13　反相器型14位/500Hz二阶Sigma-Delta调制器的模型与仿真（续）

根据图 8.13（b）中的行为级仿真结果，为了获得 14 位精度，在采用 256 倍过采样比时，反相器直流增益要达到 46dB（200 倍）。由图 8.13（c）可知，该调制器电路采用稳定的二阶反馈结构，并使用反相器结构积分器替代 OTA 结构积分器。同时，为了消除反相器输入失调电压对输出精度的影响，反相器结构积分器增加了自调零失调消除机制，以实现与 OTA 结构积分器相当的信噪比。该机制使差分积分电路仅引入两个开关和两个自调零电容，增加了该调制器芯片面积，但没有增加额外的功耗开销。积分器电容值如表 8.1 所示。

表 8.1　积分器电容值

电　　容	电 容 值/pF	电　　容	电 容 值/pF
C_{s1}	560	C_{s3}	480
C_{s2}	840	C_{s4}	320
C_m	560	C_{c2}	1120
C_{c1}	3920	C_{f2}	1120
C_{f1}	3920		

在图 8.13（c）中，参考高电平 V_{refh} 和参考低电平 V_{refl} 分别设置为电源和地，即理想量化范围上限值为 600mV；CLK_1 和 CLK_2 为两相非交叠时钟信号；CLK_{1a} 和 CLK_{2a} 分别为 CLK_1 和 CLK_2 的延迟关断时钟信号，以降低电荷的注入效应；同时为了在 0.6V 电源电压下保持开关栅漏电压恒定，提高导通阻抗在输入范围内的平坦性，降低采样开关引入的谐波失真，选择栅压自举开关作为输入开关。栅压自举开关电路如图 8.14 所示。

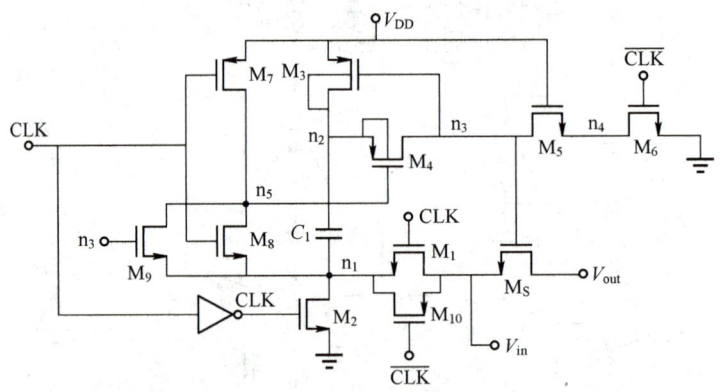

图 8.14　栅压自举开关电路

栅压自举开关的工作原理如下。

当 CLK 为低电平时，栅压自举开关处于保持状态，M_5、M_6 导通，节点 n_3 为低电平，M_3、M_2 导通，V_{DD} 通过 M_3、M_2 对电容 C_1 进行充电，C_1 两端电压被充至 V_{DD}（忽略 M_3、M_2 的导通电压降）；同时，M_S 的栅极通过 M_5、M_6 接地而关断，M_1 和 M_{10} 组成的 CMOS 开关在 CLK 的控制下保持关断。由于 M_7 导通，节点 n_5 为高电平，M_4 截止，使节点 n_3 与节点 n_2 断开。这样栅压自举开关的输入电压变化不会影响各节点电压。

当 CLK 为高电平时，栅压自举开关进入采样状态，M_1、M_{10} 导通，使节点 n_1 处的电压与输入电压 V_{in} 几乎相等，M_2 截止，M_4、M_8 导通，节点 n_3 电压升高，M_3 截止；同时，M_S 的栅端与源端分别通过 M_4、M_1、M_{10} 与电容 C_1 连接，其栅源电压差近似为电容 C_1 上的电

压 V_C。栅压自举开关在采样状态时提升了部分节点电压，从而带来了其可靠性问题。当晶体管尺寸进入深亚微米后，晶体管 4 个端点中任意两个端点之间的电压差不能超过 $1.7V_{DD}$。为了提高栅压自举开关的可靠性，在其电路中增加了功能上相对冗余的 M_9 和 M_5。其中，M_9 的作用是确保 M_4 在导通时的栅源电压不超过 V_{DD}；M_5 的作用是为了在 CLK 为低电平时保证 M_6 的栅漏电压与漏源电压不超过 V_{DD}。

量化器采用高速动态比较器结构。量化器电路如图 8.15 所示。其中，冗余晶体管 M_3 和 M_5 在 CLK_1 控制下将量化器进行复位，从而消除残余电荷，保证了比较精度。

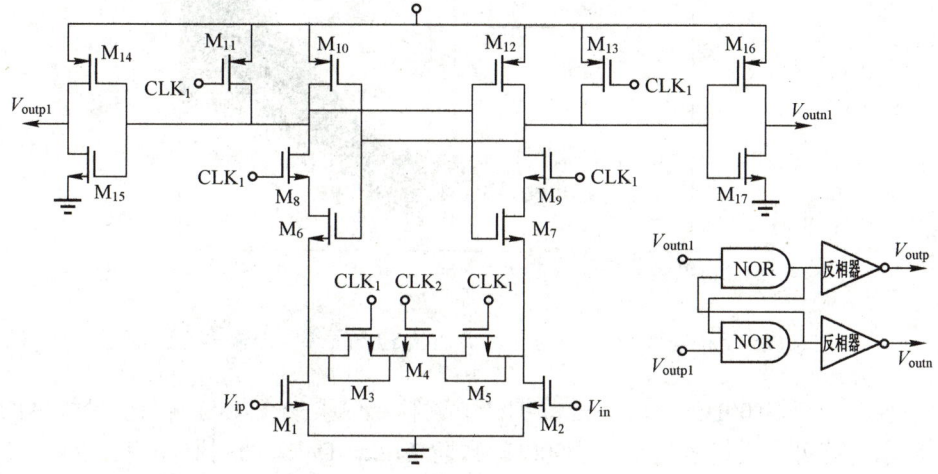

图 8.15 量化器电路

8.2.3 电路测试结果

反相器型 14 位/500Hz 二阶 Sigma-Delta 调制器电路采用 $0.13\mu m$ 1P8M SMIC 混合信号工艺芯片，如图 8.16 所示。该芯片的电源电压为 0.6V，包含输入、输出单元。该芯片的整体面积为 $1.32mm^2$，其中核心电路面积为 $0.72mm^2$。

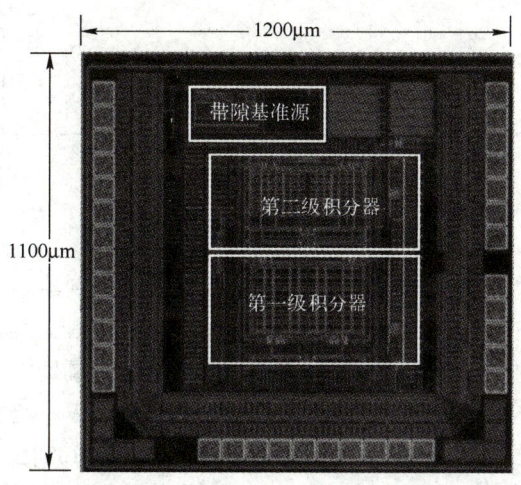

图 8.16 反相器型 14 位/500Hz 二阶 Sigma-Delta 调制器芯片

　　首先，对反相器型 14 位/500Hz 二阶 Sigma-Delta 调制器输出信号频谱进行信噪比测试。当电源电压为 0.6V、输入信号频率为 400Hz、差分信号峰-峰值为 500mV 时，反相器型 14 位/500Hz 二阶 Sigma-Delta 调制器输出信号频谱如图 8.17 所示。可见，反相器型 14 位/500Hz 二阶 Sigma-Delta 调制器峰值信噪失真比为 69.7dB，有效位数为 11.3 位，这表明在低电源电压的情况下该调制器输出信号仍达到较高的精度。

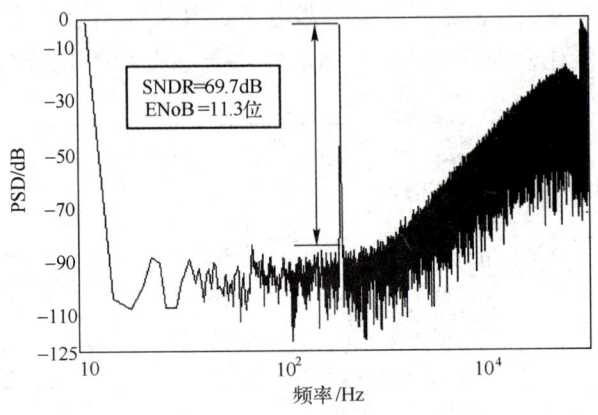

图 8.17　反相器型 14 位/500Hz 二阶 Sigma-Delta 调制器输出信号频谱

　　反相器型 14 位/500Hz 二阶 Sigma-Delta 调制器信噪失真比与输入信号幅度的关系如图 8.18 所示。可见，反相器型 14 位/500Hz 二阶 Sigma-Delta 调制器保持了接近 500mV 的输入信号量化范围上限值。

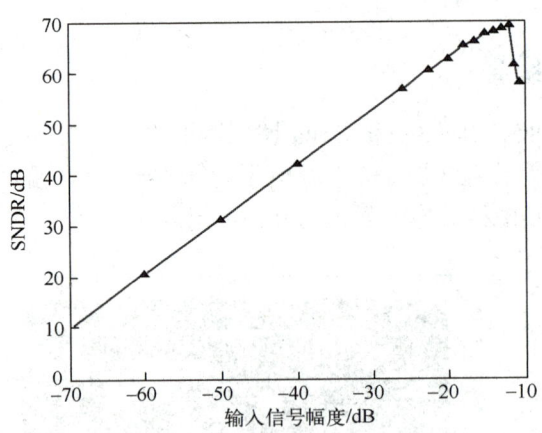

图 8.18　反相器型 14 位/500Hz 二阶 Sigma-Delta 调制器输出信噪失真比与输入信号幅度的关系

　　其次，固定反相器型 14 位/500Hz 二阶 Sigma-Delta 调制器输入频率为 400Hz，输入信号峰-峰值为 500mV，在 0.6～0.8V 范围内改变电源电压，测试其输出信号频谱。从图 8.19 可以看出，在该电压范围内，该调制器保持了稳定的信噪失真比，不会受到电源电压变化的影响。在电源电压为 0.6V 时，该调制器的功耗仅有 5.07μW。与传统 OTA 结构积分器相比，采用反相器结构的二阶 Sigma-Delta 调制器功耗可下降 80%左右，但由于采用了自调零失调消除机制，其输出信号与传统结构调制器的输出信号差不多。基于反相器的 Sigma-Delta 调制器带宽受到极大限制，只能满足信号带宽为赫兹级的应用，且鲁棒性和抗工艺角

变化能力较弱。

反相器型 14 位/500Hz 二阶 Sigma-Delta 调制器电路测试性能比较如表 8.2 所示。可见，反相器型 14 位/500Hz 二阶 Sigma-Delta 调制器在中等电源电压下、相对较小的信号带宽之内，获得了很高的峰值信噪失真比和很低的功耗，其性能是优秀的。

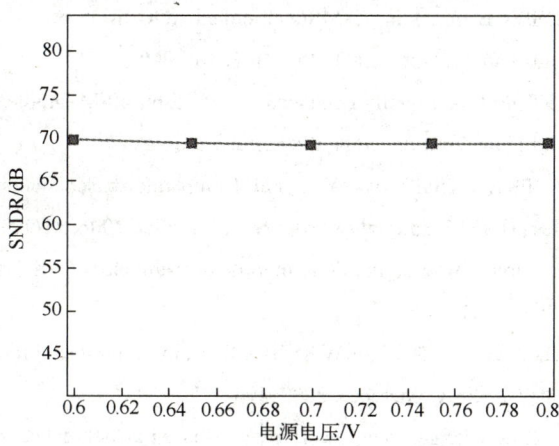

图 8.19 反相器型 14 位/500Hz 二阶 Sigma-Delta 调制器信噪失真比与电源电压的关系

表 8.2 反相器型 14 位/500Hz 二阶 Sigma-Delta 调制器电路测试性能比较

工 艺	CMOS 0.13μm	CMOS 0.13μm	CMOS 0.13μm	CMOS 0.5μm	CMOS 0.13μm
供电电压/V	0.6	0.5	0.25	1.5	0.4
信号带宽/kHz	0.5	8	10	0.05	20
调制器阶数	2	2	2	2	3
峰值信噪比/dB	69.7	63.6	61	55.39	68
有效位数/位	11.3	10.2	9.8	8.9	11
功耗/μW	5.07	17	7.5	58.3	140
面积/mm²	0.72	—	0.37	2.25	0.27

8.3 参考文献

[1] WANG Y C, KE K R, QIN W H, et al. A low power low noise analog front end for portable healthcare system [J]. Journal of Semiconductors, 2015, 36(10): 105008-7.

[2] MAO Y Q, GAO T Q, XU X D, et al. A fully integrated CMOS super-regenerative wake-up receiver for EEG applications [J]. Journal of Semiconductors, 2016, 37(9): 095001-6.

[3] XIAO G L, QIN Y L, XU W L, et al. Demonstration of a fully differential VGA chip with small THD for ECG acquisition system [J]. Journal of Semiconductors, 2015, 36(10): 105005-6.

[4] DUAN J H, LAN C, XU W L, et al. An OTA-C filter for ECG acquisition systems with highly linear range and less passband attenuation [J]. Journal of Semiconductors, 2015, 36(5): 055006-6.

[5] DAI L, LIU W K, LU Y, et al. A 410 μW, 70 dB SNR high performance analog front-end for portable audio application, Journal of Semiconductors [J]. 2014, 35(10): 105013-6.

[6] PU X F, WAN L, ZHANG H, et al. A low-power portable ECG sensor interface with dry electrodes, Journal of Semiconductors [J]. 2013, 34(5): 055002-6.

[7] PUN K P, CHATTERJEE S, KINGET P. A 0.5-V 74-dB SNDR 25kHz CT Sigma-Delta modulator with return-to-open DAC [J]. IEEE Journal of Solid-State Circuits, 2007, 42(3): 496-507.

[8] MURMANN B, BOSER B. A 12-bit 75-MS/s pipelined ADC using open-loop residue amplification [J]. IEEE Journal of Solid-State Circuits, 2003, 38(12): 2040-2050.

[9] SIRAGUSA E, GALTON I. A digitally enhanced 1.8-V 15-bit 40-MSample/s CMOS pipelined ADC [J]. IEEE Journal of Solid-State Circuits. 2004, 39(12): 2126-2138.

[10] FIORENZA J K, SEPKE T, HOLLOWAY P, et al. Comparator-based switch-capacitor circuits for scaled CMOS technologies [J]. IEEE Journal of Solid-State Circuits, 2006, 41(12): 2658-2668.

[11] CHAE Y, HAN G. A low power sigma-delta modulator using class-C inverter [C]. IEEE Symposium on Vlsi Circuits, 2007:240-241.

[12] CHAE Y, LEE I, HAN G. A 0.7-V 36-μW 85dB-DR audio Sigma-Delta modulator using class-C inverter [C]. IEEE Solid-State Circuits Conference, 2008: 490-491.

[13] CHAE Y, HAN G. Low voltage, low power, inverter-based switch-capacitor delta-sigma modulator [J]. IEEE Journal of Solid-State Circuits, 2009, 44(2): 458-471.

[14] ANDREW M, GRAY P R. A 1.5-V, 10-bit, 14.3-MS/s CMOS Pipeline Analog-to-Digital Converter [J]. Journal of Solid-State Circuits,1999,34(5):599-603.

[15] ABIRI E, POURNOORI N. A 0.5-V 17μW second-order Delta-Sigma modulator based on a self-biased digital inverter in 0.13um CMOS [J]. Journal of Basic and Applied Scientific Rearch, 2012,2(4):3476-3480.

[16] MICHEL F, STEYAERT M. A 250 mV 7.5μW 61dB SNDR SC Sigma-Delta Modulator using near-threshold-voltage-biased inverter amplifier in 130nm CMOS [J]. IEEE Journal of Solid-State Circuits, 2012, 47(3): 709-721.

[17] YANG Y, YANG Y, LU L, et al. Inverter-based second-order sigma-delta modulator for smart sensor [J]. Electronics letters, 2013. 49(7): 31-32.

[18] YOON Y, ROH H, ROH H. A true 0.4V Delta-Sigma modulator using a mixed DDA integrator without clock boosted switches [J]. IEEE Transactions on Circuits and Systems Ⅱ: Express Briefs, 2014, 61(4):229-233.

第9章 两步式单斜率 ADC

两步式单斜率 ADC，顾名思义，是将两步式和单斜率结合起来的一种结构。它保留了单斜率 ADC 结构简单的优点，同时具有更大的信号带宽。两步式单斜率 ADC 的分辨率一般在 10~14 位之间，采样率一般在 50~200kHz 之间。在传感器领域中，两步式单斜率 ADC 一般作为列级 ADC 使用。

两步式单斜率 ADC 根据对粗量化结果的处理方式可以分为存储式和非存储式两种类型。图 9.1 所示为存储式两步式单斜率 ADC 的基本结构，主要包括采样保持电路、粗斜坡发生器、细斜坡发生器、比较器、锁存器、计数器以及时序控制电路等模块。其中，粗斜坡发生器、细斜坡发生器以及比较器是最重要的模块，直接影响存储式两步式单斜率 ADC 的静态特性和动态特性。

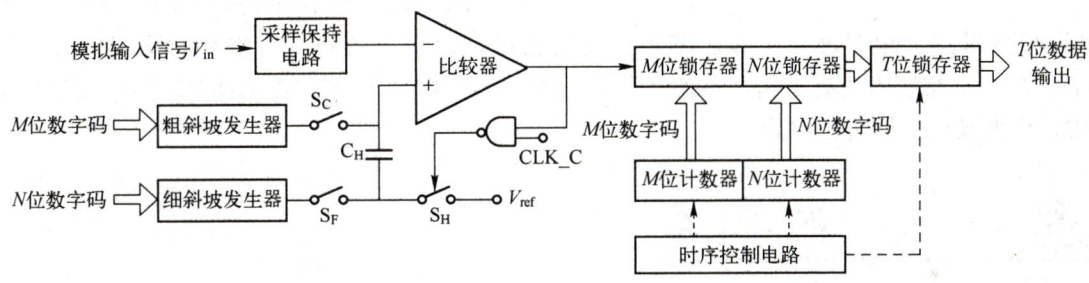

图 9.1 存储式两步式单斜率 ADC 的基本结构

两步式单斜率 ADC 的工作过程分为 4 个阶段：采样保持阶段、粗量化阶段、细量化阶段和数据输出阶段。

采样保持阶段：采样保持电路对模拟输入信号 V_{in} 进行采样，并使采样信号在整个量化过程中保持不变；在时序控制下，对 M 位计数器和 N 位计数器进行复位操作，保证粗量化和细量化计数器的初始值。

粗量化阶段：开关 S_C、S_H 导通，S_F 断开；M 位计数器从初始值开始计数；粗斜坡发生器根据 M 位计数器的值产生一系列台阶电压，且两个相邻台阶电压差为 ΔV_C；随着计数器的值不断增加，粗斜坡发生器的输出电压 V_{Ramp_C} 不断增大；当粗斜坡电压 V_{Ramp_C} 大于模拟输入信号 V_{in} 时，比较器输出电压发生翻转；该翻转信号被 M 位锁存器检测到并锁存住此时 M 位计数器的值。当开关 S_H 在逻辑门控制下断开时，存储电容 C_H 的电压为

$$V_{CH} = (m+1)\Delta V_C - V_{ref} \tag{9.1}$$

式中，m 为粗量化的结果。开关 S_H 断开后，存储电容 C_H 下极板没有电流通路，因此存储电容 C_H 一直保存粗量化的结果。

细量化阶段：开关 S_C 断开，S_F 导通；N 位计数器从初始值开始计数；细斜坡发生器根据 N 位计数器的值产生一系列台阶电压，且两个相邻台阶电压差为 ΔV_F。由于存储电容 C_H

保存了粗量化的结果，因此在细量化阶段，比较器同向输入端的电压为

$$V_+ = (m+1)\Delta V_C - V_{ref} + V_{Ramp\_F} \qquad (9.2)$$

式中，V_{Ramp_F} 为细斜坡发生器输出电压。随着 N 位计数器的值不断增加，V_{Ramp_F} 不断增加，当比较器的同向输入端电压 V_+ 大于模拟输入信号 V_{in} 时，比较器输出电压再一次发生翻转，N 位锁存器锁存住此时 N 位计数器的值，即细量化的结果 n。

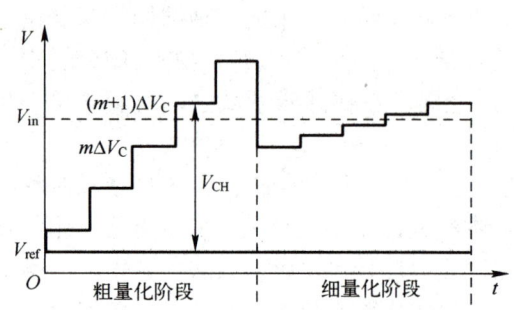

图 9.2   粗、细斜坡信号与模拟输入信号的关系

数据输出阶段：粗量化和细量化完成后，在时序控制下，T 位锁存器锁存住粗量化的结果 m 和细量化的结果 n，并输出 T 位的数字码作为模拟输入信号 V_{in} 量化的结果。其中，m 作为高 M 位数字码，n 作为低 N 位数字码。

图 9.2 说明了在整个量化过程中，粗斜坡信号 V_{Ramp_C}、细斜坡信号 V_{Ramp_F} 与模拟输入信号 V_{in} 的关系。

本章首先介绍两步式单斜率 ADC 中的采样保持电路、粗斜坡发生器、细斜坡发生器以及比较器的设计。然后对两步式单斜率 ADC 的非理想因素进行分析，并给出优化方案。最后以一个 12 位 100kHz 两步式单斜率 ADC 作为设计实例进行讨论。

9.1   采样保持电路

采样保持电路的作用是对模拟输入信号 V_{in} 进行采样，并使采样信号在整个量化过程中保持不变。图 9.3 所示为基本采样保持电路，由一个开关晶体管和一个采样电容组成。当开关晶体管闭合时，基本采样保持电路进入采样状态，模拟输入信号 V_{in} 经过开关晶体管对采样电容进行充电，并保存住模拟输入电压值；当开关晶体管断开时，基本采样保持电路进入保持状态，采样电容上的电压保持不变。

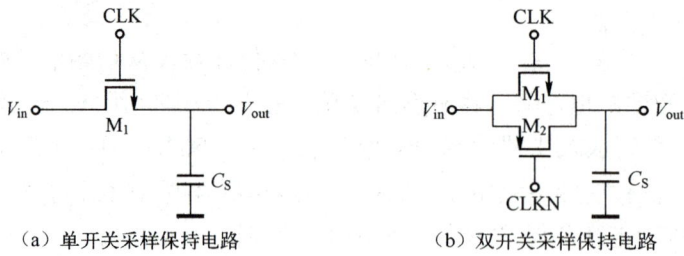

（a）单开关采样保持电路   （b）双开关采样保持电路

图 9.3   基本采样保持电路

基本采样保持电路虽然结构简单，但是开关晶体管导通电阻、电荷注入与模拟输入信号有关，这会引入巨大的谐波失真，恶化基本采样保持电路的信噪比。例如，在单开关采样保持电路中，当 CLK 为高电平时，M_1 导通且工作在线性区，其导通电流为

$$I_d = \mu_n C_{ox} \left[(V_{GS} - V_{TH}) V_{DS} - \frac{1}{2} V_{DS}^2 \right] \tag{9.3}$$

当 $V_{DS} \ll V_{GS} - V_{TH}$ 时，I_d 为

$$I_d \approx \mu_n C_{ox} (V_{GS} - V_{TH}) V_{DS} \tag{9.4}$$

则开关晶体管的导通电阻为

$$R_{on} = \frac{V_{DS}}{I_d} = \frac{1}{\mu_n C_{ox} (V_{GS} - V_{TH})} = \frac{1}{\mu_n C_{ox} (V_{DD} - V_{in} - V_{TH})} \tag{9.5}$$

可见，随着模拟输入信号 V_{in} 的变化，开关晶体管的导通电阻 R_{on} 也会发生变化，这会导致单开关采样保持电路对不同模拟输入信号的响应是不同的，从而引入较大的谐波失真。在从采样状态到保持状态切换的过程中，若开关晶体管关断，则开关晶体管的沟道电荷有一部分会注入采样电容中，其注入的电荷量为

$$Q = \delta W L C_{ox} (V_{GS} - V_{TH}) \tag{9.6}$$

式中，δ 为电荷的注入效率，与开关晶体管两端的输入阻抗有关。电荷注入导致的采样电容产生的跳变电压为

$$\Delta V = \frac{Q}{C_S} = \frac{\delta W L C_{ox} (V_{GS} - V_{TH})}{C_S} = \frac{\delta W L C_{ox} (V_{DD} - V_{in} - V_{TH})}{C_S} \tag{9.7}$$

注意： NMOS 的沟道电荷为电子，在开关切换的过程中，会在采样电容上产生一个负跳变电压，而 PMOS 的沟道电荷为空穴，在开关切换的过程中，会在采样电容上产生一个正跳变电压。可以发现，该跳变电压的大小与模拟输入信号的大小有关，这会引入较大的非线性问题。减小电荷注入的方法主要有减小开关晶体管的尺寸、增大采样电容、增加 dummy 管以及采用差分结构。

9.1.1　采样保持电路的设计

为了解决开关晶体管导通电阻、电荷注入与模拟输入信号有关的问题，可以采用下极板采样的电荷翻转型开关电容电路作为采样保持电路，如图 9.4 所示。该电路由运算放大器、栅压自举开关、采样电容以及若干开关组成。

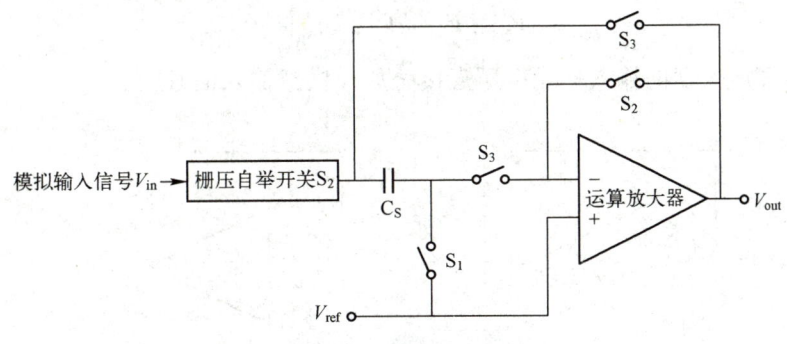

图 9.4　采样保持电路

该电路的工作状态分为采样状态和保持状态。在采样状态时，开关 S_1、S_2 闭合，S_3 断开，模拟输入信号 V_{in} 经过栅压自举开关对采样电容进行充放电。此时，采样电容两端的电压差为

$$\Delta V_{CS} = V_{in} - V_{ref} \tag{9.8}$$

而运算放大器处于单位负反馈中，其输出电压为

$$V_{out} = V_{ref} \tag{9.9}$$

在保持状态时，开关 S_3 闭合，S_1、S_2 断开，采样电容跨接在运算放大器的两端。由于采样电容下极板没有电流通路，所以可以保持其电荷守恒。此时，该电路的输出电压为

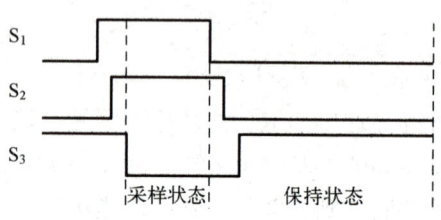

图 9.5　采样保持电路时序图

$$V_{out} = V_{in} \tag{9.10}$$

在采样状态和保持状态切换的过程中，开关 S_1 先断开后，S_2 再断开。这是由于 S_1 断开后，采样电容下极板已经没有电流通路，可以防止栅压自举开关 S_2 的电荷直接注入采样电容上。采样保持电路时序图如图 9.5 所示。

注意：开关 S_1 的电荷仍然会注入采样电容上，其注入的电荷量为

$$Q = \delta(WL)_1 C_{ox}(V_{DD} - V_{ref} - V_{TH}) \tag{9.11}$$

该电荷量引起的跳变电压为

$$V_{os1} = \frac{\delta(WL)_1 C_{ox}(V_{DD} - V_{ref} - V_{TH})}{C_S} \tag{9.12}$$

可见，该跳变电压与模拟输入信号无关，与电源电压、基准电压以及采样电容的大小有关。因此，开关 S_1 的电荷注入并不会引起谐波失真，而是带来一个固定的输入失调电压。

考虑到工艺的偏差，运算放大器也具有一定的等效输入失调电压 V_{os2}。图 9.6 所示为运算放大器输入失调电压示意图。在采样状态时，采样电容并不与运算放大器直接连接，运算放大器的输入失调电压不影响对模拟输入信号 V_{in} 的采样。此时，采样保持电路的输出电压为

$$V_{out} = V_{ref} + V_{os2} \tag{9.13}$$

在保持状态时，采样电容 C_S 保持电荷守恒。此时，采样保持电路的输出电压为

$$V_{out} = \Delta V_{CS} + V_{ref} + V_{os2} = V_{in} + V_{os2} \tag{9.14}$$

可见，运算放大器的输入失调电压直接叠加在模拟输入信号上。

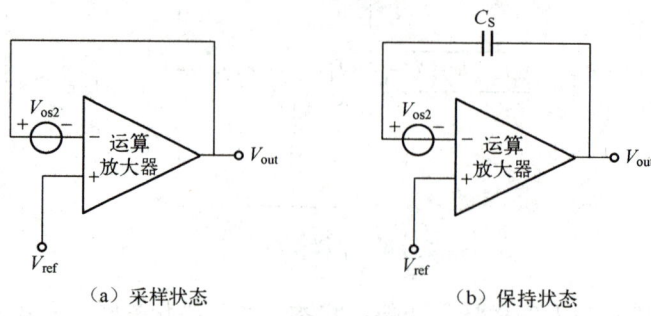

（a）采样状态　　　　　　　　　　（b）保持状态

图 9.6　运算放大器输入失调电压示意图

通过以上的分析，在实际应用中，考虑开关的电荷注入和运算放大器的输入失调电

压，在保持状态，采样保持电路的输出电压为

$$V_{\text{out}} = V_{\text{in}} + V_{\text{os1}} + V_{\text{os2}} \tag{9.15}$$

可见，V_{os1} 和 V_{os2} 都与模拟输入信号无关，因此不会降低采样保持电路的信噪比。

9.1.2　采样电容的选取

采样保持电路作为整个 ADC 的输入端，需要具有较高的信噪比以满足应用的要求，而采样保持电路的信噪比很大程度上取决于采样电容的大小。若采样电容太小，则不能很好地抑制采样保持电路中的噪声；若采样电容太大，则限制了采样保持电路的工作速度。因此，采样电容大小的选取就显得至关重要。在采样状态时，采样保持电路可以等效为一阶 RC 电路，如图 9.7 所示，而一阶 RC 电路的噪声源主要来自电阻的热噪声 $\overline{V_{\text{noise}}}$，其大小为

$$\overline{V_{\text{noise}}} = \sqrt{4kTR_{\text{on}}} \tag{9.16}$$

式中，k 为玻尔兹曼常数；T 表示热力学温度。电阻的热噪声属于白噪声的一种，在频谱图上均匀分布。

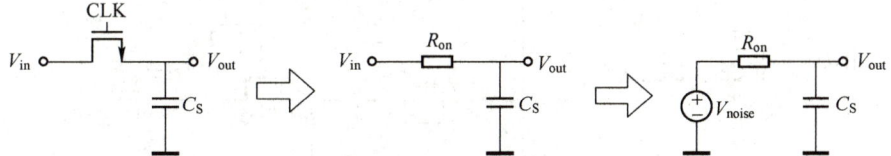

图 9.7　采样状态时采样保持电路的等效电路

一阶 RC 电路传递函数为

$$A = \frac{V_{\text{out}}}{V_{\text{in}}} = \frac{1}{1 + \mathrm{j}\dfrac{\omega}{\omega_0}} \tag{9.17}$$

式中，ω_0 为一阶 RC 电路的左半平面的极点，其大小为 $\dfrac{1}{R_{\text{on}}C_{\text{S}}}$。

一阶 RC 电路传递函数的幅值为

$$|A| = \frac{\omega_0}{\sqrt{\omega_0^2 + \omega^2}} \tag{9.18}$$

在一阶 RC 电路中，电阻的热噪声会直接传递到输出端，因此输出端的噪声功率可表示为

$$\overline{V_{\text{out,noise}}}^2 = \int_0^{+\infty} \overline{V_{\text{noise}}}^2 |A|^2 \, \mathrm{d}f = \int_0^{+\infty} 4kTR_{\text{on}} \cdot \frac{\omega_0^2}{\omega_0^2 + \omega^2} \, \mathrm{d}f = \frac{kT}{C_{\text{S}}} \tag{9.19}$$

可见，在一阶 RC 电路中，噪声源虽然来自电阻的热噪声，但输出端的噪声功率并不受电阻大小的影响，而是取决于采样电容的大小。

在 ADC 中，量化完成后数字码对应的模拟量与模拟输入信号总是存在着一定的偏差。该偏差称为量化误差，其大小在 [−LSB/2，+LSB/2] 上均匀分布。对于任意一个模拟输入信号，每个量化误差出现的概率都为 1/LSB，因此 ADC 的总量化噪声功率为

$$P = \int_{-\frac{\text{LSB}}{2}}^{+\frac{\text{LSB}}{2}} x^2 \frac{1}{\text{LSB}} \, \mathrm{d}x = \frac{\text{LSB}^2}{12} \tag{9.20}$$

在采样保持电路中，应该保证采样保持电路的噪声功率小于 ADC 的量化噪声功率，即

$$\frac{kT}{C_S} \leqslant \frac{\text{LSB}^2}{12} \tag{9.21}$$

而采样电容的取值应满足：

$$C_S \geqslant \frac{12kT}{\text{LSB}^2} \tag{9.22}$$

9.1.3　栅压自举开关的设计

对于单晶体管的开关和互补晶体管的开关而言，其导通电阻与模拟输入信号的幅度有关，从而引起谐波失真。为了解决这个导通电阻与模拟输入信号有关的问题，可以采用栅压自举开关。栅压自举开关电路如图 9.8 所示，主要由电荷泵和栅压开关组成。其中，电荷泵能够提供一个 $2V_{\text{DD}}$ 电压给 M_3，使得 M_3 有足够的栅极电压能够导通，避免了使用 PMOS 时，存在漏极电位比衬底电位高而造成电荷泄漏的问题。

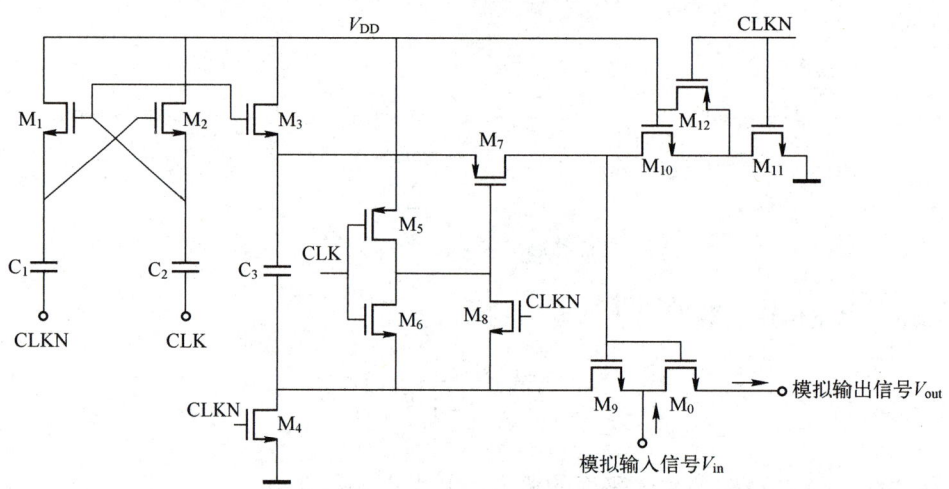

图 9.8　栅压自举开关电路

当 CLK 为低电平时，M_{10}、M_{11} 导通，M_0 的栅极电位被拉到 0 电位而被关断。同时，M_3、M_4 导通，电源对 C_3 进行充电，C_3 两端的电压为

$$V_{C3} = V_{\text{DD}} \tag{9.23}$$

当 CLK 为高电平时，M_3、M_4 关断，电源不再对电容 C_3 进行充放电。同时，M_{10}、M_{11} 关断，M_7、M_9 导通，电容 C_3 被跨接在 M_0 的栅极、源极之间。此时，M_0 栅源电压为

$$V_{\text{GS0}} = V_{\text{in}} + V_{\text{DD}} - V_{\text{in}} = V_{\text{DD}} \tag{9.24}$$

可见，M_0 导通的栅源电压与模拟输入信号无关，而与电源电压有关。此时，M_0 的导通电阻为

$$R_{\text{on}} = \frac{1}{\mu_n C_{\text{ox}} \left(\dfrac{W}{L}\right)(V_{\text{DD}} - V_{\text{TH}})} \tag{9.25}$$

注意：当考虑 MOS 衬底偏置效应的影响时，M_0 阈值电压 V_{TH} 会发生变化，进而导致

M_0 的导通电阻 R_{on} 产生变化。为了进一步降低衬底偏置效应，可通过采用动态偏置衬底的方式降低 M_0 阈值电压 V_{TH} 的变化。即在 M_0 导通时，M_0 衬底接输入端，而在 M_0 断开时，M_0 衬底接地。该方式需要消耗额外的面积，也对工艺提出一定的要求。

一阶 RC 电路在频域中的传递函数如式（9.17）所示，而在时域中，其输出信号与输入信号的关系为

$$V_{out} = V_{in}\left(1 - e^{-\frac{t}{\tau}}\right) = V_{in}\left(1 - e^{-\frac{t}{R_{on}C_s}}\right) \tag{9.26}$$

可见，M_0 导通电阻的大小影响着该电路输出信号的建立精度和速度。对于一个 N 位 ADC，采样保持电路信号的建立精度不能超过 LSB/2，即

$$1 - e^{-\frac{t}{R_{on}C_s}} \geqslant 1 - \frac{LSB}{2V_{FS}} = 1 - \frac{1}{2^{N+1}} \tag{9.27}$$

当采样时间为 T_s 时，M_0 导通电阻 R_{on} 取值为

$$R_{on} \leqslant \frac{T_s}{\ln 2^{N+1} C_s} \tag{9.28}$$

式中，C_s 为采样电容。结合式（9.25）和式（9.28）可得 M_0 的宽长比为

$$\frac{W}{L} \geqslant \frac{\ln 2^{N+1} C_s}{T_s \mu_n C_{ox}(V_{DD} - V_{TH})} \tag{9.29}$$

9.1.4　运算放大器的设计

对于采样保持电路，在采样状态时，其输出信号的建立精度和建立速度受电阻和采样电容的影响；在保持状态时，其输出信号的建立精度和建立速度受运算放大器性能的影响。其中，运算放大器的低频增益（静态误差）影响采样保持电路输出信号的建立精度；运算放大器的带宽（动态误差）影响着采样保持电路输出信号的建立速度。

图 9.9 所示为保持状态时采样保持电路。可见，该电路输出信号与输入信号的关系为

$$\begin{cases} V_{out} - V_X = V_{in} \\ V_{out} = -AV_X \end{cases} \tag{9.30}$$

化简式（9.30）可得

$$V_{out} = V_{in}\frac{A}{1+A} \tag{9.31}$$

当运算放大器为单极点系统时，其-3dB 带宽为 ω_0，运算放大器的频率响应为

$$A = A_0 \frac{1}{1 + j\frac{\omega}{\omega_0}} \tag{9.32}$$

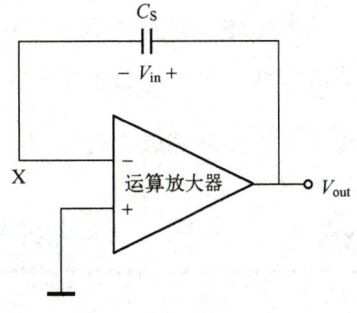

图 9.9　保持状态时采样保持电路

将式（9.32）代入式（9.31），可得

$$V_{out} = V_{in} \frac{A_0 \dfrac{1}{1 + j\dfrac{\omega}{\omega_0}}}{1 + A_0 \dfrac{1}{1 + j\dfrac{\omega}{\omega_0}}} = V_{in} \frac{A_0}{1 + A_0} \frac{1}{1 + j\dfrac{\omega}{(1 + A_0)\omega_0}} \tag{9.33}$$

式中，$\dfrac{A_0}{1 + A_0}$ 为静态误差；$\dfrac{1}{1 + j\dfrac{\omega}{(1 + A_0)\omega_0}}$ 为动态误差。

当考虑静态误差时，从 N 位 ADC 应用的角度来说，要求采样保持电路的静态误差不能超过 LSB/2，即

$$\frac{A_0}{1 + A_0} \geqslant 1 - \frac{LSB}{2V_{FS}} = 1 - \frac{1}{2^{N+1}} \tag{9.34}$$

则运算放大器的低频增益为

$$A_0 \geqslant 2^{N+1} - 1 \tag{9.35}$$

当考虑动态误差时，从时域的角度分析，采样保持电路的输出信号与输入信号的关系为

$$V_{out} = V_{in} \frac{A_0}{1 + A_0} [1 - e^{-(1+A_0)\omega_0 t}] \tag{9.36}$$

在从采样状态到保持状态切换的过程中，要求采样保持电路输出信号的建立在 T_H 内完成，且其建立精度要达到 LSB/2，则有

$$1 - e^{-(1+A_0)\omega_0 T_H} \geqslant 1 - \frac{1}{2^{N+1}} \tag{9.37}$$

即

$$(1 + A_0)\omega_0 \geqslant \frac{\ln 2^{N+1}}{T_H} \tag{9.38}$$

运算放大器的单位增益带宽积 GWB 为

$$GBW = \frac{(1 + A_0)\omega_0}{2\pi} \geqslant \frac{\ln 2^{N+1}}{2\pi T_H} \tag{9.39}$$

综上所述，要满足 N 位 ADC 的应用要求，运算放大器的低频增益不能低于 $2^{N+1} - 1$；运算放大器的单位增益带宽积 GBW 最小为 $\dfrac{\ln 2^{N+1}}{2\pi T_H}$，其中 T_H 为采样保持电路保持状态开始到输出信号建立完成总的时间。

9.2　粗、细斜坡发生器

两步式单斜率 ADC 的量化过程分为了粗量化和细量化两个阶段。例如，一个 T 位两步式单斜率 ADC 的量化过程可以分为 N 位粗量化和 M 位细量化两个阶段，其中

$$T = N + M \tag{9.40}$$

采用不同的量化方案会影响量化总的时钟周期数。这也意味着，在两步式单斜率 ADC 中，需要一个 N 位粗斜坡发生器和一个 M 位细斜坡发生器。

斜坡发生器的功能是产生台阶基准电压，提供给比较器进行比较，是两步式单斜率 ADC 的核心，其微分非线性和积分非线性会直接反映在 ADC 的量化曲线中。斜坡发生器的本质是一个 DAC。典型的斜坡发生器分为电流舵型斜坡发生器、电荷型斜坡发生器以及电阻型斜坡发生器。不同类型的斜坡发生器在功耗、面积以及性能等方面有着各自的优势。

电阻型斜坡发生器结合了电流舵型和电荷型斜坡发生器的优点，具有面积小、功耗低等特点，其电路如图 9.10 所示，主要由两个钳位运算放大器、电阻阵列、输出缓冲运算放大器以及控制单元组成。其中，电阻阵列电路如图 9.11 所示，由电阻和开关组成；控制单元一般由计数器和译码器所组成。

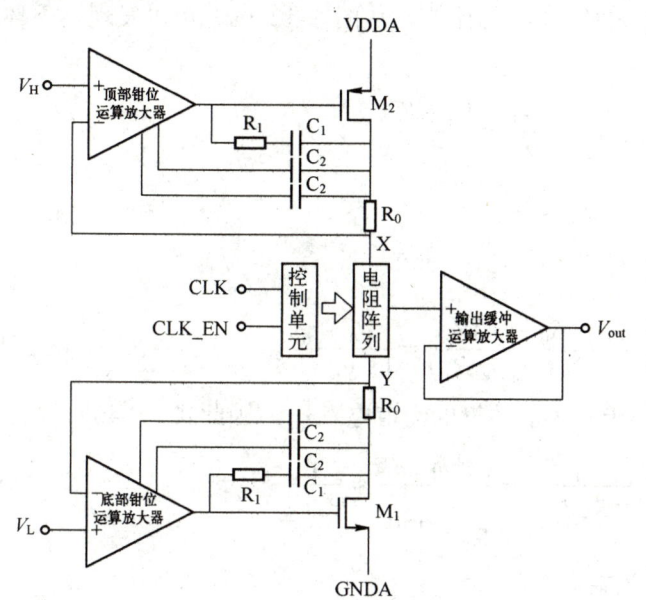

图 9.10　电阻型斜坡发生器电路　　　　　　　图 9.11　电阻阵列电路

在钳位运算放大器的钳位作用下，电阻阵列上、下两端的电压，即 X 点和 Y 点的电压为

$$\begin{cases} V_X = V_H \\ V_Y = V_L \end{cases} \tag{9.41}$$

电阻阵列两端的电压差为

$$\Delta V_R = V_H - V_L \tag{9.42}$$

该电压差被电阻阵列中的电阻进行分压。对于 N 位电阻型斜坡发生器，电阻阵列中电阻的个数为 2^N 个，因此每个单位电阻的电压为

$$V_{R0} = \frac{V_H - V_L}{2^N} \tag{9.43}$$

在控制单元的作用下，开关阵列 $S_0, \cdots, S_{2^n}$ 依次导通，此时电阻型斜坡发生器的输出电压为

$$V_{out}(i) = V_L + i\frac{V_H - V_L}{2^N} \quad (i = 1, 2, \cdots, 2^n) \tag{9.44}$$

随着控制单元计数器的计数，i 逐渐增大，电阻型斜坡发生器会产生台阶基准电压，其范围在 $V_L \sim V_H$ 之间。

9.2.1　电阻阵列的设计

在控制单元的作用下，电阻型斜坡发生器的输出信号不断变化。在这一过程中，该输出信号的建立速度主要受到电阻阵列输出电阻和输出缓冲运算放大器带宽的影响。当不考虑输出缓冲运算放大器对该输出信号建立速度的影响时，在电阻型斜坡发生器中，电阻阵列输出电阻由上、下环路输出电阻和单位电阻 R_0 决定。

下面对上、下环路输出电阻进行分析。上、下环路输出电阻如图 9.12 所示。研究上、下环路输出电阻的方法一般是在上、下环路输出端加一个电压为 V_X 的电压源，其输入电流为 I_X，则上、下环路输出电阻 R_{out} 为 V_X 与 I_X 的比值。从图 9-12（a）可以发现，下环路小信号关系式为

$$\begin{cases} g_{m1}AV_X + \dfrac{V_1}{r_{o1}} = \dfrac{V_X - V_1}{R_0} \\[2mm] I_X = \dfrac{V_X - V_1}{R_0} \end{cases} \tag{9.45}$$

下环路输出电阻为

$$R_{out\_bottom} = \frac{V_X}{I_X} = \frac{(R_0 + r_{o1})R_0}{R_0 + g_{m1}r_{o1}R_0A} = \frac{R_0 + r_{o1}}{1 + g_{m1}r_{o1}A} \tag{9.46}$$

在实际中，单位电阻 R_0 远远小于开关晶体管的沟道电阻 r_{o1}，因此式（9.46）可化简为

$$R_{out\_bottom} \approx \frac{r_{o1}}{1 + g_{m1}r_{o1}A} \approx \frac{1}{\dfrac{1}{r_{o1}} + g_{m1}A} \approx \frac{1}{g_{m1}A} \tag{9.47}$$

式中，A 为钳位运算放大器的低频增益。

同理，上环路输出电阻为

$$R_{out\_top} \approx \frac{1}{g_{m2}A} \tag{9.48}$$

可见，钳位运算放大器不仅起到了钳位电压的作用，同时也将 M_1 和 M_2 的等效输出电阻降低了 $1/A$ 倍。因此，可以认为电阻型斜坡发生器上、下环路输出电阻基本为 0，且对电阻阵列输出电阻的大小基本没有影响。

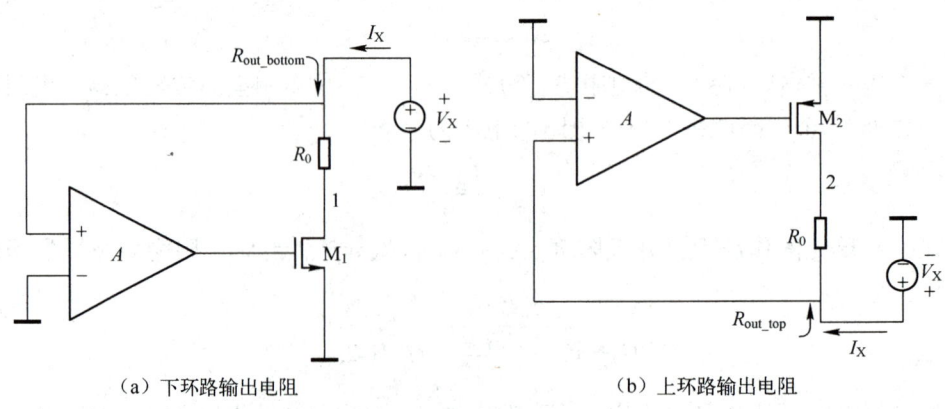

（a）下环路输出电阻　　　　　　　　　　　（b）上环路输出电阻

图 9.12　上、下环路输出电阻

由于上、下环路输出电阻基本为 0，因此在对电阻阵列的输出电阻进行分析时，可以认为电阻阵列上、下两端是虚地点，如图 9.13 所示。随着开关 $S_1, \cdots, S_{2^n}$ 不停地切换，其输出电阻也不停地变化。当开关 S_i 导通时，电阻阵列的输出电阻为

$$R_{\text{out}} = R_{\text{out1}} // R_{\text{out2}} = \frac{(2^n - i)i}{2^n} R_0 \tag{9.49}$$

可见，当 i 为 2^{n-1} 时，电阻阵列的最大输出电阻为

$$R_{\text{out\_max}} = 2^{n-2} R_0 \tag{9.50}$$

单位电阻的取值越大，则电阻阵列的输出电阻越大。如果电阻阵列的输出电阻太大，则会严重降低电阻型斜坡发生器输出信号的建立速度。如果单位电阻太小，则会降低单位电阻之间的匹配度。因此，在满足电阻型斜坡发生器输出信号建立速度的要求下，应该尽可能增大单位电阻的面积，以增加单位电阻之间的匹配度。

为了研究电阻型斜坡发生器输出信号的建立速度，需要分析单位电阻对该信号建立速度的影响。在电阻型斜坡发生器输出信号建立的过程中，主要有大信号建立过程和指数逼近过程。在大信号建立过程中，该信号建立速度与电阻阵列中的支路电流 I_R 有关；在指数逼近过程中，该信号建立速度与电阻阵列输出电阻 R_{out}、缓冲运算放大器输入寄生电容 C_{in} 构成的一个极点 ω_1 有关。对于主时钟周期为 T_{clk} 的两步式单斜率 ADC，电阻型斜坡发生器输出信号建立需要在 $T_{\text{clk}}/2$ 内完成，如图 9.14 所示，要求大信号建立在 $3T_{\text{clk}}/20$ 内完成，并在 $7T_{\text{clk}}/20$ 内完成指数逼近过程。

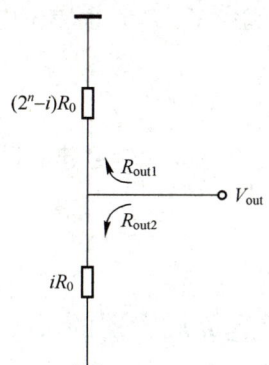

图 9.13　电阻阵列的输出电阻　　　　图 9.14　电阻型斜坡发生器输出信号建立过程

N 位电阻型斜坡发生器在开关切换的过程中，其输出电压的变化量为

$$\Delta V_{\text{out}} = \frac{V_H - V_L}{2^n} \tag{9.51}$$

当缓冲运算放大器输入寄生电容为 C_{in} 时，则大信号在建立过程中的压摆率表达式为

$$\text{SR} = \frac{\Delta V_{\text{out}}}{\frac{3}{10} \cdot \frac{T_{\text{clk}}}{2}} = \frac{\frac{V_H - V_L}{2^n}}{\frac{3}{10} \cdot \frac{T_{\text{clk}}}{2}} = \frac{\frac{V_H - V_L}{2^n R_0}}{C_{\text{in}}} \tag{9.52}$$

因此，单位电阻 $R_{0,1}$ 为

$$R_{0,1} = \frac{3T_{\text{clk}}}{20 C_{\text{in}}} \tag{9.53}$$

在大信号建立过程中，主时钟周期 T_{clk} 和缓冲运算放大器输入寄生电容 C_{in} 影响着单位电阻 $R_{0,1}$ 的大小。T_{clk} 越小，C_{in} 越大，则单位电阻 $R_{0,1}$ 的取值越小。

在指数逼近过程中，电阻阵列输出电阻 R_{out} 与缓冲运算放大器输入寄生电容 C_{in} 构成一个极点 ω_1，其大小为

$$\omega_1 = \frac{1}{R_{out} C_{in}} \tag{9.54}$$

在开关切换的过程中，电阻型斜坡发生器输出信号 V_{out} 对阶跃信号 V_{in} 的时域响应为

$$V_{out} = V_{in}(1 - e^{-\omega_1 t}) \tag{9.55}$$

为了在 $7T_{clk}/20$ 内完成 V_{out} 的建立过程，其建立精度要小于 LSB/2，则

$$1 - e^{-\omega_1 \frac{7}{10} \frac{T_{clk}}{2}} = 1 - \frac{1}{2^{n+1}} \tag{9.56}$$

极点 ω_1 为

$$\omega_1 = \frac{20 \ln 2^{n+1}}{7 T_{clk}} \tag{9.57}$$

由式（9.54）和式（9.57）可得电阻阵列输出电阻 R_{out} 为

$$R_{out} = \frac{7 T_{clk}}{20 \ln 2^{n+1} \cdot C_{in}} \tag{9.58}$$

可见，R_{out} 的大小跟晶体管的导通情况有关，其最大值为 $2^{n-2} R_0$，而单位电阻 $R_{0,2}$ 为

$$R_{0,2} = \frac{7 T_{clk}}{2^{n-2} \cdot 20 \ln 2^{n+1} \cdot C_{in}} \tag{9.59}$$

综上所述，电阻型斜坡发生器输出信号的建立，不仅要完成大信号建立过程，还要完成指数逼近过程。因此，单位电阻 R_0 为

$$R_0 = \min\{R_{0,1}, R_{0,2}\} \tag{9.60}$$

9.2.2　钳位运算放大器的设计

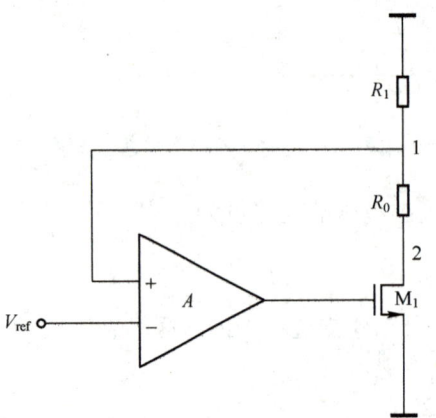

图 9.15　上、下环路等效电路

在图 9.10 中，电阻阵列上、下两端的电压，即 X 点和 Y 点的电压被顶部、底部钳位运算放大器所钳位，而钳位运算放大器的增益有限，V_x 和 V_Y 与理想值会有一定的偏差。图 9.15 所示为上、下环路等效电路。对该电路进行小信号分析，其关系式为

$$\frac{0 - V_1}{R_1} = \frac{V_1 - V_2}{R_0} = g_{m1} A(V_1 - V_{ref}) + \frac{V_2}{r_{o1}} \tag{9.61}$$

化简式（9.61），可以得到 V_1 与 V_{ref} 的关系为

$$V_1 = V_{ref} \frac{g_{m1} R_1 A r_{o1}}{g_{m1} R_1 A r_{o1} + R_0 + R_1 + r_{o1}} = V_{ref} \frac{g_{m1} R_1 A}{g_{m1} R_1 A + 1 + \frac{R_0 + R_1}{r_{o1}}} \tag{9.62}$$

在实际应用中，r_{o1} 一般远远大于 $R_0 + R_1$。其中，R_0 为单位电阻；R_1 为 2^n 个单位电阻串联的电阻，一般为十几千欧；r_{o1} 为晶体管的小信号沟道电阻，一般为几十千欧。因此，V_1 与 V_{ref} 的关系可进一步化简为

$$V_1 = V_{ref} \frac{g_{m1}R_1 A}{g_{m1}R_1 A + 2} \tag{9.63}$$

M_1 是功率晶体管。若流过 M_1 的电流大，则跨导 g_{m1} 也大。因此，$g_{m1}R_1$ 一般大于 1，若在最差情况下 $g_{m1}R_1$ 为 1，则有

$$V_1 = V_{ref} \frac{A}{A + 2} \tag{9.64}$$

为了满足两步式单斜率 ADC 的应用要求，V_1 与 V_{ref} 之间的偏差不能超过 LSB/2，则钳位运算放大器的增益为

$$\frac{A}{A + 2} \geqslant 1 - \frac{1}{2^{n+1}} \tag{9.65}$$

当两步式单斜率 ADC 分辨率较低时，并不要求钳位运算放大器具有很高的增益；当两步式单斜率 ADC 分辨率升高时，要求钳位运算放大器的增益增加。例如，对于 12 位两步式单斜率 ADC，要求钳位运算放大器的增益大于 84dB。常见的运算放大器电路中，单极折叠共源共栅型电路的增益一般在 60dB 左右，要达到 80dB 以上的增益，可以采用增益自举技术对折叠共源共栅型电路进一步改进，但是其子运算放大器和主运算放大器之间的稳定性设计较为复杂。因此，通常钳位运算放大器可以采用更为简单的两级运算放大器。图 9.16 和图 9.17 分别为粗斜坡发生器顶部钳位运算放大器和底部钳位运算放大器电路。在这两种钳位运算放大器中，第一级运算放大器电路为折叠共源共栅型电路；第二级运算放大器电路为 Class-AB 电路。顶部钳位运算放大器的钳位电压较高，因此采用 NMOS 作为该运算放大器输入晶体管；底部钳位运算放大器的钳位电压较低，因此采用 PMOS 作为该运算放大器输入晶体管，以保证底部钳位运算放大器的共模输出范围满足要求。

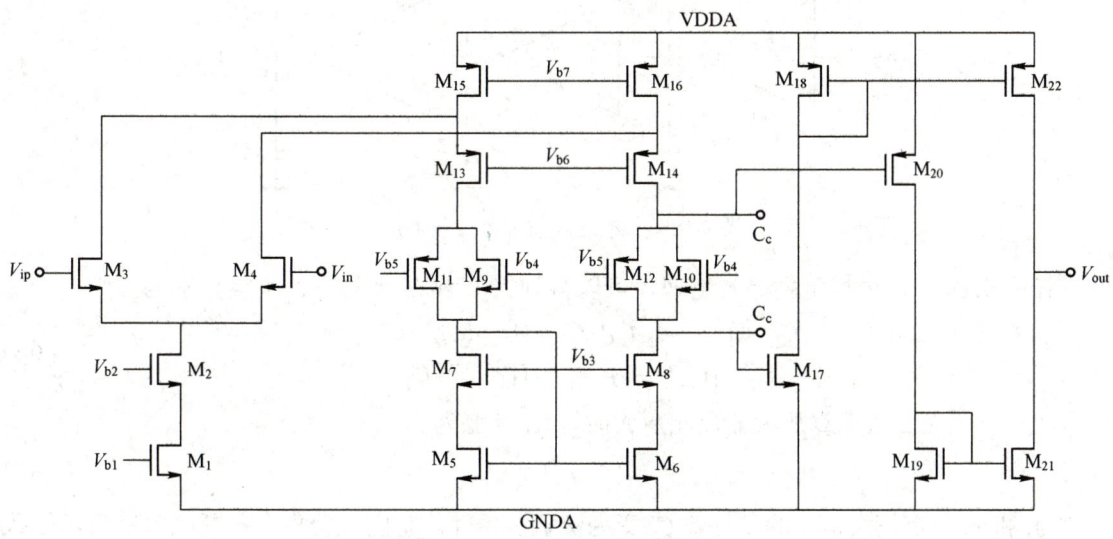

图 9.16　粗斜坡发生器顶部钳位运算放大器电路

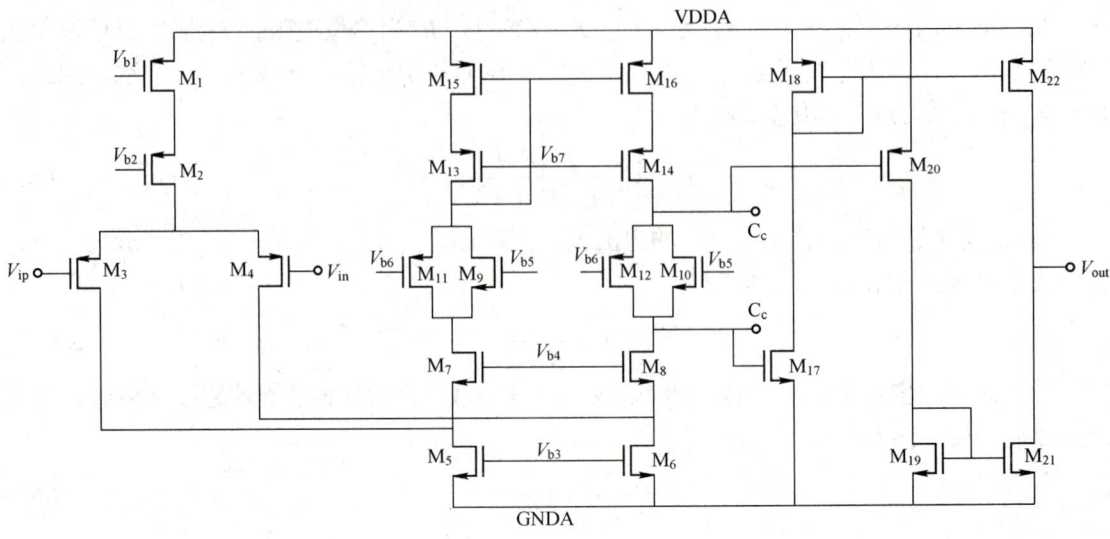

图 9.17　粗斜坡发生器底部钳位运算放大器电路

在粗、细斜坡发生器开关阵列切换的过程中，由于时钟馈通信号的影响，会在上、下环路中产生一个阶跃信号，且该阶跃信号包含所有频率分量，因此需要对上、下环路的稳定性进行考虑。采用两级运算放大器结构的钳位运算放大器电路与功率晶体管组成一个三级运算放大器电路，如图 9.18 所示。其中，C_1' 和 C_2' 分别为补偿电容 C_1 和 C_2 的等效电容，且采用嵌套补偿的方式；第二级运算放大器为同相放大结构，以利于上、下环路的稳定。

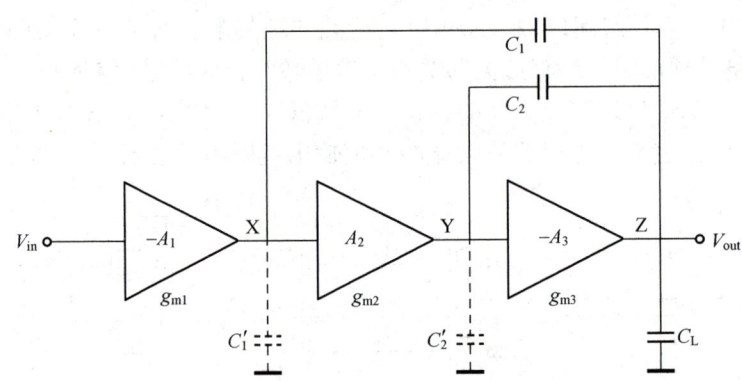

图 9.18　三级运算放大器等效电路

在图 9.18 中，根据密勒等效定理，可以得到 X 点和 Y 点的等效电容分别为

$$C_1' = [1 - (-A_2 A_3)] \cdot C_1 = (1 + A_2 A_3) \cdot C_1$$
$$C_2' = [1 - (-A_3)] \cdot C_2 = (1 + A_3) \cdot C_2 \qquad (9.66)$$

可见，当第二级运算放大器反相放大时，C_1' 就变为

$$C_1' = (1 - A_2 A_3) \cdot C_1 \qquad (9.67)$$

A_2 和 A_3 一定是大于 1 的，导致 C_1' 变为负阻抗器件。负阻抗器件会不断吸收能量，导致该环路变为不稳定的系统。因此，需要对第二级运算放大器进行同相放大处理。在钳位运算放大器的设计中，第二级运算放大器可以通过电流镜像的方式对信号进行同相放大。

与两级运算放大器类似，三级运算放大器也采用密勒补偿，且包含 3 个极点。其中，

主极点的位置在第一级运算放大器的输出节点（X 点），即

$$\omega_1 = \frac{1}{R_{\text{out1}} C_1'} = \frac{1}{2\pi \cdot R_{\text{out1}} (1 + A_2 A_3) \cdot C_1} \tag{9.68}$$

式中，R_{out1} 为第一级运算放大器开环时的输出电阻。三级运算放大器的单位增益带宽积为

$$\text{GBW} = A_1 A_2 A_3 \cdot \omega_1 \approx \frac{g_{\text{m1}}}{2\pi \cdot C_1} \tag{9.69}$$

式中，g_{m1} 为第一级运算放大器输入跨导。次极点和第三极点分别位于第二级和第三级运算放大器的输出节点，即 Y 点和 Z 点，通过反馈的方式，运算放大器的输出电阻减小了（1+A）倍，则 Y 点和 Z 点的输出电阻为

$$R_{\text{Y}} = \frac{R_{\text{out2}}}{(1 + A_2 A_3)} \approx \frac{1}{g_{\text{m2}} A_3}$$

$$R_{\text{Z}} = \frac{R_{\text{out3}}}{(1 + A_3)} \approx \frac{1}{g_{\text{m3}}} \tag{9.70}$$

式中，R_{out2} 和 R_{out3} 分别为第二级和第三级运算放大器开环时的输出电阻。次极点和第三极点为

$$\omega_2 = \frac{1}{2\pi \cdot R_{\text{Y}} C_2'} \approx \frac{g_{\text{m2}}}{2\pi \cdot C_2}$$

$$\omega_3 = \frac{1}{2\pi \cdot R_{\text{Z}} C_{\text{L}}} \approx \frac{g_{\text{m3}}}{2\pi \cdot C_{\text{L}}} \tag{9.71}$$

式中，g_{m2} 和 g_{m3} 分别为第二级和第三级运算放大器输入跨导。为了保证上、下环路具有一定的稳定性，要求相位裕度在 63°～73°之间。一般将次极点 ω_2 设计为单位增益带宽积的 4 倍，而第三极点 ω_3 设计为单位增益带宽积的 8 倍，即

$$\omega_3 = 2\omega_2 = 8\text{GBW} \tag{9.72}$$

在该条件下，频率为 GBW 的输入信号经过三级运算放大器时的总相移为

$$\theta = 90° + \tan^{-1}\frac{\text{GBW}}{\omega_2} + \tan^{-1}\frac{\text{GBW}}{\omega_3} = 111° \tag{9.73}$$

这意味着三级运算放大器的相位裕度 PM 为 69°。

9.2.3　输出缓冲运算放大器的设计

输出缓冲运算放大器可以增加斜坡发生器带负载的能力，但会对斜坡信号的建立速度造成一定的影响。在前面分析斜坡信号的建立速度时，只考虑了电阻阵列中的单位电阻 R_0，而忽略了输出缓冲运算放大器的影响。从图 9.10 中可以看出，电阻阵列与输出缓冲运算放大器构成了一个双极点系统，如图 9.19 所示。其中，ω_1 为电阻阵列的极点；ω_2 为输出缓冲运算放大器的极点。该双极点系统的传递函数为

$$H(z) = \frac{1}{1 + j\dfrac{\omega}{\omega_1}} \cdot \frac{1}{1 + j\dfrac{\omega}{\omega_2}} \tag{9.74}$$

当 $\omega_1 = \omega_2$ 时，该双极点系统具有更快的响应速度和更优的阻尼特性，同时也能更好地降低电阻阵列和输出缓冲运算放大器的设计难度。在 $\omega_1 = \omega_2$ 的条件下，该双极点系统的传

递函数为

$$H(z) = \left(\frac{1}{1 + j\dfrac{\omega}{\omega_{1,2}}} \right)^2 \tag{9.75}$$

该双极点系统对输入信号的幅值响应为

$$\left| H(z) \right| = \frac{\omega_{1,2}^2}{\omega_{1,2}^2 + \omega^2} \tag{9.76}$$

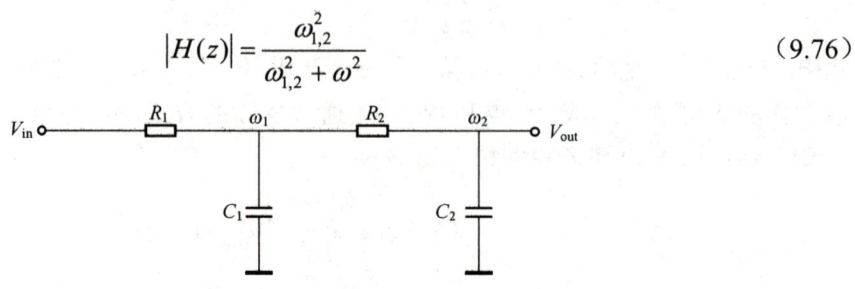

图 9.19　双极点系统

对于主时钟周期为 T_{clk}，分辨率为 N 位的斜坡发生器而言，要求斜坡发生器在 $T_{clk} / 2$ 完成信号的建立，其建立精度不能超过 LSB/2。对于单极点系统而言，输出信号与输入信号的时域关系式为

$$V_{out} = V_{in}(1 - e^{-\omega_0 t}) \tag{9.77}$$

式中，ω_0 为单极点系统的主极点。若使输出信号满足一定的建立精度和建立速度的要求，则有

$$1 - e^{-\omega_0 \frac{T_{clk}}{2}} = 1 - \frac{1}{2^{n+1}} \tag{9.78}$$

而 ω_0 最小的取值为

$$\omega_0 = \frac{2(n+1)\ln 2}{T_{clk}} \tag{9.79}$$

为了使双极点系统输出信号的建立速度达到单极点系统的建立速度，要求双极点系统的-3dB 带宽等于单极点系统的-3dB 带宽。因此，ω_0 应该也为双极点系统的-3dB 带宽。将 ω_0 代入式（9.76）中，可得

$$\left| H(\omega_0) \right| = \frac{\omega_{1,2}^2}{\omega_{1,2}^2 + \omega_0^2} = \frac{\sqrt{2}}{2} \tag{9.80}$$

则 $\omega_{1,2}$ 与 ω_0 之间的关系为

$$\omega_{1,2} = \frac{\omega_0}{\sqrt{\sqrt{2}-1}} = \frac{2(n+1)\ln 2}{\sqrt{\sqrt{2}-1} \cdot T_{clk}} \tag{9.81}$$

式中，n 为斜坡发生器的分辨率；T_{clk} 为斜坡发生器的主时钟周期。由此可以得到电阻阵列的主极点大小和输出缓冲运算放大器的信号带宽。在前面讨论电阻阵列中单位电阻 R_0 的取值时，暂时忽略了输出缓冲运算放大器的影响，因此式（9.58）还应该结合式（9.81）加以修正。

从图 9.10 中可以看出，输出缓冲运算放大器采用了单位负反馈的形式。负反馈会改变输出缓冲运算放大器的输出电阻，因此式（9.81）推导的主极点并不是输出缓冲运算放大器开环时 -3dB 带宽。若要根据闭环性能指标推导出开环运算放大器的性能指标，需要对输出缓冲运算放大器闭环特性进行分析。单位负反馈输出缓冲运算放大器电路如图 9.20 所示。

从图 9.20 可以发现，输出信号 V_{out} 与 V_{in} 的关系表达式为

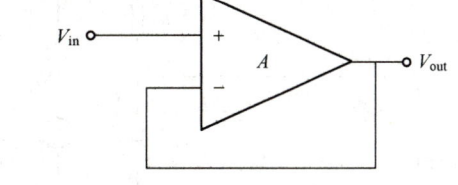

图 9.20　单位负反馈输出缓冲运算放大器电路

$$A(V_{\text{in}} - V_{\text{out}}) = V_{\text{out}} \tag{9.82}$$

则单位负反馈输出缓冲运算放大器的传递函数为

$$H(z) = \frac{A}{1+A} = \frac{A_0 \dfrac{1}{1+\text{j}\dfrac{\omega}{\omega_0}}}{1+A_0 \dfrac{1}{1+\text{j}\dfrac{\omega}{\omega_0}}} = \frac{A_0}{1+A_0} \cdot \frac{1}{1+\text{j}\dfrac{\omega}{(1+A_0)\omega_0}} \tag{9.83}$$

式中，A_0 为单位负反馈输出缓冲运算放大器开环时的低频增益；ω_0 为单位负反馈输出缓冲运算放大器开环时的主极点，即 -3dB 带宽。对于 N 位斜坡发生器而言，输出信号的静态误差不超过 LSB/2，因此，

$$\frac{A_0}{1+A_0} \geqslant 1 - \frac{1}{2^{n+1}} \tag{9.84}$$

由此，可以得到单位负反馈输出缓冲运算放大器开环时的低频增益为

$$A_0 \geqslant 2^{n+1} - 1 \tag{9.85}$$

从式（9.83）可以看出，单位负反馈输出缓冲运算放大器的闭环带宽不再是其开环带宽，而是其单位增益带宽积 GBW，结合式（9.81）可得

$$\text{GBW} = (1+A_0)\omega_0 = \frac{2(n+1)\ln 2}{\sqrt{\sqrt{2}-1} \cdot T_{\text{clk}}} \tag{9.86}$$

由此，在设计输出缓冲运算放大器时，实际上并不关注其开环时 -3dB 带宽的大小，而只考虑其低频增益以及单位增益带宽积。

9.2.4　细斜坡发生器的优化

在分析上、下环路的稳定性时，g_{m3} 需要足够大才能将第三极点推得足够远，以获得更好的相位裕度。在图 9.10 中，M_1 和 M_2 并不一定有足够的支路电流以获得足够大的跨导，该支路电流与斜坡发生器输出信号范围、电阻阵列单位电阻 R_0 的大小有关。例如，一个量化范围为 1.3～3V，量化精度为 12 位的两步式单斜率 ADC，粗量化的位数为 6 位，细量化的位数为 6 位。对于粗斜坡发生器，相邻台阶电压差 ΔV_{C} 为 26.5625mV；当电阻阵列单位电阻 R_0 为 250Ω 时，电阻阵列的支路电流大约为 106μA，这意味着图 9.10 中 M_1 和 M_2 的漏源电流 I_{ds} 为 106μA，能够提供足够大的跨导以获得上、下环路较好的稳定性。对于细斜坡发生器，相邻台阶电压差 ΔV_{F} 只有 415μV；当电阻阵列单位电阻 R_0 为 250Ω 时，电阻阵列

的支路电流大约为 1.6μA，导致 M_1 和 M_2 的漏源电流 I_{ds} 只有 1.6μA，因此 M_1 和 M_2 并没有足够大的跨导以满足上、下环路稳定性的要求，需要对 M_1 和 M_2 进行电流补偿。

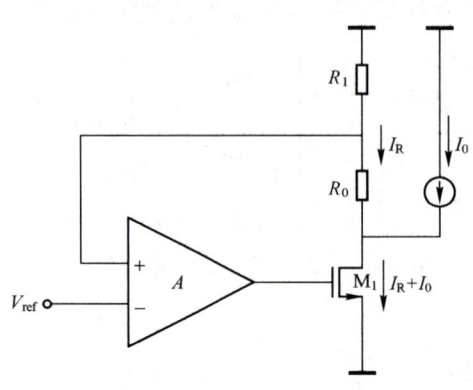

图 9.21　电流补偿方法示意图

电流补偿最简单的方法是在功率晶体管的漏极端增加一条到电源或地的通路，如图 9.21 所示，功率晶体管 M_1 的漏源电流为

$$I_{ds} = I_R + I_0 \qquad (9.87)$$

式中，I_0 为补偿电流；I_R 为电阻阵列的支路电流。补偿电流 I_0 并不影响电阻阵列的支路电流 I_R，也不影响斜坡发生器相邻台阶电压差，但能有效地提高功率晶体管 M_1 的跨导，从而获得很好的环路稳定性。

　　在实际设计中，可以将补偿电流的支路与钳位运算放大器相结合，能够有效地减小补偿支路设计的复杂度。电流补偿的细斜坡发生器电路如图 9.22 所示。其中，对于 M_1（NMOS），在其漏极端需要增加到电源的通路；对于 M_2（PMOS），在其漏极端需要增加到地的通路。

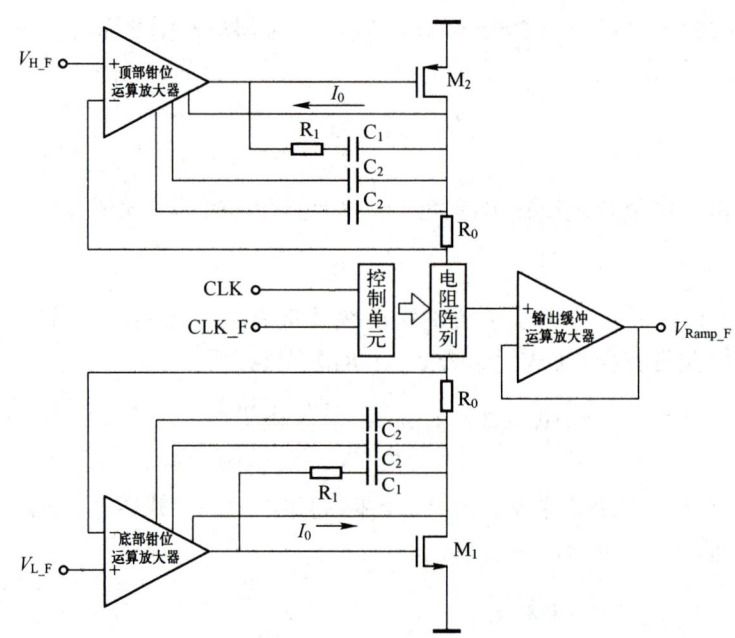

图 9.22　电流补偿的细斜坡发生器电路

　　顶部钳位运算放大器电路如图 9.23 所示。底部钳位运算放大器电路如图 9.24 所示。相比不进行电流补偿的钳位运算放大器，进行电流补偿的钳位运算放大器只增加了 M_{23} 和 M_{24} 两个晶体管，组成共源共栅电流镜即可。另外，由于细斜坡发生器的输出信号只有 ΔV_C，因此顶部钳位运算放大器与底部钳位运算放大器采用同类型的输入开关晶体管。

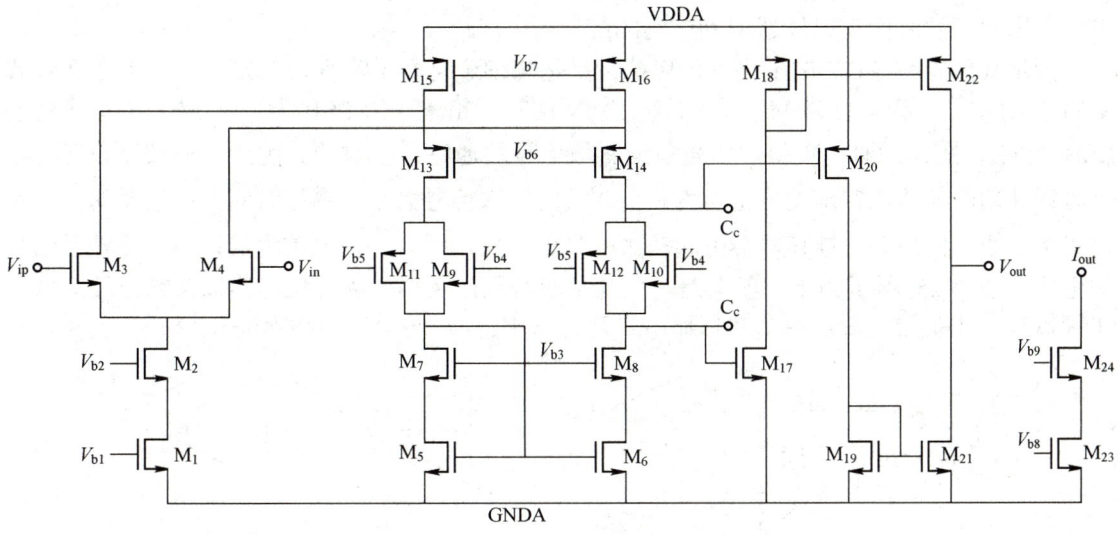

图 9.23　顶部钳位运算放大器电路

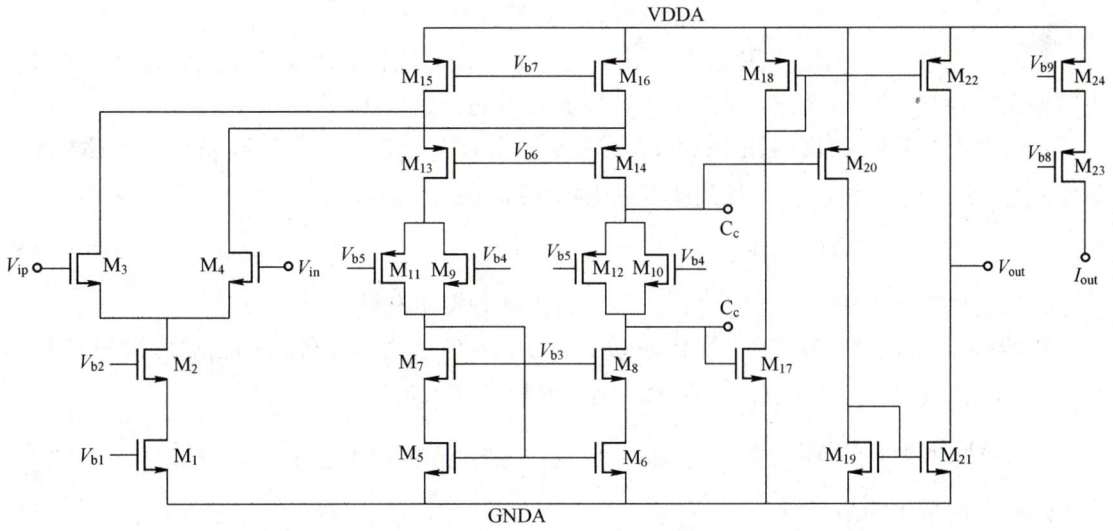

图 9.24　底部钳位运算放大器电路

9.3　比较器

在两步式单斜率 ADC 的设计中，比较器的作用是将基准电压与模拟输入信号相比，并输出比较的结果；锁存器检测到该结果，并将模拟输入信号的量化结果锁存住。在该 ADC 的一个工作周期内，前半个时钟周期用于斜坡信号的建立，而后半个时钟周期用于比较器对基准电压与模拟输入信号的比较，因此比较器的工作速度需要满足时钟频率的要求。

9.3.1　比较器的结构

比较器的类型主要包括连续时间型和离散时间型。连续时间型比较器需要消耗较大的静态功耗；离散时间型比较器只有在比较过程中存在动态电流，而比较完成后，其静态电流

很低，因此离散时间型比较器得到广泛的应用。

两步式单斜率 ADC 的量化过程包括粗量化和细量化两个阶段。例如，一个 T 位两步式单斜率 ADC，当粗量化为 M 位，细量化为 N 位时，粗量化的 LSB 为 $V_{FS}/2^M$，而细量化的 LSB 为 $V_{FS}/2^T$；同时，粗斜坡信号与细斜坡信号的通路是一致的。因此，要求比较器在半个时钟周期内能够比较出差值电压为 $V_{FS}/2^{T+1}$ 的输入信号大小。离散时间型比较器的核心是动态锁存器，但是动态锁存器会引起较大的失调电压，需要增加预放大器以减小比较器的失调电压。图 9.25 所示为比较器电路，包含了两级预放大器、动态锁存器以及输出缓冲器。比较器共有 4 个输入端，两个同相输出端 V_{ip1-1} 和 V_{ip1-2}，两个反相输入端 V_{in1-1} 和 V_{in1-2}。

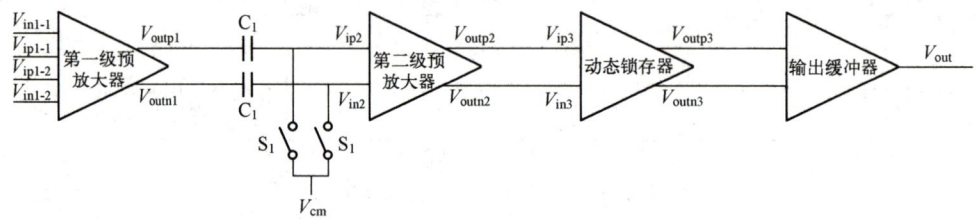

图 9.25　比较器电路

在两步式单斜率 ADC 采样阶段，开关 S_1 导通，同时比较器的 4 个输入端短路，比较器的净输入量为 0；存储电容 C_1 存储第一级预放大器的失调电压。

在两步式单斜率 ADC 粗量化阶段，开关 S_2 断开，V_{in1-1} 接输入信号 V_{in} 端，V_{ip1-1} 接粗斜坡信号 V_{ramp_c} 端，V_{ip1-2} 和 V_{in1-2} 短接到基准电压 V_{ref} 端。在这个阶段，比较器的净输入量为

$$\Delta V_{in} = (V_{ramp\_c} - V_{in}) + (V_{ref} - V_{ref}) = V_{ramp\_c} - V_{in} \qquad (9.88)$$

当粗斜坡信号大于输入信号时，比较器输出信号发生翻转。

在两步式单斜率 ADC 细量化阶段，V_{ip1-2} 和 V_{in1-2} 不再短接，V_{ip1-2} 为细斜坡信号 V_{ramp_f}，V_{in1-2} 还是基准电压 V_{ref}。此时，比较器的净输入量为

$$\Delta V_{in} = [(m+1)\Delta V_C - V_{in}] + (V_{ramp\_f} - V_{ref}) = (m+1)\Delta V_C + V_{ramp\_f} - V_{in} - V_{ref} \qquad (9.89)$$

式中，m 为粗量化的结果。

在整个量化过程中，比较器的净输入量如图 9.26 所示。在这个过程中，比较器输出信号共发生了两次翻转。

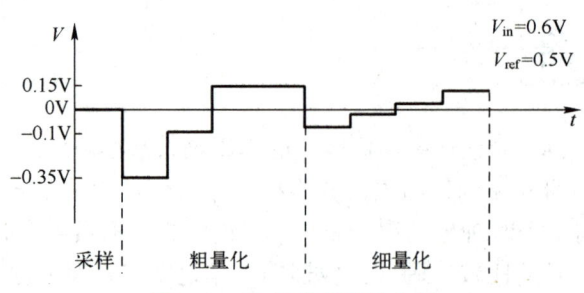

图 9.26　比较器的净输入量

9.3.2　预放大器的设计

比较器通过采用两级预放大器可以抑制比较器回踢噪声对输入信号的影响，也可以降

低动态锁存器的失调电压。从图 9.25 中可以看出，比较器的失调电压为

$$V_{OS} = \sqrt{(V_{OS1})^2 + \left(\frac{V_{OS2}}{A_1}\right)^2 + \left(\frac{V_{OS3}}{A_1 A_2}\right)^2} \tag{9.90}$$

式中，V_{OS1}、V_{OS2}、V_{OS3} 分别为第一级预放大器、第二级预放大器和动态锁存器的失调电压。A_1、A_2 分别为第一级预放大器和第二级预放大器的低频增益。可见，第二级预放大器和动态锁存器的失调电压可以被这两级预放大器的增益所抑制，但是第一级预放大器的失调电压会直接等效到比较器输入端，因此在第一级预放大器的输出端加入存储电容 C_1，以进一步降低比较器的失调电压。

　　比较器的两级预放大器电路如图 9.27 所示。其中，第一级预放大器采用两对差分输入晶体管的折叠结构，以获得更大的输入信号摆幅；第二级预放大器采用 PMOS 输入晶体管，以满足第一级预放大器输出共模电压较低的要求。

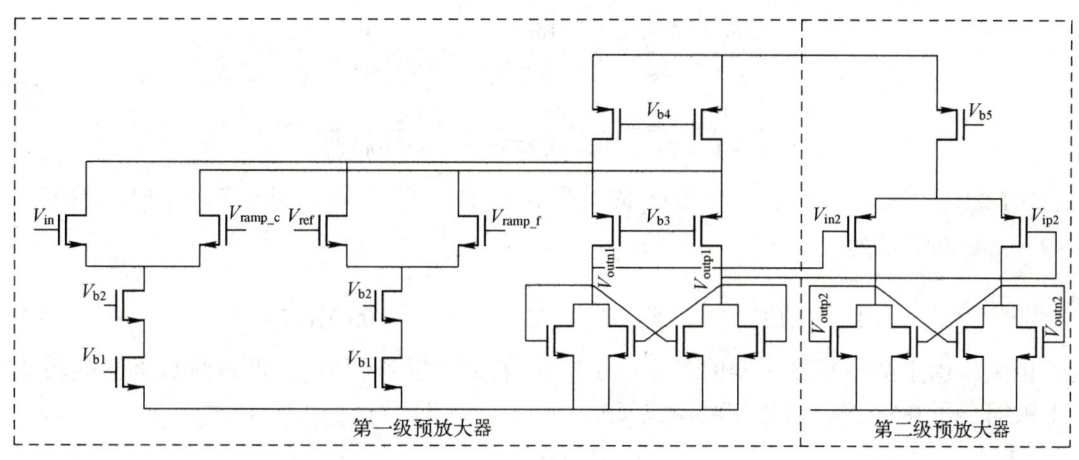

图 9.27　比较器的两级预放大器电路

　　预放大器的主要作用是降低动态锁存器的失调电压。在栅长为 0.18μm 的 CMOS 工艺中，动态锁存器的失调电压 V_{OS3} 一般在 10mV 左右。为了满足能量化至 1.7V，量化精度为 12 位 ADC 的要求，比较器的失调电压应小于 LSB/2，因此两级预放大器的低频增益为

$$A_1 A_2 = \frac{V_{OS3}}{\frac{1.7}{2^{13}}} \approx 50 \tag{9.91}$$

　　除了考虑两级预放大器的低频增益，还应该考虑两级预放大器的带宽。若带宽太小，则信号的建立速度太慢，从而降低比较器的速度；若带宽太大，则第一级预放大器的输出噪声会急剧增加。在带宽的设计中，可以将第一级预放大器的主极点 ω_1 设计为第二级预放大器主极点 ω_2 的 4 倍，即第一级预放大器的带宽是第二级预放大器的带宽的 4 倍，则第一级预放大器的输出噪声会被第二级预放大器的带宽所抑制，而第二级预放大器的等效输入噪声又会被第一级预放大器的增益所降低，从而降低比较器的输入噪声。在该条件下，比较器两级预放大器的传递函数为

$$H(z) = |A_1 A_2| \cdot \frac{1}{1 + j\dfrac{\omega}{\omega_1}} \cdot \frac{1}{1 + j\dfrac{\omega}{\omega_2}} = |A_1 A_2| \cdot \frac{1}{1 + j\dfrac{\omega}{4\omega_2}} \cdot \frac{1}{1 + j\dfrac{\omega}{\omega_2}} \tag{9.92}$$

其幅频响应为

$$|H(z)| = |A_1 A_2| \cdot \frac{4\omega_2}{\sqrt{(4\omega_2)^2 + \omega^2}} \cdot \frac{\omega_2}{\sqrt{\omega_2^2 + \omega^2}} \tag{9.93}$$

假设存在一个频率为 ω_0 的输入信号，使得幅频响应为 $\dfrac{|A_1 A_2|}{\sqrt{2}}$，则有

$$|H(\omega_0)| = |A_1 A_2| \cdot \frac{4\omega_2}{\sqrt{(4\omega_2)^2 + \omega_0^2}} \cdot \frac{\omega_2}{\sqrt{\omega_2^2 + \omega_0^2}} = \frac{|A_1 A_2|}{\sqrt{2}} \tag{9.94}$$

化简式（9.94），可以得到 ω_0 与 ω_2 的关系为

$$\omega_0 = \omega_2 \cdot \sqrt{\sqrt{16 + (0.85)^2} - 0.85} \approx 0.9456\omega_2 \tag{9.95}$$

当 ω_0 为 $2/T_{\text{clk}}$ 时，T_{clk} 为主时钟周期，则第一级和第二级预放大器的-3dB 带宽分别为

$$f_{-3\text{dB},1} = \frac{\omega_1}{2\pi} = \frac{4\omega_2}{2\pi} = \frac{4\omega_0}{2\pi \times 0.9456} = \frac{4}{0.9456\pi \cdot T_{\text{clk}}} \tag{9.96}$$

$$f_{-3\text{dB},2} = \frac{\omega_2}{2\pi} = \frac{\omega_2}{2\pi} = \frac{\omega_0}{2\pi \times 0.9456} = \frac{1}{0.9456\pi \cdot T_{\text{clk}}}$$

值得注意的是，对于主极点为 ω_0 的单极点系统，当响应时间只有 $T_{\text{clk}}/2$ 时，输出信号与输入信号的关系为

$$V_{\text{out}} = A_0 V_{\text{in}} (1 - e^{-\omega_0 t}) = A_0 V_{\text{in}} \left(1 - e^{-\frac{2}{T_{\text{clk}}} \frac{T_{\text{clk}}}{2}}\right) = 0.63 A_0 V_{\text{in}} \tag{9.97}$$

可见，由于两级预放大器的带宽较小，在有限的响应时间内，两级预放大器的增益实际上被缩小了 0.63 倍，因此需要将式（9.91）进一步修正为

$$A_1 A_2 = \frac{50}{0.63} \approx 80 \tag{9.98}$$

为了避免设计一个增益高、带宽大的两级预放大器，可以将第二级预放大器的增益设计为第一级增益的 4 倍，即第一级预放大器的增益为 4.5，而第二级预放大器的增益为 18。

9.3.3　动态锁存器的设计

比较器的核心是动态锁存器。如图 9.28 所示，在主时钟 CLK 的控制下，动态锁存器处于复位阶段或比较阶段。当 CLK 为低电平时，动态锁存器处于复位阶段，M_{10} 和 M_{11} 导通，输出 V_{outp} 和 V_{outn} 被拉到 V_{DD}。当 CLK 为高电平时，动态锁存器处于比较阶段，M_1 导通；当 V_{in} 大于 V_{ip} 时，M_2 的支路电流大于 M_3 的支路电流，因此 X 点的电压比 Y 点的电压下降快，M_4 先导通；此时 V_{outp} 与 V_{outn} 形成电压差 $-\Delta V$，且该电压差被动态锁存器进一步放大；最终，V_{outp} 为低电平，V_{outn} 为高电平。

动态锁存器的核心结构由两个首尾相接的反相器组成，如图 9.29 所示。该结构组成了一个正反馈系统。理论上，在无限长的时间内，动态锁存器具有无穷大的放大倍数。动态锁存器实际上是用时间换取放大倍数的。

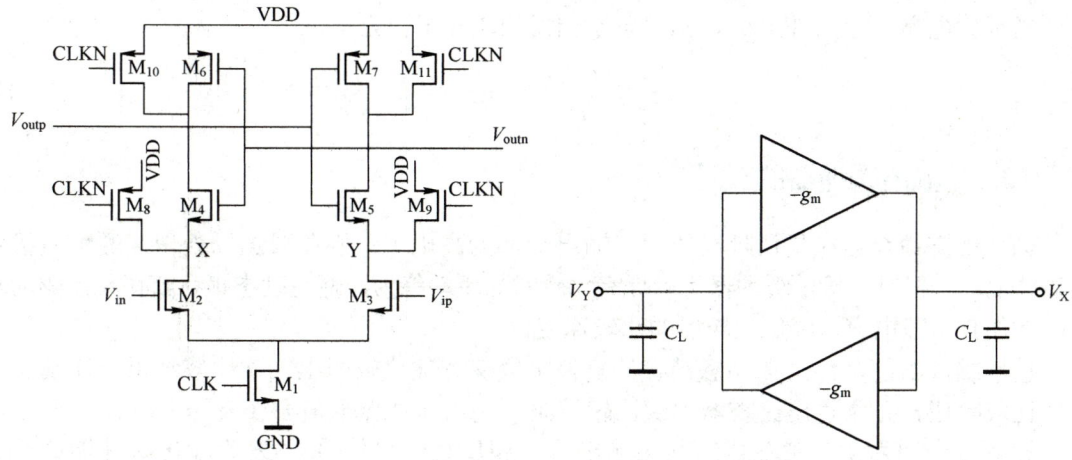

图 9.28　动态锁存器电路　　　　　　　图 9.29　动态锁存器的核心结构

假设在 $t = 0$ 时刻，动态锁存器电路的初始状态为

$$V_{\text{in}0} = V_{\text{X}}(t_0) - V_{\text{Y}}(t_0) \tag{9.99}$$

在 $t > 0$ 的任意时刻，动态锁存器对 V_{X} 和 V_{Y} 之间的差值进行放大，可得

$$\begin{cases} \dfrac{\mathrm{d}V_{\text{X}}(t)}{\mathrm{d}t} = \dfrac{-g_{\text{m}}V_{\text{Y}}(t)}{C_{\text{L}}} \\[3mm] \dfrac{\mathrm{d}V_{\text{Y}}(t)}{\mathrm{d}t} = \dfrac{-g_{\text{m}}V_{\text{X}}(t)}{C_{\text{L}}} \end{cases} \tag{9.100}$$

求解该微分方程，可得

$$V_{\text{X}}(t) - V_{\text{Y}}(t) = k\mathrm{e}^{\frac{g_{\text{m}}t}{C_{\text{L}}}} \tag{9.101}$$

结合式（9.99），可以得到动态锁存器的放大倍数为

$$A_{\text{V}} = \frac{V_{\text{X}}(t) - V_{\text{Y}}(t)}{V_{\text{X}}(t_0) - V_{\text{Y}}(t_0)} = \mathrm{e}^{\frac{g_{\text{m}}t}{C_{\text{L}}}} = \mathrm{e}^{\frac{t}{\tau}} \tag{9.102}$$

可以发现，随着时间的增长，动态锁存器的放大倍数呈现指数级增长。同时，动态锁存器电路的初始状态也会影响输出端电压差达到电源电压所需要的时间。

在不同的应用场景下，对动态锁存器放大倍数的要求也有所不同。在两步式单斜率 ADC 的应用中，虽然比较器存在过驱动的情况，但也要求能够在 $T_{\text{clk}} / 2$ 内比较出电压差为 LSB/2 的输入信号的大小，则动态锁存器的放大倍数应为

$$A_{\text{V}} = \mathrm{e}^{\frac{T_{\text{clk}}}{2}} = \frac{V_{\text{DD}}}{\dfrac{V_{\text{FS}}}{2^{T+1}}} \tag{9.103}$$

式中，T 为两步式单斜率 ADC 的量化精度；V_{FS} 为两步式单斜率 ADC 所能达到的量化值；V_{DD} 为电源电压。例如，对于量化范围为 1.3～1.7V，电源电压为 3.3V，量化精度为 12 位的两步式单斜率 ADC 而言，在时钟频率为 20MHz 的条件下，动态锁存器的时间常数为

$$\tau = \frac{T_{\text{clk}}}{2\ln\dfrac{2^{T+1} \cdot V_{\text{DD}}}{V_{\text{FS}}}} \approx 1.3 \times 10^{-9}\,\mathrm{s} \tag{9.104}$$

当负载电容 C_L 为 1.3pF 时，则要求反相器的跨导至少为

$$g_m = \frac{C_L}{\tau} = 0.1\text{ms} \tag{9.105}$$

9.3.4　输出缓冲器的设计

如果动态锁存器在复位阶段的两个输出端都为高电平，则需要加以处理，避免后级电路逻辑混乱。同时，输出缓冲器可以提高比较器的驱动能力，避免动态锁存器在直接驱动负载时增加其负载电容，降低比较器的比较速度。

输出缓冲器的功能是在动态锁存器复位阶段保存住比较器上一次比较结果；在动态锁存器比较阶段，正常输出比较器本次比较结果。输出缓冲器真值表如表 9.1 所示。其中，V_{outp} 和 V_{outn} 分别为动态锁存器的同相输出信号和反相输出信号；Q^n 为输出缓冲器的输出信号。

表 9.1　输出缓冲器真值表

V_{outp}	V_{outn}	Q^n	状态
0	0	1	不定状态
0	1	0	置0
1	0	1	置1
1	1	Q^{n-1}	保持

从表 9.1 中可以看出，在动态锁存器比较阶段，当比较器的比较结果为高电平，即 V_{outp} 为 1，V_{outn} 为 0 时，Q^n 为 1；当比较器的比较结果为低电平，即 V_{outp} 为 0，V_{outn} 为 1 时，Q^n 为 0。在动态锁存器复位阶段，动态锁存器两个输出端都为高电平，即 V_{outp} 为 1，V_{outn} 为 1 时，输出缓冲器锁存住比较器上一次比较结果 Q^{n-1}。

因此，可以采用两个与非门构成的 SR 锁存器作为比较器的输出缓冲器，其电路如图 9.30 所示。其中，S 端为动态锁存器的同相输出端，R 端为动态锁存器的反相输出端，Q 端为输出缓冲器的输出端。

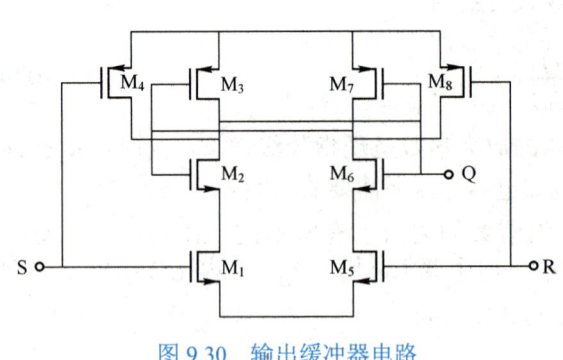

图 9.30　输出缓冲器电路

9.4　两步式单斜率 ADC 结构优化

传统两步式单斜率 ADC 的基本结构如图 9.31 所示。其中，C_P 为存储电容；C_H 上级板的寄生电容。本节将对传统两步式单斜率 ADC 的非理想特性进行分析，并提出改进型两步式单斜率 ADC 的结构以及对其非理想特性进行优化的方案。

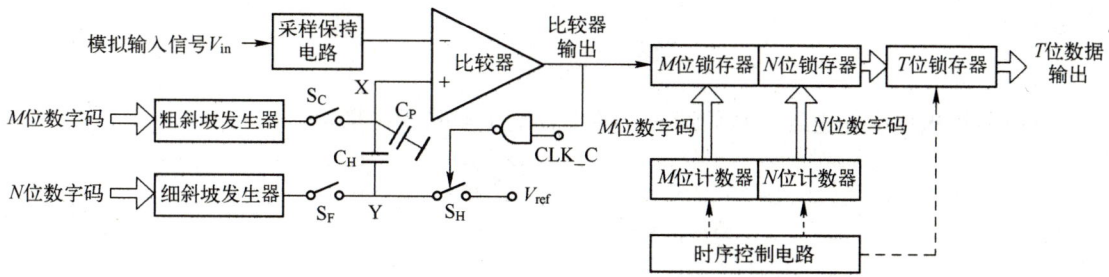

图 9.31 传统两步式单斜率 ADC 的基本结构

两步式单斜率 ADC 将整个量化过程分为了粗量化和细量化两个阶段。其中关键点在于粗量化和细量化阶段是否能正确衔接，从而决定模拟输入信号剩余量是否能够在细量化阶段进行正确的量化。传统两步式单斜率 ADC 存在着开关电荷注入以及存储电容电荷泄漏的问题。

在粗量化过程完成时，比较器输出信号发生翻转，通过逻辑门的控制，开关 S_H 断开，此时开关 S_H 的沟道电荷会注入存储电容（C_H），造成存储电容两端的电压差发生改变，其注入电荷量为

$$Q = WL_{SH}C_{ox}(V_{DD} - V_{ref} - V_{TH}) \qquad (9.106)$$

注入电荷量引起存储电容两端电压差的变化量为

$$\Delta V_{CH} = \frac{Q}{C_H} = \frac{WL_{SH}C_{ox}(V_{DD} - V_{ref} - V_{TH})}{C_H} \qquad (9.107)$$

该变化量可能是正的，也可能是负的，取决于开关 S_H 的类型。由于开关电荷注入的问题，存储电容并不能准确无误地保存粗量化的结果，其偏差量为 ΔV_{CH}，这也意味着细斜坡信号发生了上移或者下移，破坏了粗量化和细量化阶段的衔接。当细斜坡信号发生上移或者下移时，在量化曲线上会出现量化死区，从而出现失码的情况，恶化整个 ADC 的信噪比，如图 9.32 所示。

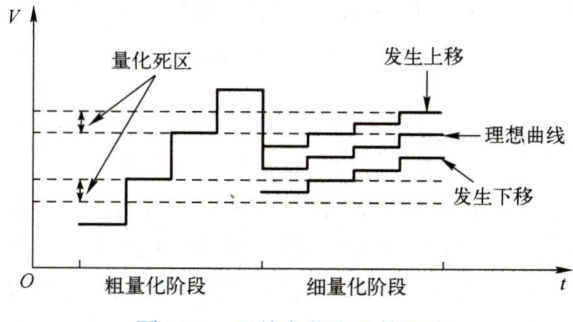

图 9.32 开关电荷注入的影响

在细量化阶段，由于寄生电容（C_P）的存在，且 X 点的电压会发生改变，因此寄生电容上的电荷量也会发生改变；同时，X 点并没有电流，寄生电容上的电荷只能来自存储电容，从而造成存储电容发生电荷泄漏的问题。对于粗量化的位数为 M 位，所能达到的量化值为 V_{FS}，量化精度为 T 位的两步式单斜率 ADC 而言，寄生电容上的电荷在细量化阶段的变化量为

$$\Delta Q_{CP} = \left(\frac{V_{FS}}{2^M}\right)C_P \tag{9.108}$$

该电荷量来自存储电容，从而造成存储电容电压差的变化量为

$$\Delta V_{CH} = \frac{\Delta Q_{CP}}{C_H} = \frac{\left(\frac{V_{FS}}{2^M}\right)C_P}{C_H} \tag{9.109}$$

为了使该 ADC 具有一定的信噪比，要求 ΔV_{CH} 必须小于 LSB/2，即

$$\Delta V_{CH} \leqslant \frac{V_{FS}}{2^{T+1}} \tag{9.110}$$

结合式（9.109）和式（9.110），可以得到寄生电容和存储电容的电容量关系为

$$C_H \geqslant 2^{T-M+1} \cdot C_P \tag{9.111}$$

可以发现，存储电容电容量取值不能太小，当 T 为 12，M 为 6 时，存储电容电容量至少为寄生电容电容量的 128 倍。若存储电容电容量太大，会降低粗斜坡信号的建立速度，也不利于在传感器中小列宽的集成。另外，存储电容电容量越大，在该 ADC 印制电路板中产生的寄生电容电容量也会越大，造成该 ADC 整个电路设计不收敛的问题。如图 9.33 所示，存储电容电荷泄漏会导致细斜坡信号的斜率降低，产生量化死区，更严重的情况下，比较器输出信号在细量化阶段不发生翻转。

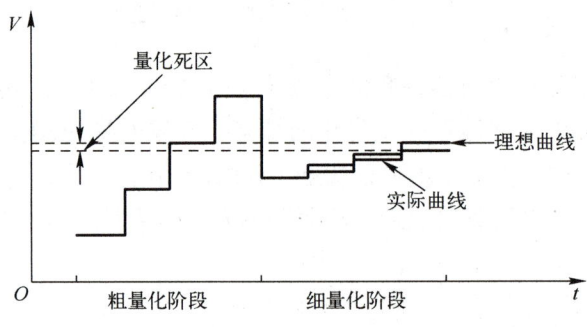

图 9.33　存储电容电荷泄漏的影响

9.4.1　改进型两步式单斜率 ADC

为了解决存储电容电荷泄漏和开关电荷注入带来的传统两步式单斜率 ADC 信噪比下降的问题，可以采用改进型两步式单斜率 ADC，其结构如图 9.34 所示。该结构采用四端输入的比较器取代传统的两端输入比较器，使得粗量化信号通路与细量化信号通路分开。存储电容下极板接地，避免了在细量化阶段存储电容上极板电压发生改变，从而导致存储电容发生电荷泄漏的问题。另外，在该 ADC 中引入一个 M 位 DAC。该 DAC 能够根据粗量化结果调整输出电压。该输出电压参与到细量化比较过程中，对电荷注入、失调电压等非理想因素进行补偿，以提高该 ADC 的信噪比。数字处理模块包括了加法器、减法器和锁存器模块。为了防止出现量化死区的问题，在细量化阶段额外加入 1 位量化冗余位，并通过加法器和减法器对量化结果进行修调。

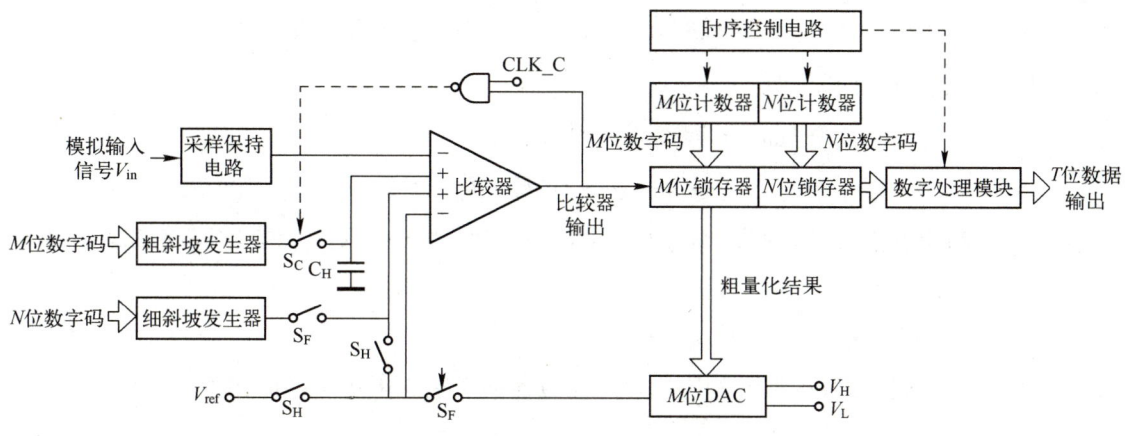

图 9.34 改进型两步式单斜率 ADC 的结构

与传统两步式单斜率 ADC 相比，改进型两步式单斜率 ADC 的量化原理没有太大的变化，包括了采样保持、粗量化、细量化和数据输出 4 个阶段。在不同的阶段，比较器前端电路的连接也是不同的，如图 9.35 所示。

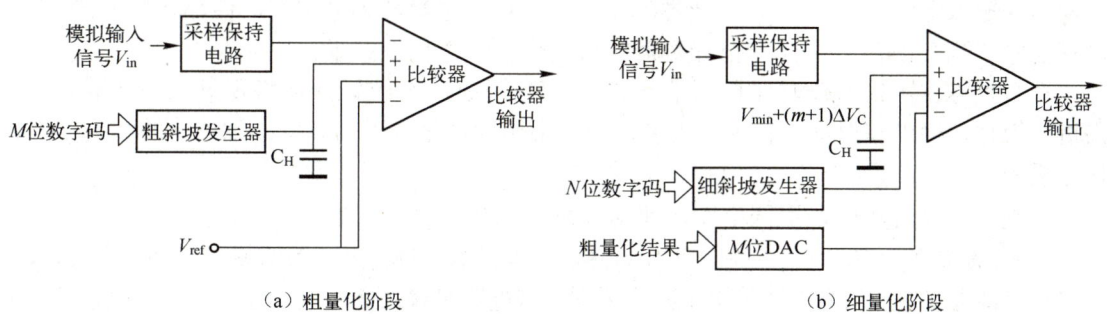

（a）粗量化阶段   （b）细量化阶段

图 9.35 比较器前端电路的连接

对于量化范围在 $V_{\min} \sim V_{\max}$ 的 T 位两步式单斜率 ADC 而言，其量化原理如下。

在采样保持阶段，采样保持电路对模拟输入信号 V_{in} 进行采样，比较器的 4 个输入端在内部进行短接，存储电容锁存第一级预放大器的失调电压。同时，时序控制电路对 M 位计数器和 N 位计数器进行复位。

在粗量化阶段，开关 S_C、S_H 导通，S_F 断开，比较器前端电路的连接如图 9.35（a）所示。M 位计数器开始计数，粗斜坡发生器根据 M 位计数器的值 i 产生粗斜坡电压 $V_{\text{ramp\_c}}$，这一阶段比较器的净输入电压为

$$V_{\text{in\_com}} = V_{\text{ramp\_c}} - V_{\text{in}} + V_{\text{ref}} - V_{\text{ref}} = V_{\text{ramp\_c}} - V_{\text{in}} \tag{9.112}$$

随着 M 位计数器的 i 值逐渐增大，$V_{\text{ramp\_c}}$ 逐渐增大。当 $V_{\text{ramp\_c}}$ 大于 V_{in} 时，比较器输出信号发生翻转。该翻转信号被 M 位锁存器检测到，M 位锁存器锁存此时 M 位计数器的值作为粗量化的结果。同时，在逻辑模块的控制下，开关 S_C 断开，存储电容保存粗斜坡电压的值，存储电容的电压为

$$V_{\text{CH}} = V_{\min} + (m+1)\Delta V_{\text{C}} \tag{9.113}$$

式中，m 为粗量化结果；ΔV_{C} 为粗斜坡信号相邻台阶电压差。

在细量化阶段，开关 S_C 保持断开的状态，S_H 断开，S_F 导通，比较器前端电路的连接

如图 9.35（b）所示。N 位计数器开始计数，细斜坡发生器开始产生细斜坡电压 $V_{\text{ramp\_f}}$，这一阶段比较器的净输入电压为

$$V_{\text{in\_com}} = V_{\text{CH}} - V_{\text{in}} + V_{\text{ramp\_f}} - V_{\text{dac}} \tag{9.114}$$

$$= V_{\text{ramp\_f}} + V_{\text{min}} + (m+1)\Delta V_{\text{C}} - V_{\text{in}} - V_{\text{ref}} - V_{\text{os}}$$

式中，V_{os} 为输出补偿电压。假设不考虑该电路的非理想特性，则 V_{os} 为 0，且细斜坡输出电压为

$$V_{\text{ramp\_f}} = V_{\text{ref}} - \Delta V_{\text{C}} + i\Delta V_{\text{F}} \tag{9.115}$$

式中，ΔV_{F} 为细斜坡信号相邻台阶电压差。比较器的净输入电压可以简化为

$$V_{\text{in\_com}} = V_{\text{min}} + m\Delta V_{\text{C}} + i\Delta V_{\text{F}} - V_{\text{in}} \tag{9.116}$$

可以发现，虽然粗斜坡信号与细斜坡信号的信号通路不一致，但是通过存储电容和四端比较器，细斜坡信号在粗量化的结果上，与模拟输入信号 V_{in} 进行比较，从而完成粗量化和细量化两个阶段的衔接。随着 N 位计数器的值不断增加，比较器的净输入电压不断增大。当净输入电压大于 0 时，比较器输出电压从低电平翻转为高电平。该翻转信号被 N 位锁存器检测到并锁存，此时 N 位计数器的值就作为细量化的结果。

在数据输出阶段，在时序控制下，数字处理模块中 T 位锁存器将粗量化和细量化的结果进行锁存、输出和保持。其中，粗量化的结果作为量化结果的高位；细量化的结果作为量化结果的低位。

在整个量化过程中，不同电压之间的关系如图 9.36 所示。

ADC 需要在一定的时序控制下工作。两步式单斜率 ADC 时序图如图 9.37 所示。CLK_S 为采样保持电路使能信号，在高电平时，采样保持电路对输入信号进行采样；在低电平时，采样保持电路处于保持状态。CLK_C 为粗量化使能信号，控制粗量化计数器的计数。CLK_RES_C 为粗量化复位信号，控制粗量化计数器进行复位操作。CLK_F 为细量化使能信号，控制细量化计数器的计数。CLK_RES_F 为细量化复位信号，控制细量化计数器进行复位操作。CLK_DATAEN 为输出使能信号，在高电平时，两步式单斜率 ADC 输出量化结果。

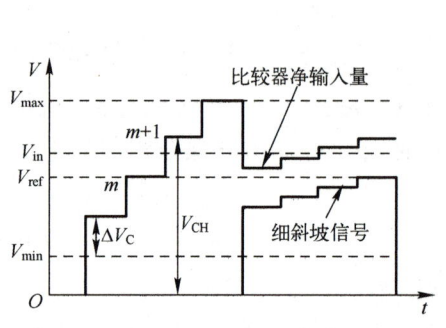

图 9.36　不同电压之间的关系

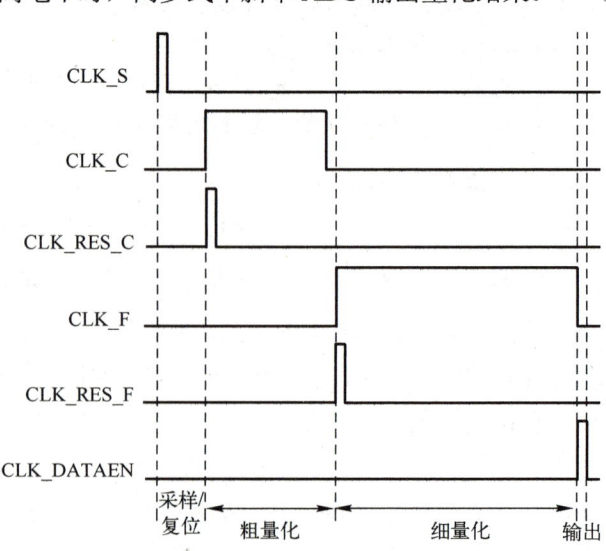

图 9.37　两步式单斜率 ADC 时序图

9.4.2 误差分析与校准

两步式单斜率 ADC 设计的核心是保证粗量化和细量化阶段的正确衔接，以保证两步式单斜率 ADC 具有较好的静态特性和动态特性。本节主要对两步式单斜率 ADC 中存储电容电荷泄漏、粗斜坡信号失调、细斜坡信号失调以及开关电荷注入等非理想因素进行分析，并提出优化方案。

存储电容电荷泄漏问题是由于在传统两步式单斜率 ADC 中，存储电容上极板电压在细量化阶段发生变化，导致存储电容上的电荷转移到寄生电容上，从而发生电荷泄漏。在改进型两步式单斜率 ADC 中，粗量化和细量化的信号通路分开，避免了细量化过程中存储电容上极板电压发生变化，从而保证在整个量化过程中，存储电容能很好地保存粗量化的结果；同时，避免了使用较大电容量的存储电容，从而减小粗斜坡发生器负载电容的电容量，有效提高粗斜坡信号的建立速度。

1. 粗斜坡信号失调电压

粗斜坡发生器输出信号范围是由顶部和底部钳位运算放大器确定的。实际上，由于工艺的偏差，这两个钳位运算放大器具有一定的失调电压 $V_{os,c}$。该失调电压会直接反应到粗斜坡信号上，导致粗斜坡信号发生偏差，其表达式为

$$V_{ramp\_c} = V_{ramp\_c,ideal} + V_{os,c} \tag{9.117}$$

当粗斜坡信号具有一定失调电压时，粗斜坡信号相邻台阶电压差会偏离理想值，从而产生量化死区。为了防止出现量化死区的问题，在细量化阶段中可以加入 1 位量化冗余位，即细量化的位数不再是 N，而是 $N+1$。虽然加入了 1 位量化冗余位，但不意味着细斜坡信号的 LSB 发生改变，而是将细斜坡信号输出范围扩大一倍，变为 $2\Delta V_C$。加入量化冗余位后，不仅能够很好地解决量化死区的问题，也能够在一定程度上解决粗斜坡信号失调的问题。

粗斜坡信号失调电压校准如图 9.38 所示。其中，粗量化的位数为 2；细量化的位数为 2+1。在图 9.38（b）中，由于粗斜坡信号存在失调电压，所以在细量化阶段加入 1 位量化冗余位。

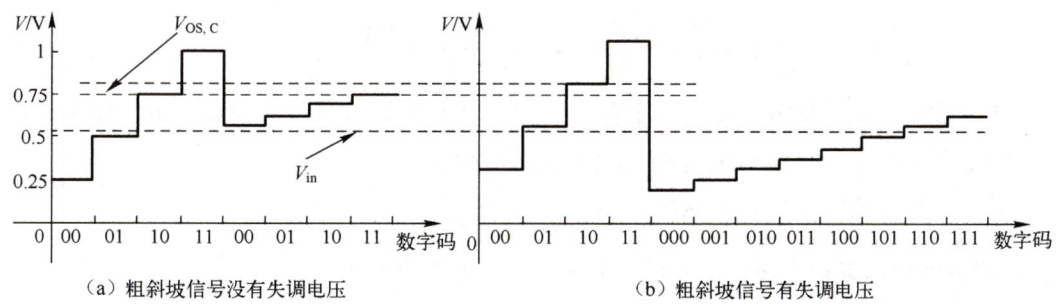

（a）粗斜坡信号没有失调电压　　　　　　　（b）粗斜坡信号有失调电压

图 9.38 粗斜坡信号失调电压校准

从图 9.38 中可以看出，当粗斜坡信号没有失调电压时，模拟输入信号 V_{in} 粗量化结果为 10、细量化结果为 00，因此模拟输入信号 V_{in} 在理想条件下的量化结果为 10_00。当粗斜坡信号有失调电压 $V_{os,c}$，且在细量化加入 1 位量化冗余位后，模拟输入信号 V_{in} 粗量化的结果

为 01、细量化结果为 110。需要注意的是，加入量化冗余位后，粗细量化结果不能被直接输

粗量化结果			C_1	C_0	
细量化结果	+		F_2	F_1	F_0
		D_3	D_2	D_1	D_0
	−	0	0	1	0
		T_3	T_2	T_1	T_0

图 9.39　量化结果数字处理算法

出，需要进一步处理，如图 9.39 所示，将细量化结果的最高位与粗量化结果相加后，再将结果减去 2^{N-1}，得到最后正确的量化结果。经过处理后，可以发现即使粗斜坡信号有失调电压，但是模拟输入信号 V_{in} 的量化结果仍然为 10_00，与没有失调电压时的量化结果一致。

加入量化冗余位后，粗细量化的结果不能直接作为最终的量化结果，需要采用加法器和减法器进行处理，这也是改进型两步式单斜率 ADC 的数字处理模块中包含了加法器和减法器的原因。

2. 细斜坡信号失调电压以及开关电荷注入问题

与粗斜坡信号类似，在实际过程中，细斜坡信号也具有一定的失调电压 $V_{OS,F}$，其影响与开关电荷注入类似。

从图 9.34 中可以发现，在粗量化完成后，开关 S_C 断开，此时其沟道电荷有一部分会进入存储电容中，引起存储电容两端电压差的变化。开关 S_C 断开的一瞬间，其注入存储电容的电荷量为

$$Q = \delta WL_{SC} C_{ox}[V_{DD} - V_{min} - (m+1)\Delta V_C - V_{TH}] \tag{9.118}$$

式中，δ 为比例系数。

存储电容两端电压差的变化量为

$$\Delta V_{CH} = \frac{Q}{C_H} = \frac{\delta WL_{SC} C_{ox}[V_{DD} - V_{min} - (m+1)\Delta V_C - V_{TH}]}{C_H} \tag{9.119}$$

$$= \frac{\delta WL_{SC} C_{ox}(V_{DD} - V_{min} - m\Delta V_C - V_{TH})}{C_H} - \frac{\delta WL_{SC} C_{ox} \cdot m\Delta V_C}{C_H}$$

可以发现，虽然 ΔV_{CH} 的大小与粗量化的结果 m 有关，但是其前半部分可以认为是一个固定的失调电压 V_{OS,S_c}，而其后半部分是随粗量化结果线性变化的量 $\Delta V_{OS,S_c}$。将式（9.119）两端对 m 求导，可以得到

$$\Delta V_{OS,S_c} = \frac{d\Delta V_{CH}}{dm} = -\frac{\delta WL_{SC} C_{ox} \Delta V_C}{C_H} \tag{9.120}$$

可以发现，ΔV_{CH} 与粗量化的结果有关，但是其变化量与粗量化结果无关，即与模拟输入信号 V_{in} 的大小无关。存储电容两端电压差的变化量可以化简为

$$\Delta V_{CH} = V_{OS,S_c} + m\Delta V_{OS,S_c} \tag{9.121}$$

将细斜坡信号失调电压一起考虑，则总的失调电压为

$$V_{OS} = V_{OS,F} + V_{OS,S_c} + m\Delta V_{OS,S_c} \tag{9.122}$$

通过以上的分析，细斜坡信号失调电压以及开关电荷注入引起的失调电压可以采用一个 DAC 在细量化过程进行补偿，如图 9.34 所示，其数字输入码为粗量化结果 m，这也意味着该 DAC 的分辨率与粗量化的位数 M 保持一致。

引入 M 位的 DAC 进行电压补偿后，同时考虑细斜坡信号失调电压以及开关电荷的影响，在细量化阶段比较器的净输入电压为

$$V_{\text{in\_com}} = (m+1)\Delta V_C - V_{\text{in}} + V_{\text{ramp\_f}} - V_{\text{dac}} + V_{\text{OS,F}} + V_{\text{OS,SC}} + m\Delta V_{\text{OS,SC}} \qquad (9.123)$$

对于量化范围在 $V_{\text{L,dac}} \sim V_{\text{H,dac}}$ 之间的 M 位 DAC，其输出信号 V_{dac} 与数字输入码 m 之间的关系为

$$V_{\text{dac}} = V_{\text{L,dac}} + m \cdot \Delta V_{\text{dac}} \qquad (9.124)$$

式中，ΔV_{dac} 为 DAC 的一个 LSB。因此，比较器的净输入电压可化简为

$$V_{\text{in\_com}} = (m+1)\Delta V_C - V_{\text{in}} + V_{\text{ramp\_f}} - V_{\text{L,dac}} + m \cdot \Delta V_{\text{dac}} + V_{\text{OS,F}} + V_{\text{OS,SC}} + m\Delta V_{\text{OS,SC}} \qquad (9.125)$$

当 $V_{\text{L,dac}}$ 为 $V_{\text{ref}} + V_{\text{OS,F}} + V_{\text{OS,SC}}$，且 ΔV_{dac} 为 $\Delta V_{\text{OS,SC}}$ 时，比较器的净输入电压为

$$V_{\text{in\_com}} = (m+1)\Delta V_C - V_{\text{in}} + V_{\text{ramp\_f}} - V_{\text{ref}} \qquad (9.126)$$

可以发现，DAC 能够对细斜坡信号失调电压 $V_{\text{OS,F}}$ 以及开关电荷注入引起的存储电容电压跳变 ΔV_{CH} 进行电压补偿，以保证粗量化与细量化两个阶段的正确衔接。

假设 $V_{\text{OS,F}}$、$V_{\text{OS,SC}}$ 以及 $\Delta V_{\text{OS,SC}}$ 是已知的，则可以得到 DAC 的量化范围的限值为

$$V_{\text{L,dac}} = V_{\text{ref}} + V_{\text{OS,F}} + V_{\text{OS,SC}}$$
$$V_{\text{H,dac}} = V_{\text{ref}} + V_{\text{OS,F}} + V_{\text{OS,SC}} + 2^M \Delta V_{\text{OS,SC}} \qquad (9.127)$$

式中，V_{ref} 为已知大小的基准电压，其会影响细斜坡信号的设计。实际上，失调电压的产生是由工艺偏差带来的，从而很难确定 $V_{\text{L,dac}}$ 和 $V_{\text{H,dac}}$。一般而言，可以通过提供一定的电压范围进行选择。该电压范围可以是在 $[V_{\text{ref}} - 1/2\Delta V_C,\ V_{\text{ref}} + 1/2\Delta V_C]$ 之间，并采用 n 位二进制数字码"SIN_BOTTOM<n-1:0>"对 $V_{\text{L,dac}}$ 的选择进行控制，采用 n 位二进制数字码"SIN_TOP<n-1:0>"对 $V_{\text{H,dac}}$ 的选择进行控制。这样，如何确定 $V_{\text{L,dac}}$ 和 $V_{\text{H,dac}}$ 的问题则转换成了两组二进制数字码的取值问题。确定"SIN_BOTTOM<n:0>"数字码的流程图如图 9.40 所示。确定"SIN_TOP<n:0>"数字码的流程图如图 9.41 所示。

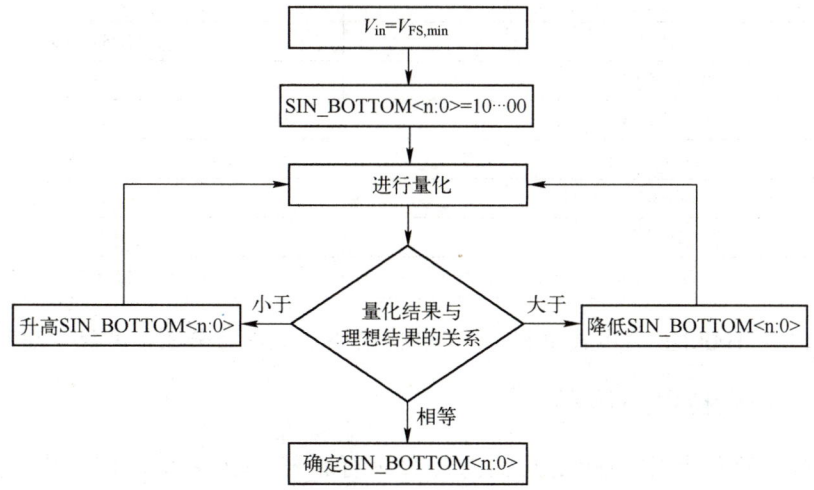

图 9.40 确定"SIN_BOTTOM<n:0>"数字码的流程图

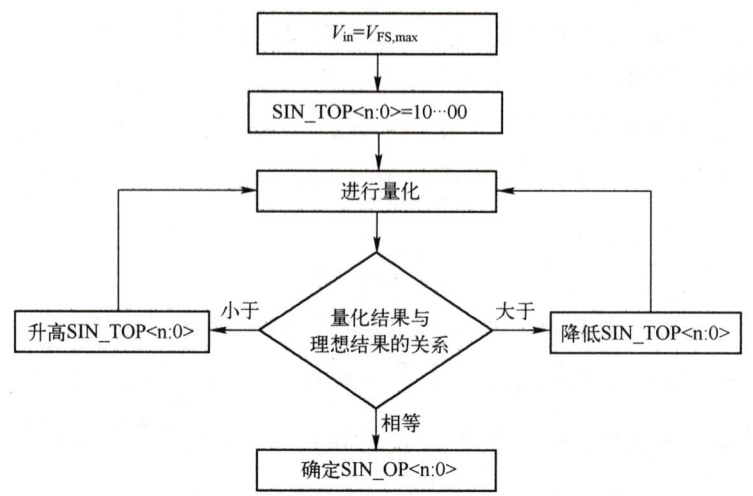

图 9.41　确定"SIN_TOP<n:0>"数字码的流程图

9.5　12 位 100kHz 两步式单斜率 ADC 设计与仿真

本节以一个 12 位 100kHz 两步式单斜率 ADC 作为实例，并基于 Cadence IC 6.1.7 设计套件和 MATLAB 软件对其各模块及整体的设计和仿真过程进行介绍。

12 位 100kHz 两步式单斜率 ADC 的设计采用 0.18μm CMOS 混合信号工艺，粗量化位数为 6 位，细量化位数为 7 位，其中 1 位为量化冗余位，主时钟频率为 20MHz。整体结构包括采样保持电路、粗斜坡发生器、细斜坡发生器以及比较器等模块。12 位 100kHz 两步式单斜率 ADC 主要设计指标如表 9.2 所示。

表 9.2　12 位 100kHz 两步式单斜率 ADC 主要设计指标

项目	设计指标
工艺	CMOS 0.18μm
模拟电源电压	3.3V
数字电源电压	3.3V
输入电压范围	1.3～3V
分辨率	12 位
采样率	100kHz
工作环境	−40～125℃

以下对 12 位 100kHz 两步式单斜率 ADC 各模块功能进行分析，并逐一进行仿真。

9.5.1　采样保持电路仿真

采样保持电路的基本功能是对输入信号进行采样并在量化过程中进行保持。该电路主要包含延时电路、栅压自举开关以及运算放大器。其中，延迟电路用于产生非交叠信号。

1. 延时电路仿真

延时电路是将输入的采样信号进行一定的延迟，产生非交叠信号驱动采样保持电路的开关，以避免开关电荷注入采样电容中，如图 9.42 所示。

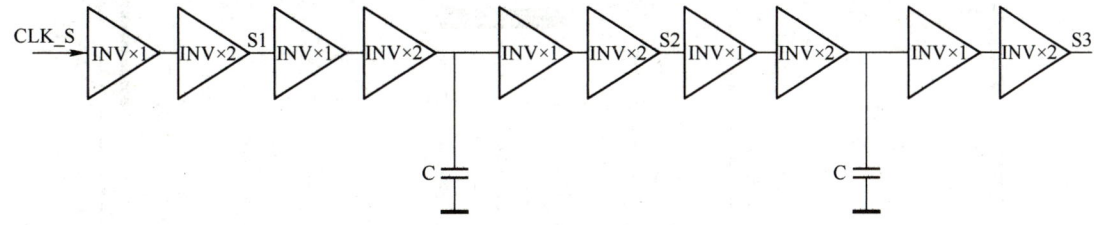

图 9.42　延时电路

首先对延迟电路的功能进行验证，设置 CLK_S 激励信号为方波信号，如图 9.43 所示。其中，低电平（Voltage1）为 0V（地电平），高电平（Voltage2）为 3.3V（电源电压）；方波信号周期（Period）为 10μs，表示采样率为 100kHz；延迟时间（Delay time）为 150ns，上升（Rise time）/下降（Fall time）时间都为 0.1ns；高电平持续时间（Pulse width）为 50ns，占空比为 1∶200。

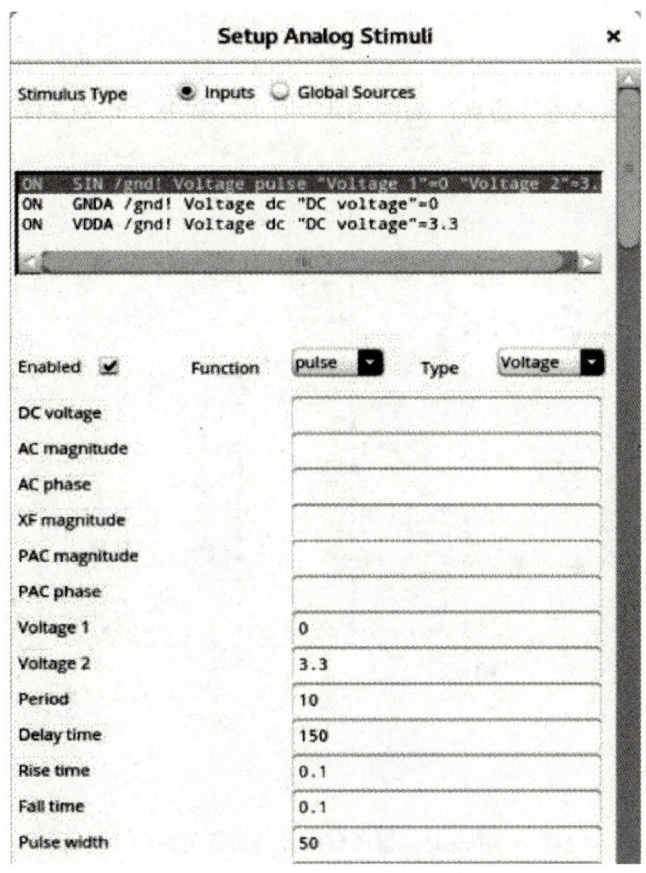

图 9.43　CLK_S 激励信号设置

对延时电路进行瞬态仿真，仿真时间为 500ns。瞬态仿真完成后，查看 S1、S2 和 S3 的响应，如图 9.44 所示。可见，S1、S2 和 S3 信号延迟时间为 1.3ns。

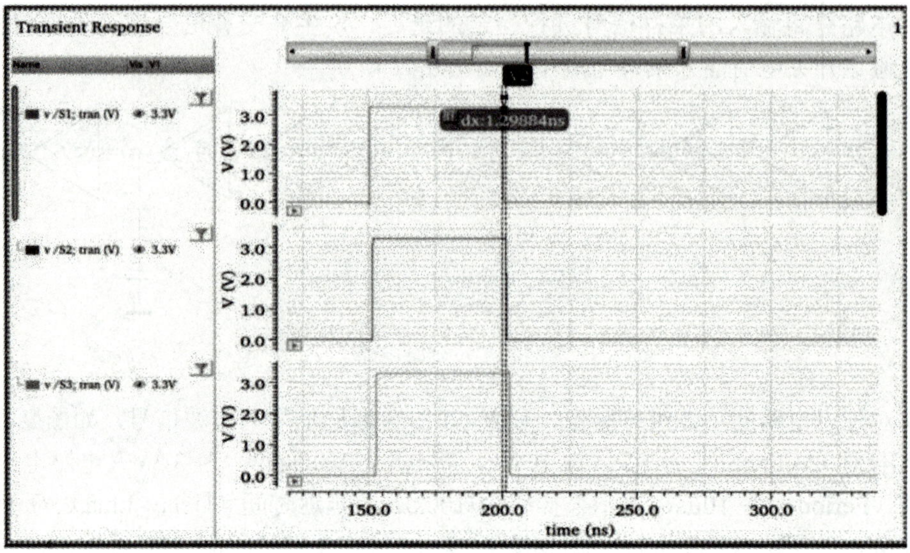

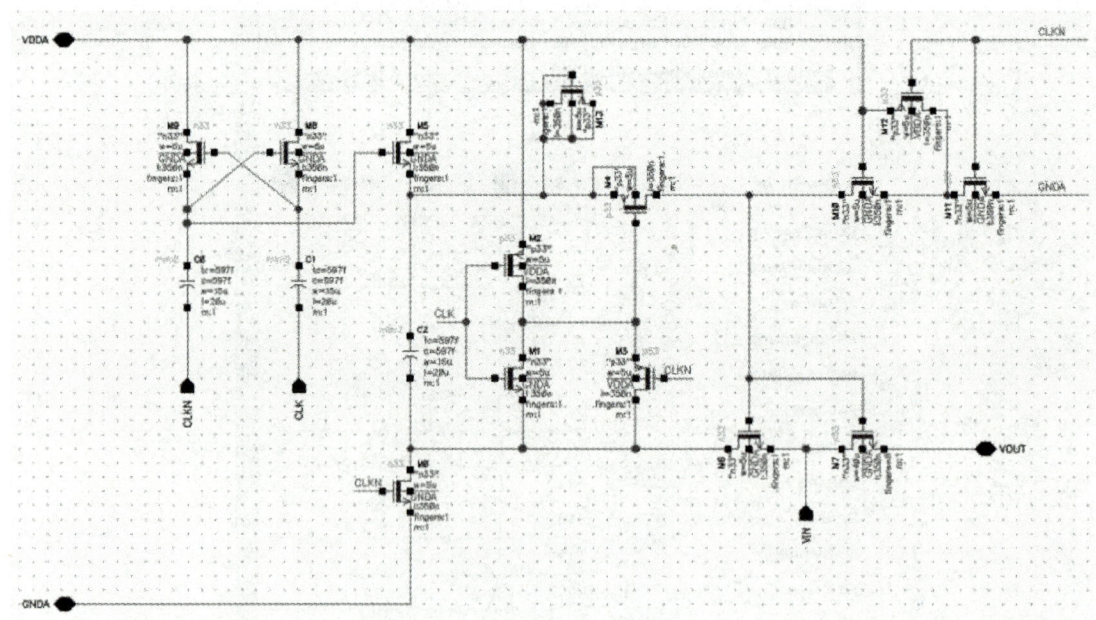

图 9.44　延时电路瞬态仿真结果

2. 栅压自举开关仿真

对栅压自举开关电路进行仿真，如图 9.45 所示。其中，开关晶体管的栅极电压会随着输入信号的变化而变化。

图 9.45　栅压自举开关仿真电路

输入信号 V_{in} 为整个 ADC 的输入端。将输入信号设置为正弦信号，幅度为 0.85V，频率为 1MHz，表明整个 ADC 的输入信号范围为 1.3～3V。

设置 CLK。在应用过程中，CLK 为采样信号 CLK_S 的使能端，其高电平持续时间为 50ns。在验证栅压自举开关的功能时，CLK 设置为主时钟，低电平（Voltage1）为 0V（地电平），高电平（Voltage2）为 3.3V（电源电压）；方波信号周期（Period）为 50ns；延迟时间（Delay time）0.1ns，上升/下降时间都为 0.1ns；高电平持续时间（Pulse width）为 25ns，占空比为 1∶1。CLKN 与 CLK 为反相信号，只需要将低电平（Voltage1）设置为 3.3V，高电平（Voltage2）设置为 0 即可。

设置完成后，开始进行瞬态仿真，仿真时间为 1μs，其仿真结果如图 9.46 所示。可见，开关晶体管的栅极电压随着输入信号的变化而变化，且在导通时，V_{gs} 电压为 2.68V。

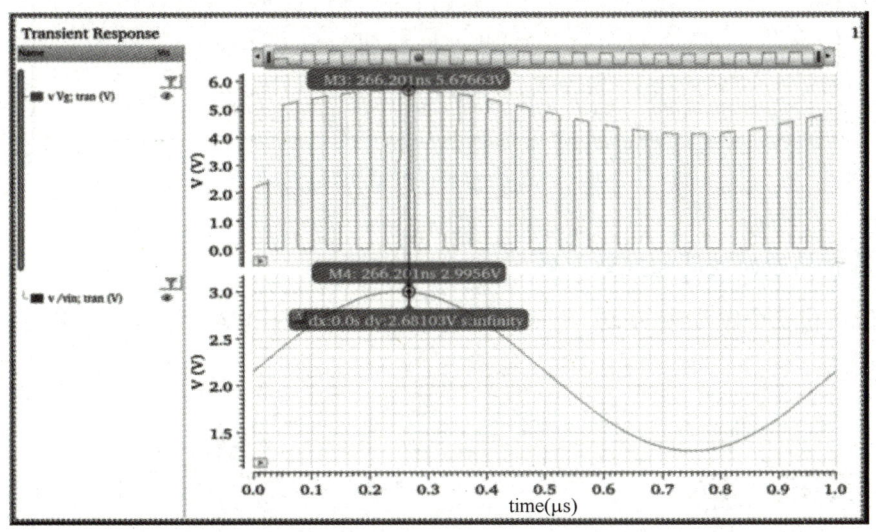

图 9.46　栅压自举开关电路仿真结果

对栅压自举开关的导通电阻进行仿真，其电路如图 9.47 所示。通过电阻串联将栅压自举开关的导通电阻转换成输入电压和输出电压之间的关系，即

$$R = \left(\frac{V_{in}}{V_{out}} - 1 \right) \cdot R_0 \tag{9.128}$$

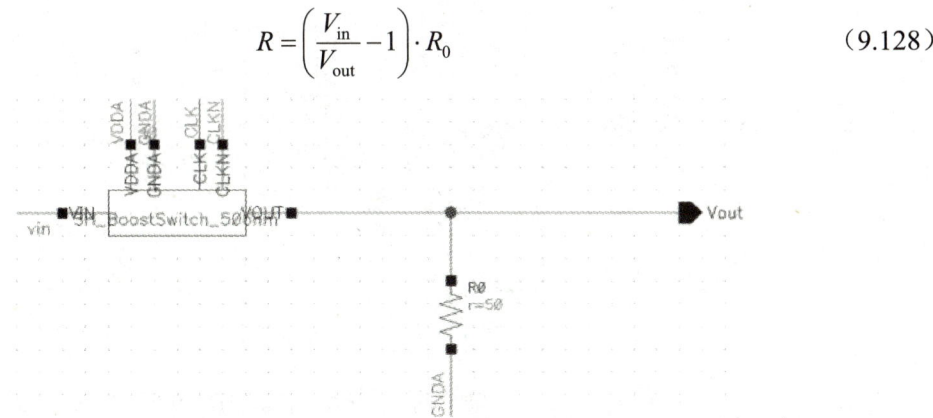

图 9.47　栅压自举开关导通电阻仿真电路

设置激励信号 V_{in} 为直流电平（2V）。保持 CLK 和 CLKN 的激励设置不变。

设置完成后，开始进行瞬态仿真，仿真时间为 1μs，其仿真结果如图 9.48 所示。可见，在开关晶体管导通时，输出端电压 V_{out} 为 1.008V，结合式（9.128）计算可得栅压自举开关的导通电阻为 49.2Ω。

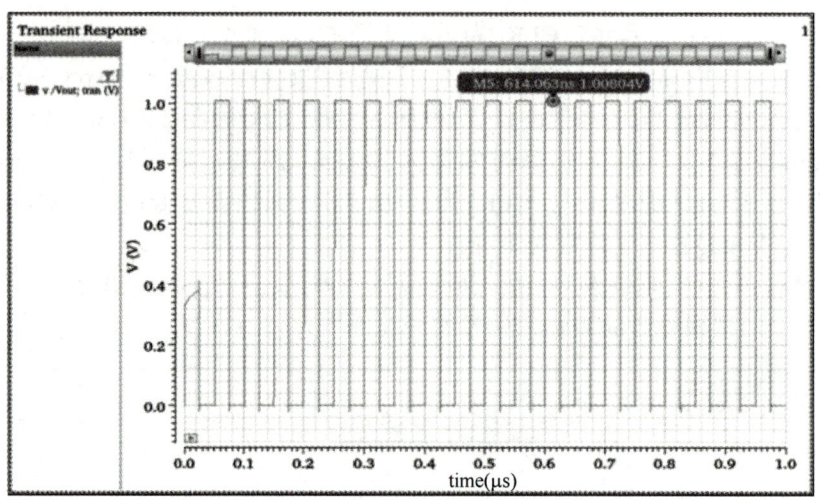

图 9.48　栅压自举开关导通电阻仿真结果

3. 采样保持电路功能和性能仿真

采样保持仿真电路如图 9.49 所示。该电路包括了延迟电路、栅压自举开关以及运算放大器。

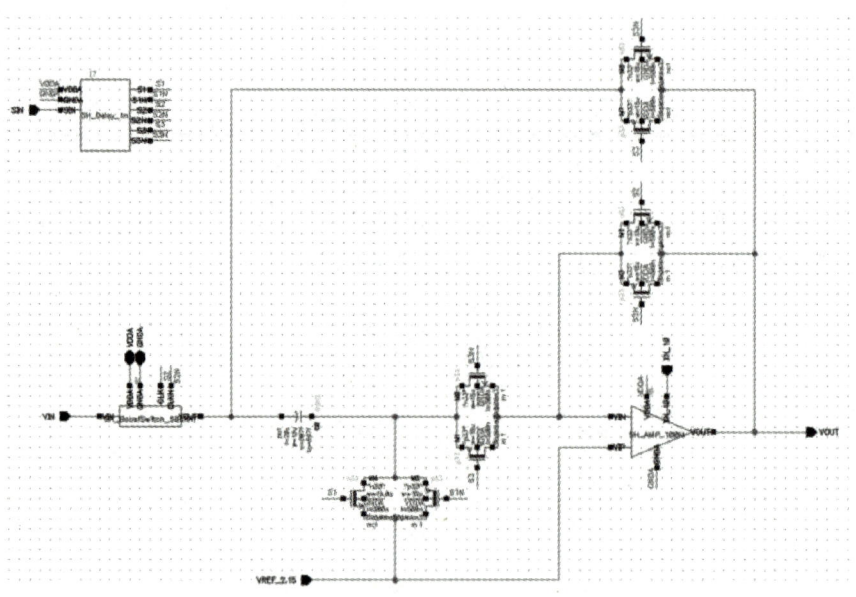

图 9.49　采样保持仿真电路

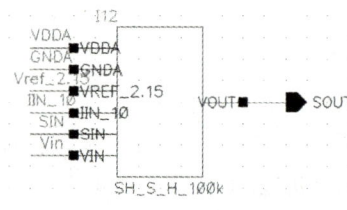

图 9.50　采样保持电路端口

采样保持电路端口如图 9.50 所示。其中，VDDA 为 3.3V（电源电压）；GNDA 为 0V（地电压）；Vref_2.15 为 2.15V（基准电压）；IIN_10 为 10μA（输入电流基准）；SIN 端为采样使能端，且在高电平时为采样态，低电平时为保持态；Vin 端为输入信号端。

设置采样使能信号 SIN。因为采样频率为 100kHz，因此采样使能信号 SIN 为周期 10μs 的方波信号，其具体设置：低电平（Voltage1）为 0V（地电平），高电平（Voltage2）为 3.3V（电源电压）；方波信号周期（Period）为 10μs；延迟时间（Delay time）为 150ns，上升（Rise time）/下降（Fall time）时间都为 0.1ns；高电平持续时间（Pulse width）为 25ns，表示采样时间为 25ns，占空比为 0.5∶200。

设置输入信号 Vin。因为采样频率为 100kHz，因此采样保持电路的信号带宽为 50kHz。设置输入信号 Vin 为正弦信号，其幅度（Amplitude）为 0.85V，其频率（Frequency）为 10kHz，其输入范围为 1.3～3V。

输入信号 Vin 为频率 10kHz 的正弦信号，采样频率为 100kHz，意味着在 0.1ms 的时间内，采样保持电路会对输入信号采样。完成激励的设置后，进行瞬态仿真，仿真时间为 0.1ms，其结果如图 9.51 所示。

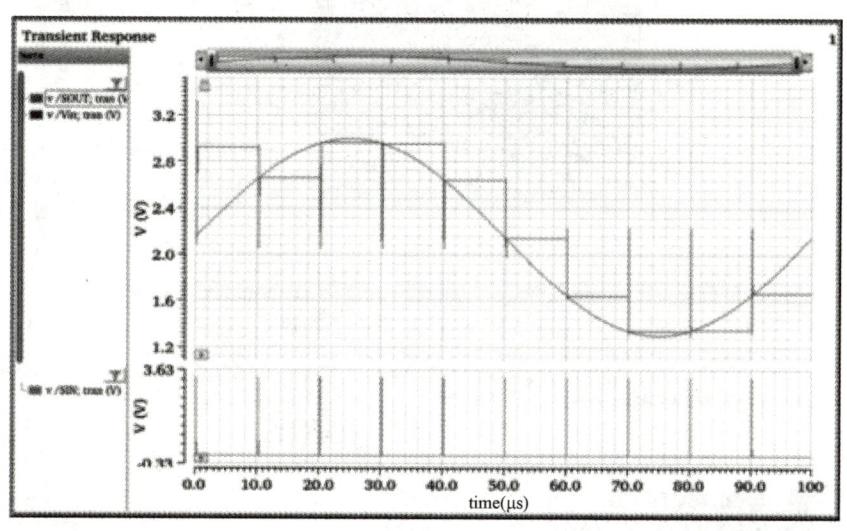

图 9.51 采样保持电路仿真结果

采样保持电路仿真结果表明，当 SIN 为高电平时，采样保持电路进行采样，此时输出信号为 2.15V；当 SIN 为低电平时，采样保持电路对采样到的信号进行保持。

为了验证采样保持电路能否满足 ADC 的应用需求，需要对采样保持电路进行性能验证。将输出信号进行 FFT 变换，并分析信噪比和有效位数能否满足应用需求。根据非相干采样定理，计算输入信号的频率，其关系为

$$\frac{f_{in}}{f_s} = \frac{M}{N}$$

$$（9.129）$$

式中，N 为 FFT 分析点数，一般取值为 2 的幂次方；M 为 FFT 窗口正弦信号的个数，为了防止出现频谱泄漏，M 一般取质数且不能与 N 有共同公约数；f_s 为采样保持的采样频率。通过该方式可以确定正弦信号的频率。当 N 为 4096，M 为 409 时，输入信号 V_{in} 的频率为 40.9MHz/4096Hz。重新设置输入信号 V_{in} 的值，直流电压（DC voltage）为 2.15V，幅度（Amplitude）为 0.85V，频率（Frequency）为 40.9MHz/4096Hz。

完成设置后，开始进行瞬态仿真，仿真时间为 41ms，为了保证采样保持电路工作的稳定，仿真时间延长 40μs，进行信号分析时，只取后面的 4096 个数据点，舍弃前面的 4 个数据点。

完成仿真后，采用工具 Spectrum 对输出信号 V_{out} 进行 FFT 分析。在波形界面中，单击 Measurements 按钮，在弹出的对话框中单击 Spectrum 按钮，打开频谱分析界面。重新设置 FFT 参数，如图 9.52 所示。设置数据区间（Star/Stop Time）为 40μs～41ms，取后面 4096 个数据点。设置采样点数/频率（Sample Count/Freq）为 4096。单击 S 按钮更新数据，其他保持默认设置即可。单击 Plot 按钮，弹出采样保持电路 FFT 分析结果，如图 9.53 所示。

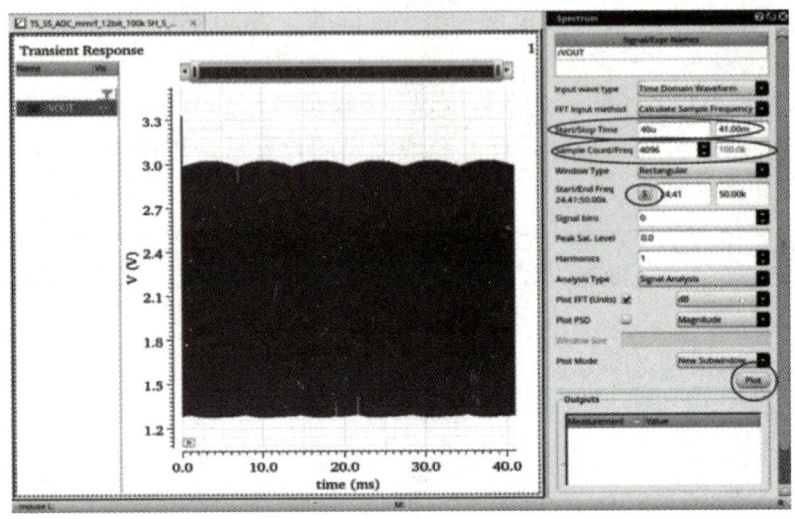

图 9.52　重新设置 FFT 参数

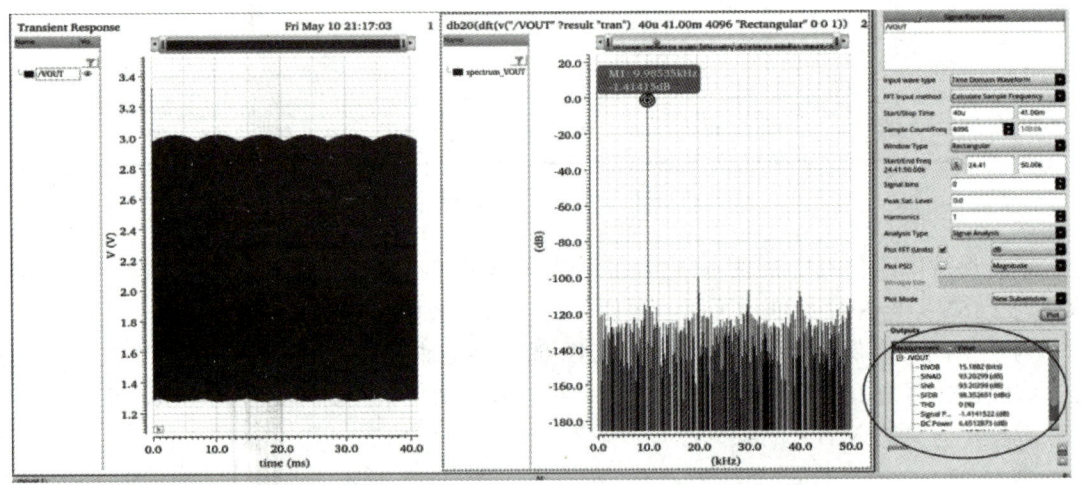

图 9.53　采样保持电路 FFT 分析结果

采样保持电路 FFT 分析结果表明，采样保持电路的动态有效位数为 15.1 位，能够满足 12 位 ADC 的应用需求。

9.5.2　粗斜坡发生器电路仿真

在粗斜坡发生器的设计中，采用两个钳位运算放大器进行钳位。完成粗斜坡发生器仿真电路搭建后，需要对环路的稳定性、基本功能以及电路的性能进行仿真验证。

1. 环路稳定性仿真

完成粗斜坡发生器仿真电路的搭建后，在上、下环路的反馈支路上添加器件 iprobe，其位于基本库 analogLib 中，如图 9.54 所示。验证环路稳定性时，一般采用 stb 仿真方式。设置完电源和地、基准电压以及基准电流后，就可以开始进行 stb 仿真设置。在 ADE L 中，仿真类型选择 stb，扫描变量（Sweep Variable）选择频率（Frequency），扫描范围（Sweep Range）为从 1 到 1G，探测器件（Probe Instance）选择下环路中添加的 iprobe 器件，最后单击 OK 按钮即可。

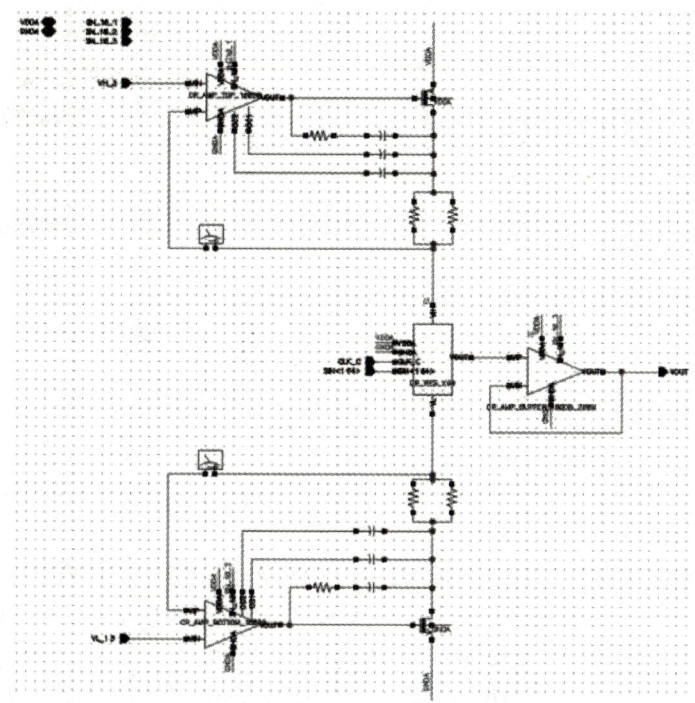

图 9.54　粗斜坡发生器仿真电路

完成 stb 仿真设置后，在 ADE L 窗口中单击 Netlist and Run 按钮，即可进行仿真。仿真完成后，在 ADE L 工具栏中单击 Result→Direct Plot→Main Form 选项，在弹出的 Direct Plot Form 窗口中进行设置并查看 stb 仿真结果。粗斜坡发生器下环路稳定性仿真结果如图 9.55 所示。可见，下环路的相位裕度为 73.85°。

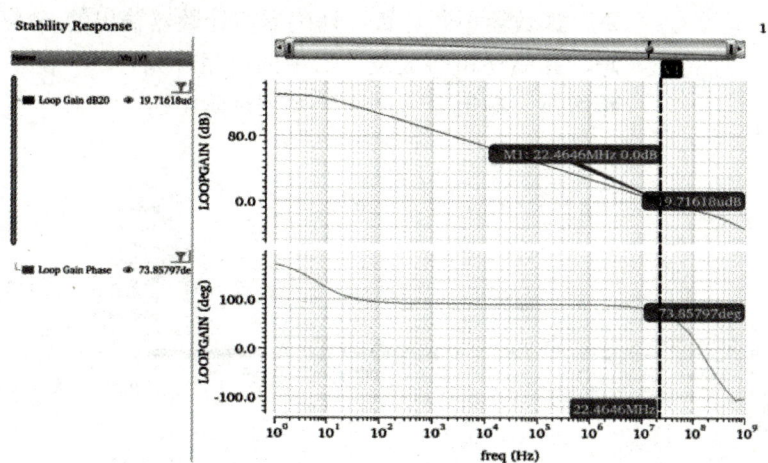

图 9.55　粗斜坡发生器下环路稳定性仿真结果

验证粗斜坡发生器上环路稳定性时，只需要在 stb 仿真设置窗口中，将探测器件（iprobe）添加到上环路中即可，其他设置与下环路稳定性仿真相应设置一致。粗斜坡发生器上环路稳定性仿真结果如图 9.56 所示。可见，粗斜坡发生器上环路的相位裕度为 74.24°。

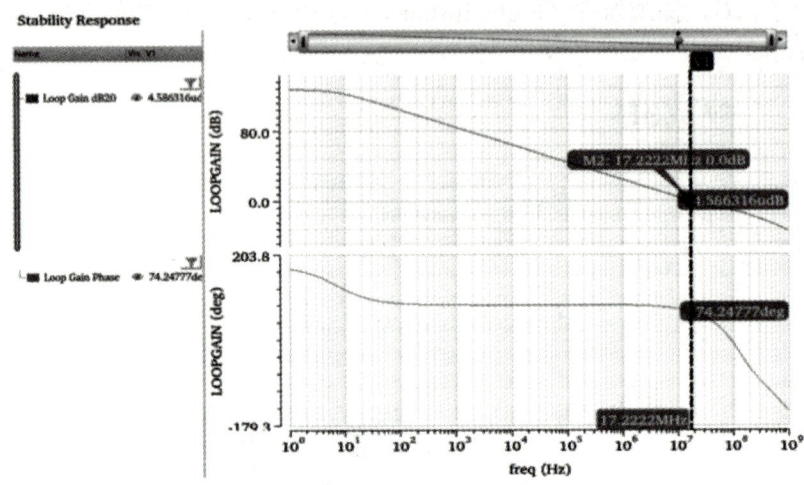

图 9.56　粗斜坡发生器上环路稳定性仿真结果

2. 粗斜坡发生器基本功能仿真

粗斜坡发生器端口如图 9.57 所示。其中，VDDA 为 3.3V（电源电压）；GNDA 为 0V（地电平）；VH_3 为 3V（顶部钳位运算放大器基准电压）；VL_1.3 为 1.3V（底部钳位运算放大器基准电压）；IIN_10_1、IIN_10_2、IIN_10_3 为 3 个基准电流输入端，基准电流大

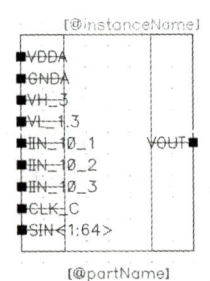

图 9.57　粗斜坡发生器端口

小为 10μA；CLK_C 为粗量化使能信号端，为高电平时，粗斜坡发生器根据驱动信号输出斜坡电压，为低电平时，粗斜坡信号输出电压为 1.3V；SIN<1:64>为开关阵列驱动使能信号端，高电平有效。

图 9.58 为粗斜坡发生器功能仿真电路，由 6 位理想计数器、6-64 译码器以及粗斜坡发生器组成。在时钟信号 CLK 的控制下，计数器不断计数，译码器将计数器输出的 6 位数字码进行译码，并驱动粗斜坡发生器中的电阻阵列开关。随着开关阵列的不断切换，输出信号产生一系列台阶电压。

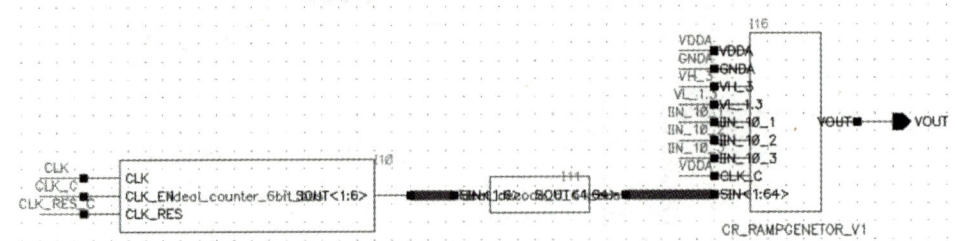

图 9.58　粗斜坡发生器功能仿真电路

在图 9.58 中，6 位理想计数器的使用可以保证粗斜坡发生器功能仿真电路中其他模块

单元不影响粗斜坡发生器的功能。6 位理想计数器为行为级模型，其主要参数与粗斜坡发生器对应，即高电平为 3.3V（vlogic_high = 3.3），低电平为 0V（vlogic_low = 0），高、低电平阈值为 1.65V（vtrans_clk = 1.65）。6 位理想计数器行为级模型 Verilog-A 代码如下：

```verilog
`include "discipline.h"
`include "constants.h"
module ideal_counter_6bit(vout1, vout2, vout3, vout4, vout5, vout6, vclk, vres, v_en_1）;
input vclk, vres, v_en_1;
output vout1, vout2, vout3, vout4, vout5, vout6;
electrical vout1, vout2, vout3, vout4, vout5, vout6;
electrical    vclk, vres, v_en_1;
parameter real trise = 0.1n from [0:inf);
parameter real tfall = 0.1n from [0:inf);
parameter real tdel = 0 from [0:inf);
parameter real vlogic_high = 3.3;
parameter real vlogic_low    = 0;
parameter real vtrans_clk      = 1.65;
parameter real vtrans_res      = 1.65;
parameter real vtrans_en       = 1.65;
`define C_Bit    6
    real i;
    real t;
    real halfscal;
    real res_en;
    real v_en;
    real fun[0:`C_Bit-1];
    integer m;

    analog begin

        @ ( initial_step ) begin
            i=0;
            halfscal=32;//2^N-1
        end

        @ (cross(V(vclk) - vtrans_clk, 1) or cross(V(vres) - vtrans_res, 1)) begin
            res_en = V(vres);
            v_en = V(v_en_1);
            if ( v_en > vtrans_en) begin
                if ( res_en > vtrans_res) begin
                    i=0;
                end
                else if (i == 63) begin
                    i=0;
                end
                else begin
                    i = i+1;
                end
```

```
        end
    else begin
        i=0;
    end

    t=i;
    for (m = (`C_Bit-1); m >= 0 ; m = m - 1) begin
        fun[m]=0;
        if ( t >   halfscal - 1) begin
            fun[m] = vlogic_high;
            t = t-halfscal;
        end   else begin
            fun[m] = vlogic_low;
        end
        t = t * 2;
    end

end

//
// assign the outputs
//
    V(vout1) <+ transition( fun[0], tdel, trise, tfall );
    V(vout2) <+ transition( fun[1], tdel, trise, tfall );
    V(vout3) <+ transition( fun[2], tdel, trise, tfall );
    V(vout4) <+ transition( fun[3], tdel, trise, tfall );
    V(vout5) <+ transition( fun[4], tdel, trise, tfall );
    V(vout6) <+ transition( fun[5], tdel, trise, tfall );

`undef C_Bit
    end
endmodule
```

完成理想计数器行为级模型的搭建后，即可开始粗斜坡发生器功能验证的仿真。在开始仿真之前，还需要设置时钟信号 CLK，粗量化使能信号 CLK_C，计数器复位信号 CLK_RES_C。

CLK 为 ADC 主时钟信号，是频率为 20MHz 的方波。其具体设置：低电平（Voltage1）为 0V（地电平），高电平（Voltage2）为 3.3V（电源电压）；方波信号周期（Period）为 50ns；延迟时间（Delay time）为 0.1ns，上升（Rise time）/下降（Fall time）时间都为 0.1ns；高电平持续时间（Pulse width）为 25ns，占空比为 1：2。

CLK_C 为粗量化使能信号。在进行粗斜坡信号仿真验证时，CLK_C 一直为高电平。因此，CLK_C 为直流 3.3V 电压。

CLK_RES_C 为计数器复位信号。计数器每完成一次完整的计数过程后，需要对计数器进行复位，以保证计数器的计数起点。6 位计数器完成一次完整的计数过程需要 3.2μs，因此 CLK_RES_C 的周期为 3.2μs。其具体设置：低电平（Voltage1）为 0V（地电平），高电平（Voltage2）为 3.3V（电源电压）；方波信号周期（Period）为 3.2μs；延迟时间（Delay time）为 0.1ns，上升（Rise time）/下降（Fall time）时间都为 0.1ns；高电平持续时间（Pulse width）为 25ns，占空比为 0.5∶64。

完成激励信号的设置后，即可开始对粗斜坡发生器的功能进行瞬态仿真验证。该瞬态仿真时间为 3.2μs。该瞬态仿真结束后，对粗斜坡发生器输出信号进行保存。

完成仿真后，查看粗斜坡发生器输出信号 Vout 和时钟信号 CLK，如图 9.59 所示。可见，在时钟信号 CLK 的控制下，粗斜坡发生器产生上升式的台阶电压，基本功能正确。

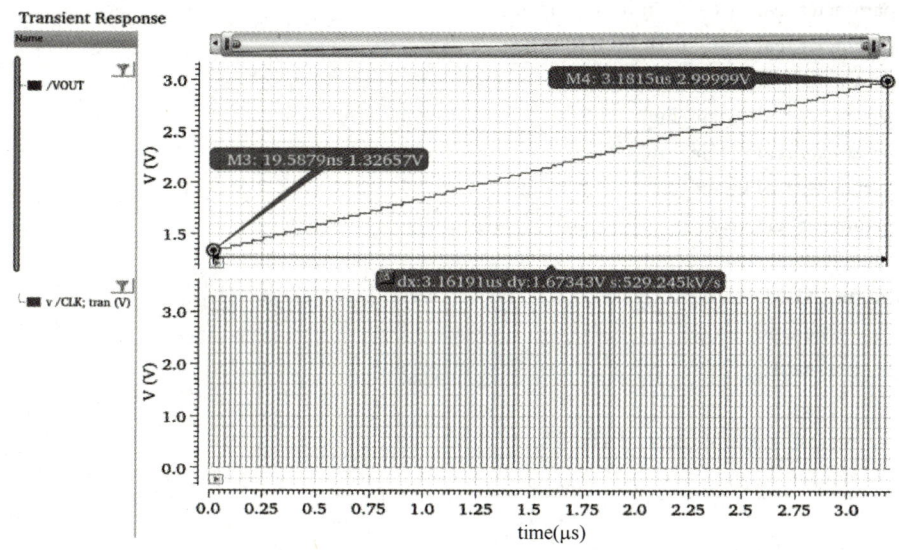

图 9.59　粗斜坡发生器功能仿真结果

3. 粗斜坡发生器性能仿真

为了验证粗斜坡发生信号的建立精度能否满足 ADC 的应用需求，需要对粗斜坡发生器进行性能仿真验证。图 9.60 为粗斜坡发生器性能仿真电路，由 6 位理想 ADC、6-64 译码器以及粗斜坡发生器组成。6 位理想 ADC 将输入信号转换成 6 位数字码，再经由译码器译码，并驱动粗斜坡发生器中的开关阵列，以使粗斜坡发生器输出电压，将该数字码重新转换成模拟信号。

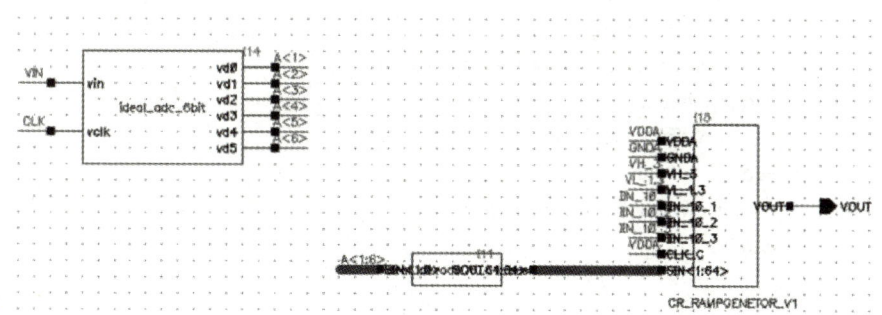

图 9.60　粗斜坡发生器性能仿真电路

6 位理想 ADC 采用的是行为级模型，其主要参数与粗斜坡发生器对应，即高电平为 3.3V（vlogic_high = 3.3），低电平为 0V（vlogic_low = 0），高、低电平阈值为 1.65V

（vtrans_clk ＝ 1.65），量化基准电压为 1V（vref=1.0）。6 位理想 ADC 行为级模型 Verilog-A
代码如下：

```
`include "discipline.h"
`include "constants.h"
module ideal_adc_6bit(vd5, vd4, vd3, vd2, vd1, vd0, vin, vclk);
electrical vd5, vd4, vd3, vd2, vd1, vd0, vin, vclk;
parameter real trise = 0.1n from [0:inf);
parameter real tfall = 0.1n from [0:inf);
parameter real tdel = 0 from [0:inf);
parameter real vlogic_high = 3.3;
parameter real vlogic_low   = 0;
parameter real vtrans_clk       = 1.65;
parameter real vref             = 1.0;

`define NUM_ADC_BITS   6
    real unconverted;
    real halfref;

    real vd[0:`NUM_ADC_BITS-1];
    integer i;

    analog begin

        @ ( initial_step ) begin
            halfref = vref / 2;
        end

        @ (cross(V(vclk) - vtrans_clk, 1)) begin
            unconverted = V(vin);
            for (i = (`NUM_ADC_BITS-1); i >= 0 ; i = i - 1) begin
                vd[i] = 0;
                if (unconverted > halfref) begin
                    vd[i] = vlogic_high;
                    unconverted = unconverted - halfref;
            end else begin
                    vd[i] = vlogic_low;
            end
                unconverted = unconverted * 2;
            end
        end

        //
        // assign the outputs
        //
        V(vd5) <+ transition( vd[5], tdel, trise, tfall );
```

```
        V(vd4) <+ transition( vd[4], tdel, trise, tfall );
        V(vd3) <+ transition( vd[3], tdel, trise, tfall );
        V(vd2) <+ transition( vd[2], tdel, trise, tfall );
        V(vd1) <+ transition( vd[1], tdel, trise, tfall );
        V(vd0) <+ transition( vd[0], tdel, trise, tfall );


    `undef NUM_ADC_BITS
        end
    endmodule
```

完成 6 位理想 ADC 行为级模型的搭建后，即可准备对粗斜坡发生器进行性能验证。其具体设置：VDDA 为 3.3V（电源电压）；GNDA 为 0V（地电平）；VH_3 为 3V（顶部钳位运放基准电压）；VL_1.3 为 1.3V（底部钳位运放基准电压）；IIN_10_1、IIN_10_2、IIN_10_3 为 3 个基准电流输入端，基准电流大小为 10μA；CLK_C 为粗量化使能信号，为高电平；6 位理想 ADC 有两个输入信号——CLK 和 VIN。CLK 为 6 位理想 ADC 的量化使能信号，在上升沿时，ADC 对输入信号进行量化。在实际中，粗斜坡发生器每一个主时钟周期变化一次。因此，CLK 应为 ADC 的主时钟信号，即频率为 20MHz 的方波，低电平（Voltage1）为 0V（地电平），高电平（Voltage2）为 3.3V（电源电压）；方波信号周期（Period）为 50ns；延迟时间（Delay time）为 0.1ns，上升（Rise time）/下降（Fall time）时间都为 0.1ns；高电平持续时间（Pulse width）为 25ns，占空比为 1∶2。

输入信号 VIN 为正弦信号。其频率与采样频率之间的关系为

$$\frac{f_{in}}{f_s} = \frac{M}{N} \tag{9.130}$$

式中，f_s 为 6 位理想 ADC 采样频率，为 20MHz。当 N 为 4096，M 为 409 时，输入信号 VIN 的频率为（8180/4096）MHz，且 6 位理想 ADC 输出信号可量化至 1V（Vref=1）。因此，输入信号 VIN 为 0～1V 之间的频率为（8180/4096）MHz 的正弦信号，直流电压（DC voltage）为 0.5V，幅度（Amplitude）为 0.5V，频率（Frequency）为（8180M/4096）Hz。

完成 CLK 和 VIN 的设置后，即可开始进行粗斜坡信号的性能仿真验证。首先，在 ADE L 窗口中进行瞬态仿真设置：仿真时间为 204.9μs（仿真时间延长了 0.1μs，以避免电路初始状态对粗斜坡发生器性能验证结果的影响），仿真精度为最高精度（conservative），保存粗斜坡发生器输出信号。然后，单击 Netlist and Run 按钮开始进行仿真。

完成仿真后，采用工具 Spectrum 对粗斜坡输出信号 Vout 进行 FFT 分析。首先，在输出信号 Vout 波形界面中，单击 Measurements 按钮。然后，在弹出的对话框中单击 Spectrum 按钮，在打开的频谱分析界面中重新设置 FFT 参数：数据区间（Star/Stop Time）为 0.1～204.9μs，取后面 4096 个数据点；采样点数/频率（Sample Count/Freq）为 4096Hz。接着，单击 S 按钮更新数据，其他保持默认设置即可。最后，单击 Plot 按钮，弹出 FFT 分析结果，如图 9.61 所示。

FFT 分析结果表明，粗斜坡发生器输出信号的信噪比（SNR）为 37.69dB，有效位数（ENoB）为 5.96 位，符合设计要求。

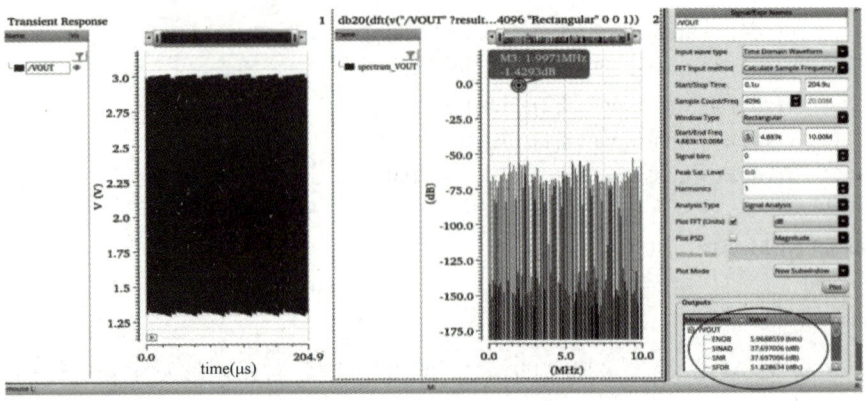

图 9.61　粗斜坡发生器性能仿真结果

9.5.3　细斜坡发生器电路仿真

在 12 位两步式单斜率 ADC 的设计中，细量化的分辨率为 7 位，其中 1 位为量化冗余位。与粗斜坡发生器类似，细斜坡发生器也要对上、下环路的稳定性、基本功能以及电路的性能进行仿真验证。

1. 环路稳定性仿真

细斜坡发生器与粗斜坡发生器不同的是电阻阵列的支路电流很小，需要对上、下两个功率管进行电流补偿，如图 9.62 所示。

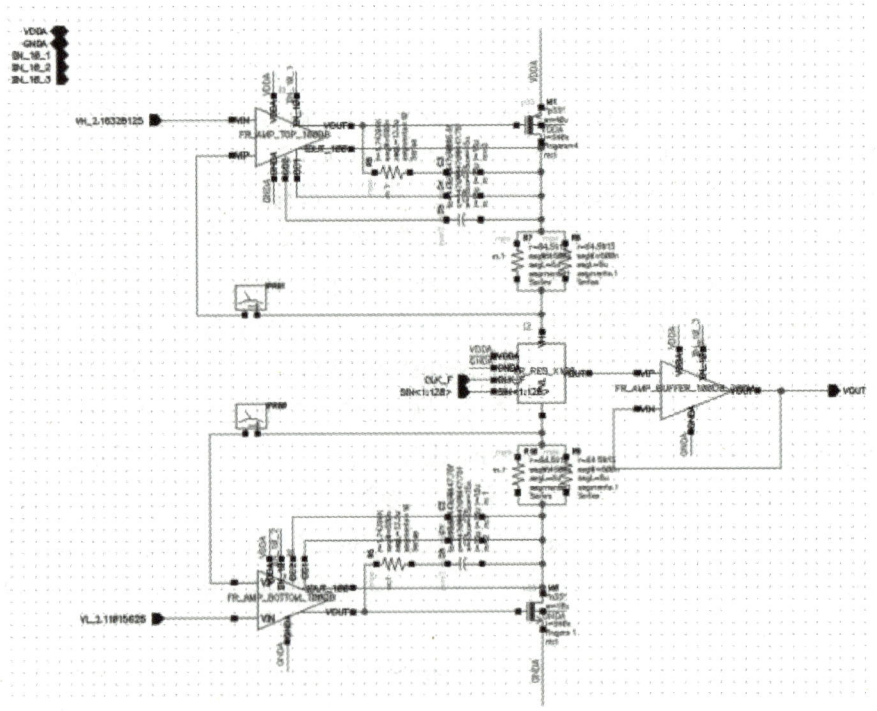

图 9.62　细斜坡发生器仿真电路

由于细斜坡发生器电阻阵列的单位电阻较小，因此采用两个大电阻并联组成单位电阻的方式，以增加单位电阻之间的匹配度。在上、下环路的反馈支路上添加器件 iprobe（位于基本库 analogLib 中）。细斜坡发生器端口如图 9.63 所示。其中，VDDA 为 3.3V（电源电压）；GNDA 为 0V（地电平）；VH_2.16328125 为 2.16328125V（基准电压）；VL_2.11015625 为 2.11015625V（基准电压）；IIN_10_1、IIN_10_2、IIN_10_3 为基准电流输入端，基准电流大小为 10μA；CLK_F 为细量化使能端；SIN<1:128>为开关阵列驱动端。

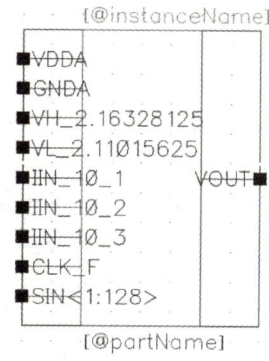

图 9.63　细斜坡发生器端口

验证环路稳定性时，CLK_F 和 SIN<1:128>连接地电平，以保证电阻阵列所有开关处于关断状态。

采用 stb 仿真方式验证环路的稳定性。首先，在 ADE L 窗口中进行 stb 仿真设置：扫描变量（Sweep Variable）选择频率（Frequency），扫描范围（Sweep Range）为从 1 到 1G，探测器件（Probe Instance）选择添加 iprobe 器件。然后，单击 OK 按钮即可。

完成 stb 仿真设置后，在 ADE L 窗口中单击 Netlist and Run 按钮，即可进行仿真。仿真完成后，在 ADE L 工具栏中单击 Result→Direct Plot→Main Form 选项，在弹出的 Direct Plot Form 窗口中进行设置并查看 stb 仿真结果。细斜坡发生器下环路稳定性仿真结果如图 9.64 所示，结果表明，下环路的相位裕度为 77.19°。

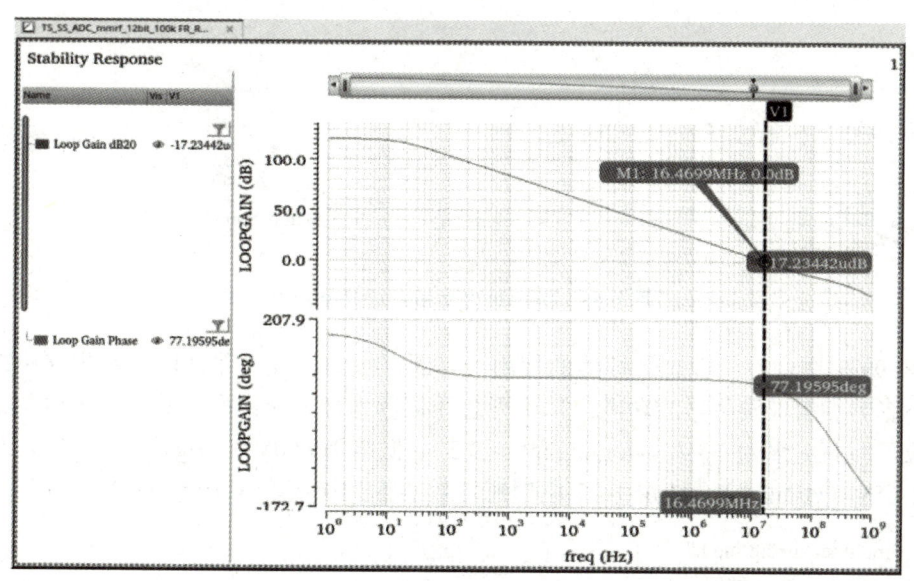

图 9.64　细斜坡发生器下环路稳定性仿真结果

与下环路的仿真方法类似，仿真细斜坡上环路稳定性时，只要在 stb 仿真设置窗口中，将 iprobe 添加到上环路中即可，其他设置与相应的下环路稳定性仿真设置一致。细斜坡发生器上环路稳定性仿真结果如图 9.65 所示。可见，细斜坡上环路的相位裕度为 76.91°。

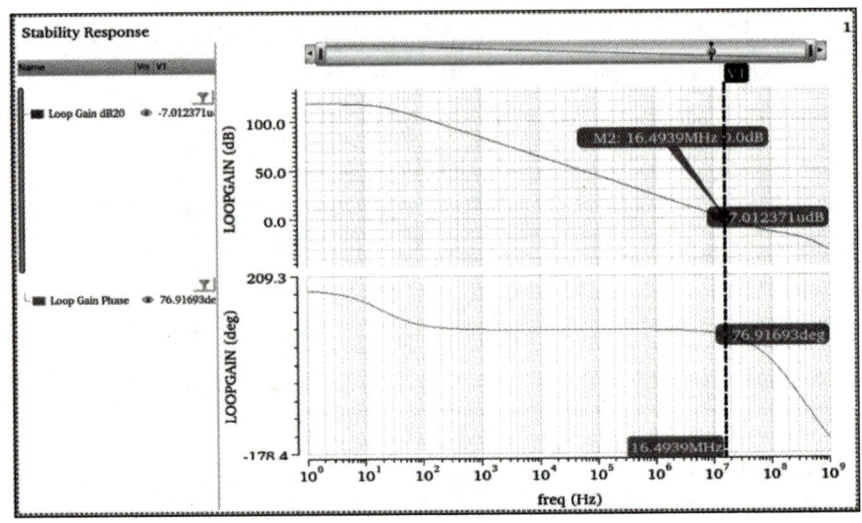

图 9.65   细斜坡发生器上环路稳定仿真结果

2. 细斜坡发生器基本功能仿真

验证细斜坡发生器的基本功能时，需要重新建立仿真电路，如图 9.66 所示。该仿真电路由 7 位理想计数器、7-128 译码器以及细斜坡发生器组成。在时钟信号 CLK 的控制下，计数器不断进行计数，译码器对计数器输出的数字码进行译码，并驱动细斜坡发生器中的电阻阵列开关。

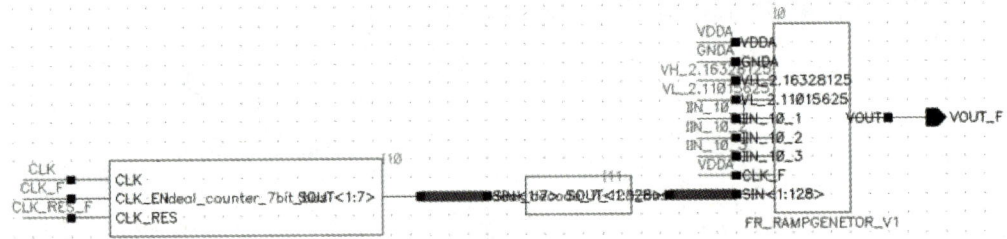

图 9.66   细斜坡发生器功能仿真电路

在图 9.66 中，7 位理想计数器的使用可以保证细斜坡发生器功能仿真电路中的其他模块单元不影响细斜坡发生器的功能。7 位理想计数器为行为级模型，其主要参数与细斜坡发生器对应，即高电平为 3.3V（vlogic_high = 3.3），低电平为 0V（vlogic_low = 0），高低电平阈值为 1.65V（vtrans_clk = 1.65）。7 位理想计数器行为级模型 Verilog-A 代码如下：

```
`include "discipline.h"
`include "constants.h"
module ideal_counter_7bit(vout1, vout2, vout3, vout4, vout5, vout6, vout7, vclk, vres ,v_en_1);
input vclk, vres, v_en_1;
output vout1, vout2, vout3, vout4, vout5, vout6, vout7;
electrical vout1, vout2, vout3, vout4, vout5, vout6, vout7;
electrical    vclk, vres, v_en_1;
parameter real trise = 0.1n from [0:inf);
parameter real tfall = 0.1n from [0:inf);
```

```
parameter real tdel = 0 from [0:inf);
parameter real vlogic_high = 3.3;
parameter real vlogic_low   = 0;
parameter real vtrans_clk      = 1.65;
parameter real vtrans_res      = 1.65;
parameter real vtrans_en       = 1.65;
`define C_Bit    7
    real i;
    real t;
    real halfscal;
    real res_en;
    real v_en;
    real fun[0:`C_Bit-1];
    integer m;

    analog begin

        @ ( initial_step ) begin
            i=0;
            halfscal=64;//2^N-1
        end

        @ (cross(V(vclk) - vtrans_clk, 1) or cross(V(vres) - vtrans_res, 1)) begin
            res_en = V(vres);
            v_en = V(v_en_1);
            if ( v_en > vtrans_en) begin
                if ( res_en > vtrans_res) begin
                    i=0;
                end
                else if (i == 127) begin
                    i=0;
                end
                else begin
                    i = i+1;
                end
            end
            else begin
                i=0;
            end

            t=i;
            for (m = (`C_Bit-1); m >= 0 ; m = m - 1) begin
                fun[m]=0;
                if ( t >   halfscal - 1) begin
                    fun[m] = vlogic_high;
                    t = t-halfscal;
                end   else begin
```

```
                    fun[m] = vlogic_low;
                end
                t = t * 2;
            end

        end

        //
        // assign the outputs
        //
        V(vout1) <+ transition( fun[0], tdel, trise, tfall );
        V(vout2) <+ transition( fun[1], tdel, trise, tfall );
        V(vout3) <+ transition( fun[2], tdel, trise, tfall );
        V(vout4) <+ transition( fun[3], tdel, trise, tfall );
        V(vout5) <+ transition( fun[4], tdel, trise, tfall );
        V(vout6) <+ transition( fun[5], tdel, trise, tfall );
        V(vout7) <+ transition( fun[6], tdel, trise, tfall );

    `undef C_Bit
        end
endmodule
```

完成 7 位理想计数器行为级模型的搭建后，即可开始细斜坡发生器功能验证的仿真。在开始仿真之前，还需要设置计数器的时钟信号 CLK，粗量化使能信号 CLK_F，计数器复位信号 CLK_RES_F。

CLK 为 ADC 主时钟信号，频率为 20MHz 的方波。其具体设置：低电平（Voltage1）为 0V（地电平），高电平（Voltage2）为 3.3V（电源电压）；方波信号周期（Period）为 50ns；延迟时间（Delay time）为 0.1ns，上升（Rise time）/下降（Fall time）时间都为 0.1ns；高电平持续时间（Pulse width）为 25ns，占空比为 1：2。

CLK_F 为细量化使能信号。在进行细斜坡信号仿真验证时，CLK_F 一直为高电平，使细斜坡发生器一直处于工作状态。因此，CLK_F 为直流 3.3V 电压。

CLK_RES_F 为计数器复位信号，计数器每完成一次完整的计数过程后，需要对计数器进行复位，以保证计数器的计数起点。7 位计数器完成一次完整的计数过程需要 6.4μs，因此 CLK_RES_F 的周期为 6.4μs。其具体设置：低电平（Voltage1）为 0V（地电平），高电平（Voltage2）为 3.3V（电源电压）；方波信号周期（Period）为 6.4μs；延迟时间（Delay time）为 0.1ns，上升（Rise time）/下降（Fall time）时间都为 0.1ns；高电平持续时间（Pulse width）为 25ns，占空比为 0.5：128。

完成激励信号的设置后，即可开始对细斜坡发生器的功能进行瞬态仿真验证。该瞬态仿真时间为 6.4μs。该瞬态仿真结束后，对细斜坡发生器输出信号以及时钟信号 CLK 进行保存。

完成仿真后，查看细斜坡发生器输出信号 Vout 和时钟信号 CLK，如图 9.67 所示。可见，在时钟信号 CLK 的控制下，细斜坡发生器产生上升式的台阶电压，基本功能正确。

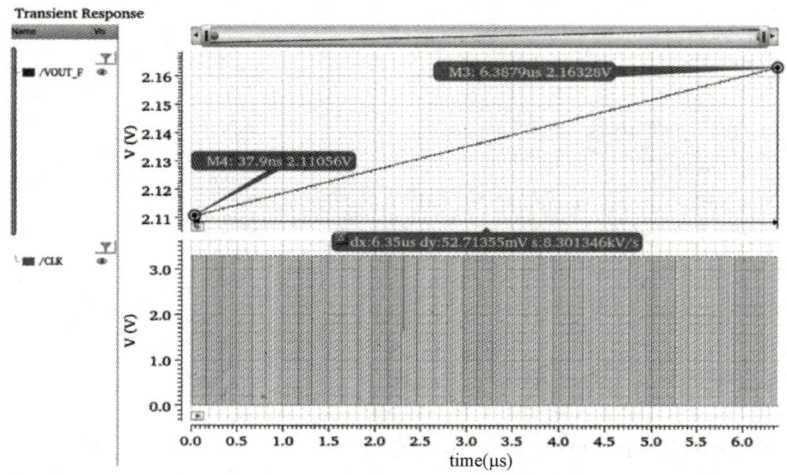

图 9.67　细斜坡发生器功能仿真结果

3. 细斜坡发生器性能仿真

对细斜坡发生器进行性能仿真时，需要重新搭建仿真电路，如图 9.68 所示。细斜坡发生器性能仿真电路由 7 位理想 ADC、7-128 译码器以及细斜坡发生器组成。7 位理想 ADC 将输入信号转换成 7 位数字码，再经由译码器进行译码，并驱动细斜坡发生器中的开关阵列，以使细斜坡发生器输出电压，将该数字码重新转换成模拟信号。

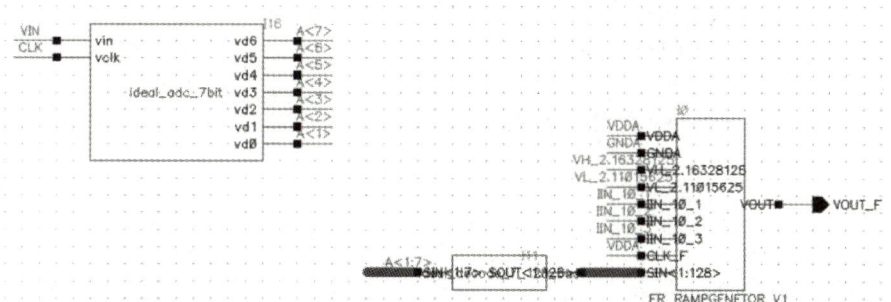

图 9.68　细斜坡发生器性能仿真电路

7 位想 ADC 采用的是行为级模型，其主要参数与细斜坡发生器对应，即高电平为 3.3V（vlogic_high = 3.3），低电平为 0V（vlogic_low = 0），高低电平阈值为 1.65V（vtrans_clk = 1.65），量化基准电压为 1V（vref=1.0）。7 位理想 ADC 行为级模型 Verilog-A 代码如下：

```
`include "discipline.h"
`include "constants.h"
module ideal_adc_7bit(vd6, vd5, vd4, vd3, vd2, vd1, vd0, vin, vclk);
electrical vd6, vd5, vd4, vd3, vd2, vd1, vd0, vin, vclk;
parameter real trise = 0.1n from [0:inf];
parameter real tfall = 0.1n from [0:inf];
parameter real tdel = 0 from [0:inf];
parameter real vlogic_high = 3.3;
parameter real vlogic_low   = 0;
```

```
    parameter real vtrans_clk       = 1.65;
    parameter real vref             = 1.0;

`define NUM_ADC_BITS    7
    real unconverted;
    real halfref;

    real vd[0:`NUM_ADC_BITS-1];
    integer i;

    analog begin

        @ ( initial_step ) begin
            halfref = vref / 2;
        end

        @ (cross(V(vclk) - vtrans_clk, 1)) begin
            unconverted = V(vin);
            for (i = (`NUM_ADC_BITS-1); i >= 0 ; i = i - 1) begin
                vd[i] = 0;
                if (unconverted > halfref) begin
                    vd[i] = vlogic_high;
                    unconverted = unconverted - halfref;
            end else begin
                    vd[i] = vlogic_low;
                end
                unconverted = unconverted * 2;
            end
        end

        //
        // assign the outputs
        //
        V(vd6) <+ transition( vd[6], tdel, trise, tfall );
        V(vd5) <+ transition( vd[5], tdel, trise, tfall );
        V(vd4) <+ transition( vd[4], tdel, trise, tfall );
        V(vd3) <+ transition( vd[3], tdel, trise, tfall );
        V(vd2) <+ transition( vd[2], tdel, trise, tfall );
        V(vd1) <+ transition( vd[1], tdel, trise, tfall );
        V(vd0) <+ transition( vd[0], tdel, trise, tfall );

`undef NUM_ADC_BITS
    end
endmodule
```

完成 7 位理想 ADC 行为级模型的搭建后，设置 7 位理想 ADC 输入端信号——CLK 和 VIN。与粗斜坡发生器验证方法类似，CLK 为 7 位理想 ADC 的量化使能信号，在上升沿时，ADC 对输入信号进行量化。因此，CLK 应为 ADC 的主时钟信号，即频率为 20MHz 的

方波，低电平（Voltage1）为 0V（地电平），高电平（Voltage2）为 3.3V（电源电压）；方波信号周期（Period）为 50ns；延迟时间（Delay time）为 0.1ns，上升（Rise time）/下降（Fall time）时间都为 0.1ns；高电平持续时间（Pulse width）为 25ns，占空比为 1∶2。

输入信号 VIN 为正弦信号，其频率与采样率之间的关系为

$$\frac{f_{\text{in}}}{f_{\text{s}}} = \frac{M}{N} \tag{9.131}$$

式中，f_s 为 7 位理想 ADC 采样频率，为 20MHz。当 N 为 4096，M 为 409 时，输入信号 VIN 的频率为（8180/4096）MHz，且 7 位理想 ADC 输出信号可量化至 1V（Vref=1）。因此，输入信号 VIN 为 0～1V 之间的频率为 8180MHz/4096MHz 的正弦信号，直流电压为 0.5V，幅度为 0.5V，频率为 8180MHz/4096Hz。与粗斜坡发生器性能验证一致。

完成 CLK 和 VIN 的设置后，即可开始进行细斜坡信号的性能仿真验证。首先，在 ADE L 窗口中进行瞬态仿真设置：仿真时间为 204.9μs（仿真时间延长了 0.1μs，以避免电路初始状态对细斜坡发生器性能验证结果的影响），仿真精度为最高精度，保存细斜坡发生器输出信号。然后，单击 Netlist and Run 按钮开始进行仿真。

完成仿真后，采用工具 Spectrum 对细斜坡输出信号 Vout 进行 FFT 分析。首先，在输出信号 Vout 波形界面中，单击 Measurements 按钮，在弹出的对话框中单击 Spectrum 按钮，在打开的频谱分析界面中重新设置 FFT 参数：数据区间（Star/Stop Time）为 0.1～204.9μs，取后面 4096 个数据点；采样点数/频率（Sample Count/Freq）为 4096Hz。接着，单击 S 按钮更新数据，其他保持默认设置即可。最后，单击 Plot 按钮，弹出 FFT 分析结果，如图 9.69 所示。

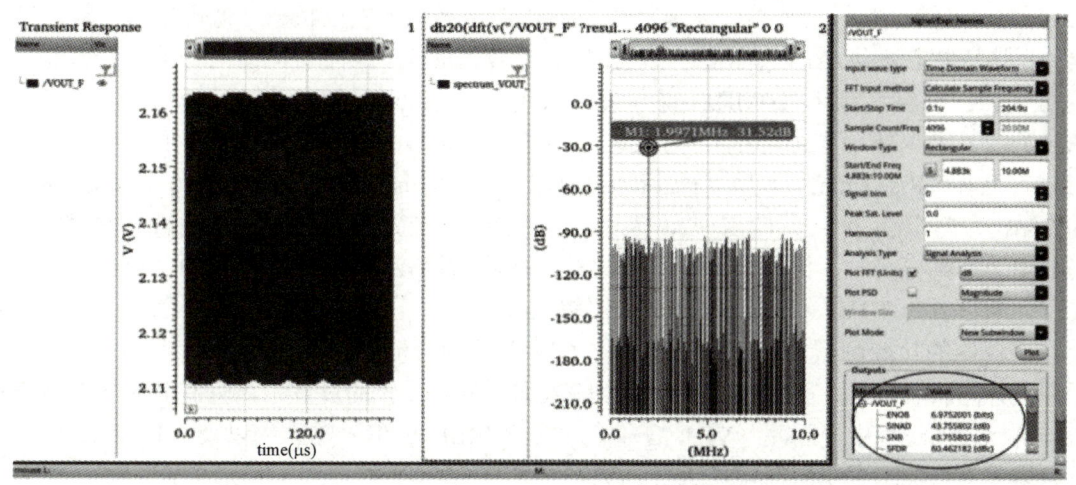

图 9.69 细斜坡发生器性能仿真结果

可见，粗斜坡发生器输出信号的信噪比（SNR）为 43.75dB，有效位数（ENoB）为 6.97 位，符合设计要求。

9.5.4 比较器电路仿真

比较器由两级预放大器、动态锁存器以及 SR 锁存器构成，如图 9.70 所示，在比较器输出端，引入反相器链，以增加比较器的驱动能力。

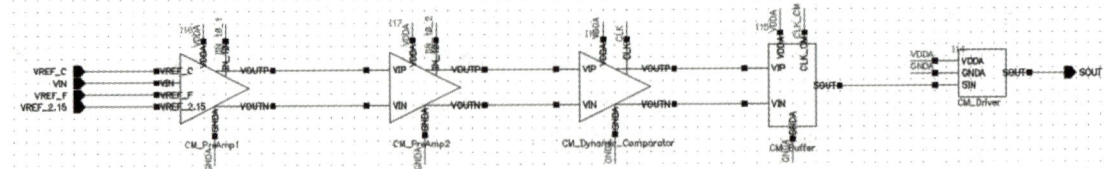

图 9.70　比较器电路

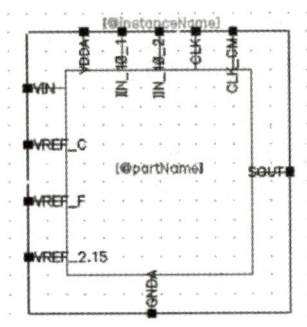

图 9.71　比较器 symbol 图

为搭建完成的比较器电路搭建 symbol 图，如图 9.71 所示，以方便比较器电路的仿真验证。比较器具有多个输入端口，两个同向输入端 VREF_C 和 VREF_F，方向输入端为 VIN 和 VREF_2.15，电源输入端 VDDA，地电压输入端 GNDA，IIN_10_1 和 IIN_10_2 为基准电流输入端，CLK 为主时钟输入端，CLK_CM 为比较器使能端。

对比较器进行基本功能验证，为了满足 12 位 ADC 的应用需求，比较器的分辨精度达到 LSB/2（留出一定的分辨率裕度），LSB 的大小为

$$LSB = \frac{1.7}{2^{12}} \approx 415 \mu V \tag{9.132}$$

为了满足一定的设计裕度，比较器输入端的差值电压为 200 μV。进行基本功能验证时，需要对比较器搭建测试电路，此时设置 VDDA 为电源电压 3.3V，GNDA 为地电压 0V，IIN_10_1 和 IIN_10_2 为基准电流输入端，电流大小为 10μA。CLK 为动态锁存器的控制端，高电平时，动态锁存器处于复位状态，低电平时，动态锁存器处于比较状态。从 ADC 的应用角度出发，比较器的 CLK 端应为主时钟信号，因此，比较器 CLK 端应为频率 20MHz 的方波，低电平（Voltage1）为 0V（地电平），高电平（Voltage2）为 3.3V（电源电压）；方波信号周期（Period）为 50ns；延迟时间（Delay time）0.1ns，上升（Rise time）/下降（Fall time）时间都为 0.1ns；高电平持续时间（Pulse width）为 25ns，占空比为 1∶2。CLK_CM 为比较器的控制使能端，低电平时，比较器的输出信号为低电平，高电平时，比较器进行正常比较。在测试比较器的功能时，CLK_CM 应处于高电平，即设置为 3.3V，使得比较器处于比较状态。

比较器的功能测试方法一般是其中一个输入端为直流基准电压信号，另一个输入端为缓慢上升的斜坡信号。虽然比较器有四个输入端，但在比较的过程中，只有其中一对差分对参与到比较的过程中，因此，VIN 信号输入端、VREF_F 信号输入端以及 VREF_2.15 信号输入端都为直流基准电压，电压为 2.15V。

VREF_C 信号的设置需要考虑到比较器的比较精度。比较器的测试电路实际上是对 VREF_C 与 VIN 两端输入信号进行比较，而输入信号 VIN 为 2.15V，因此，VREF_C 信号需要在 2.15V 附近变化 ±(LSB / 2)。将 VREF_C 信号设置为分段信号（pwl），该信号在 2μs 时间内从 2.148mV 上升到 2.152mV。若比较器能够比较出正确结果，则表明比较器的精度达到 LSB/2。

完成比较器工作状态设置后，开始对比较器的比较精度、延迟时间和功耗进行评估。在 ADE L 窗口中，设置瞬态仿真，仿真时间为 2μs，仿真精度为最高（conservative）。

在 ADE L 工具栏选择 Outputs→To be plotted→Select on design 选项，在 schematic 中选择时钟信号（CLK），两个输入端信号（VIN VREF_C），比较器输出信号（SOUT），动态锁存器输出信号（Voutp voutn）。

在 ADE L 工具栏选择 Outputs→Save all 选项，弹出 Save Options 对话框，在 Select power signals to output （pwr）选项区中勾选 all 选项，表示保存电路整体功耗仿真结果。

完成设置后，在 ADE L 窗口中单击 Netlist and Run 按钮，进行仿真。仿真完成后，查看仿真结果，如图 9.72 所示，其结果表明，在前半部分，比较器的净输入量小于 0，比较器输出低电平，而在后半部分，比较器的净输入量高于 0，比较器输出高电平，因此，比较器的基本功能正确，能够满足 12 位 ADC 的应用要求。

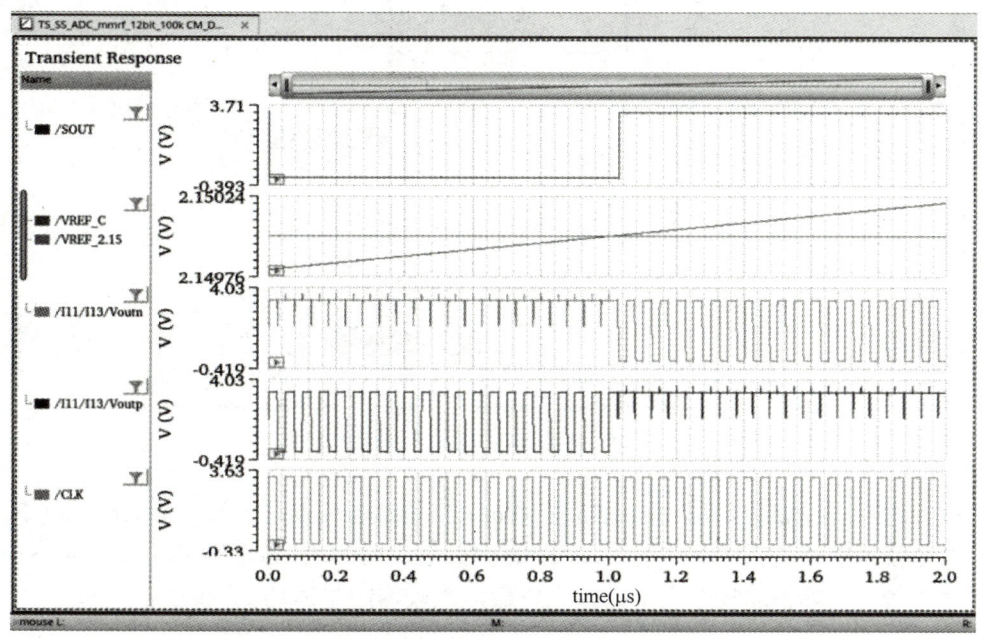

图 9.72 比较器功能仿真结果

将比较器两端的输入信号 VIN 和 VREF_C 信号传到计算器中进行减法运算，如图 9.73 所示，在 Calculator 窗口中单击 plot 按钮，将数据以波形的形式显示。

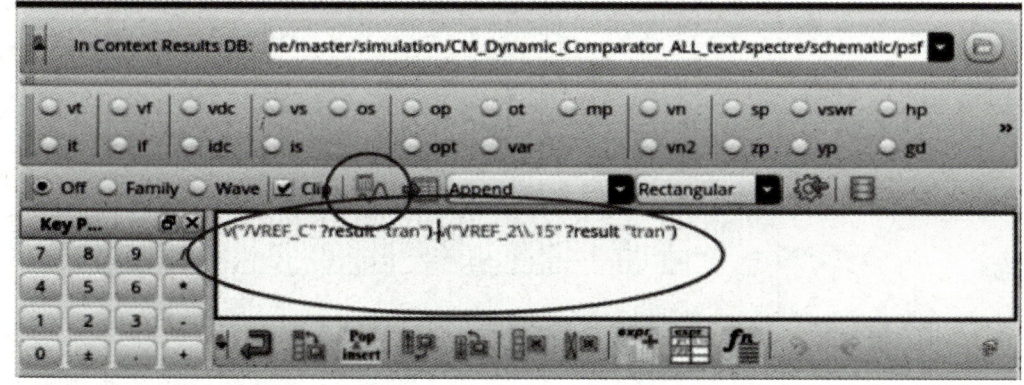

图 9.73 Calculator 计算器设置

在波形显示窗口中，只显示比较器输出信号（SOUT）、比较器的净输入信号及时钟信号（CLK），并放大比较器翻转的信号并显示。如图 9.74 所示，比较信号 SOUT 翻转时的上升沿与时钟信号 CLK 下降沿的时间差值，即为比较器的延迟时间。结果表明，比较器的延迟时间为 3.83ns。主时钟频率为 20MHz，要求比较器的延迟时间不超过半个时钟周期，即 25ns，满足 ADC 的应用需求。

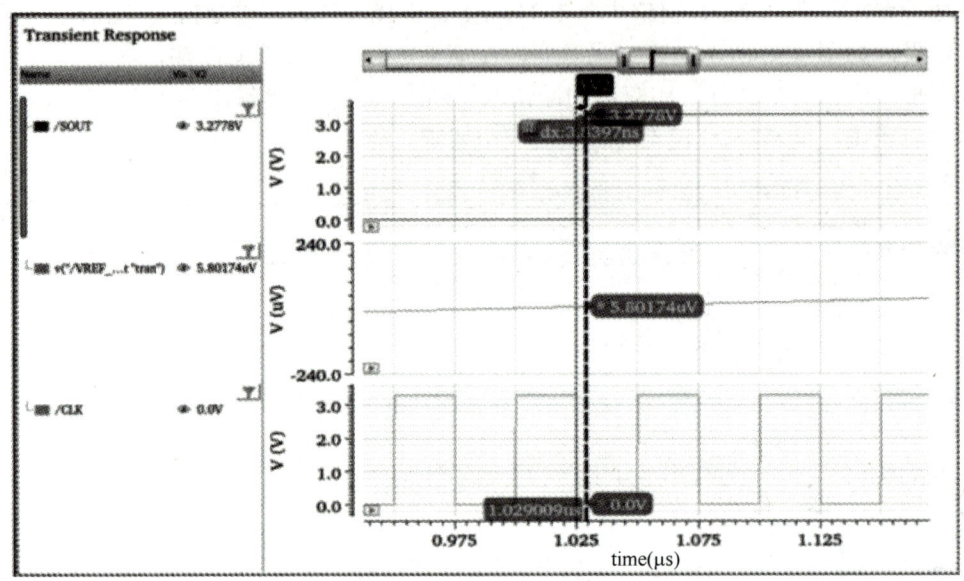

图 9.74　比较器延迟时间

在 ADE L 工具栏选择 Results→Direct Plot→Main Form 选项，打开 Direct Plot Form 窗口，查看比较器整体功耗仿真结果，单击 Plot 按钮，弹出功耗仿真结果，如图 9.75 所示，在比较器比较时，峰值功耗较大，比较完成后，比较器的整体功耗较低。

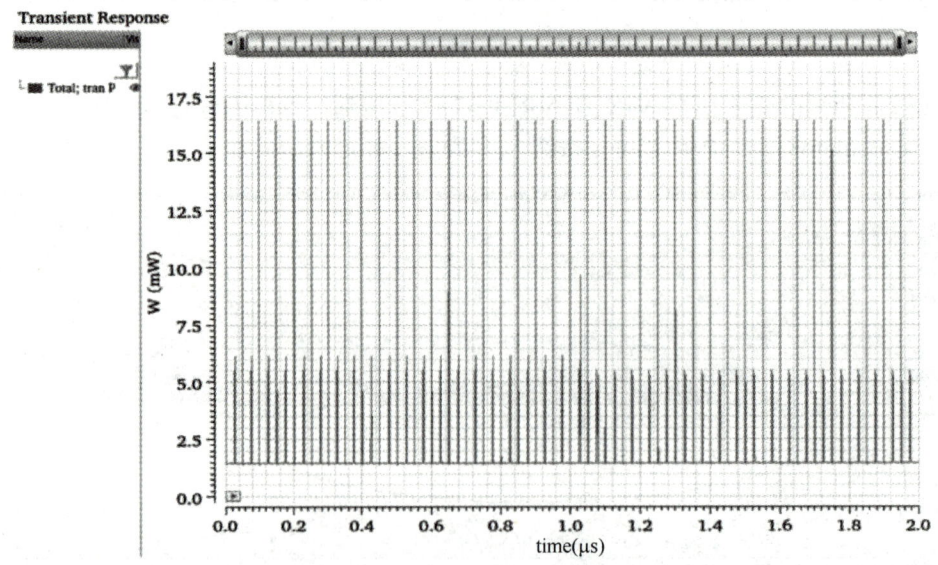

图 9.75　功耗仿真时域图

将功耗仿真结果传到计算器 Caculator 中，在 Caculator 对话框中选择函数 average 计算平均功耗，可得比较器的平均功耗为 1.645mW。

9.5.5　两步式单斜率 ADC 整体仿真

对 12 位 100kHz 两步式单斜率 ADC 进行整体仿真，为了将输出的 12 位数字码进行表征，需要采用一个 Verilog-A 编写一个理想的 12 位 DAC，以便于将二进制数字码转换成模拟信号，从而进行瞬态和频谱分析。

理想 12 位 DAC 其主要参数与两步式单斜率 ADC 对应，高、低电平阈值为 1.65V（vtrans_clk = 1.65），量化基准电压为 1.7V（vref=1.7）。其 Verilog-A 代码如下：

```
`include "discipline.h"
`include "constants.h"
module ideal_dac_12bit_ideal( vd0, vd1, vd2, vd3, vd4, vd5, vd6, vd7, vd8, vd9, vd10, vd11, vout);
electrical vd0, vd1, vd2, vd3, vd4, vd5, vd6, vd7, vd8, vd9, vd10, vd11, vout;
parameter real vref   = 1.7 from [0:inf);
parameter real trise = 0.1n from [0:inf);
parameter real tfall = 0.1n from [0:inf);
parameter real tdel   = 0 from [0:inf);
parameter real vtrans   = 1.65;

    real out_scaled; // output scaled as fraction of 256

    analog begin
        out_scaled = 0;
        out_scaled = out_scaled + ((V(vd11) > vtrans) ? 2048 : 0);
        out_scaled = out_scaled + ((V(vd10) > vtrans) ? 1024 : 0);
        out_scaled = out_scaled + ((V(vd9) > vtrans) ? 512 : 0);
        out_scaled = out_scaled + ((V(vd8) > vtrans) ? 256 : 0);
        out_scaled = out_scaled + ((V(vd7) > vtrans) ? 128 : 0);
        out_scaled = out_scaled + ((V(vd6) > vtrans) ? 64 : 0);
        out_scaled = out_scaled + ((V(vd5) > vtrans) ? 32 : 0);
        out_scaled = out_scaled + ((V(vd4) > vtrans) ? 16 : 0);
        out_scaled = out_scaled + ((V(vd3) > vtrans) ? 8 : 0);
        out_scaled = out_scaled + ((V(vd2) > vtrans) ? 4 : 0);
        out_scaled = out_scaled + ((V(vd1) > vtrans) ? 2 : 0);
        out_scaled = out_scaled + ((V(vd0) > vtrans) ? 1 : 0);
        V(vout) <+ transition( vref*out_scaled/4096, tdel, trise, tfall );
    end
endmodule
```

完成 12 位理想 DAC 搭建后，将 12 位 100kHz 两步式单斜率 ADC 与 12 位理想 DAC 进行相接，如图 9.76 所示。

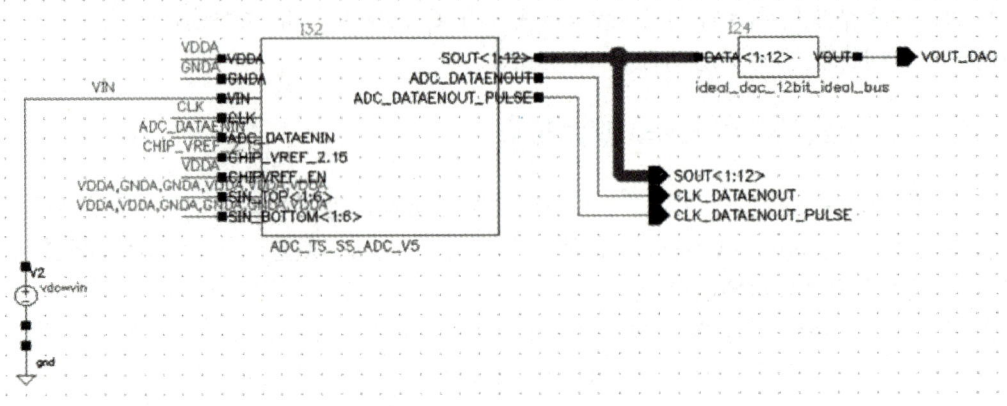

图 9.76　两步式单斜率 ADC 与理想 DAC 连接

两步式单斜率 ADC 有多个输入端信号，电源电压（VDDA）为 3.3V，低电压（GNDA）为 0V，片外基准电压（CHIP_VREF_2.15）为 2.15V，片外基准电压使能信号端（CHIP_VREF_EN）为 3.3V，时钟信号端（CLK）为频率 20MHz 的方波，ADC_DATAENOUT 和 ADC_DATAENOUT_PULSE 为 ADC 量化完成标志位。

首先确定 SIN_BOTTOM<1:6>的取值。理想情况下，输入信号为 1.3V 时，DAC 输出电压应为 0V。当实际 DAC 输出电压高于 0V 时，降低 SIN_BOTTOM<1:6>的取值；当实际 DAC 输出电压低于 0V 时，增加 SIN_BOTTOM<1:6>的取值。通过仿真验证，可以得到 SIN_BOTTOM<1:6>的取值为 110_001。

之后再确定 SIN_TOP<1:6>的取值。理想情况下，输入信号为 3V 时，DAC 输出电压应为 1.7V。当实际 DAC 输出电压高于 1.7V 时，降低 SIN_TOP<1:6>的取值；当实际 DAC 输出电压低于 1.7V 时，增加 SIN_TOP<1:6>的取值。通过仿真验证，可以得到 SIN_TOP<1:6>的取值为 100_111。

1. 两步式单斜率 ADC 功能仿真

两步式单斜率 ADC 基于使能信号 ADC_DATAENIN 信号开始进行量化，其检测方式为上升沿检测，只有当 ADC_DATAENIN 信号上升沿到来时，ADC 才会开始对输入信号进行量化。将 ADC_DATAENIN 信号设置为频率 100kHz 的信号，低电平（Voltage1）为 0V（地电平），高电平（Voltage2）为 3.3V（电源电压）；方波信号周期（Period）为 10μs；延迟时间（Delay time）0.1ns，上升（Rise time）/下降（Fall time）时间都为 0.1ns；高电平持续时间（Pulse width）为 100ns，占空比为 1：100。

设置输入信号 VIN 为正弦信号，直流电压（DC voltage）为 2.15V，幅度（Amplitude）为 0.85V，频率（Frequency）为 10kHz，意味着 ADC 的量化范围在 1.3～3V 之间。

完成量化使能信号 ADC_DATAENIN 和输入信号 VIN 的设置后，打开 ADE L 窗口。设置瞬态仿真时间为 100μs，保存输入信号 VIN 和 12 位理想 DAC 输出信号 VOUT_DAC，并保存功耗仿真结果。单击 Netlist and Run 开始进行瞬态仿真。

仿真结束后，观察理想 DAC 和输入信号 VIN，其结果如图 9.77 所示，两步式单斜率

ADC 对输入信号进行量化，将模拟信号转换成数字信号，理想 DAC 将数字信号重新转换成模拟信号，仿真结果表明，ADC 量化功能正确。

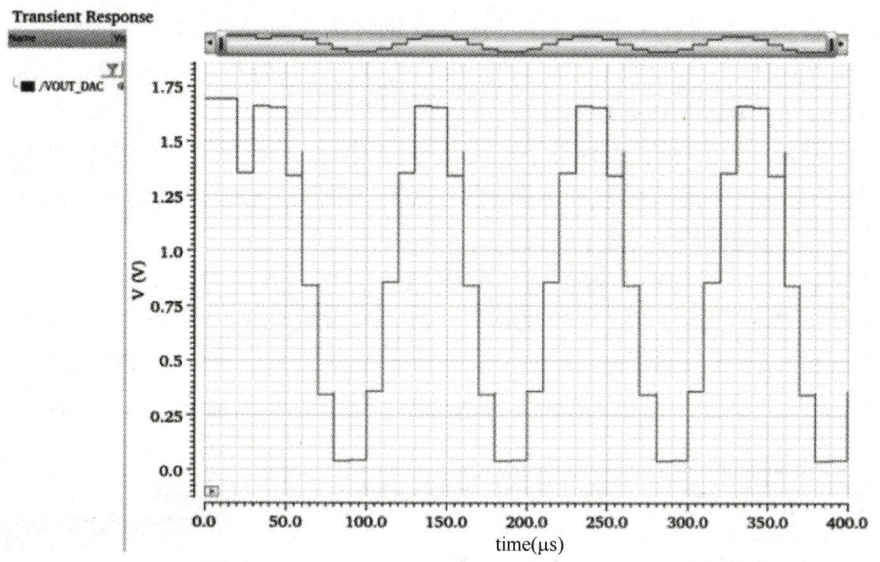

图 9.77　两步式单斜率 ADC 功能仿真结果

在 ADE L 工具栏选择 Results→Direct Plot→Main Form 选项，打开 Direct Plot Form 窗口，查看 ADC 整体功耗仿真结果，如图 9.78 所示，在每个时钟周期切换过程中，电路状态发生改变，功耗出现峰值。

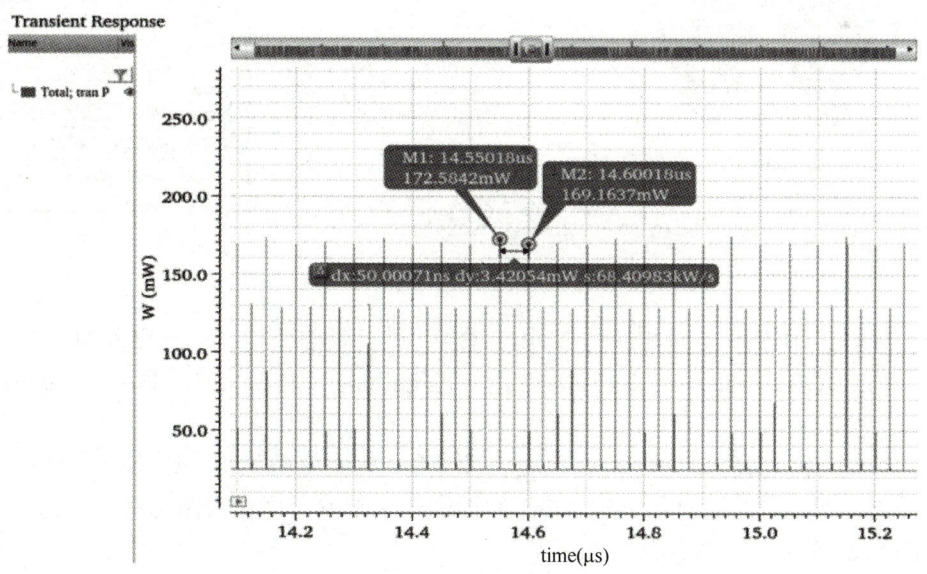

图 9.78　ADC 功耗瞬态仿真结果

将功耗仿真结果传到计算器 Caculator 中，在 Caculator 对话框中选择函数 average 计算平均功耗可得 ADC 的平均功耗为 25.49mW。

2. 两步式单斜率 ADC 性能仿真

对 12 位 100kHz 两步式单斜率 ADC 输出信号进行频谱分析，以确定其信噪比、信噪失真比、有效位数以及总谐波失真等动态性能。首先将输入信号 VIN 修改为正弦信号，频率为 204.7MHz/4096Hz，直流电压（DC voltage）为 2.15V，幅度（Amplitude）为 0.85V，频率（Frequency）为 204.7MHz/4096Hz。

两步式单斜率 ADC 量化时间为 10μs，要获得 4096 个数据点，瞬态仿真时间应至少为 40.96ms，为了避免电路输出状态对 ADC 的性能产生影响，设置瞬态仿真时间为 40.99ms。单击 Netlist and Run 按钮开始进行仿真。

完成仿真后，对理想 DAC 输出信号进行 FFT 分析，其结果如图 9.79 所示，设置数据区间（Star/Stop Time）为 0.03～40.99ms，取后面 4096 个数据点。设置采样点数/频率（Sample Count/Freq）为 4096Hz，单击 S 按钮更新数据，其他设置保持默认即可，单击 Plot 按钮，弹出 FFT 分析结果。其结果表明 ADC 的有效位数（ENoB）为 11.85 位。

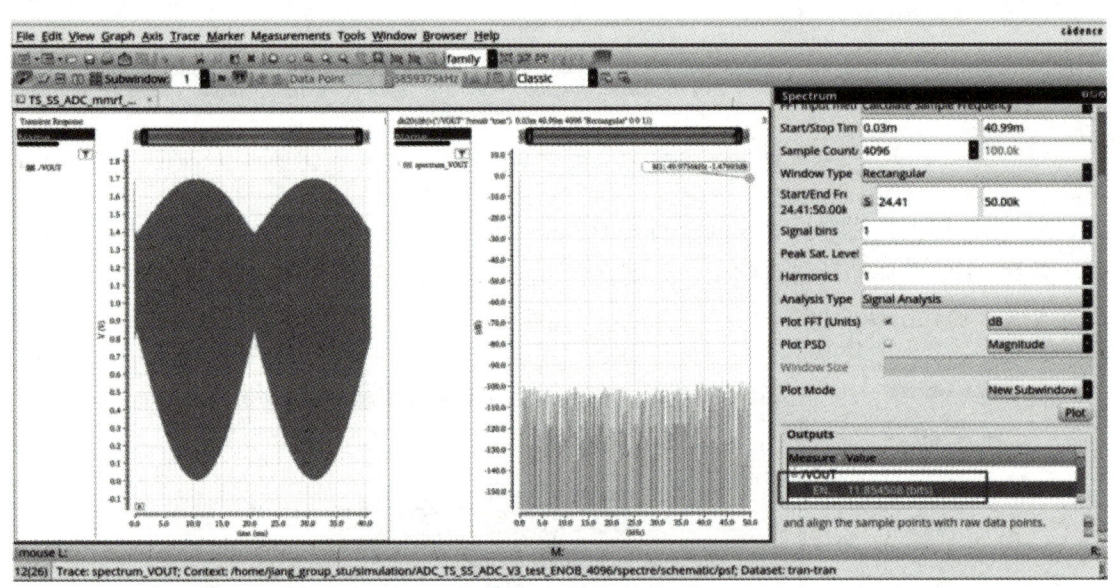

图 9.79　FFT 分析结果

结合 MATLAB 软件对输出信号 VOUT_DAC 进行频谱分析。重新设置输入信号 VIN，如直流电压（DC voltage）为 2.15V，幅度（Amplitude）为 0.85V，频率（Frequency）为 101MHz/1024Hz。

两步式单斜率 ADC 量化时间为 10μs，要获得 1024 个数据点，瞬态仿真时间应至少为 10.24ms，为了避免电路输出状态对 ADC 的性能产生影响，设置瞬态仿真时间为 10.27ms。单击 Netlist and Run 按钮开始进行仿真。

完成仿真设置后，采用计算器中的 sample 函数对输出信号进行采样，并采用 MATLAB 软件进行 FFT 分析，其结果如图 9.80 所示，总谐波失真（SFDR）为 80.7dB，信噪比（SNDR）为 72.7dB，有效位数（ENoB）为 11.78 位，与 4096 个数据集分析结果类似。整体满足设计指标要求。

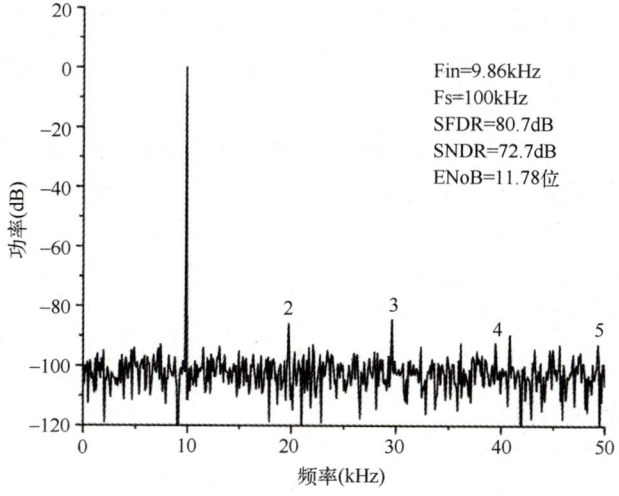

图 9.80   MATLAB 软件分析结果

9.5.6   12 位 100kHz 两步式单斜率 ADC 版图设计

在两步式单斜率 ADC 中，模拟部分主要包括了采样保持电路、比较器、粗斜坡发生器以及细斜坡发生器，每个模块的信号走向应该尽量远离数字信号。

12 位 100kHz 两步式单斜率 ADC 版图布局如图 9.81 所示。

两步式单斜率 ADC 的版图布局主要分为模拟域和数字域两部分，模拟域位于版图左下部分，而数字域位于版图右上部分。模拟信号输入端从下侧输入，数字码从版图上侧输出，整体版图信号遵循自下而上的原则。

整体版图中，粗斜坡发生器和细斜坡发生器面积最大，位于版图左侧。粗斜坡发生器的 LSB 较大，因此可以离比较器较远，同时，引入冗余位的设计可以降低粗斜坡信号失调电压。细斜坡发生器距离比较器较近，有利于减小版图中对细斜坡信号的干扰。

带隙基准电压源为线性稳压器提供稳定的基准电压，两者紧挨一起，减小了基准电压的干扰。线性稳压器为其他模拟模块提供所需的基准电压，虽然走线较长，基准电压会产生一定的压降，但该压降可等效为每个模块的失调电压。在进行电路

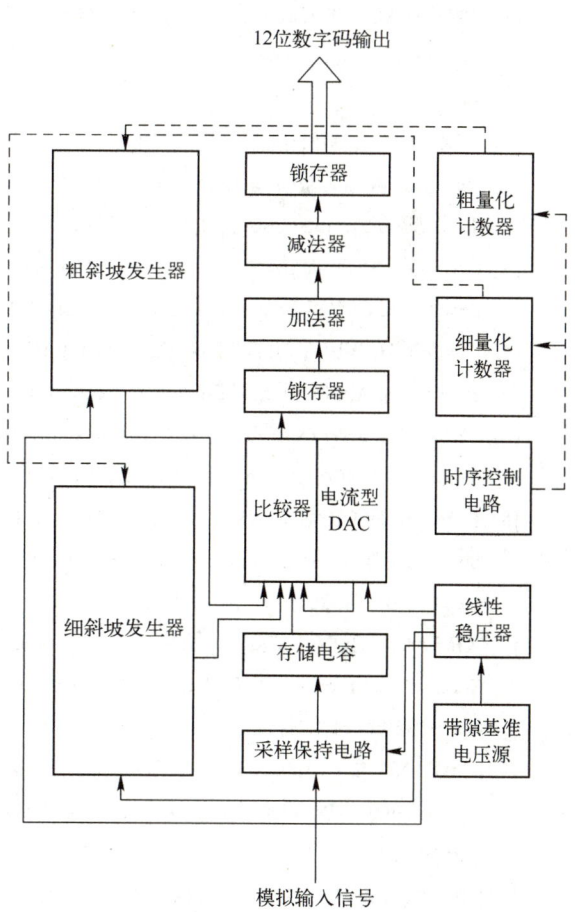

图 9.81   12 位 100kHz 两步式单斜率 ADC 版图布局

设计中，已经对每个模块的失调电压进行分析及校准，因此，基准电压的走线压降的影响较低。同时，带隙基准电压源为每个模块提供基准电流，基准电流即使走线较长，对电流的大小影响也较小。

时序产生电路负责控制粗量化计数器以及细量化计数器的工作，同时计数器驱动斜坡发生器。计数器产生的是数字信号，因此，即使走线较长，只要信号在走线上的压降不超过高、低电平的阈值要求，也能保证整个 ADC 的正常工作。

在整体版图布局布线中，应该要注意数字信号线远离模拟信号走线，防止数字信号发生翻转时，其对模拟信号的干扰。

9.6　参考文献

[1] DECKER S, MCGRATH R, BREHMER K, et al. A 256×256 CMOS Imaging Array with Wide Dynamic Range Pixels and Column-Parallel Digital Output[C]. IEEE International Solid-State Circuits Conference, 1998.

[2] AVOIRD A V D, VERTREGT M. Low power column ADC for CMOS imagers[C]. IEEE International Solid-State Circuits Conference, 2000.

[3] SNOEIJ M F, THEUWISSEN A J P, MAKINWA K A A, et al. Multiple-Ramp Column-Parallel ADC Architectures for CMOS Image Sensors[J]. IEEE Journal of Solid-State Circuits, 2007, 42(12): 2968-2977.

[4] FURUTA M, NISHIKAWA Y, INOUE T, et al. A High-Speed, High-Sensitivity Digital CMOS Image Sensor With a Global Shutter and 12-bit Column-Parallel Cyclic A/D Converters[J]. IEEE Journal of Solid-State Circuits, 2007, 42(4): 766-774.

[5] BAE J, KIM D, HAM S, et al. A Two-Step A/D Conversion and Column Self-Calibration Technique for Low Noise CMOS Image Sensors[J]. Sensors, 2014, 14(7): 11825-11843.

[6] LING Y H, WEI Y H, JUN W. Design of high frame rate CMOS image acquisition system based on PCI Express[J]. Application of Electronic Technique, 2009, 35(4): 91-94.

[7] SHIN M S, KWON O K. 14-bit two-step successive approximation ADC with calibration circuit for high-resolution CMOS imagers[J]. Electronics Letters, 2011, 47(14): 790-791.

[8] KIM J B, HONG S K, KWON O K. A Low-Power CMOS Image Sensor With Area-Efficient 14-bit Two-Step SA ADCs Using Pseudomultiple Sampling Method[J]. IEEE Transactions on Circuits and Systems Ⅱ: Express Briefs, 2015, 62(5): 451-455.

[9] KIM M K, HONG S K, KWON O K. An Area-Efficient and Low-Power 12-b SAR/Single-Slope ADC Without Calibration Method for CMOS Image Sensors[J]. IEEE Transactions on Electron Devices, 6, 63(9): 3599-3604.

[10] HWANG S I, CHUNG J H, KIM H J, et al. A 2. 7-M Pixels 64-mW CMOS Image Sensor With Multicolumn-Parallel Noise-Shaping SAR ADCs[J]. IEEE Transactions on Electron Devices, 2018, PP(99): 1-8.

[11] XU R, LIU B, YUAN J. Digitally Calibrated 768-kS/s 10-b Minimum-Size SAR ADC Array With Dithering[J]. IEEE Journal of Solid-State Circuits, 2012.

[12] TANG F, CHEN D G, WANG B, et al. Low-Power CMOS Image Sensor Based on Column-Parallel Single-Slope/SAR Quantization Scheme[J]. IEEE Transactions on Electron Devices, 2013, 60(8): 2561-2566.

[13] LIU G, YU N, ZHANG H, et al. A Fully Differential SAR/Single-Slope ADC for CMOS Imager Sensor[C]. IEEE International Conference on Electron Devices and Solid-State Circuits (EDSSC), 2019.

[14] ZHOU S, WANG Y, DENG C, et al. Highly sensitive SWIR photodetector using carbon nanotube thin film transistor gated by quantum dots heterojunction[J]. Applied Physics Letters, 2024.

[15] KAI M, WAN B, XIAO L, et al. A Single Slope ADC With Row-Wise Noise Reduction Technique for CMOS Image Sensor[J]. Applied Physics Letters, 2024.